机械原理

主编 丁洪生 荣 辉

北京理工大学出版社
BEIJING INSTITUTE OF TECHNOLOGY PRESS

内 容 简 介

本书是根据教育部高等学校机械基础课程教学指导分委员会编制的《机械原理课程教学基本要求》和《机械原理课程教学改革建议》的精神，基于中国工程教育专业认证标准，结合多年的教学研究和教学实践经验而编写的。

全书着眼于学生工程设计能力和科技创新能力的培养，以机械系统运动方案设计为主线，重点讨论连杆机构、凸轮机构、齿轮机构、间歇机构等常用机构设计的一般规律和方法；将设计的基本知识、基本理论与设计的基本方法有机地融合，加强创新思维和工程设计能力的训练。全书共分为十三章，附录给出了机械原理重要名词术语的英文表达。

本书可作为高等学校机械类各专业的教学用书，也可供机械工程领域的有关工程技术人员参考。

图书在版编目（CIP）数据

机械原理／丁洪生，荣辉主编．—北京：北京理工大学出版社，2016.12（2022.8重印）

ISBN 978-7-5682-2224-2

Ⅰ.①机⋯　Ⅱ.①丁⋯②荣⋯　Ⅲ.①机构学-教材　Ⅳ.①TH111

中国版本图书馆 CIP 数据核字（2016）第 274073 号

出版发行／北京理工大学出版社有限责任公司

社　　　址／北京市海淀区中关村南大街 5 号

邮　　　编／100081

电　　　话／（010）68914775（总编室）
　　　　　　　（010）82562903（教材售后服务热线）
　　　　　　　（010）68944723（其他图书服务热线）

网　　　址／http：//www.bitpress.com.cn

经　　　销／全国各地新华书店

印　　　刷／北京虎彩文化传播有限公司

开　　　本／787 毫米×1092 毫米　1/16

印　　　张／19.25

字　　　数／448 千字

版　　　次／2016 年 12 月第 1 版　2022 年 8 月第 5 次印刷

定　　　价／48.00 元

责任编辑／孟雯雯

文案编辑／多海鹏

责任校对／周瑞红

责任印制／李志强

随着科学技术的飞速发展和教学改革的不断深入，在加强基础、拓宽专业中，培养适应科学技术发展的高级工程技术人才是高等学校建设的重要任务。因此，既具有基础课程性质，又具有工程技术性质的机械原理教材的建设在机械类专业建设中就显得非常重要。

本教材是北京理工大学出版社组织编写的"高等学校机械基础课程系列教材"之一，编者是根据教育部高等学校机械基础课程教学指导分委员会编制的《机械原理课程教学基本要求》和《机械原理课程教学改革建议》的精神，基于中国工程教育专业认证标准，在北京理工大学新版本科教学培养方案和教学计划及多年的教学研究和教学实践经验的基础上而编写的。教材以培养学生创新意识和机械系统方案设计能力为目标，以设计为主线，强调传授知识与培养能力并重，加强逻辑思维能力与形象思维能力一体化培养，既考虑传统经典内容，又考虑到近年来的教学改革成果及学科发展的新动向，适当地扩充了内容。每章除具有基本教学内容外，还包含内容提要、知识拓展和思考题与习题。

参加本书编写的有：丁洪生（第一章、第十一章、第十三章）、孙娜（第二章、第六章）、荣辉（第三章、第四章、第七章）、李轶（第八章、第九章）、付铁（第五章、第十章、第十二章），附录由付铁编写。全书由丁洪生、荣辉负责统稿并担任主编。本书在编写过程中参考了一些同类教材和相关著作，在此向作者表示诚挚的谢意。

北京理工大学出版社为本书的出版给予了极大的支持，在此表示感谢。

由于编者水平有限，书中缺点、误漏、欠妥之处在所难免，恳请广大读者批评指正。

编　者

目 录
CONTENTS

第一章　绪　　论

【内容提要】

本章介绍机械原理课程的研究对象、内容、地位、任务及其在培养机械工程技术人才中的作用以及学习方法。介绍机器、机构、机械等名词概念，以及机器与机构的用途及区别，并通过实例说明各种机器的主要部分一般都是由各种机构组成的，目的在于便于学习者了解本课程的研究对象及内容。

第一节　机械原理研究的对象

机械原理是机器和机构理论的简称，它是一门以机器和机构为研究对象的科学。

1. 机器

在日常生活和生产过程中，人们广泛地使用着各种各样的机器，用以减轻人类自身的体力劳动、脑力劳动，提高工作效率。在有些人类难以涉足的场合，更是需要机器来代替人进行工作。我们接触过许多机器，如洗衣机、缝纫机、自行车、玩具、复印机、机械手、汽车、起重机等。不同用途的机器，其结构、性能也不同，但具有一些共同的特征。

下面通过实例，具体分析机器的组成和工作原理。

图 1-1 所示为一台单缸四冲程内燃机，它可以把燃气燃烧时产生的热能转化为机械能。它是由气缸体 1、活塞 2、进气阀 3、排气阀 4、连杆 5、曲轴 6、凸轮 7、顶杆 8（或 8′）、大齿轮 9（9′）和小齿轮 10 和滚子 11（11′）等组成的。活塞的往复移动通过连杆转变为曲轴的连续转动。凸轮和顶杆用来启闭进气阀和排气阀。三个齿轮保证进、排气阀和活塞之间形成有一定节奏的动作。以上各种实物的协同工作便使燃气的热能转换为曲柄转动的机械能。

图 1-2 所示为一牛头刨床，它是将电动机 1 的旋转运动通过皮带传动，使小齿轮 2 带动大齿轮 3 转动（同时传力）；大齿轮 3 上用销子铰接一个滑块 4，它可在导杆 5 的槽中滑动，导杆 5 下端的槽中有一个与床身 11 铰接的摇块 6，当大齿轮 3 上的销子做圆周运动时，滑块 4 在导杆 5 的槽中滑动，同时推动导杆 5 绕摇块 6 的中心做往复摆动；导杆 5 的上端用销子和刨枕 7 铰接，推动刨枕 7 在刨床床身 11 的导轨中往复滑动，刨枕 7 上安装有刀架 8，其在工作行程中切削工件，回程时，刀架稍抬起后与刨枕 7 一起快速退回。在再次切削行程前，大齿轮 3 通过连杆和棘轮（图中未画出）及螺杆 10 使工作台 9（工件）横向移动一个

进刀的距离，以进行下一次切削。牛头刨床实现切削工件的能力，完成了有用的机械功，而电动机是将电能转化成机械能。

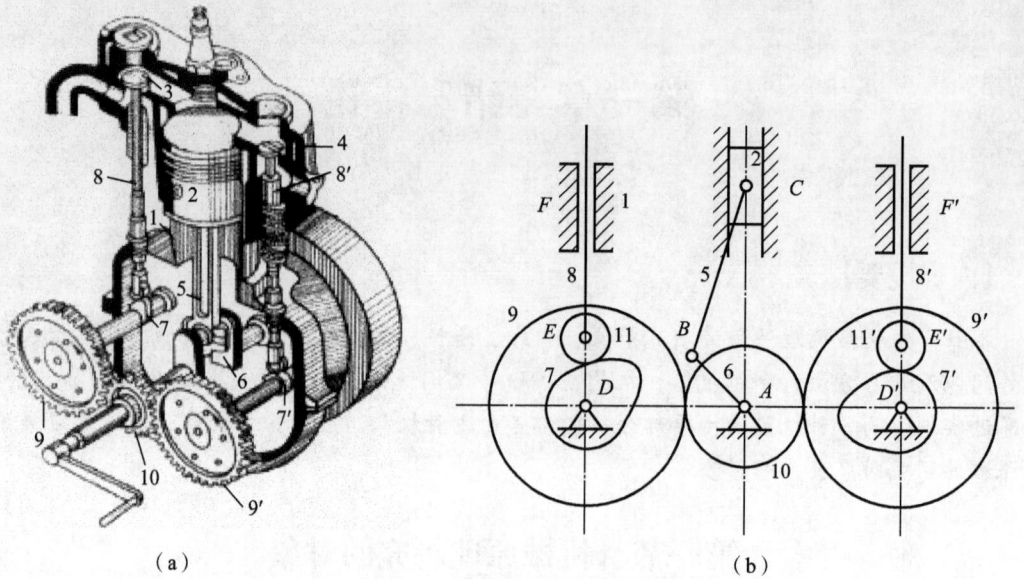

（a）

（b）

图 1-1　单缸四冲程内燃机

（a）单缸四冲程内燃机构造示意图；（b）单缸四冲程内燃机运动简图

1—气缸体；2—活塞；3—进气阀；4—排气阀；5—连杆；6—曲轴；7—凸轮；

8（8'）—顶杆；9（9'）—大齿轮；10—小齿轮；11（11'）—滚子

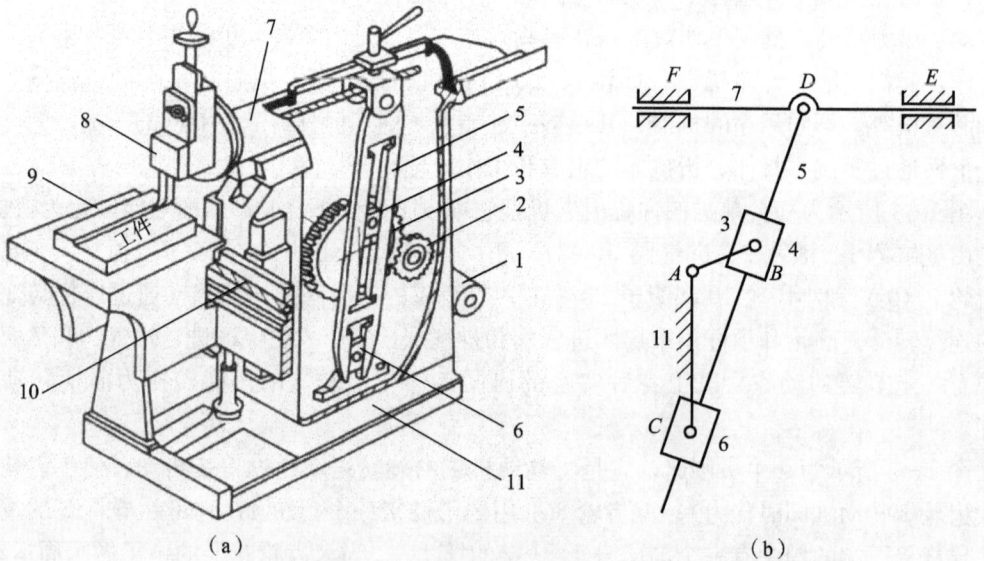

（a）

（b）

图 1-2　牛头刨床

（a）牛头刨床构造示意图；（b）牛头刨床运动简图

1—电动机；2—小齿轮；3—大齿轮；4—滑块；5—导杆；6—摇块；7—刨枕；

8—刀架；9—工作台；10—螺杆；11—床身

从以上两个实例以及日常生活中所接触过的其他机器可以看出，虽然各种机器的构造、用途和性能各不相同，但是从它们的组成、运动确定性以及功、能关系来看，却都具有以下几个共同的特征：

（1）从组成观点看，它们都是一种人为的实物（构件）的组合体。

（2）从运动观点看，组成它们的各部分之间都具有确定的相对运动。

（3）从功、能观点看，能够用来转换机械能，完成有用功或信息处理。

按照用途的不同，机器可以分为动力机器、加工机器、运输机器和信息处理机器等几大类。动力机器的用途是实现机械能与其他能量的转换，如内燃机、蒸汽机、电动机等；加工机器的用途是改变被加工对象的形状、尺寸、性质或状态，如各种金属加工机床、包装机等；运输机器的用途是搬运人和物品，如汽车、飞机、起重机等；信息处理机器的作用是处理各种信息，如打印机、复印机、绘图机等。

2. 机构

进一步分析上述两个实例，从中可以看出，在机器的各种运动中，有些构件是传递回转运动的；有些构件是把转动变为往复运动的；有些则是利用构件本身的轮廓曲线来实现预期规律的移动和摆动的。在工程实际中，人们常根据实现这些运动形式的构件的外形特点，把相应的一些构件的组合称为机构。例如，图1-1中的齿轮9（9′）和齿轮10，图1-2中的齿轮2和齿轮3，其构件形状的特点是具有轮齿，其运动特点是把高速转动变为低速转动或反之，人们称其为齿轮机构；图1-1中的凸轮7和顶杆8（8′），它的主要构件是具有特定轮廓曲线的凸轮，利用其轮廓曲线使从动件按指定规律做周期性的往复移动或摆动，因而被称为凸轮机构；图1-1中的活塞2、连杆5和曲轴6，图1-2中的滑块4、导杆5、摇块6、刨枕7，其构件的基本形状是杆状或块状，其运动特点是能实现转动、摆动、移动等运动形式的相互转换，被称为连杆机构。

由以上几个例子可以看出，机构具有以下几个特征：

（1）它们都是一种人为的实物（构件）的组合体。

（2）组成它们的各部分之间都具有确定的相对运动。

由此可见，机构具有机器的前两个特征。

通过以上分析可以看出，机器是由各种机构组成的，它可以完成能量的转换或做有用的机械功；而机构则仅仅起着运动传递和运动形式转换的作用。也就是说，机构是实现预期的机械运动的实物（构件）组合体；而机器则是由各种机构所组成的能实现预期机械运动并完成有用机械功或转换机械能的机构系统。

一部机器，可能是多种机构的组合体，例如上述的内燃机和牛头刨床就是由齿轮机构、凸轮机构和连杆机构等组合而成的；也可能只含有一个最简单的机构，例如人们所熟悉的电动机就只含有一个由定子和转子所组成的双杆回转机构。

由于机构具有机器的前两个特征，所以从机构和运动的观点来看，两者之间并无区别。因此，人们常用"机械"一词来作为它们的总称。

需要指出的是，随着近代科学技术的发展，机器和机构的概念也有了相应的扩展。例如，在某些情况下，组成机构的构件已不能再简单地视为刚体；有些时候，气体和液体也参与了实现预期的机械运动；有些机器还包括了使其内部各机构正常动作的控制系统和信息处理与传递系统等；在某些方面，机器不仅可以代替人的体力劳动，而且还可以代替人的脑力劳动（如智能机器人）。

机械一般由以下几部分组成：

（1）原动部分，是机械动力的来源。常用的原动机有电动机、内燃机、液压电动机和气动缸等。其中，以各种电动机的应用最为普遍。

（2）执行部分，处于整个传动路线的终端，完成机械预期的动作。其结构形式取决于机械本身的用途。

（3）传动部分，介于原动部分和执行部分之间，把原动机的运动和动力传递给执行部分。

（4）控制部分，其作用是控制机械的其他基本部分，使操作者能随时实现或终止各种预定的功能。一般来说，现代机械的控制部分既包括机械控制系统，又包括电子控制系统，其作用包括监测、调节和计算机控制等。

（5）辅助部分，主要包括润滑系统、冷却系统、故障监测系统、安全保护系统和照明系统等，其作用是保证机械便于操作、正常运行、提高工作质量和延长使用寿命。

作为机械工程的一门基础学科，机械原理研究机器和机构的一些共性问题；此外，机器的种类虽有千千万万，但组成机器的机构的种类却是有限的，因此机械原理将以工程实际中常用的各种机构作为具体的研究对象，探讨它们各自在运动和动力方面的一些共同的基本问题。

机械原理课程的研究重点是机器的传动部分和执行部分（即各种机构），并不涉及机器的动力部分和控制部分。

第二节　机械原理研究的内容

机械原理研究的内容有以下几个方面：

1. 机构的分析

机构的结构分析，即研究机构的结构组成情况和组成原理、机构运动的可能性及确定性条件以及机构的结构分类等；机构的运动分析，即研究在给定原动件运动的条件下，机构上各点的运动轨迹以及位移、速度和加速度等运动特性；机构的力分析，即研究机械运转过程中各构件的受力情况，以及机构各运动副中力的计算方法、摩擦及机械效率等问题。

2. 机构的运动设计

机械虽然种类繁多，但构成各种机器的机构类型却很有限，常用的有齿轮机构、凸轮机构、连杆机构以及各种间歇机构等，主要讨论这些机构的结构原理与组成、设计理论和设计方法以及实际应用等问题。

3. 机械的动力设计

主要研究在已知力作用下机械的真实运动规律、机械运转过程中速度波动的调节问题以及机械运转过程中所产生的惯性力系的平衡问题。

4. 机械系统方案设计

主要研究具体机械设计时的机械系统运动方案及机构的创新设计等问题。

第三节 机械原理的地位、任务和作用

"机械原理"是机械类各专业的一门主干技术基础课程。它在培养学生的机械设计能力和创新能力所需的知识、能力和素质结构中，占有十分重要的地位。它的任务是使学生掌握机构学和机器动力学的基本理论、基本知识和基本技能，学会常用机构的分析和综合方法，并具有进行机械系统设计的初步能力。它是以高等数学、普通物理、机械制图及理论力学等课程为基础，同时又为以后学习机械设计和有关专业课程以及掌握新的科学技术打好工程技术的理论基础，并能使学生受到一些必要的、严格的基本技能和创造思维的训练。"机械原理"课程在培养高级机械工程技术人才的全局中，为学生从事机械方面的设计、制造、研究和开发奠定了重要的基础，并具有增强学生适应机械技术工作能力的作用。

第四节 机械原理的学习方法

"机械原理"是一门与工程实际密切相关的课程，因此学习本课程要更加注意理论联系实际。现实生活中有各种各样构思巧妙与设计新颖的机构和机器，在学习本课程的过程中，如果能注意观察、分析和比较，并把所学知识用于实际，就能达到举一反三的目的。这样，当你自己从事设计工作时，就有可能从日常的积累中获得创造灵感。

1. 在学习知识的同时，注重能力的培养

学习知识和培养能力，二者是相辅相成的，但后者比前者更为重要。本课程的教学内容较多而教学时数相对较少，因此教师在讲授本课程时，应着重讲重点、讲难点、讲思路、讲方法，同时介绍课程发展前沿；同学们在学习本课程时，也应把重点放在掌握研究问题的基本思路和方法上，着重于能力培养。这样，就可以利用你的能力去获取新的知识，这一点在知识更新速度加快的当今世界，尤为重要。

2. 在重视逻辑思维的同时，加强形象思维能力的培养

从基础课到技术基础课，学习的内容变化了，学习方法也应有所转变，其中重要的一点是要在发展逻辑思维的同时，重视形象思维能力的培养。这是因为技术基础课较之基础课更加接近工程实际，要理解和掌握本课程的一些内容、解决工程实际问题、进行创造性设计，单靠逻辑思维是远远不够的，必须发展形象思维能力。

3. 注意运用理论力学的有关知识

"机械原理"作为一门技术基础课，其先修课是高等数学、物理、理论力学和工程制图

等，其中，理论力学与本课程的学习关系最为密切。机械原理是将理论力学的有关原理应用于实际机械，它具有自己的特点。在学习本课程的过程中，要注意把理论力学中的有关知识运用在本课程的学习中。

4. 注意将所学知识用于工程实际，做到举一反三

"机械原理"是一门与工程密切相关的课程，因此学习本课程要更加注重理论联系实际。与本课程密切相关的实验、课程设计、机械设计大赛以及课外科技活动，将为学生提供理论联系实际和学以致用的机会。此外，现实生活中有各种各样构思巧妙和设计新颖的机构，在学习本课程的过程中，如果能注意观察、分析和比较，并把所学知识用于实际，就能达到举一反三的目的。这样，当你自己从事设计工作时，就有可能从日常的积累中获得创造灵感。

【知识拓展】

机械原理学科是机械学学科及现代科学技术发展的重要基础。由于机械学科和电子、信息、计算机、生物、管理等学科相互渗透，相互结合，正焕发出新的生机与活力。机械原理学科研究领域十分广阔，内容非常丰富，发展十分迅猛，已由一般机械工程扩展到航空航天、深海作业、生物工程、微观世界和机械电子等。处于机械工业发展前沿的机械原理学科，其新的研究课题和研究方法也日益增多。诸多机构的结构理论、常用机构和组合机构的设计、机器人机构与仿生机构、微型机械与机电一体化、机械系统设计等的研究，诸如计算机辅助设计与机构优化设计、机构创新设计理论，以及各种近代数学方法的运用和机械系统动力学研究的不断深入，使机械原理学科的研究呈现蓬勃发展的局面，也为机械原理学科的应用开拓了更广阔的前景。机构学研究领域的主要国际学术组织机构有《世界机构与机器理论联合会》(International Federation for Theory of Machine and Mechanisms，IFTOMM)；主要国际学术刊物有《机构学与机器理论》(Mechanisms and Machine Theory，MMT)。有关深入拓展知识的内容和方法可阅文献 [5] 等。

思 考 题

1-1　机械原理课程的研究对象是什么？其研究内容包括哪几方面？

1-2　机器和机构有何联系与区别？

1-3　试列举 3 个机器实例，并说明其组成和功能。

1-4　试列举 3 个机构实例，并说明其组成和功能。

1-5　机械原理课程在培养机械类专业人才中起到什么作用？

第二章 机构的结构分析

【内容提要】

本章介绍机构的基本概念、机构运动简图的绘制、机构具有确定运动的条件、机构自由度计算及注意事项，并进行杆组、机构级别、机构组成以及高副低代的平面机构结构分析。

第一节 基本概念

一、构件

任何用来传递运动或动力的机械都必然包含相对于机座可运动的系统。一般来说，这种可运动系统是由一系列运动单元体组合而成的，这种运动单元体称为构件。构件是最小的运动单元，而零件则是加工制造的最小单元。例如图 2-1（a）所示的内燃机的连杆，就是由连杆体 1、连杆头 2、轴瓦 3、螺杆 4、螺母 5 和轴套 6 等多个零件刚性连接而成的，这些零件之间没有相对运动，构成一个不可分割的运动单元，成为一个构件。在本课程中，以构件作为研究对象，将构件视为刚体，且往往不考虑构件本身的材料、形状和截面尺寸，图 2-1（b）所示为该连杆的构件图。

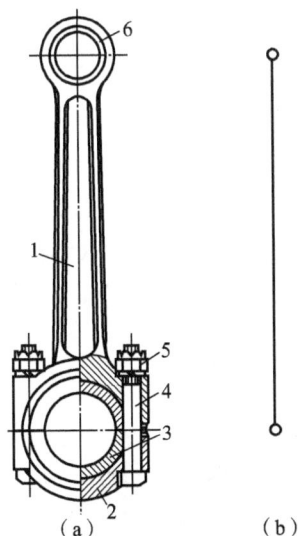

图 2-1 内燃机中的连杆
（a）连杆的结构图；（b）连杆的构件图
1—连杆体；2—连杆头；3—轴瓦；4—螺杆；5—螺母；6—轴套

二、运动副

若将两构件按照一定方式连接起来，且使相互连接的两构件仍能产生某种形式的相对运动，则把这种可动连接称为运动副，并把两构件上参与接触而构成运动副的部分（点、线、面）称为运动副元素。

如图 2-2 所示的杆件 1 与杆件 2 的连接、导轨 3 与滑块 4 的配合、摆杆 5 与凸轮 6 的接触、齿轮 7 与齿轮 8 的啮合，都构成了运动副。构成运动副的两个构件间的接触形式包括点接触、线接触和面接触。

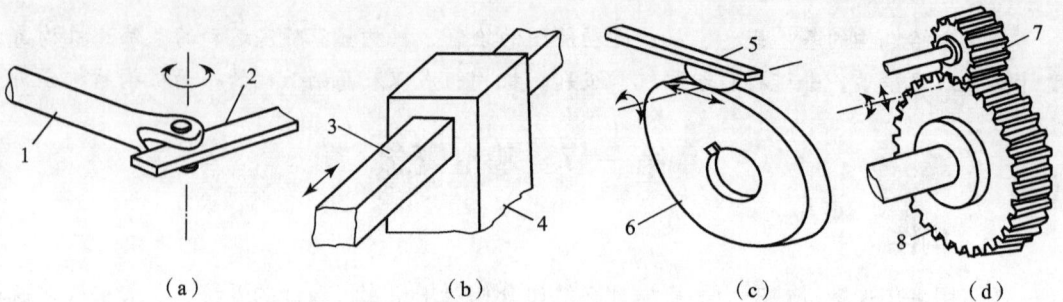

（a）　　　　　　　　（b）　　　　　　　　（c）　　　　　　　　（d）

图 2-2　运动副、运动副元素

（a）两杆件形成的运动副；（b）导轨与滑块形成的运动副；
（c）摆杆与凸轮形成的运动副；（d）两齿轮形成的运动副
1，2—杆件；3—导轨；4—滑块；5—摆杆；6—凸轮；7，8—齿轮

三、自由度、约束

构件所具有的独立运动的数目称为构件的自由度，用字母 F 表示。一个构件在未与其他构件连接之前，在三维空间中有 6 个独立运动，分别为沿 x、y 和 z 轴方向的移动及绕 x、y 和 z 轴的转动，即空间的自由构件具有 6 个自由度；而在二维平面内则有 3 个独立运动，分别为沿 x、y 轴的移动及绕 z 轴的转动，即平面运动的自由构件具有 3 个自由度。当两个构件通过可动连接构成运动副后，构件的某些独立运动便受到限制，构件间只能产生某些相对运动。运动副对构件独立运动的限制称为约束。对构件施加的约束数目等于其自由度减少的数目。两构件间形成的运动副引入了多少个约束，取决于运动副的类型。

四、运动副类型

运动副有多种分类方法，常见的包括以下几种：

按运动副的相对运动形式可分为平面运动副和空间运动副，即两构件之间的相对运动若为平面运动，则称为平面运动副；若为空间运动，则称为空间运动副。

按运动副的接触特性分类可分为低副和高副，即两构件通过面接触而构成的运动副称为低副；通过点或线接触而构成的运动副称为高副。

平面机构中的低副有移动副和转动副两种。若组成运动副的两构件只能沿着某一导路线

相对移动，则这种运动副称为移动副，如图 2-3（a）所示；若组成运动副的两构件只能在一个平面内相对转动，则这种运动副称为转动副，如图 2-3（b）所示。

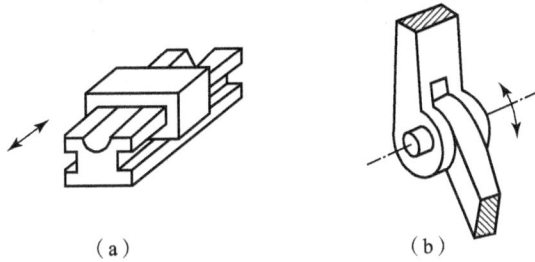

图 2-3　平面低副

（a）移动副；（b）转动副

在图 2-4 中，凸轮与推杆（图 2-4（a））接触形成的运动副，以及两轮齿啮合（图 2-4（b））所组成的运动副均为高副。由于在承受同等作用力时，点或线接触的运动副中具有较大的压强，所以高副相比低副更容易磨损。

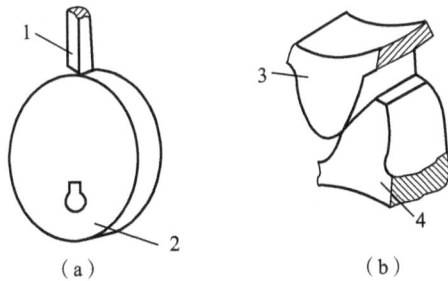

图 2-4　平面高副

（a）凸轮副；（b）齿轮副

1—推杆；2—凸轮；3，4—轮齿

空间运动副按运动副接触部分的几何形状分类，可分为平面副（图 2-5（a））、螺旋副（图 2-5（b））、柱面低副（图 2-5（c））、球面低副（图 2-5（d））、柱面高副（图 2-5（e））、球面高副（图 2-5（f））和球销副（图 2-5（g））等。

此外，还可以按运动副所引入的约束数目进行分类，即把引入一个约束的运动副称为Ⅰ级副，引入两个约束的运动副称为Ⅱ级副，依此类推，还有Ⅲ级副、Ⅳ级副和Ⅴ级副。例如，图 2-5（f）所示的球面高副，约束数是 1，为Ⅰ级副；图 2-5（e）所示的柱面高副，约束数是 2，为Ⅱ级副；图 2-5（a）所示的平面副和图 2-5（d）所示的球面低副，约束数是 3，为Ⅲ级副；图 2-5（c）所示的柱面低副和图 2-5（g）所示的球销副，约束数是 4，为Ⅳ级副；图 2-5（b）所示的螺旋副虽然可以绕着轴线转动并沿轴线移动，但二者之间存在确定的函数关系，独立运动只有 1 个，约束数为 5，因此，螺旋副与图 2-3 所示的移动副和转动副一样，同为Ⅴ级副。

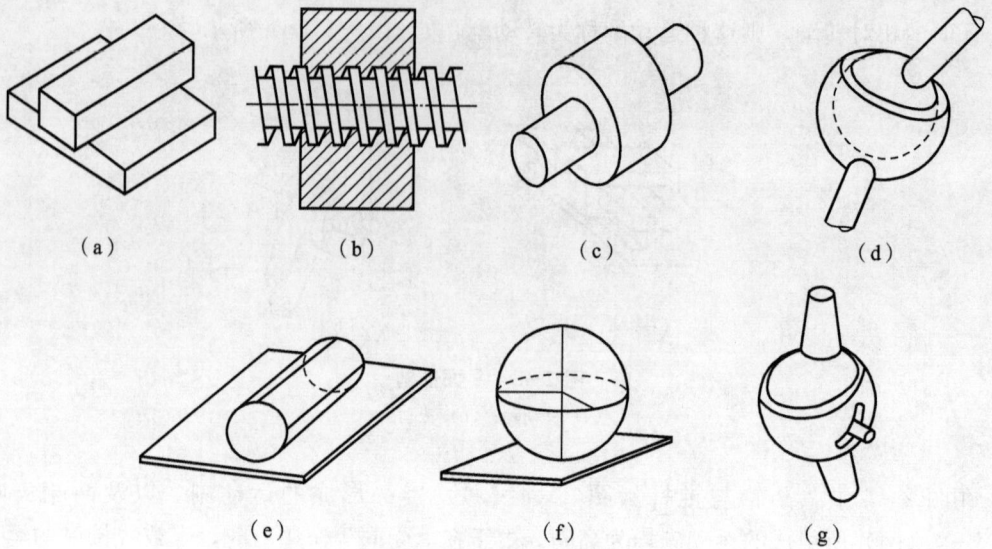

图 2-5　空间运动副

(a) 平面副；(b) 螺旋副；(c) 柱面低副；(d) 球面低副；

(e) 柱面高副；(f) 球面高副；(g) 球销副

五、运动链

把由若干个构件通过运动副连接而构成的相对可动的系统称为运动链。若运动链的各构件构成了首尾封闭的系统，则称为闭式运动链，简称闭链，如图 2-6 (a) 所示；反之，若未构成首尾封闭的系统，则称为开式运动链，简称开链，如图 2-6 (b) 所示。闭链的各构件上至少有两个运动副元素；只要有一个构件仅含一个运动副元素即为开链。机械中绝大部分机构都由闭链组成，而开链则多用于工业机器人的机械手、挖掘机等多自由度的机械中。

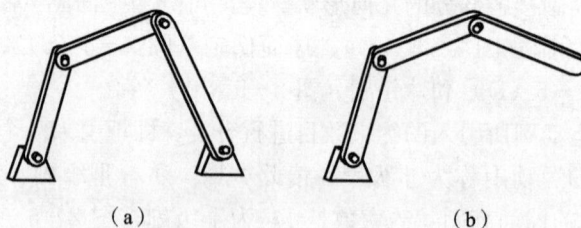

图 2-6　运动链

(a) 闭链；(b) 开链

应当注意的是，图 2-7 中所示的系统虽然也是由杆件和运动副所组成，但由于约束过多，导致各杆件间均不能做相对运动。因此，该系统不是运动链而是桁架，在运动上只相当于一个构件，桁架的自由度小于或等于零。

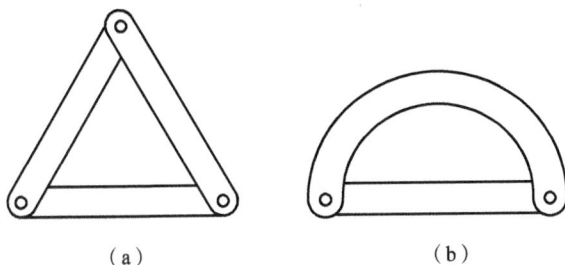

图 2-7 桁架

(a) $F=0$ 的桁架；(b) $F=-1$ 的超静定桁架

六、机构

在运动链中，若选定某构件为机架，且各构件具有确定的运动，则称该运动链为机构。

机架是固定不动的构件。安装在诸如车辆、船舶、飞机等运动物体上的机构，机架相对于该运动物体是固定不动的。按照给定运动规律独立运动的构件称为原动件（或主动件），其余活动构件则称为从动件。

机构中各构件的运动平面若互相平行，则称为平面机构。若机构中至少有一个构件不在相互平行的平面上运动，或至少有一个构件能在三维空间中运动，则称为空间机构。

完全由低副连接而构成的机构，称为低副机构；机构中只要含有一个高副，就称为高副机构。常见的低副机构如连杆机构，而凸轮机构、齿轮机构则为常见的高副机构。

按结构特征可将机构分为连杆机构、齿轮机构、斜面机构和棘轮机构等。按所转换的运动或力的特征，可分为匀速和非匀速转动机构、直线运动机构、换向机构、间歇运动机构等；按功用可分为安全保险机构、增力机构和擒纵机构等。

第二节 机构运动简图

一、机构运动简图的概念

机构运动简图是用运动副代表符号和简单线条来反映机构运动关系的简明图形。与零件图和装配图不同，机构运动简图所反映的主要信息包括：机构中构件的数目、运动副的类型和数目、各构件运动副元素的相对位置等。在绘制机构运动简图时，需要表达出机构的组成形式，并显示出设计方案，而对于构件的外形、断面尺寸、组成构件的零件数目及固连方式等均不予考虑。

机构运动简图应与机械具有相同的运动特性，需要按一定的比例尺绘制。在绘图中，长度比例尺通常采用如下定义形式：

$$\mu_l = \frac{实际尺寸}{图示长度}\left(\frac{mm}{mm}或\frac{m}{mm}\right)$$

严格按照长度比例尺正确画出的机构运动简图，能够完全表达原机械具有的运动特性，可作为图解运动分析的依据。但有时只是为了表明机构的构成情况或说明其动作原理，则可以不严格地按比例绘制，这样的机构简图通常称为机构运动示意图。

　　表 2-1～表 2-3 分别列举了机构运动简图中一些常见构件的表达方法、常见运动副的表达方法以及一部分常见机构的表达符号，供绘制机构运动简图时参考。

表 2-1　常见构件的表达方法

名称		简图符号	名称		简图符号
构件	轴、杆		机架	基本符号	
	三副构件	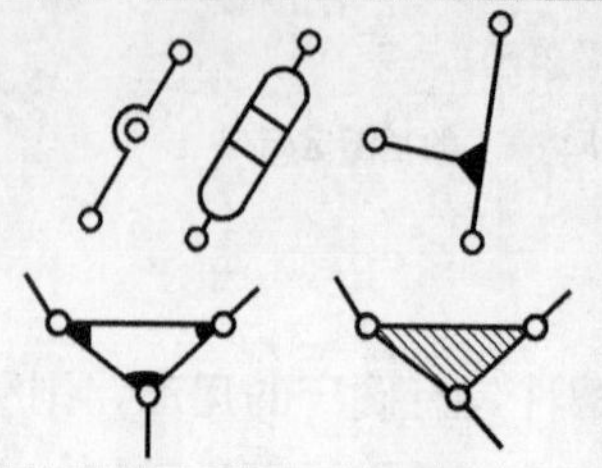		机架为转动副的一部分	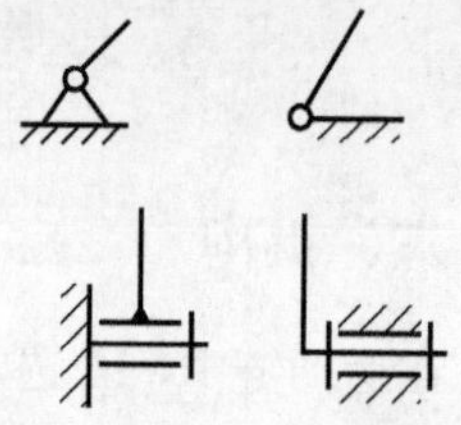
	两副构件	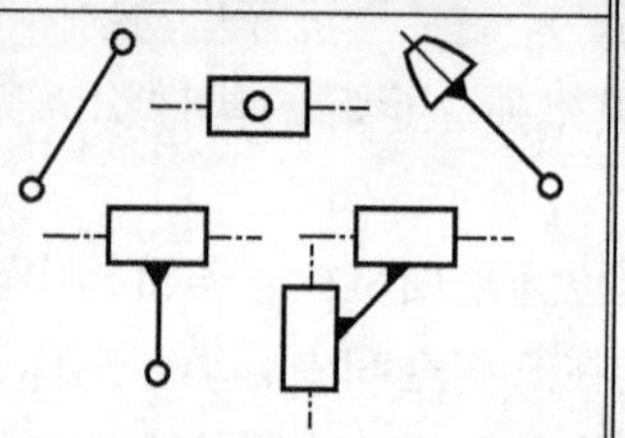		机架为移动副的一部分	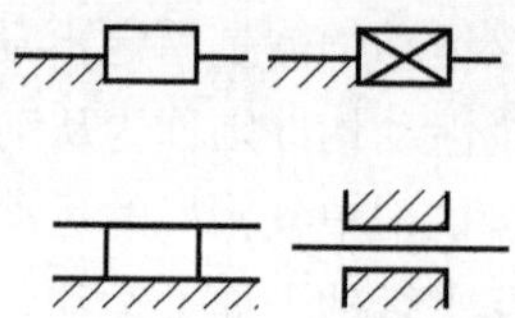
	同一构件	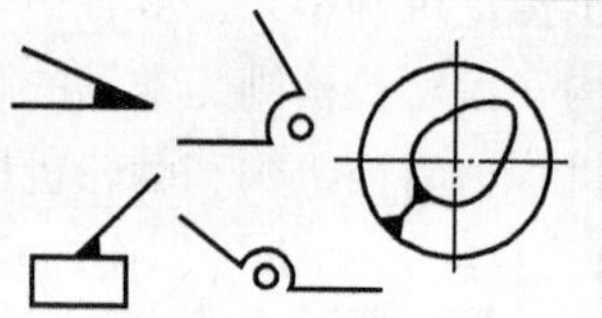		机架为高副的一部分	

表 2-2　常见运动副的表达方法

名称	图形	表示符号	级别	自由度数	名称	图形	表示符号	级别	自由度数
球面高副	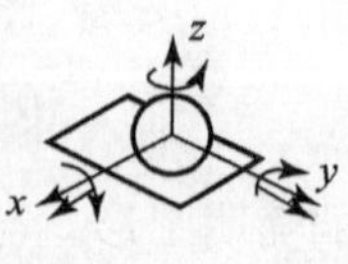		I	5	柱面低副			IV	2
柱面高副	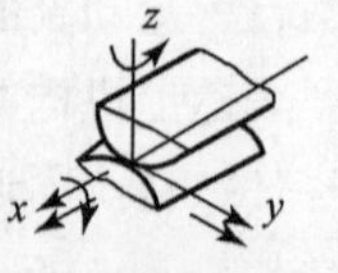	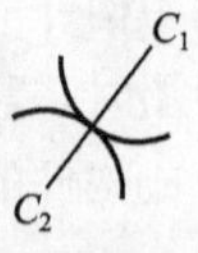	II	4	转动副		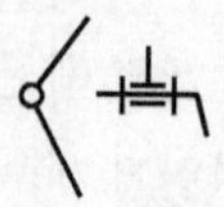	V	1
球面低副	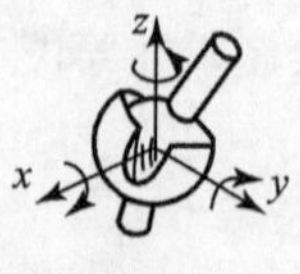		III	3	移动副	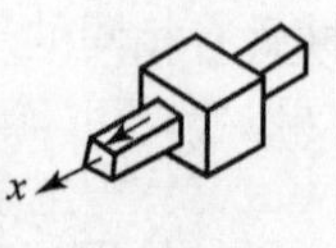	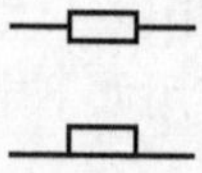	V	1
球销副	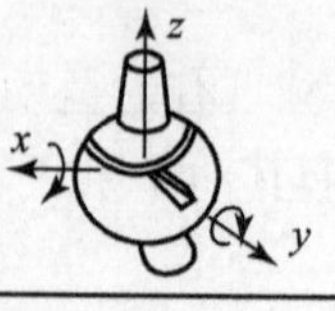		IV	2	螺旋副	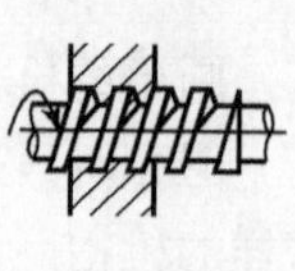	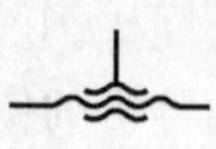	V	1

表 2－3　常见机构的运动简图符号

机构名称		基本符号	可用符号	机构名称		基本符号	可用符号
凸轮机构	盘形凸轮			棘轮机构	外啮合		
	圆柱凸轮				内啮合		
	尖底从动件			电动机	一般符号		
	曲底从动件			摩擦传动机构	圆柱轮		
	滚子从动件				圆锥轮		
轴上飞轮					可调圆锥轮		
联轴器	一般符号				可调晃状轮		
	固定联轴器			向心轴承	普通轴承		
	可移式联轴器				滚动轴承		
	弹性联轴器			推力轴承	单向推力轴承		
齿轮机构	圆柱齿轮				双向推力轴承		
					推力滚动轴承		
	圆锥齿轮				单向向心推力普通轴承		
	蜗杆蜗轮				双向向心推力普通轴承		
	齿轮齿条				向心推力滚动轴承		
	扇形齿轮						

机构名称		基本符号	可用符号	机构名称		基本符号	可用符号
离合器	单向啮合式离合器			弹簧	压缩弹簧	φ或□	
	双向啮合式离合器				拉伸弹簧		
	单向式摩擦离合器				扭转弹簧		
	双向式摩擦离合器				涡卷弹簧		
	电磁离合器			带传动			
	安全离合器有易损件			链传动			
	安全离合器无易损件			螺杆传动整体螺母			
制动器				挠性轴			

二、机构运动简图的绘制

机构运动简图绘制的主要步骤如下：

（1）分析机构的组成情况和动作原理，找出原动件、机架和从动件。

（2）沿着从原动件到从动件的运动传递路线使机构缓缓运动，分析机构的运动情况，找出机构中构件的总数目，确定运动副的类型和数目。

（3）选择大多数构件的运动平面或与运动平面相平行的面作为投影面，必要时可选择辅助投影面或局部简图，即将主投影面上无法表达的部分在辅助投影面上表达，然后展开到主投影面的同一平面上。对于主投影面简图上难以表达清楚的部分，可另绘制局部简图。

（4）测量各构件的尺寸，用运动副表示各构件的连接，选取适当的比例尺 μ_l，按各运动副的相对位置绘制出机构运动简图。在原动件上用箭头标明运动方向，按运动的传递路线给各个构件依次编号。

（5）检查机构运动简图上的构件数目与原机构构件数是否相等、运动副类型及其数目是否与原机构相一致，根据机构运动简图计算自由度，校验其与原机构的原动件数目是否相等。

机构运动简图是一种用简单的线条和符号来表示的工程图形语言，是设计者交流设计思想的工具，在机械工程领域有着非常重要的作用，在绘制时应注意以下几方面：

（1）绘制运动副时，应注意代表转动副的小圆的圆心须与回转中心重合，两个转动副中心连线的长度要准确；代表移动副的滑块的导路方向须与相对移动的方向一致。

（2）绘制构件时，当它只以两个转动副与其他构件相连接且外形轮廓也不以高副与其他构件相接触时，简图中只需以两个转动副几何中心的连线代表此构件，而不必考虑构件本身的形状和截面尺寸；当同一轴上安装若干零件时，须用焊接符号将同一构件的零件予以标识，当不便用焊接符号标识时，同一构件中的不同零件须标以同样的构件编号，并在编号右上角上加上不同的上标，加以区分。

（3）绘制机构运动简图时，需注意图示长度为实际尺寸的代表线段，二者并不相等，当将一个实际尺寸的代表线段画到图上时，须除以相应的比例尺；而当需要根据图示长度求出它所代表的实际尺寸时，则须乘以相应的比例尺。

例题 2-1　画出图 2-8（a）所示颚式破碎机的机构运动简图。

解： 分析机构的组成情况。颚式破碎机主要由偏心轮 1、动颚板 2、动颚拉杆 3、定颚板 4（机架）等几部分组成。

分析机构的动作原理。工作时，运动由偏心轮 1 输入，偏心轮 1 的转动带动动颚板 2 对定颚板做周期性的往复运动。当靠近定颚板时，物料在两颚板间受到挤压、劈裂、冲击而破碎；当远离定颚板时，已破碎的物料靠重力作用从排料口排出。原动件为偏心轮 1，机架为构件 4，动颚板 2 和动颚拉杆 3 为从动件。

该机构中总的运动副数目为 4，且均为转动副，其中 A 和 D 为固定铰链，B 和 C 为活动铰链。

选择视图投影面和比例尺 μ_l。

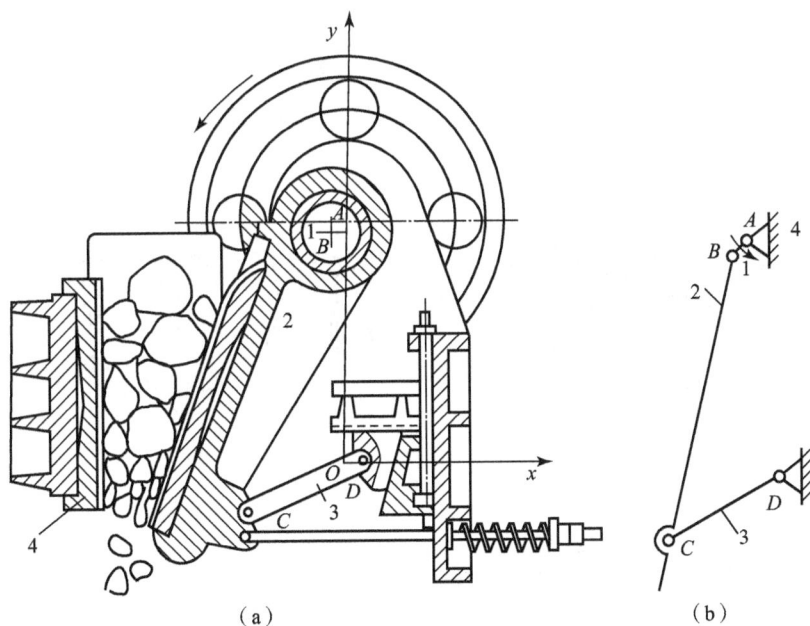

图 2-8　颚式破碎机

（a）结构示意图；（b）机构运动简图

1—偏心轮（原动件）；2—动颚板；3—动颚拉杆；4—定颚板（机架）

测量各构件的尺寸和各运动副间的相对位置，绘制机构运动简图，在原动件 1 上用箭头标明运动方向，按运动的传递路线给各个构件依次编号。机构运动简图如图 2-8（b）所示，经检查图中的构件数目与原机构的构件数、运动副类型和数目相一致。

例题 2-2 画出图 2-9（a）所示小型压力机的机构运动简图。

解： 分析机构的组成情况。小型压力机主要由偏心轮 1，齿轮 1'，连杆 2、3、4，滚子 5，凸轮 6，齿轮 6'，滑块 7，压杆 8 和机架 9 等几部分组成。其中，偏心轮 1 和齿轮 1' 固接在同一转轴 O_1 上，为同一个构件；凸轮 6 和齿轮 6' 固接在同一转轴 O_2 上，也为同一构件。因此，包含机架在内，该机构的构件总数为 9。

分析机构的动作原理。运动由偏心轮 1 输入，分两条路径进行传递：一是由偏心轮 1 经连杆 2、3 传递至连杆 4；二是由齿轮 1' 经齿轮 6'、凸轮 6、滚子 5 传递至连杆 4。两条路径的运动在连杆 4 处相汇合，由滑块 7 传递至压杆 8，从而使压力机的压头上下移动，实现冲压动作。由此可知，构件 1-1' 为原动件，构件 9 为机架，其余构件为从动件。

从原动件开始，使该机构缓缓运动，分析各构件之间的相对运动性质，判断运动副类型及数目。机架 9 与原动件 1-1'，构件 1 与构件 2，构件 2 与构件 3，构件 3 与构件 4，构件 4 与构件 5，构件 6-6' 与机架 9，构件 7 与构件 8 之间均为转动副连接；构件 3 与构件 9，构件 4 与构件 7，构件 8 与机架 9 之间均为移动副连接；齿轮 1' 与齿轮 6'，滚子 5 与凸轮 6 之间则为高副连接。故该机构中，共有 7 个转动副、3 个移动副和 2 个高副连接。

选择视图投影面和比例尺 μ_l。

测量各构件尺寸和各运动副间的相对位置，绘制机构运动简图，在原动件 1-1' 上用箭头标明运动方向，按运动的传递路线给各个构件依次编号。所绘制的机构运动简图如图 2-9（b）所示。

检查图 2-9（b）中的构件数目、运动副类型和数目与原机构是否相一致，必要时可通过计算机构的自由度数与原动件数目相比较，进行进一步的校验。

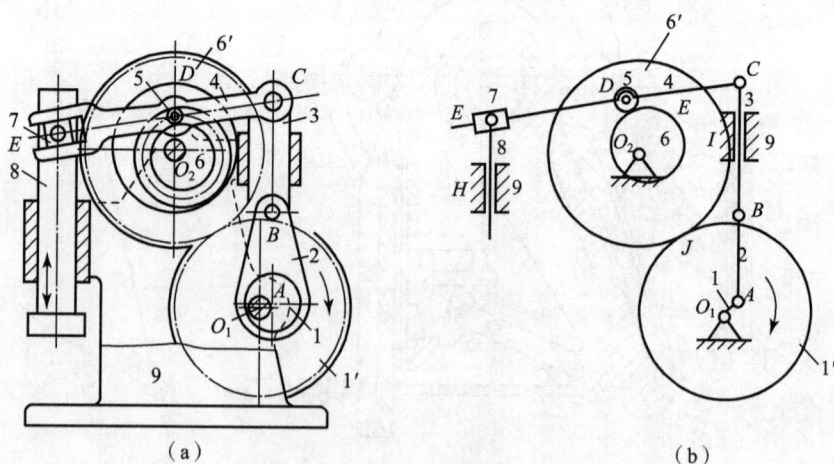

图 2-9 小型压力机

（a）结构示意图；（b）机构运动简图

1—偏心轮；1'，6'—齿轮；2，3，4—连杆；5—滚子；6—凸轮；7—滑块；8—压杆；9—机架

第三节 机构具有确定运动的条件

所谓机构具有确定的运动指的是，当机构的原动件按给定的运动规律运动时，该机构的其余运动构件也都随之做相应的运动。因此，为使机构能够满足一定的要求进行运动的传递及变换，该机构必须具有确定的运动。

判别一个机构是否具有确定的运动，与机构的自由度数目和给定的原动件数目有关。机构的自由度，通常定义为机构具有确定运动时所必须给定的独立运动参数的数目。

图 2-10 所示为铰链五杆机构，该机构的自由度为 2。当给定构件 1 为原动件时，如图 2-10（a）所示，此时构件 1 的位置角为 θ_1，占有位置 AB，相对应地，构件 2、3、4 既可分别占有位置 BC、CD、DE，也可分别占有位置 BC'、$C'D'$、$D'E$，还可分别占有其他位置，即当只有一个原动件时，该五杆机构的运动不确定。若再给定 1 个原动件，如构件 4 的位置角为 θ_4，如图 2-10（b）所示，即同时给定两个独立的运动参数，则此时该五杆机构中各构件的运动便完全确定了。

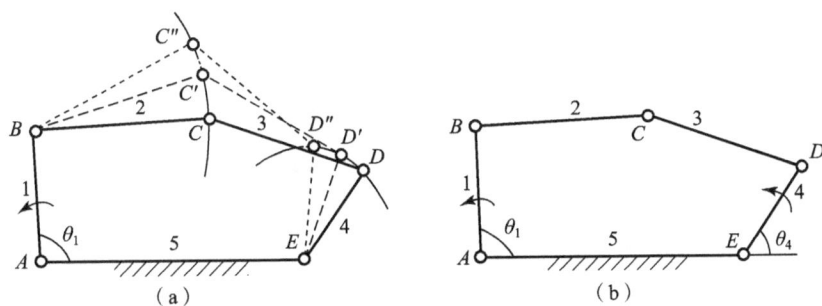

图 2-10 铰链五杆机构

（a）$F=2$，原动件数为 1，机构的运动不确定；（b）$F=2$，原动件数为 2，机构的运动确定

由此可知，只有当给定的原动件数目与机构的自由度数目相等时，才可使机构具有确定的运动。

因此，机构具有确定运动的条件可概括为：在每个原动件具有 1 个独立运动的前提下，给定原动件的数目应等于机构自由度的数目。

第四节 平面机构自由度计算

如前所述，一个自由构件在二维平面内具有 3 个独立运动。当两个构件以某种方式组成运动副后，它们的相对运动就会受到约束，随之自由度减少。由于不同种类的运动副所引入的约束不尽相同，故所保留的自由度也不同。

设一平面机构除机架外共有 n 个运动构件，当该机构的各构件尚未构成运动副时，共有 $3n$ 个自由度；当各构件用运动副连接后，由于运动副的约束而使系统的自由度相应减少。若为转动副，则限制了构件间在二维平面内沿 x 和 y 方向的移动；若为移动副，则限制了构件在二维平面内沿 x 或 y 轴的移动，和沿 z 轴的转动，所以，一个平面低副提供 2 个约束。若为高副连接，则只约束了构件沿公法线方向的移动。因此，一个平面高副提供 1 个约束。若平面机构中共有 P_L 个低副和 P_H 个高副，则引入的约束个数为 $(2P_L+P_H)$，即自由度减少 $(2P_L+P_H)$ 个。于是，平面机构的自由度为

$$F=3n-(2P_L+P_H)=3n-2P_L-P_H \tag{2-1}$$

该式即为计算平面机构自由度的一般公式。

例题 2-3 计算图 2-11 中所示平面机构的自由度。

解： 如图 2-11（a）所示简易冲床机构中活动构件数 $n=5$，低副数 $P_L=7$，高副数 $P_H=0$，由式（2-1）可得

$$F=3n-2P_L-P_H=3\times5-2\times7-0=1$$

如图 2-11（b）所示牛头刨床机构中活动构件数 $n=6$，低副数 $P_L=8$，高副数 $P_H=1$，由式（2-1）可得

$$F=3n-2P_L-P_H=3\times6-2\times8-1=1$$

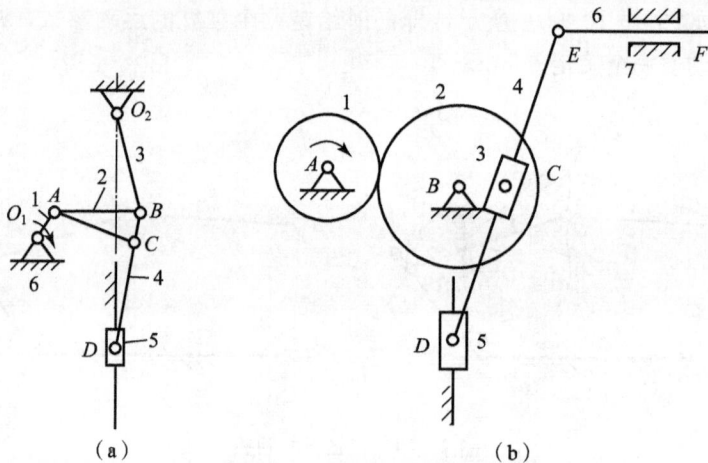

图 2-11 平面机构的自由度计算

（a）简易冲床机构；（b）牛头刨床机构

由前述可知，计算机构的自由度与确定原动件的数目密切相关。为使设计的机构具有确定的运动，自由度的计算必须准确无误。但在应用式（2-1）计算平面机构的自由度时，往往会出现计算的自由度与机构的实际情况不相符合的现象，其原因是还有一些应注意的事项未予以考虑，现将这些注意事项简述如下。

一、局部自由度

在某些机构中，某个构件所具有的自由度只与其自身的局部运动有关，而并不影响其他构件的运动，我们把这种不影响其他构件运动的自由度称为局部自由度。

图 2-12（a）所示的凸轮机构，在按式（2-1）计算自由度时

$$F=3n-2P_L-P_H=3\times3-2\times3-1=2$$

但是，该机构实际上并不需要 2 个原动件。稍加观察就会发现，滚子 3 绕其自身轴线转动的自由度并不影响从动件 2 的运动规律，因而该处是局部自由度。

对于局部自由度的处理方法是，假想地将滚子 3 和推杆 2 刚性地固接在一起，即把滚子

3 和推杆 2 看作一个构件，如图 2-12（b）所示，按式（2-1）计算得

$$F=3n-2P_L-P_H=3\times2-2\times2-1=1$$

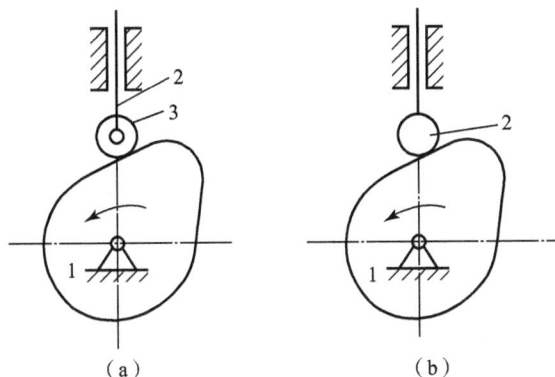

图 2-12 局部自由度

（a）存在局部自由度；（b）消除局部自由度

1—凸轮；2—推杆；3—滚子

局部自由度常见于变滑动摩擦为滚动摩擦时添加的滚子、轴承中的滚珠等场合，用以减小机构的磨损。

二、复合铰链

两个以上的构件在同一处以转动副连接，所构成的运动副就叫作复合铰链。

图 2-13（a）所示为 3 个构件在同一点处以转动副连接而构成的复合铰链，而由图 2-13（b）和图 2-13（c）可以清楚地看出，3 个构件共构成 2 个转动副，而不是 1 个。同理，若由 m 个构件（包含机架在内）在同一处构成转动副（在机构运动简图上显现为 1 个转动副），则该处的实际转动副数目为（$m-1$）个。

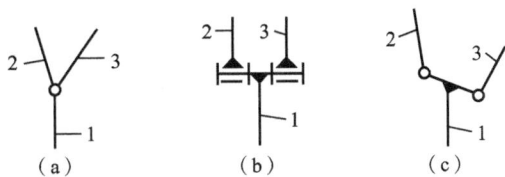

图 2-13 复合铰链

图 2-14 给出了几种典型的复合铰链。在计算机构的自由度时，应注意观察机构运动简图中是否存在复合链铰，以免把转动副数目搞错。复合铰链仅存在于转动副中。

例题 2-4 计算图 2-15 中所示直线机构（实现无导轨直线运动）的自由度。

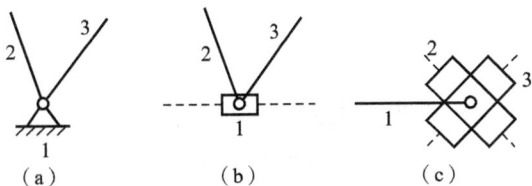

图 2-14 几种典型的复合铰链

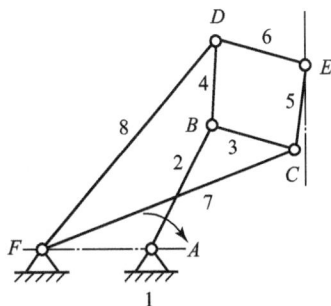

图 2-15 直线机构

解： 在图 2-15 所示的直线机构中，活动构件数 $n=7$，在 B、C、D 和 F 点处分别存在由三个构件所构成的复合铰链，无平面高副，因此，低副数 $P_L=10$，高副数 $P_H=0$，由式（2-1）可得

$$F=3n-2P_L-P_H=3\times7-2\times10-0=1$$

三、虚约束

对机构运动实际上不起限制作用的约束称为虚约束。图 2-16（a）实线所示的平行四边形机构，其自由度 $F=1$。若在构件 2 和机架 4 之间与 AB 或 CD 平行地铰接一构件 5，则不难理解构件 5 并没有对机构运动起到实际的限制作用，显然是虚约束。但当按式（2-1）计算该机构的自由度时，其结果为

$$F=3n-2P_L-P_H=3\times4-2\times6-0=0$$

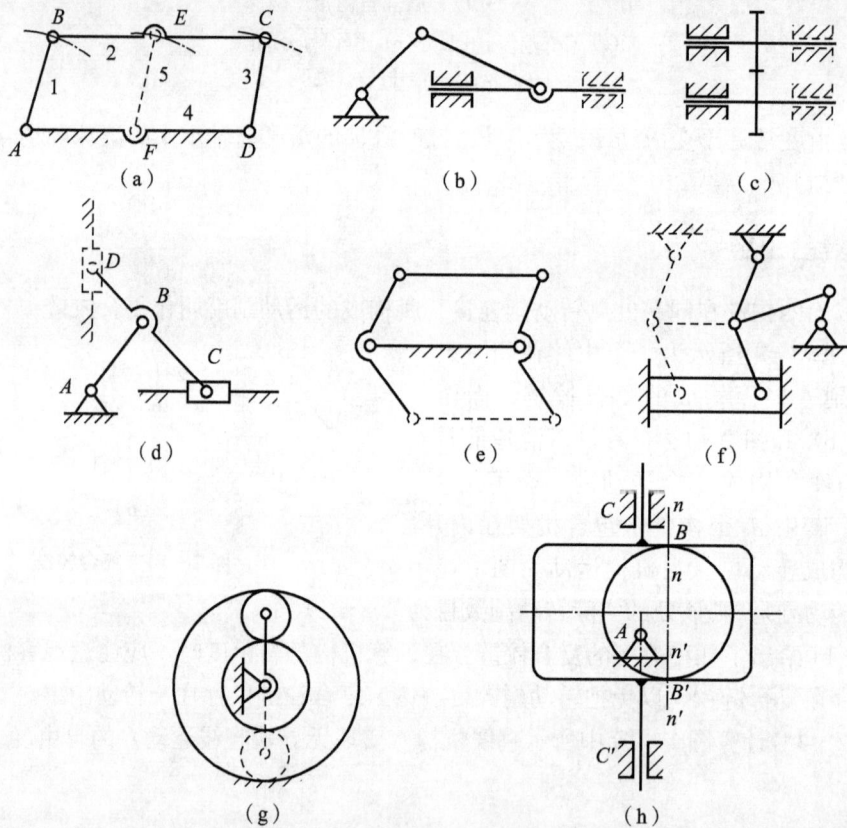

图 2-16 虚约束

（a）$EF \underline{\parallel} BA \underline{\parallel} CD$；（b）平行导路多处移动副；（c）同轴多处转动副；（d）$AB=BC=BD$ 且 $\angle DAC=90°$；（e）两构件上两点始终等距；（f）对称布置构件；（g）对称布置的多个行星轮；（h）等宽凸轮的两处高副

很明显，以上计算结果与实际情况是不相符的，这说明虚约束会影响使用式（2-1）计算自由度的正确性。作为处理手段是将机构中构成虚约束的构件连同其所附带的运动副一概扣除不计。

机构中引入虚约束，主要是为了改善机构的受力情况、增加机构的刚度或传递较大的功

率。虚约束类型较多，比较复杂，在自由度计算时要特别注意。为便于判断，将常见的几种形式简述如下。

（1）若两构件在互相平行或重合的导路上几处接触而构成移动副，则有效约束只有一处，其他均为虚约束，如图 2-16（b）所示。

（2）若两构件在同一轴线的几处组成转动副，则有效约束只有一处，其他均为虚约束，如图 2-16（c）所示。

（3）若构件上某点在引入运动副后的轨迹与未引入运动副时的轨迹完全重合，则构成虚约束，如图 2-16（d）所示，由于 $\overline{AB}=\overline{BC}=\overline{BD}$ 且 $\angle DAC=90°$，D 点的运动轨迹始终为沿 AD 连线方向的直线。此时，若在 D 点处安装一个导路沿 AD 连线的滑块，则滑块上的 D 点与加装滑块前 CD 连杆上的 D 点的轨迹重合，D 点处引入的约束为虚约束。

（4）若两构件上两点间的距离在运动过程中始终保持不变，当用运动副和构件连接该两点时，则构成虚约束，如图 2-16（e）所示。

（5）若机构中增加了对运动不起作用的对称部分，如图 2-16（f）和图 2-16（g）中的虚线部分也构成虚约束。

（6）若两构件在多点处组成高副连接，且各高副的公法线重合，这时只计一处高副约束，其余为虚约束，如图 2-16（h）所示，等宽凸轮在 B 点和 B' 点处高副接触，公法线 $n-n$ 与 $n'-n'$ 相重合，B' 点处为虚约束。

值得注意的是，机构中的虚约束都是在一定的几何条件下出现的，如果这些几何条件不满足，则虚约束将变成实际约束。因而，在进行机械设计时，若必须使用虚约束，则一定要严格保证设计、加工、装配的精度，以满足虚约束所需的特定几何条件。

例题 2-5 计算图 2-17 所示机构的自由度。

解： 在图 2-17（a）中弹簧 K 对自由度无影响，$2'$ 存在局部自由度；构件 7 与机架 8 在平行的导路上有两处（I 处和 H 处）构成移动副，其中之一为虚约束。通过分析可知，活动构件数 $n=7$，低副 $P_L=9$，高副 $P_H=2$，由式（2-1）可得

$$F=3n-2P_L-P_H=3\times7-2\times9-2=1$$

图 2-17（b）中，齿轮 $2'$、$2''$ 及其连带的运动副均为虚约束；齿轮 3、4，系杆 1 和机架 5 共 4 个构件在 A 处以转动副连接，构成复合铰链，因而 A 处的实际转动副数目为 3。通过分析可知，该轮系活动构件数 $n=4$，$P_L=4$，$P_H=2$，由式（2-1）可得

$$F=3n-2P_L-P_H=3\times4-2\times4-2=2$$

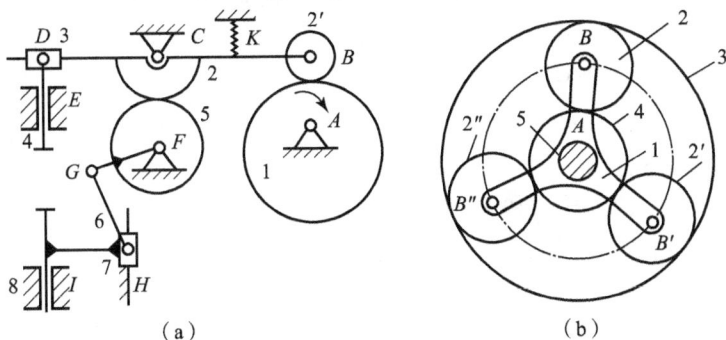

图 2-17 例 2-5 附图

例题 2-6 计算图 2-18 所示机构的自由度，并判断该机构是否具有确定的运动。

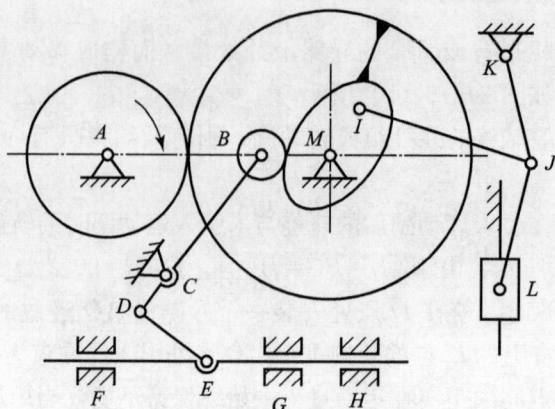

图 2-18 例 2-6 附图

解： 由图 2-18 可知，在 B 点处存在局部自由度，需将滚子与 BD 杆固化在一起，以消除局部自由度；FH 杆在 F、G、H 处利用移动副与机架相连，而这三个移动副导路重合，此时只有一个起作用，其他均为虚约束，因此，只保留其中一个，去掉另外两个虚约束；在 J 点处由 IJ、KJ 和 JL 三个构件用转动副连接，J 点处是复合铰链。

经以上处理后的机构，活动构件数 $n=9$，低副数 $P_L=12$，高副数 $P_H=2$，由式（2-1）可得

$$F=3n-2P_L-P_H=3\times9-2\times12-2=1$$

由于该机构的原动件数是 1，与自由度数目相等，因此，该机构具有确定的运动。

第五节　机构的组成原理

一、杆组

图 2-19 所示为由一个原动件和机架所组成的系统（如电机），我们将其称为最简机构。显然，最简机构的自由度 $F=1$。

由机构具有确定运动的条件可知，对于由一个原动件驱动而具有确定运动的任一机构而言，其自由度 $F=1$。很明显，若把该机构中的原动件和机架分离出来，则其余活动构件和运动副所组成的构件系统的自由度必然为零。该自由度为零的构件系统也许还可进一步拆分成一系列满足 $F=0$ 条件的子系统。我们把自由度为零且不可再拆分的构件系统称为基本杆组。

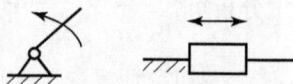

图 2-19 最简机构

设基本杆组由 n 个活动构件和 P_L 个低副组成，则根据定义有

$$F=3n-2P_L=0$$

即

$$n=\frac{2}{3}P_L$$

因为 n 和 P_L 均为整数，所以最简单的基本杆组是 $n=2$，$P_L=3$ 的杆组，并把这种杆组称为Ⅱ级杆组。Ⅱ级杆组中按其所包含的转动副和移动副的数目及分布情况，常见的有如图 2-20 所示的几种形式。图中，A、C 处的运动副称为外副，表示与组外构件形成的运动副；B 处为内副，是组内构件形成的运动副。

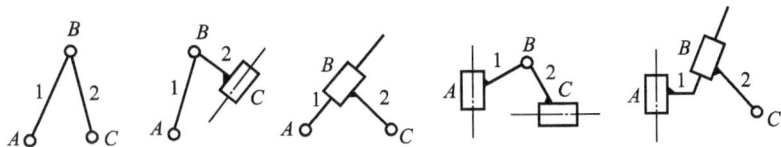

图 2-20　Ⅱ级杆组（$n=2$，$P_L=3$）

除Ⅱ级杆组外，实际机构中还用到一些较为复杂的杆组，如 $n=4$，$P_L=6$ 的杆组。常见的为图 2-21 所示的Ⅲ级杆组和图 2-22 所示的Ⅳ级杆组。由于Ⅳ级杆组的应用较少，故在本书中不讨论。

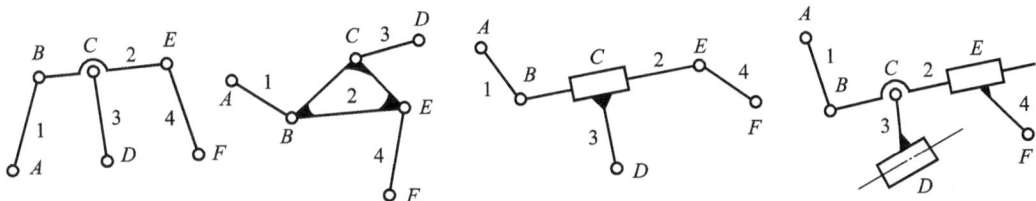

图 2-21　Ⅲ级杆组（$n=4$，$P_L=6$）

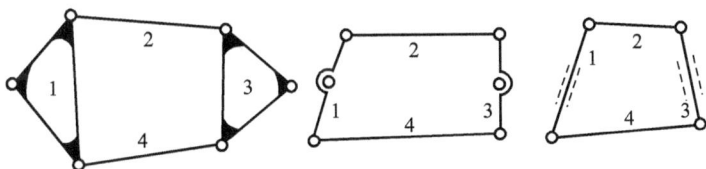

图 2-22　Ⅳ级杆组（$n=4$，$P_L=6$）

二、组成原理

借助于最简机构和基本杆组的概念，平面机构的组成原理概述如下：任意复杂的平面机构都可看作是在最简机构的基础上连接一些基本杆组所构成的。图 2-23 表示了根据机构的组成原理组成六杆机构的过程。图 2-23（a）中，Ⅱ级杆组 BCD 通过其外副 B、D 连接到原动件 1 和机架上，形成四杆机构 $ABCD$。再将Ⅱ级杆组 EFG 通过外副 E 和 G 分别与Ⅱ级杆组 BCD 和机架连接，组成图 2-23（a'）所示的六杆机构。图 2-23（b）中，Ⅲ级杆组 $CBDE$ 通过其外副 B、C、E 连接到原动件 1 和机架上，组成图 2-23（b'）所示的六杆机构。需要注意的是，杆组的各个外接副不能全部并接在同一个构件上，因为这种并接会使杆组与被并接件形成桁架，以致起不到添加杆组的作用。

了解领会机构的组成原理，对于设计新的机构具有启发作用。作为抛砖引玉，图 2-24（b）～图 2-24（d）所示的牛头刨床主运动机构就是在图 2-24（a）所示的导杆机

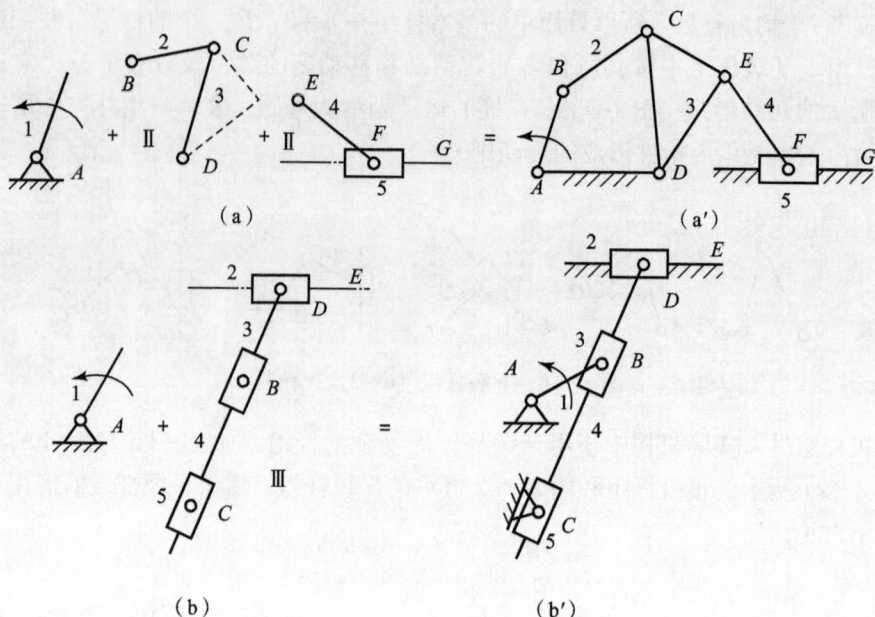

图 2-23　机构的组成原理

构的基础上通过附加不同型式的Ⅱ级杆组所构成的。在设计时必须遵循的一个原则是，在满足相同工作要求的前提下，机构的结构越简单、杆组的级别越低、构件数和运动副的数目越少越好。

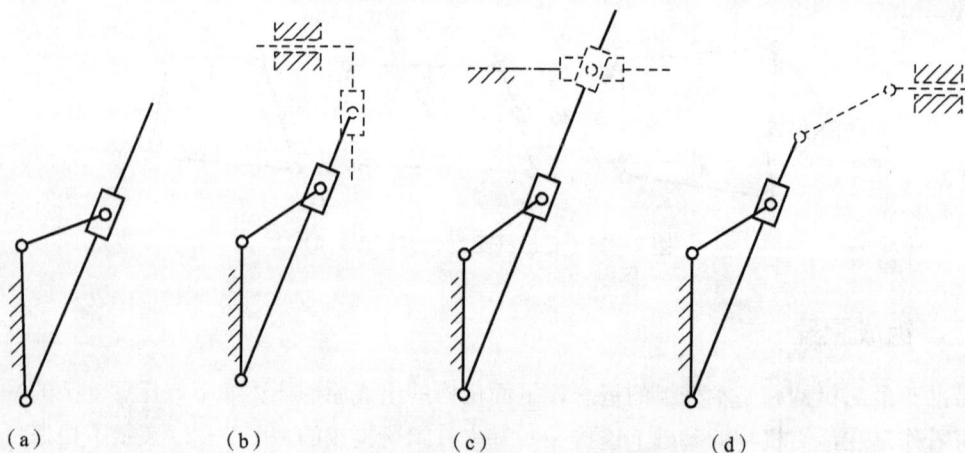

图 2-24　牛头刨床主运动机构的不同组成形式

三、结构分类

平面机构的结构分类，其主要任务是划分机构的级别。机构的级别是按照机构中基本杆组的最高级别来界定的。把由最高级别为Ⅱ级杆组所构成的机构称为Ⅱ级机构；把由最高级别为Ⅲ级杆组所构成的机构称为Ⅲ级机构。按照定义可知，图 2-23 所示的机构中，图 2-23（a′）所示为Ⅱ级机构，图 2-23（b′）所示为Ⅲ级机构。

必须强调指出，机构的级别与原动件的选择有直接关系，当选择机构中不同的构件作为原动件时，机构的级别有可能不同。例如，对于图 2 - 25（a）所示的八杆机构，当选择构件 1 作为原动件时（见图 2 - 25（b）），该机构可拆分一个 II 级杆组和一个 III 级杆组，机构为 III 级机构；当选择构件 6（见图 2 - 25（c））或者构件 7（见图 2 - 25（d））为原动件时，该机构可拆分为三个 II 级杆组，机构为 II 级机构。机构的级别决定了对该机构进行运动分析及力分析的难易程度。

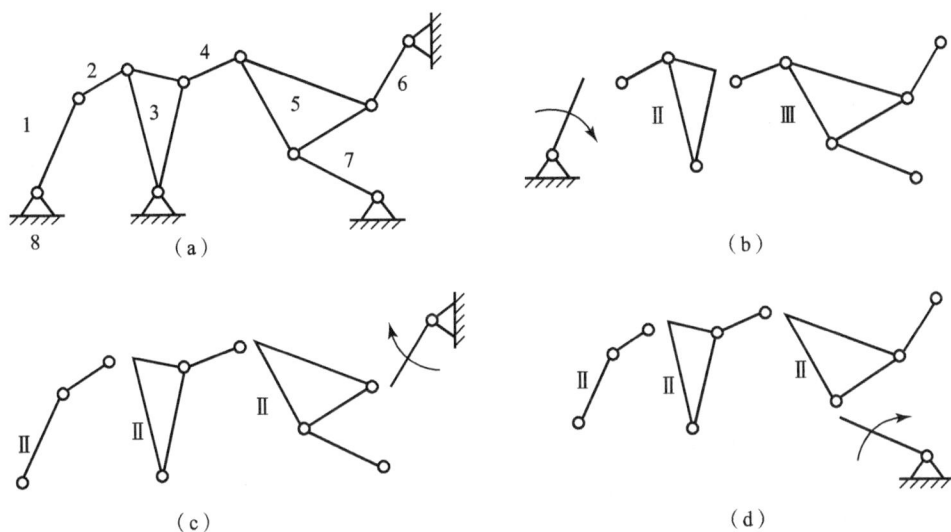

图 2 - 25 平面八杆机构的杆组分析
(a) 平面八杆机构运动简图；(b) 以构件 1 为原动件拆杆组；
(c) 以构件 6 为原动件拆杆组；(d) 以构件 7 为原动件拆杆组

四、高副低代

前述杆组分析中只涉及了低副，而对于含有高副的机构欲进行杆组分析和结构分类时，则可采用把高副替换成低副的方法进行变通处理，简称高副低代。

高副低代的目的是使平面低副机构结构分析和运动分析的方法适用于所有平面机构。

在进行高副低代时，应遵循以下代换原则：

（1）代换前后保持机构的自由度不变。为了保证代换前后机构的自由度完全相同，最简单的方法是用一个含有两个低副的虚拟构件，来代替一个高副。这是因为，一个高副引入一个约束，而一个构件和两个低副也引入一个约束。

（2）代换前后保持机构的运动关系不变。由于高副所引入的约束是限制两高副元素沿接触点的公法线方向做相对移动，所以高副低代的要点就是要找出两高副元素接触点处的公法线和曲率中心。只要将代换后的两个低副分别置于两曲率中心，便可以满足代换前后机构的运动关系不变这一条件。

图 2 - 26 给出的是几种典型高副接触的代换图例。图 2 - 26（a）所示为高副两元素为任意曲线时的高副低代，构件 1 和 2 分别绕轴心 O_1、O_2 转动，它们在接触点 C 处的曲率中心分别为 K_1 和 K_2 点。在对此高副进行低代时，可以用四杆机构 $O_1 K_1 K_2 O_2$ 来替代原机构，即用含有两个转动副 K_1、K_2 的虚拟连杆代替原机构中的高副 C，即可保证代换前后机构的

运动关系不变。

当其中的一个高副元素由曲线变为尖点时,如图 2-26 (b) 所示,高副两元素之一为尖点,其中一个高副元素的曲率半径变为零,那么曲率中心与该点重合。

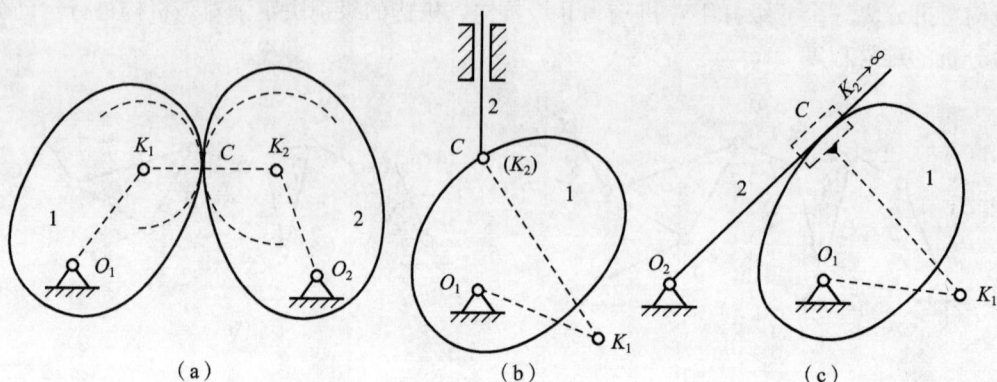

图 2-26 高副低代

(a) 高副两元素在任意曲线时;(b) 高副两元素之一为一点时;(c) 高副两元素之一为直线时

当其中一个高副元素由曲线变为直线时,如图 2-26 (c) 所示,则将该高副曲线的曲率半径视为无穷大,其曲率中心在无穷远,绕无穷远点的转动即演化为直线移动,该转动副演化为由滑块构成的移动副。

根据上述方法将含有高副的平面机构利用低副进行替代后,该机构转化为平面低副机构,在分析机构组成原理和进行结构分析时,只需研究平面低副机构即可。

需要指出,一般两曲率中心的距离随机构位置的不同而变化,所以高副低代一般是瞬时替代。

五、平面机构的结构分析

平面机构结构分析的目的是了解机构的组成,其主要任务是判定机构的级别,而机构的级别则取决于机构中杆组的最高级别。

平面机构的结构分析就是把机构分解为原动件和基本杆组,并确定机构级别的过程。

机构结构分析的过程又称为拆杆组,所遵循的原则是:从离原动件最远的部分开始试拆;每试拆一个基本杆组后,机构中剩余的部分仍是一个完整的机构;先从Ⅱ级杆组开始试拆,无法拆分出Ⅱ级杆组再开始尝试拆Ⅲ级杆组;拆杆组结束的标志是只剩下原动件和机架所组成的最简机构。

需要注意的是:

(1) 所谓离原动件最远,并不是指在空间距离上离原动件最远,而是指在传动关系和传动路线上离原动件最远;

(2) 每拆分出一个杆组,剩余的部分仍旧是一个自由度与原机构相同的机构。

机构结构分析的步骤如下:

(1) 首先去除虚约束,并对机构中的局部自由度进行处理,计算机构的自由度并确定原动件;

（2）对机构进行高副低代；

（3）从远离原动件的部分开始拆杆组，首先考虑Ⅱ级杆组，若无法拆除，再拆Ⅲ级组，拆下的杆组是自由度为零的基本杆组，最后剩下的原动件数目与自由度数相等；

（4）确定机构的级别。

例题2-7 计算图2-27（a）中所示机构的自由度，并分析机构组成情况，其中构件1为原动件。

解：（1）去除虚约束FG构件，将B点处的滚子与杆件3固连，D、E两点处为复合铰链，故该机构的活动构件数$n=8$，低副数$P_L=11$，高副数$P_H=1$，由式（2-1）得

$$F=3n-2P_L-P_H=3\times8-2\times11-1=1$$

（2）进行高副低代，得到如图2-27（b）所示机构。

（3）从远离构件1处开始试拆杆组，拆下4个Ⅱ级杆组，余下1个原动件和机架，如图2-27（c）所示。

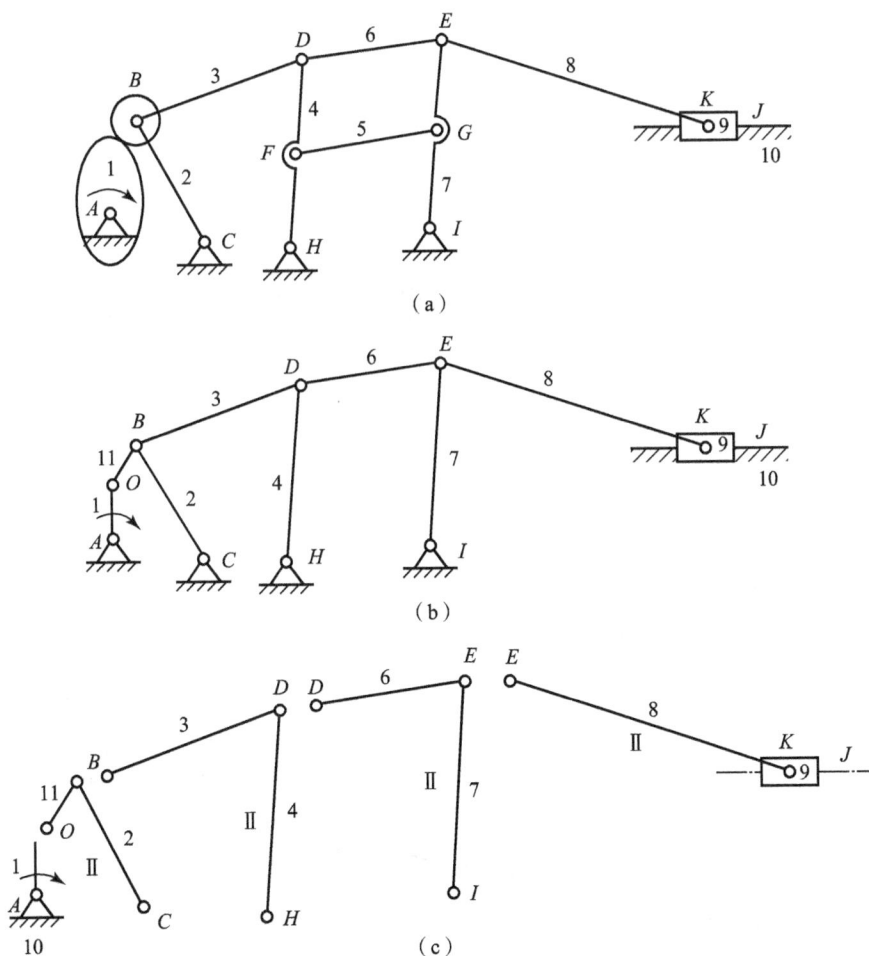

图2-27 例题2-7图

（a）机构运动简图；（b）高副低代后的机构运动简图；（c）以构件1为原动件拆分杆组

（4）由于所拆下的杆组最高级别为Ⅱ级，故该机构为Ⅱ级机构。

例题 2-8 计算图 2-28（a）中所示冲压机构的自由度，并分析下列情况下组成机构的基本杆组及机构的级别：

（1）当以构件 1 为原动件时；

（2）当以构件 6 为原动件时。

解： 机构的活动构件数 $n=9$，低副数 $P_L=13$，高副数 $P_H=0$，没有局部自由度和虚约

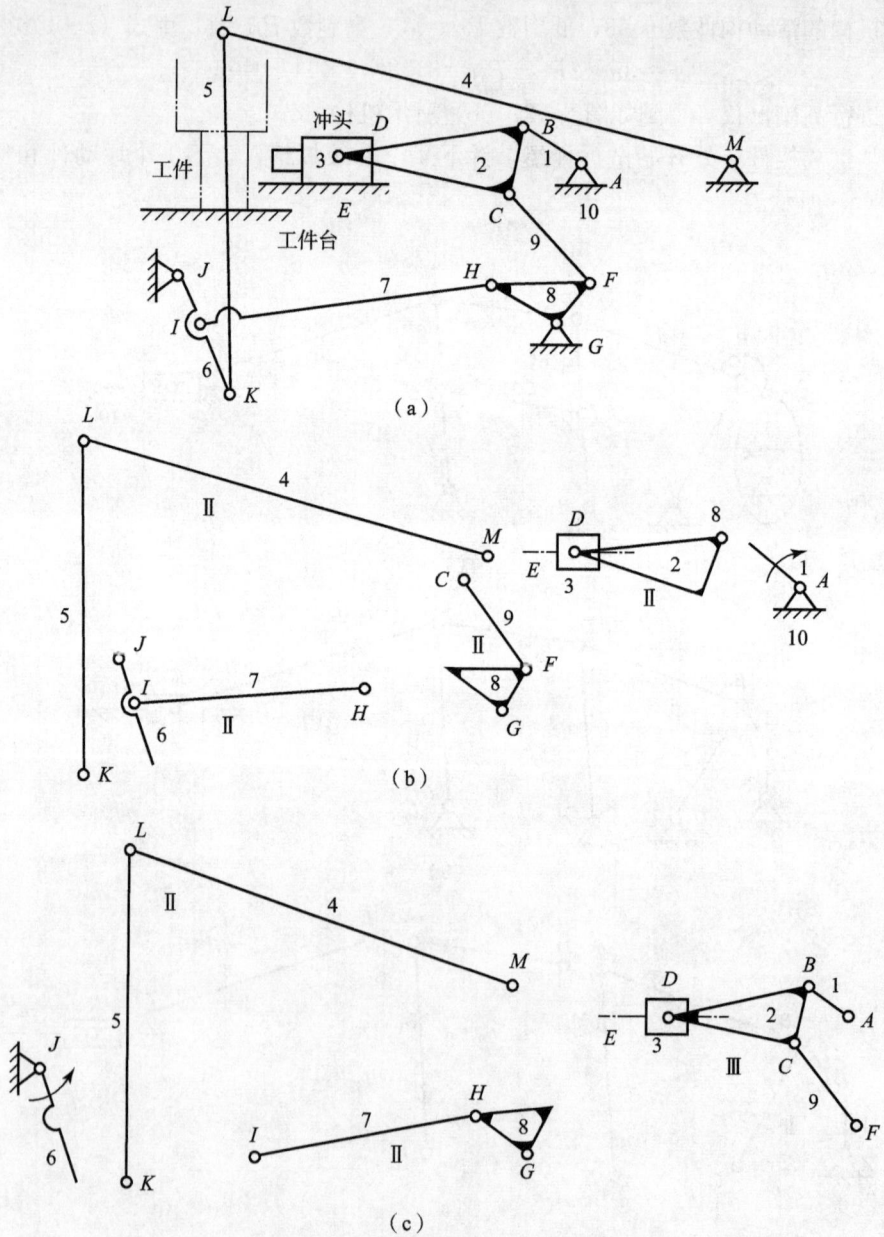

（a）

（b）

（c）

图 2-28　例题 2-9 图

（a）机构运动简图；（b）以构件 1 为原动件拆分杆组；（c）以构件 6 为原动件拆分杆组

束，由式（2-1）得

$$F=3n-2P_{\mathrm{L}}-P_{\mathrm{H}}=3\times9-2\times13-0=1$$

（1）当以构件 1 作为原动件时，从距离原动件最远的构件 4 开始试拆杆组，拆下 4 个 Ⅱ 级杆组，余下 1 个原动件和机架组成的最简机构，如图 2-28（b）所示。由于所拆下的杆组最高级别为 Ⅱ 级，故该机构为 Ⅱ 级机构。

（2）当以构件 6 作为原动件时，从距离原动件最远的构件 3 开始试拆杆组，拆下 1 个 Ⅲ 级杆组、2 个 Ⅱ 级杆组，余下 1 个原动件和机架组成的最简机构，如图 2-28（c）所示。由于所拆下的杆组最高级别为 Ⅲ 级，故该机构为 Ⅲ 级机构。

【知识拓展】

在机构的结构理论研究中，近年来采用了图论、网络分析、线性几何学、螺旋坐标等各种工程数学方法。为了创造和设计出更好的机构，开展机械运动简图设计理论和方法、机构类型知识库建立、机构创新方法的研究日益受到重视，包括液压、气动、电磁、电子、光电等非机械传动元件的广义机构设计方法的研究已日益迫切。对于空间机构的自由度计算问题限于篇幅没有展开讨论，可参考文献［14］。

思 考 题

2-1　构件和零件的定义以及二者之间有何区别？

2-2　运动链成为机构的条件是什么？

2-3　自由度、约束与运动副之间存在何种关系？

2-4　机构运动简图的用途是什么？它能表示出原机构哪些方面的特征？如何绘制机构运动简图？

2-5　在计算机构自由度时，应注意哪些事项？

2-6　机构中为何要引入虚约束？使用虚约束时需注意什么问题？

2-7　组成机构的基本单元是什么？符合何种条件才能称为机构？

2-8　如何确定机构的级别？影响机构级别变化的因素是什么？

2-9　为何要对平面机构进行"高副低代"？"高副低代"的原则和方法是什么？

2-10　对平面机构进行结构分析时的原则是什么？遵循哪些步骤？

习 题

2-1　根据题 2-1 图所示各机构的结构简图，绘制其机构运动简图，并计算机构的自由度。

2-2　根据题 2-2 图所示各机构的结构简图，绘制其机构运动简图，并确定原动件。

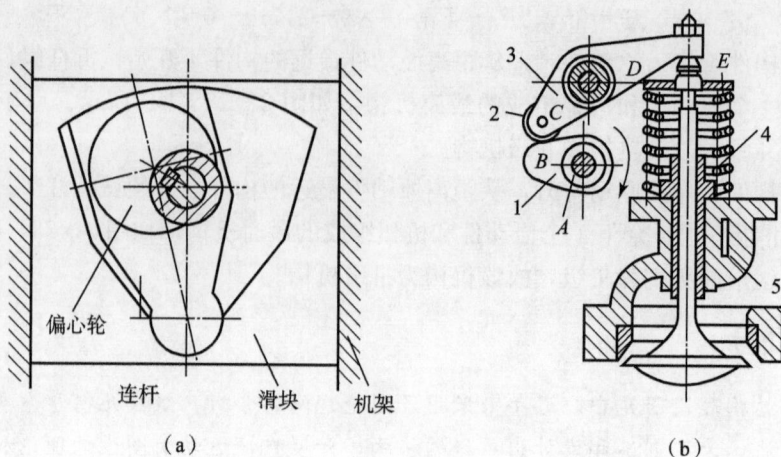

偏心轮

连杆　滑块　机架

（a）　　　　　　　　　　　　（b）

题 2-1 图

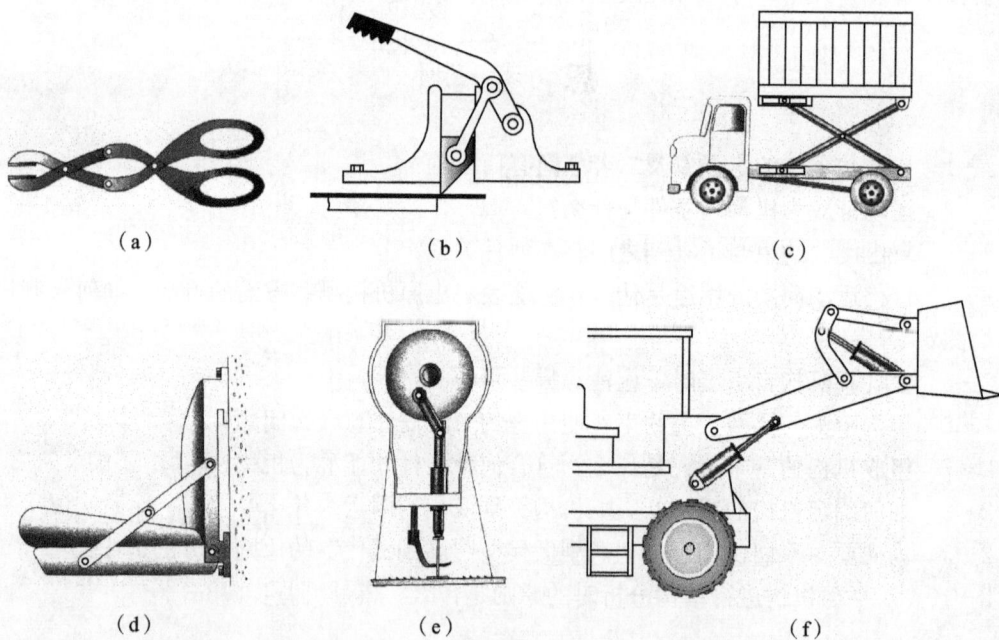

（a）　　　　　　（b）　　　　　　（c）

（d）　　　　　　（e）　　　　　　（f）

题 2-2 图

2-3　计算题 2-3 图所示各机构的自由度。若存在局部自由度、复合铰链和虚约束，请明确指出。

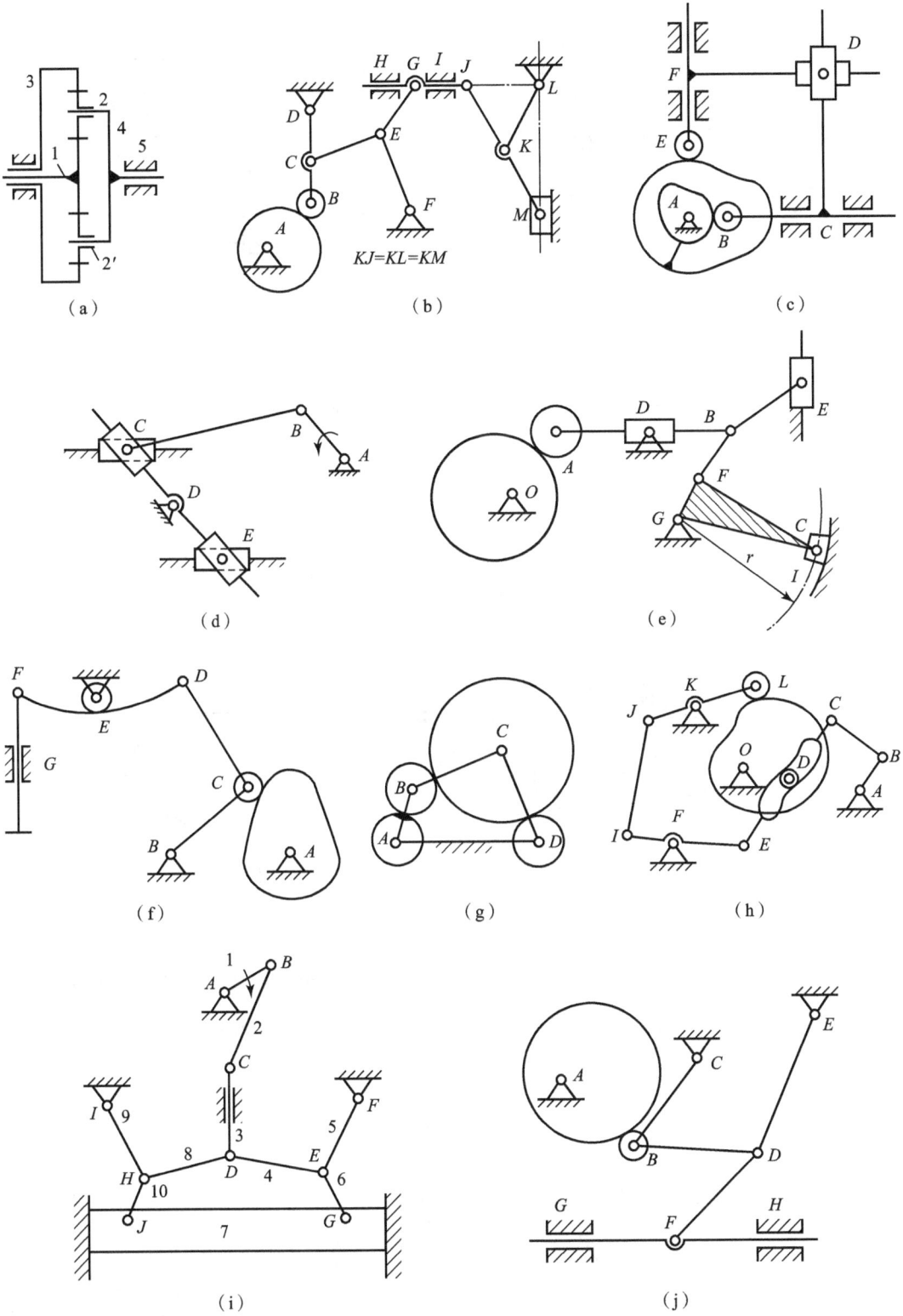

（a）　　　　　　　　（b）　　　　　　　　（c）

$KJ=KL=KM$

（d）　　　　　　　　（e）

（f）　　　　　　　（g）　　　　　　　（h）

（i）　　　　　　　　（j）

题 2-3 图

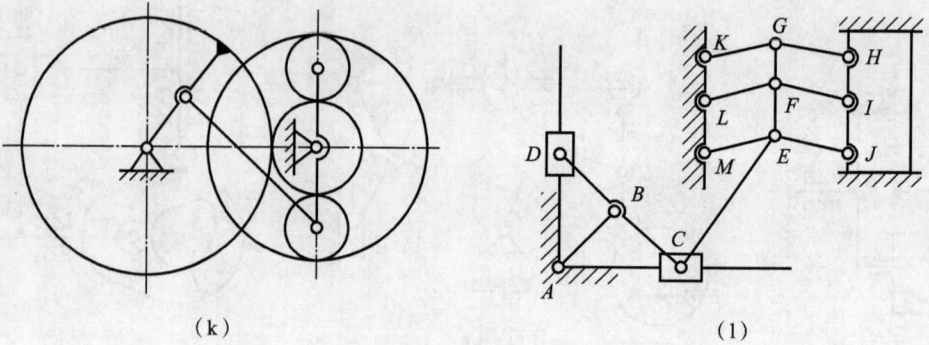

（k）　　　　　　　　　　　　　　（1）

题 2-3 图（续）

2-4　计算题 2-4 图所示各机构的自由度，并在高副低代后，分析组成机构的基本杆组、杆组的级别及机构的级别。

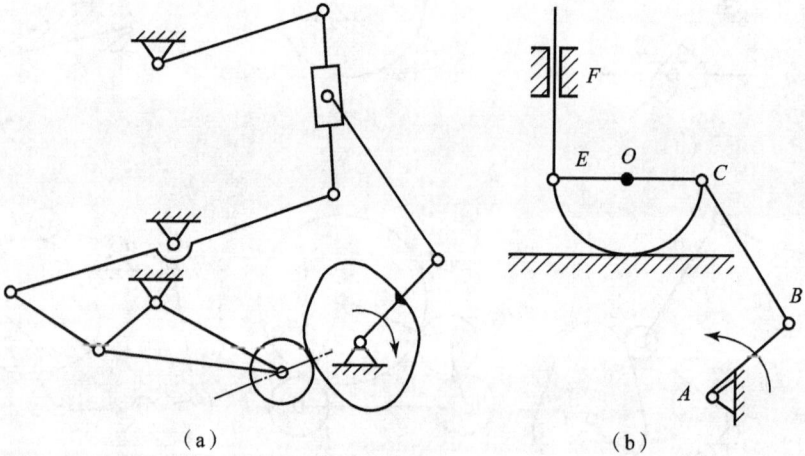

（a）　　　　　　　　　　　　　（b）

题 2-4 图

2-5　计算题 2-5 图所示机构的自由度，当构件 1 和构件 5 分别作为原动件时，分析组成机构的基本杆组及级别，并判定机构的级别。

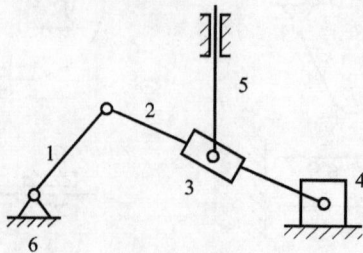

题 2-5 图

2-6　仿照题 2-6（b）图，修改题 2-6（a）图的小冲床机构，使其自由度 $F=1$。要求提出多种修改方案。

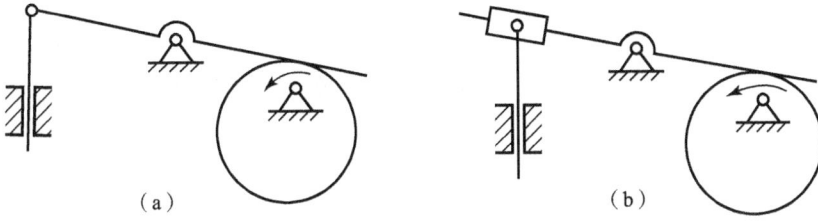

题 2-6 图

第三章　机构的运动分析

【内容提要】

本章介绍机构运动分析的目的和方法，包括用速度瞬心法和相对运动图解法对机构进行运动分析，以及用解析法对机构进行运动分析。

第一节　机构运动分析的目的和方法

机构的运动分析是指根据机构中原动件的运动规律，求解机构中其他构件的位移、速度和加速度以及这些构件上某些点的运动轨迹、位移、速度和加速度的过程。运动分析对于研究现有机械的运动性能以及设计新机械，都是一个必不可少的重要内容。

一、机构运动分析的目的

（1）通过对机构进行位移分析，了解从动件的位移及构件上某些点的运动轨迹等，确定机构的运动空间，判断各构件在运动过程中是否会发生干涉。

（2）通过对机构进行速度和加速度分析，求解机构某些构件的速度、加速度，了解机构的运动性能。

（3）运动分析为机构的受力分析奠定了运动学基础。

二、运动分析的方法

机构运动分析的方法很多，主要有图解法和解析法。图解法又可分为速度瞬心法与相对运动图解法。

1. 图解法

1）速度瞬心法

利用瞬心是两构件绝对速度相等的重合点的原理，求解构件的角速度或构件上某些点的速度。速度瞬心法只能进行速度分析。

2）相对运动图解法

利用理论力学中的相对运动原理，列出机构中同一构件上的不同两点或不同构件上的两重合点间的速度和加速度相对运动关系的矢量方程，用作图的方法求解构件的角速度、角加速度或构件上某些点的速度及加速度。相对运动图解法适合需要简捷直观地了解机构的某个或某几个位置的运动特性要求的情况，具有简明、直观的特点，精度基本能满足实际要求。

2. 解析法

解析法首先需建立机构中已知的运动学尺寸和参数与未知的运动变量之间的位置方程，然后将位置方程对时间求导数，求得机构的速度和加速度，从而完成机构的运动分析。按使用的数学工具的不同，主要有矢量方程复数法和矢量方程矩阵法两种。解析法可获得精确解，但需进行大量的数学运算，一般需借助电子计算机来完成。解析法适用于需要精确地了解或知道机构在整个运动循环过程中的运动特性要求的情况。

第二节 用速度瞬心法对机构进行速度分析

一、瞬心的基本概念

两个做平面相对运动的刚体（构件），在任意瞬时，其相对运动都可以看成是绕某一重合点的相对转动，该重合点称为速度瞬心，简称瞬心，用 P_{12} 或 P_{21} 表示。显然，瞬心是两构件的等速重合点或同速点，当这两个构件之中有一个构件固定不动时，则瞬心处的绝对速度为零，该瞬心称为绝对瞬心；若两个刚体都在运动，则其瞬心称为相对瞬心。

图 3-1 中构件 1、2 做平面相对运动，两构件在重合点 A 处的相对速度为 $v_{A_1 A_2}$，在重合点 B 处的相对速度为 $v_{B_1 B_2}$，两相对速度垂线的交点为两构件的瞬心 P_{12}。

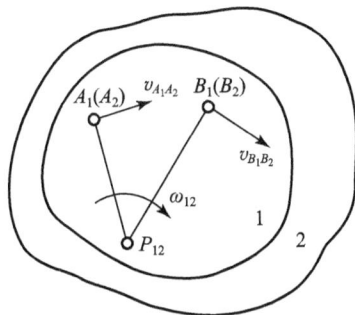

图 3-1 速度瞬心

二、机构中瞬心的数目

若机构中含有 k 个构件（包括机架），由于每两个构件之间都有一个瞬心，则机构全部瞬心的数目 N 为

$$N = C_k^2 = \frac{k(k-1)}{2}$$

三、瞬心位置的确定

机构中每两个构件之间就有一个瞬心。如果两个构件通过运动副直接相连，一般瞬心的位置可以直接观察确定；如果两个构件不直接接触构成运动副，那么瞬心位置就需要借助"三心定理"来确定。下面分别进行介绍。

1. 通过运动副直接相连的两个构件的瞬心

1）两个构件以转动副相连接

两个构件以转动副相连接时，由于相对运动是绕该转动中心转动，因此速度瞬心就在转动副转动中心，如图 3-2（a）所示。

2）两个构件以移动副相连接

两个构件以移动副相连接时，相对运动为移动，两构件上的任意重合点的相对移动速度方向均沿导路方向，所以速度瞬心在垂直移动副导路的无穷远处，如图 3-2（b）所示。

3）两构件以高副相连接

若两构件做纯滚动，则接触点即为速度瞬心，如图 3-2（c）所示。若两构件在接触点处既滚又滑，因接触点的公切线方向为相对速度方向，所以瞬心在接触点的公法线 nn 上，如图 3-2（d）所示。

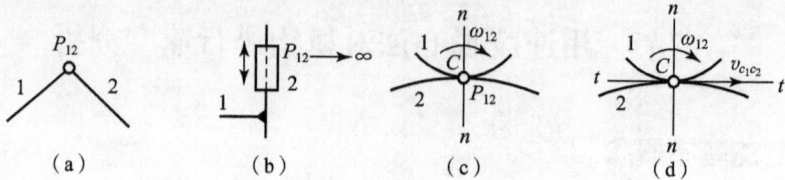

图 3-2　通过运动副直接相连的两个构件的瞬心

(a) 转动副；(b) 移动副；(c)，(d) 高副

2. 两构件不直接用运动副相连时的瞬心

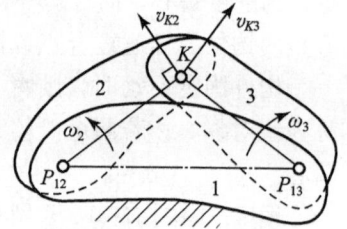

若两构件之间没有直接连接形成运动副，则其瞬心位置可用"三心定理"确定。三心定理的内容为：彼此做平面运动的三个构件间的三个瞬心必位于同一直线上。现用反证法说明，如图 3-3 所示，构件 1、2、3 做平面相对运动，构件 2、3 与构件 1 分别用转动副直接相连，瞬心在各自转动中心，

图 3-3　三心定理

即在 P_{12} 与 P_{13}，假设不直接组成运动副的构件 2 和 3 的瞬心 P_{23} 不在 P_{12} 与 P_{13} 的连线上，而是在图中的 K 点，则构件 2 上 K 点的速度 v_{K2} 的方向垂直于 P_{12} 与 K 点的连线，构件 3 上 K 点的速度 v_{K3} 方向垂直于 P_{13} 与 K 点的连线，显然两者的方向不同，故 P_{23} 不可能在该点，要使重合点的速度方向相同，P_{23}、P_{12} 和 P_{13} 一定在一条直线上。

例题 3-1　求图 3-4 所示五杆机构的全部瞬心，已知各杆长度均相等，$\omega_1 = \omega_4$ 且 ω_1 与 ω_4 回转方向相反。

解： 五杆机构瞬心数为

$$N = \frac{k(k-1)}{2} = \frac{5 \times (5-1)}{2} = 10$$

在图 3-4 所示的机构中，瞬心 P_{10}、P_{12}、P_{23}、P_{34}、P_{40} 位置可直接确定。

根据已知条件 $\omega_1 = \omega_4$ 且转向相反，可判定 P_{14} 应位于 P_{10} 与 P_{40} 中间，其余瞬心 P_{13}、P_{24}、P_{20}、P_{30} 则需要借助三心定理确定。

对于构件 1、2、3，瞬心 P_{13} 位于瞬心 P_{12} 与 P_{23} 的连线上；P_{13} 又在瞬心 P_{14} 与 P_{34} 的连线上，故上述两条线的交点即为瞬心 P_{13} 的位置。

同理，由 $\overline{P_{14}P_{12}}$、$\overline{P_{34}P_{23}}$ 得 P_{24}，由 $\overline{P_{40}P_{34}}$、$\overline{P_{10}P_{13}}$ 得 P_{30}，由 $\overline{P_{10}P_{12}}$、$\overline{P_{30}P_{23}}$ 得 P_{20}。

至此，10 个瞬心全部求出并标示于图 3-4 中。

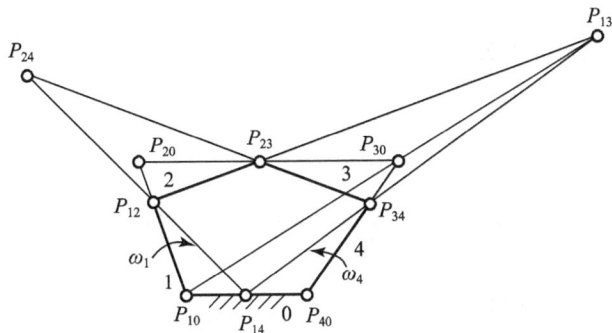

图 3-4　五杆机构瞬心

例题 3-2　图 3-5 所示为一导杆机构的运动简图，已知 $\omega_1 = 10$ rad/s，试用速度瞬心法求构件 3 的角速度 ω_3。

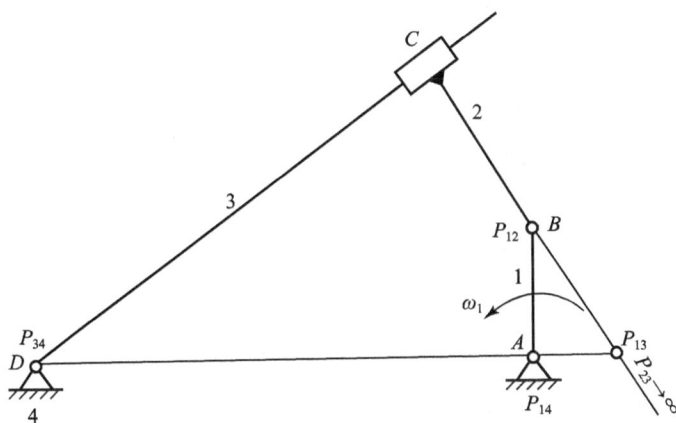

图 3-5　瞬心法在导杆机构中的应用

解：由于构件 1 的角速度是已知的，因此欲求构件 3 的角速度 ω_3，可借助构件 1 与构件 3 的速度瞬心 P_{13}。

在图示机构中，瞬心 P_{12}、P_{23}、P_{34}、P_{14} 的位置可直接观察确定。

根据三心定理，瞬心 P_{13} 位于瞬心 P_{12} 与 P_{23} 的连线上；P_{13} 又在瞬心 P_{14} 与 P_{34} 的连线上，故上述两条线的交点即为瞬心 P_{13} 的位置。

由于瞬心是两构件等速重合点，因此有

$$\mu_l \overline{AP_{13}} \cdot \omega_1 = \mu_l \overline{DP_{13}} \cdot \omega_3$$

式中，μ_l——机构运动尺寸的长度比例尺，为构件实际长度与图示长度之比，单位为 m/mm 或 mm/mm。

由上式可得

$$\omega_3 = \mu_l \overline{AP_{13}} \cdot \omega_1 / (\mu_l \overline{DP_{13}}) = 1.43 \text{ rad/s （逆时针方向）}$$

例题 3-3　在图 3-6 所示的凸轮机构运动简图中，凸轮 2 的转动角速度为 ω_2，方向如图 3-6 所示。用瞬心法求从动件 3

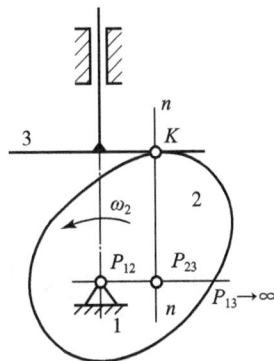

图 3-6　瞬心法在凸轮机构中的应用

的速度 v_3。

解：机构全部速度瞬心已标于图 3-6 中，P_{23} 为凸轮 2 与推杆 3 的速度瞬心，即两个构件的同速点，因此有

$$v_3 = v_{P_{23}} = \mu_l \overline{P_{12}P_{23}} \omega_2 \ （垂直向上）$$

第三节　用相对运动图解法对机构进行运动分析

对机构进行运动分析，包括位置、速度和加速度分析。利用图解法进行位置分析就是按原动件的位置及给定的机构运动尺寸画机构运动简图，第二章已经学习过，本节只介绍速度和加速度分析。

相对运动图解法对机构进行速度和加速度分析，首先要依据理论力学中相对运动的原理建立速度和加速度矢量方程，然后通过图解的方法对矢量方程进行求解。建立速度和加速度矢量方程时分两种情形，一种是同一构件上不同点的速度和加速度矢量方程；另一种是两个不同构件上同一点（重合点）处的速度和加速度矢量方程。下面分别讨论如何针对上述两类问题来建立速度和加速度矢量方程并求解。

一、建立速度和加速度矢量方程及求解

1. 同一构件上两点间的速度和加速度关系

1）速度关系

在图 3-7（a）所示的机构运动简图中，已知机构位置、各构件尺寸和原动件 1 的角速度 ω_1（为常数），求构件 2 的角速度 $\boldsymbol{\omega}_2$、角加速度 $\boldsymbol{\varepsilon}_2$ 和构件 2 上 D 点的速度 $\boldsymbol{v}_{D_2}$、加速度 $\boldsymbol{a}_{D_2}$ 及构件 3 的速度 $\boldsymbol{v}_3$ 和加速度 $\boldsymbol{a}_3$。

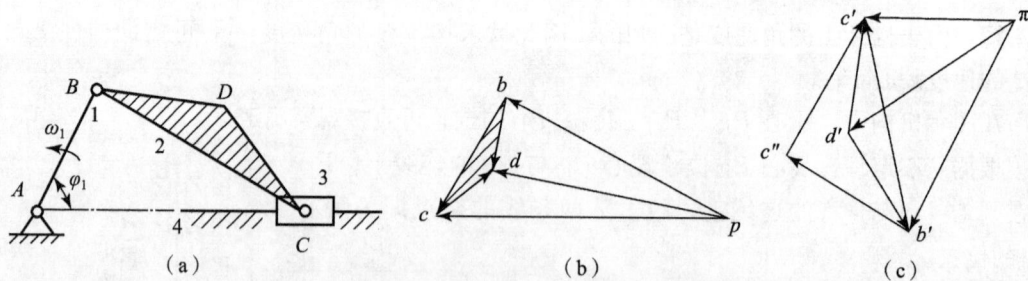

图 3-7　同一构件上两点的相对运动关系的求解
（a）机构简图；（b）速度多边形；（c）加速度多边形

已知构件 1 的角速度，可求得构件 1 和构件 2 上 B 点的速度，大小为 $v_{B_1} = v_{B_2} = \omega_1 l_{AB}$，方向垂直于 AB。

那么已知构件 2 上 B 点的速度、构件 2 和构件 3 上的重合点 C 点的速度方向，要确定构件 2 的角速度和构件 3 的速度，只需建立构件 2 上点 B 和点 C 的相对运动矢量方程即可。根据相对运动的原理，构件 2 上 C 点的速度 $\boldsymbol{v}_C$ 等于构件 2 上 B 点的速度 $\boldsymbol{v}_B$ 和构件 2 上点 C

相对于构件 2 上点 B 的相对速度 $\boldsymbol{v}_{CB}$ 的矢量和，即

$$\boldsymbol{v}_C = \boldsymbol{v}_B + \boldsymbol{v}_{CB}$$

大小：　　　？　　　$\omega_1 l_{AB}$　　　？

方向：沿导路方向　　$\perp AB$　　$\perp BC$

由于一个矢量方程可转化为两个标量方程，故上面矢量方程含两个未知量，可解。下面就用图解法来解此方程。

首先选取速度比例尺 $\mu_v\left(\dfrac{\text{m/s}}{\text{mm}}\right)$，然后在平面内任意选取一点 p 作为作图起始点，p 点称为速度极点，代表机构中构件上绝对速度为零的点，如图 3-7（b）所示。从 p 点作矢量 $\boldsymbol{pb}$ 垂直于 AB 代表 B 点的速度 $\boldsymbol{v}_B$，其长度 $\overline{pb}=v_B/\mu_v$，再过 b 点作垂直于 BC 的直线 bc 代表速度 $\boldsymbol{v}_{CB}$ 的方向线，然后过 p 点作平行于滑块导路的直线 pc 代表 $\boldsymbol{v}_C$ 的方向线，此两方向线的交点为 c，则矢量 $\boldsymbol{pc}$ 代表 C 点的速度 $\boldsymbol{v}_C$，矢量 $\boldsymbol{bc}$ 代表 C 点相对 B 点的相对速度 $\boldsymbol{v}_{CB}$，其大小分别为

$$v_C = \mu_v \, \overline{pc}$$
$$v_{CB} = \mu_v \, \overline{bc}$$

构件 2 角速度和构件 3 的速度分别为

$$\omega_2 = \frac{v_{CB}}{l_{BC}} = \frac{\mu_v \, \overline{bc}}{l_{BC}} \quad \text{（顺时针方向）}$$

$$v_3 = v_C = \mu_v \, \overline{pc} \quad \text{（沿着导路向左）}$$

已知构件 2 上 B 点和 C 点的速度后，可求构件 2 上第三点 D 的速度，矢量方程为

$$\boldsymbol{v}_D = \boldsymbol{v}_B + \boldsymbol{v}_{DB} = \boldsymbol{v}_C + \boldsymbol{v}_{DC}$$

大小：　　$\omega_1 l_{AB}$　　？　　$\mu_v \, \overline{pc}$　　？

方向：　　$\perp AB$　　$\perp BD$　　$\boldsymbol{pc}$　　$\perp DC$

上式中只有 $\boldsymbol{v}_{DB}$ 和 $\boldsymbol{v}_{DC}$ 的大小两个未知量，故可利用图解求出。如图 3-7（b）所示，过 b 作垂直于 BD 的直线 bd 代表 $\boldsymbol{v}_{DB}$ 的方向线，过 c 作垂直于 CD 的直线 cd 代表 $\boldsymbol{v}_{DC}$ 的方向线，这两条方向线的交点为 d，矢量 $\boldsymbol{pd}$ 即代表 D 点的速度 $\boldsymbol{v}_D$，其大小为

$$v_D = \mu_v \, \overline{pd}$$

由于速度多边形图中直线 bc、cd、bd 分别垂直于机构运动简图中的 BC、CD、BD，故 $\triangle BCD \backsim \triangle bcd$，且两三角形字母排列顺序相同（$BCD$ 和 bcd 均为逆时针排列），故称 $\triangle bcd$ 为 $\triangle BCD$ 的速度影像。

在图 3-7（b）中由各速度矢量所构成的多边形称为速度多边形。在速度多边形中，由极点 p 向外发射的矢量代表对应点的绝对速度矢量，连接两个绝对速度矢端的矢量代表对应点的相对速度矢量（$\boldsymbol{bc}$ 代表 C 点相对 B 点的相对速度 $\boldsymbol{v}_{CB}$），极点 p 的速度为 0。如果已知同一构件上两点的速度，想求此构件上第三点的速度，可用影像法，即在速度多边形上作与机构运动简图中该三点所构成的三角形相似的三角形，要注意两三角形顶点字母排列顺序要相同。

2）加速度关系

根据已知条件，由于 ω_1 为常数，那么 B 点的法向加速度为 $a_B^n = \omega_1^2 l_{AB}$，切向分量 $a_B^t =$

0. 根据相对运动的原理，C 点的加速度 a_C 等于 B 点的加速度 $a_B = a_B^n + a_B^t$ 和 C 点相对于 B 点的相对加速度 $a_{CB} = a_{CB}^n + a_{CB}^t$ 的矢量和，即

$$a_C = a_B^n + a_B^t + a_{CB}^n + a_{CB}^t$$

大小：　　 ?　　　 $\omega_1^2 l_{AB}$　　　 0　　 $\omega_2^2 l_{BC} = \left(\dfrac{v_{CB}}{l_{BC}}\right)^2 l_{BC}$　　　 ?

方向：沿导路方向　$B{\to}A$　　　　　　　　 $C{\to}B$　　　 $\perp BC$

方程中有两个未知量，因此可用图解法求解。如图 3-7（c）所示，取加速度比例尺 $\mu_a\left(\dfrac{\text{m/s}^2}{\text{mm}}\right)$，然后任取一点作为加速度极点 π。从 π 出发画代表 a_B 的矢量 $\pi b'$，然后由 b' 出发画代表 a_{CB}^n 的矢量 $b'c''$，之后再由 c'' 出发画代表 a_{CB}^t 方向的方向线 $c''c'$，这样等式右边的各矢量全部画完，最后从极点 π 出发画代表 a_C 方向的方向线 $\pi c'$，a_{CB}^t 的方向线 $c''c'$ 与 a_C 的方向线 $\pi c'$ 的交点为 c'，$\pi c'$ 代表 a_C，$c''c'$ 代表 a_{CB}^t，其大小为

$$a_C = \mu_a \overline{\pi c'}$$
$$a_{CB}^t = \mu_a \overline{c''c'}$$

构件 2 的角加速度 ε_2 和构件 3 的加速度 a_3 分别为

$$\varepsilon_2 = \frac{a_{CB}^t}{l_{BC}} = \frac{\mu_a \overline{c''c'}}{l_{BC}} \quad \text{（逆时针方向）}$$

$$a_3 = a_C = \mu_a \overline{\pi c'} \quad \text{（沿着导路向左）}$$

在图 3-7（c）中由各加速度矢量所构成的多边形称为加速度多边形。从极点 π 发出的矢量代表对应点的绝对加速度矢量，连接两个绝对加速度矢端的矢量代表对应点的相对加速度，矢量 $b'c'$ 代表 C 点相对于 B 点的相对加速度矢量 $a_{CB} = a_{CB}^n + a_{CB}^t$。

已知同一构件上两点的加速度，求这个构件上第三点的加速度可用加速度影像法，具体操作同速度影像法。现要求构件 2 上点 D 的加速度，在加速多边形图中作 $\triangle b'c'd' \backsim \triangle BCD$，且 $b'c'd'$ 的排列顺序同 BCD 的排列顺序，均为逆时针排列，$\pi d'$ 即代表 D 点的加速度，其大小为

$$a_D = \mu_a \overline{\pi d'}$$

2. 不同构件上两重合点间的速度和加速度关系

在图 3-8（a）所示的机构运动简图中，已知机构位置、各构件尺寸，原动件 1 以等角速度 ω_1 做定轴转动，求构件 3 的角速度 ω_3 和角加速度 ε_3。

由图 3-8（a）可知，构件 1 与构件 2 构成转动副，转动中心在 B 点，因此，构件 1 上 B 点的速度及加速度与构件 2 上 B 点的速度及加速度相等；构件 2 与构件 3 构成移动副，构件 2 的角速度及角加速度与构件 3 的角速度及角加速度相等，即

$$v_{B_2} = v_{B_1} = \omega_1 l_{AB}$$
$$a_{B_2} = a_{B_1} = a_{B_1}^n = \omega_1^2 l_{AB}$$
$$\omega_2 = \omega_3$$
$$\varepsilon_2 = \varepsilon_3$$

机构中构件 2 为连杆，它是构件 1 与构件 3 联系的纽带，要想求得构件 3 的运动参数，需在构件 1、2、3 上找一个重合点，通过这点将三个构件间的运动参数联系起来，显然 B 是最适合的点，因为构件 3 上 B 点的速度和加速度方向均已知；而构件 1 和构件 2 上 B 点的速度和加速度的大小与方向都已知。

1）速度关系

根据相对运动的原理，构件 3 上 B 点的速度 $\boldsymbol{v}_{B_3}$ 等于构件 2 上 B 点的速度 $\boldsymbol{v}_{B_2}$ 与构件 3 上 B 点相对于构件 2 上 B 点的相对速度 $\boldsymbol{v}_{B_3B_2}$ 的矢量和，即

$$\boldsymbol{v}_{B_3} = \boldsymbol{v}_{B_2} + \boldsymbol{v}_{B_3B_2}$$

大小： ? $\omega_1 l_{AB}$?

方向： $\perp BC$ $\perp AB$ $/\!/ BC$

按前述方法画速度多边形，如图 3-8（b）所示，$\boldsymbol{pb}_3$ 代表构件 3 上 B 点的速度矢量 $\boldsymbol{v}_{B_3}$，其大小为

$$v_{B_3} = \mu_v \overline{pb_3}$$

构件 3 的角速度为

$$\omega_3 = \frac{v_{B_3}}{l_{BC}} = \frac{\mu_v \overline{pb_3}}{l_{BC}} \quad （逆时针方向）$$

2）加速度关系

构件 3 上 B 点的加速度 $\boldsymbol{a}_{B_3}$ 等于构件 2 上 B 点的加速度 $\boldsymbol{a}_{B_2}$、构件 3 上 B 点相对于构件 2 上 B 点的相对加速度 $\boldsymbol{a}^r_{B_3B_2}$ 和哥氏加速度 $\boldsymbol{a}^k_{B_3B_2}$ 的矢量和，即

$$\boldsymbol{a}_{B_3} = \boldsymbol{a}^n_{B_3} + \boldsymbol{a}^t_{B_3} = \boldsymbol{a}_{B_2} + \boldsymbol{a}^k_{B_3B_2} + \boldsymbol{a}^r_{B_3B_2}$$

大小： $\omega_3^2 l_{BC}$? $\omega_1^2 l_{AB}$ $2\omega_2 v_{B_3B_2}$?

方向： $/\!/ BC(B{\to}C)$ $\perp BC$ $/\!/ AB(B{\to}A)$ $\boldsymbol{v}_{B_3B_2}$ 沿 $\boldsymbol{\omega}_2$ 方向转 $90°$（$\perp BC$ 向上） $/\!/ BC$

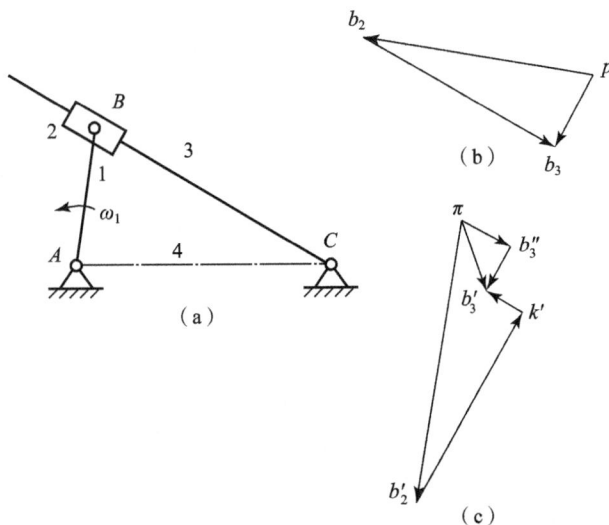

图 3-8 不同构件上两重合点间的相对运动关系的求解

（a）机构简图；（b）速度多边形；（c）加速度多边形

上式中，等号右边第二项为哥氏加速 $a_{B_3B_2}^k$，大小等于牵连角速度 ω_2 与相对速度 $v_{B_3B_2}$ 乘积的 2 倍，方向为相对速度 $v_{B_3B_2}$ 绕牵连角速度 ω_2 方向转 $90°$。另外，注意：每个矢量的角标一定要写清楚是哪个构件上的哪个点。

画加速度多边形，如图 3-8（c）所示，$\pi b_3''$ 代表构件 3 上 B 点的向心加速度矢量 $a_{B_3}^n$，$b_3''b_3'$ 代表构件 3 上 B 点的切向加速度矢量 $a_{B_3}^t$，$\pi b_3'$ 代表构件 3 上 B 点绝对加速度矢量 a_{B_3}。构件 3 上 B 点的切向加速度的大小为

$$a_{B_3}^t = \mu_a \overline{b_3''b_3'}$$

由此求得构件 2 和构件 3 的角加速度为

$$\varepsilon_2 = \varepsilon_3 = \frac{a_{B_3}^t}{l_{BC}} = \frac{\mu_a \overline{b_3'3b'}}{l_{BC}} \quad （逆时针方向）$$

二、矢量方程图解法在平面机构速度和加速度分析中的应用

用矢量方程图解法对平面机构进行速度和加速度分析的具体步骤：

（1）选长度比例尺 μ_l 画出机构运动简图。

（2）列出速度矢量方程，标注出速度的大小与方向的已知和未知情况。

（3）选择速度比例尺 μ_v 作速度矢量图，求出未知量。

（4）列出加速度矢量方程，标注出加速度的大小与方向的已知和未知情况。

（5）选择加速度比例尺 μ_a 作加速度矢量图，求出未知量。

（6）进行运动分析时，如果知道同一构件上两点的速度或加速度，则可用影像法求解第三点的速度或加速度。

下面举例说明相对运动图解法的具体应用。

例题 3-4 在 3-9（a）所示机构中，已知 $R=50$ mm，$l_{AO}=20$ mm，$l_{AC}=80$ mm，$\varphi_1=90°$，$\omega_1=10$ rad/s。求从动件 2 的角速度 ω_2、角加速度 ε_2。

解： 本题为含有高副的平面机构的运动分析问题，首先应把高副机构进行低代，将原机构高副低代后的运动简图见图 3-9（b）。对低代后的机构（见图 3-9（b））进行运动分析有两种方法。

一种方法是构件 2 与构件 4 组成移动副，把点 B 作为重合点，建立构件 2 上与构件 4 上 B 点间的相对运动矢量方程，但由于构件 4 上 B 点的运动参数未知，一个方程无法求解，而构件 4 上 O 点的运动参数（$v_{O_4}=v_{O_1}$、$a_{O_4}=a_{O_1}$）已知，因此需再建立构件 4 上两个不同点 B_4 与 O_4 之间的相对运动矢量方程，利用 $\omega_2=\omega_4$ 运动约束条件，联立求解两矢量方程，最后求得 ω_2 及 ε_2。

另一种方法是直接将 O 作为构件 2 与构件 4 的重合点，建立相对运动矢量方程进行求解，这需要将构件 2 扩大至包含点 O，这种方法称为构件扩大法。

第一种方法无论是建立方程，还是作矢量多边形求解都较复杂，一般不建议采用。灵活应用构件扩大法可简化解题过程，本题即采用此方法。

（1）速度分析。

求解构件 2 的角速度 ω_2。扩大构件 2 至包含 O 点，将 O 点看成构件 2 与构件 4 的重合

点，于是有

$$\boldsymbol{v}_{O_2} = \boldsymbol{v}_{O_4} + \boldsymbol{v}_{O_2O_4}$$

大小　　?$(\omega_2 l_{CO})$　　$v_{O_4}=v_{O_1}=\omega_1 l_{AO}$　　?

方向　　$\perp OC$　　　　　$\perp OA$　　　　　//BC

取速度比例尺 $\mu_v=0.01\dfrac{\mathrm{m/s}}{\mathrm{mm}}$，作速度多边形（见图 3-9（c）），图解得 $v_{O_2}=\mu_v\,\overline{po_2}=$

200 mm/s，构件 2 的角速度为

$$\omega_2=\omega_4=v_{O_2}/l_{CO}=2.44\ \mathrm{rad/s}\text{（逆时针方向）}$$

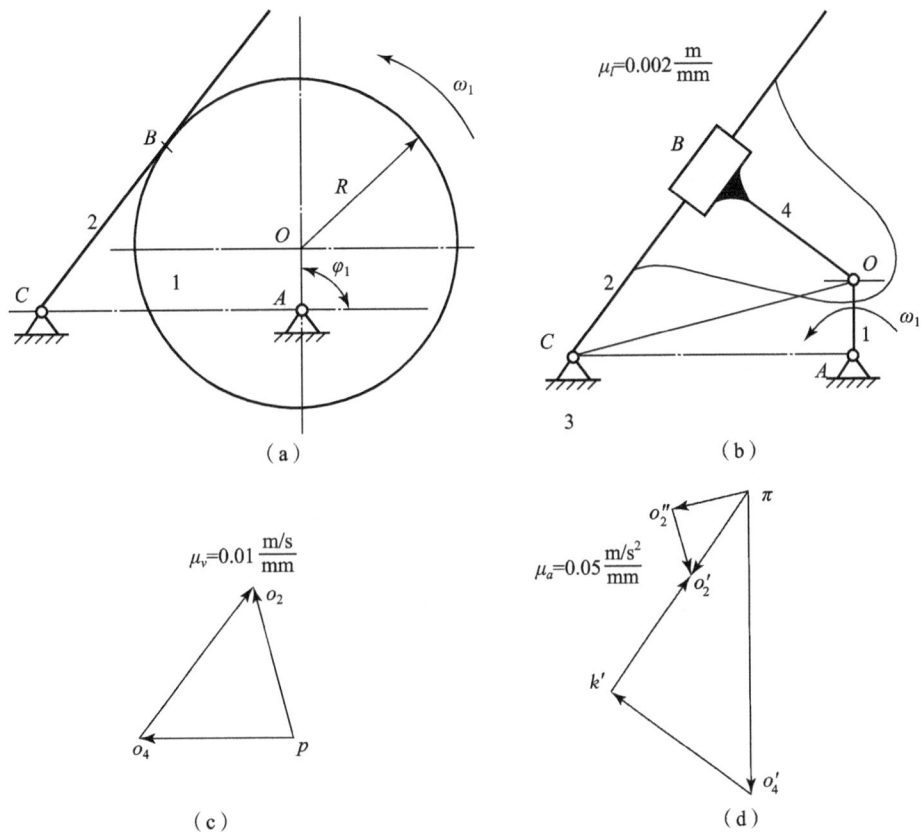

图 3-9　例题 3-4 图

(a) 机构简图；(b) 低副替代机构；(c) 速度多边形；(d) 加速度多边形

（2）加速度分析。

求解构件 2 的角加速度 $\boldsymbol{\varepsilon}_2$。

$$\boldsymbol{a}_{O_2} = \boldsymbol{a}_{O_2}^n + \boldsymbol{a}_{O_2}^t = \boldsymbol{a}_{O_4} + \boldsymbol{a}_{O_2O_4}^k + \boldsymbol{a}_{O_2O_4}^r$$

大小：　　$\omega_2^2 l_{CO}$　　　?　　　$\omega_1^2 l_{AO}$　　$2v_{O_2O_4}\omega_4$　　　?

方向：沿 OC（$O\to C$）　$\perp OC$　沿 AO（$O\to A$）　$\perp BC$ 向上　沿 BC

（$\boldsymbol{v}_{O_2O_4}$ 沿 $\boldsymbol{\omega}_4$ 方向转 $90°$）

式中：$a_{O_4}=a_{O_1}=\omega_1^2 l_{AO}=2\ \mathrm{m/s^2}$，$a_{O_2}^n=\omega_2^2 l_{CO}=0.49\ \mathrm{m/s^2}$，$a_{O_4O_2}^k=2\omega_4 v_{O_4O_2}=1.17\ \mathrm{m/s^2}$。

取加速度比例尺 $\mu_a = 0.05\ \dfrac{\text{m/s}^2}{\text{mm}}$，作加速度多边形（见图 3-9（d）），图解得

$$a_{O_2}^t = \mu_a\ \overline{O_2'' O_2'} = 0.5\ \text{m/s}^2$$

构件 2 的角加速度为

$$\varepsilon_2 = a_{O_2}^t / l_{O_2} = 6.09\ \text{rad/s}^2\ \text{（顺时针方向）}$$

例题 3-5 已知图 3-10（a）所示机构的尺寸和位置，构件 1 以等角速度 ω_1 转动，试用相对运动图解法求构件 3 的角速度 $\boldsymbol{\omega}_3$ 及角加速度 $\boldsymbol{\varepsilon}_3$。（比例尺任选，写出矢量方程、画出速度和加速度多边形并给出有关计算式。）

解： 取构件 2 与构件 3 上的 B 点为重合点。

（1）求构件 3 的角速度 $\boldsymbol{\omega}_3$。

$$\boldsymbol{v}_{B_3} = \boldsymbol{v}_{B_2} + \boldsymbol{v}_{B_3 B_2}$$

大小： ? $\qquad$ $\omega_1 l_{AB}$ $\qquad$?

方向： $\perp BD$ $\qquad$ $\perp AB$ $\qquad$ $/\!/ BC$

作速度多边形，如图 3-10（b）所示，图解得

$$\omega_3 = \frac{v_{B_3}}{l_{BD}} = \frac{\mu_v\ \overline{p\,b_3}}{l_{BD}}\ \text{（顺时针方向）}$$

（2）求构件 3 的角加速度 $\boldsymbol{\varepsilon}_3$。

$$\boldsymbol{a}_{B_3}^n + \boldsymbol{a}_{B_3}^t = \boldsymbol{a}_{B_2} + \boldsymbol{a}_{B_3 B_2}^k + \boldsymbol{a}_{B_3 B_2}^r$$

大小： $\omega_3^2 l_{BD}$ $\quad$? $\quad$ $\omega_1^2 l_{AB}$ $\quad$ $2v_{B_3 B_2}\omega_2$ $\quad$?

方向： 沿 BD $\quad$ $\perp BD$ $\quad$ 沿 AB $\quad$ $\perp BC$ 向右 $\quad$ 沿 BC

$$(\boldsymbol{v}_{B_3 B_2}\ \text{沿}\ \boldsymbol{\omega}_2\ \text{方向转}\ 90°)$$

作加速度多边形，如图 3-10（c）所示，图解得

$$\varepsilon_3 = \frac{a_{B_3}^t}{l_{BD}} = \frac{\mu_a\ \overline{b_3'' b_3'}}{l_{BD}}\ \text{（顺时针方向）}$$

（a）

（b）

（c）

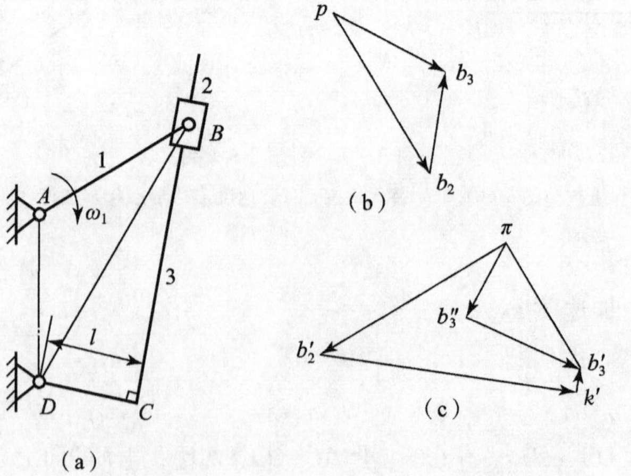

图 3-10　例题 3-5 图

（a）机构简图；（b）速度多边形；（c）加速度多边形

例题 3-6　在图 3-11（a）所示机构中，已知构件 1 的角速度 $\omega_1=10$ rad/s，角加速度 $\varepsilon_1=0$ rad/s^2，$l_{AB}=l_{BC}=l_{BD}=0.1$ m，求构件 2 上 D 点的速度 $\boldsymbol{v}_D$ 和加速度 $\boldsymbol{a}_D$。

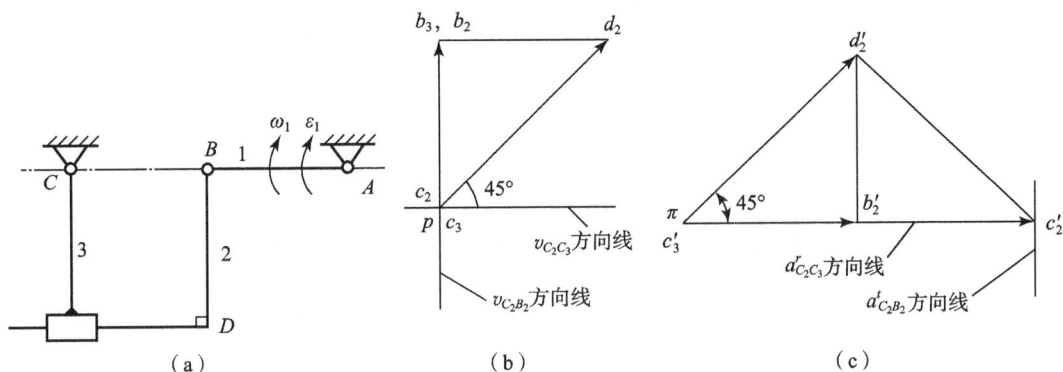

图 3-11　例题 3-6 图

（a）机构简图；（b）速度多边形；（c）加速度多边形

解：本题有两种解法。一是构件 2 与构件 3 组成移动副，把点 C 作为重合点，由于 C 在构件 3 上的速度 $\boldsymbol{v}_{C_3}=0$，所以 $\boldsymbol{v}_{C_2}=\boldsymbol{v}_{C_2C_3}$，再根据构件 2 上 C 点与 B 点的相对运动关系得方程 $\boldsymbol{v}_{C_2}=\boldsymbol{v}_{B_2}+\boldsymbol{v}_{C_2B_2}$，两个方程联立可求解。另一种方法是将构件 3 扩大至包含点 B，将点 B 作为重合点。本题采用第一种方法先求出构件 2 上 C 点的速度与加速度，然后用影像法求构件 2 上 D 点的速度与加速度。

（1）求构件 2 上 D 点的速度 $\boldsymbol{v}_D$。

$$\boldsymbol{v}_{C_2}=\boldsymbol{v}_{C_3}+\boldsymbol{v}_{C_2C_3}=\boldsymbol{v}_{B_2}+\boldsymbol{v}_{C_2B_2}$$

$$v_{B_2}=v_{B_1}=\omega_1 l_{AB}=10\times0.1=1\ (\text{m/s}),\ v_{C_3}=0$$

所以

$$\boldsymbol{v}_{C_2C_3}=\boldsymbol{v}_{B_2}+\boldsymbol{v}_{C_2B_2}$$

作速度多边形，如图 3-11（b）所示，图解得

$$v_{C_2C_3}=0,\qquad v_{C_2}=0,\qquad \boldsymbol{v}_{B_2}=-\boldsymbol{v}_{C_2B_2},\ \text{且}\ v_{B_2}=v_{C_2B_2}=1\ \text{m/s}$$

构件 2 及构件 3 的角速度为

$$\omega_2=\omega_3=\frac{v_{C_2B_2}}{l_{C_2B_2}}=10\ \text{rad/s（逆时针方向）}$$

利用影像法求得

$$v_D=\sqrt{2}\,v_B\approx1.414\ \text{m/s（沿矢量 }\boldsymbol{pd}_2\text{ 方向）}$$

（2）求构件 2 上 D 点的加速度 $\boldsymbol{a}_D$。

$$\boldsymbol{a}_{C_2}=\boldsymbol{a}_{C_3}+\boldsymbol{a}_{C_2C_3}^{k}+\boldsymbol{a}_{C_2C_3}^{r}=\boldsymbol{a}_{B_2}+\boldsymbol{a}_{C_2B_2}^{n}+\boldsymbol{a}_{C_2B_2}^{t}$$

$$a_{B_2}=\omega_1^2 l_{AB}=10\ \text{m/s}^2,\ a_{C_3}=0$$

又因为

$$v_{C_2C_3}=0$$

所以

$$a_{C_2C_3}^{k}=0$$

即

$$\boldsymbol{a}_{C_2C_3}^{r}=\boldsymbol{a}_{B_2}+\boldsymbol{a}_{C_2B_2}^{n}+\boldsymbol{a}_{C_2B_2}^{t}$$

$$a_{C_2B_2}^{n}=\omega_2^2 l_{BC}=10\ \text{m/s}^2$$

作加速度多边形，如图 3-11 (c) 所示，由图得

$$a_{C_2B_2}^t = 0$$

构件 2 和构件 3 的角加速度为

$$\varepsilon_2 = \varepsilon_3 = 0$$

利用影像法求

$$a_{D_2} = \sqrt{2} a_{B_2} = 14.14 \text{ m/s}^2 \qquad (\text{沿矢量 } \boldsymbol{\pi d_2'} \text{方向})$$

第四节 用解析法对机构进行运动分析

相对运动图解法进行机构的运动分析，虽然比较形象直观，但作图精度有限，且费时较多。当需要对机构一个运动周期中的多个位置逐一进行运动分析时，图解法就显得尤为烦琐。随着计算机的普及和工程软件的日趋完善，解析法已成为进行机构运动分析的更为有效、实用的方法。用解析法对平面机构进行运动分析时，须先列出机构的位置封闭矢量方程，然后借助复数或矩阵等数学工具进行求解。

下面用解析法对图 3-12 中的铰链四杆机构进行分析。已知原动件以等角速度 ω_1 逆时针方向转动，各构件的对应长度分别为 l_1、l_2、l_3 和 l_4。

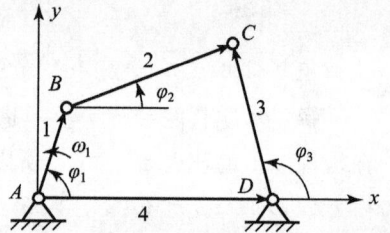

图 3-12 铰链四杆机构运动分析

首先建立坐标系，将构件用矢量表示，作机构的封闭矢量多边形 $ABCD$，如图 3-12 所示。然后建立封闭矢量环方程，即

$$\boldsymbol{AB} + \boldsymbol{BC} = \boldsymbol{AD} + \boldsymbol{DC} \tag{3-1}$$

一、矢量方程复数法

1. 位移分析

将矢量方程（3-1）中的各矢量用复数表示，得到复数方程

$$l_1 e^{i\varphi_1} + l_2 e^{i\varphi_2} = l_4 e^{i\varphi_4} + l_3 e^{i\varphi_3} \tag{3-2}$$

式中，$\varphi_i (i=1, 2, 3, 4)$ 分别为各杆的复角。复角按如下规定度量，以图 3-12 中 x 轴正方向为起始线，将 x 轴沿逆时针方向转至与某杆矢量重合（平行），转过的角度即为该杆的复角且为正值，若 x 轴顺时针旋转，则得到的复角为负值。

应用欧拉公式 $e^{i\theta} = \cos\theta + i\sin\theta$，上面复数方程（3-2）可进一步表示为

$$l_1 \cos\varphi_1 + il_1 \sin\varphi_1 + l_2 \cos\varphi_2 + il_2 \sin\varphi_2 = l_4 \cos0° + il_4 \sin0° + l_3 \cos\varphi_3 + il_3 \sin\varphi_3$$

将实部与虚部分开，可得到如下两个方程

$$\begin{cases} l_1 \cos\varphi_1 + l_2 \cos\varphi_2 = l_4 \cos0° + l_3 \cos\varphi_3 \\ l_1 \sin\varphi_1 + l_2 \sin\varphi_2 = l_4 \sin0° + l_3 \sin\varphi_3 \end{cases}$$

此方程组中有两个未知量 φ_2、φ_3。要想先求未知量 φ_3，需先消去 φ_2，为此可先将方程组中左端含有 φ_1 的项移动到等式右端，然后两端分别平方并相加，得

$$A\cos\varphi_3 + B\sin\varphi_3 + C = 0$$

其中，

$$A = l_4 - l_1\cos\varphi_1, \quad B = -l_1\sin\varphi_1, \quad C = (A^2 + B^2 + l_3^2 - l_2^2)/(2l_3)$$

将 $\sin\varphi_3 = \dfrac{2\tan\dfrac{\varphi_3}{2}}{1+\tan^2\left(\dfrac{\varphi_3}{2}\right)}$、$\cos\varphi_3 = \dfrac{1-\tan^2\left(\dfrac{\varphi_3}{2}\right)}{1+\tan^2\left(\dfrac{\varphi_3}{2}\right)}$ 带入上面公式得

$$(C-A)\tan^2\left(\frac{\varphi_3}{2}\right) + 2B\tan\left(\frac{\varphi_3}{2}\right) + (A+C) = 0$$

解得

$$\tan\frac{\varphi_3}{2} = \frac{B \pm \sqrt{B^2 - (C-A)(A+C)}}{A-C} = \frac{B \pm \sqrt{A^2 + B^2 - C^2}}{A-C}$$

式中的"＋""－"号依机构的装配形式而定。

求出 φ_3 后，很容易求得 φ_2，即

$$\tan\varphi_2 = \frac{B + l_3\sin\varphi_3}{A + l_3\cos\varphi_3}$$

2. 速度分析

将式（3-2）对时间求导得

$$il_1\omega_1 e^{i\varphi_1} + il_2\omega_2 e^{i\varphi_2} = il_3\omega_3 e^{i\varphi_3} \tag{3-3}$$

左、右两边同时乘以 $e^{-i\varphi_3}$，取实部，即可求得

$$\omega_2 = -\frac{l_1\sin(\varphi_1 - \varphi_3)}{l_2\sin(\varphi_2 - \varphi_3)}\omega_1$$

类似求得

$$\omega_3 = \frac{l_1\sin(\varphi_1 - \varphi_2)}{l_3\sin(\varphi_3 - \varphi_2)}\omega_1$$

3. 角加速度

将式（3-3）对时间求导得

$$-l_1\omega_1^2 e^{i\varphi_1} + il_2\varepsilon_2 e^{i\varphi_2} - l_2\omega_2^2 e^{i\varphi_2} = il_3\varepsilon_3 e^{i\varphi_3} - l_3\omega_3^2 e^{i\varphi_3}$$

左、右两边同时乘以 $e^{-i\varphi_3}$，取实部，即可求得构件 2 的角加速度

$$\varepsilon_2 = \frac{l_3\omega_3^2 - l_2\omega_2^2\cos(\varphi_2 - \varphi_3) - l_1\omega_1^2\cos(\varphi_1 - \varphi_3)}{l_2\sin(\varphi_2 - \varphi_3)}$$

类似求得

$$\varepsilon_3 = \frac{l_2\omega_2^2 - l_3\omega_3^2\cos(\varphi_3 - \varphi_2) + l_1\omega_1^2\cos(\varphi_1 - \varphi_2)}{l_3\sin(\varphi_3 - \varphi_2)}$$

二、矢量方程矩阵法

1. 位移分析

将机构的封闭矢量方程（3-1）写成在两个坐标轴上的投影式，并改写成方程左边仅含未知项的形式，可得

$$l_2\cos\varphi_2 - l_3\cos\varphi_3 = l_4\cos0^0 - l_1\cos\varphi_1 \qquad (3-4)$$

$$l_2\sin\varphi_2 - l_3\sin\varphi_3 = l_4\sin0^0 - l_1\sin\varphi_1 \qquad (3-5)$$

同矢量方程复数法，解此方程即可得两个未知方向角 φ_2、φ_3。

2. 速度分析

将式（3-4）和式（3-5）对时间求导，可得

$$-\omega_2 l_2\sin\varphi_2 + \omega_3 l_3\sin\varphi_3 = \omega_1 l_1\sin\varphi_1 \qquad (3-6)$$

$$\omega_2 l_2\cos\varphi_2 - \omega_3 l_3\cos\varphi_3 = -\omega_1 l_1\cos\varphi_1 \qquad (3-7)$$

写成矩阵形式可得

$$\begin{bmatrix} -l_2\sin\varphi_2 & l_3\sin\varphi_3 \\ l_2\cos\varphi_2 & -l_3\cos\varphi_3 \end{bmatrix} \begin{bmatrix} \omega_2 \\ \omega_3 \end{bmatrix} = \omega_1 \begin{bmatrix} l_1\sin\varphi_1 \\ -l_1\cos\varphi_1 \end{bmatrix}$$

解之可求得 ω_2、ω_3。

3. 加速度分析

将式（3-6）和式（3-7）对时间求导，可得

$$-\omega_2^2 l_2\cos\varphi_2 - \varepsilon_2 l_2\sin\varphi_2 + \omega_3^2 l_3\cos\varphi_3 + \varepsilon_3 l_3\sin\varphi_3 = \omega_1^2 l_1\cos\varphi_1$$

$$-\omega_2^2 l_2\sin\varphi_2 + \varepsilon_2\omega_2 l_2\cos\varphi_2 + \omega_3^2 l_3\sin\varphi_3 - \varepsilon_3\omega_3 l_3\cos\varphi_3 = \omega_1^2 l_1\sin\varphi_1$$

写成矩阵形式可得

$$\begin{bmatrix} -l_2\sin\varphi_2 & l_3\sin\varphi_3 \\ l_2\cos\varphi_2 & -l_3\cos\varphi_3 \end{bmatrix} \begin{bmatrix} \varepsilon_2 \\ \varepsilon_3 \end{bmatrix} = \begin{bmatrix} \omega_2 l_2\cos\varphi_2 & -\omega_3 l_3\cos\varphi_3 \\ \omega_2 l_2\sin\varphi_2 & -\omega_3 l_3\sin\varphi_3 \end{bmatrix} \begin{bmatrix} \omega_2 \\ \omega_3 \end{bmatrix} + \begin{bmatrix} \omega_1^2 l_1\cos\varphi_1 \\ \omega_1^2 l_1\sin\varphi_1 \end{bmatrix}$$

解之可求得 ε_2、ε_3。

例题 3-7 如图 3-13 所示的曲柄滑块机构中，已知原动件曲柄以等角速度 ω_1 逆时针方向转动，曲柄及连杆的长分别为 l_1 和 l_2，偏距为 e，用解析法对该机构进行运动分析。

解：
首先建立坐标系和封闭的矢量环，如图 3-13 所示。封闭矢量环方程为

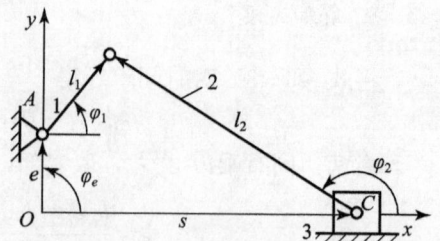

图 3-13 曲柄滑块机构运动分析

$$e + l_1 = s + l_2 \qquad (3-8)$$

（1）位移分析。

将式（3-8）矢量方程中的各矢量用复数表示，得到复数方程

$$ee^{i\varphi_e}+l_1e^{i\varphi_1}=se^{i0^\circ}+l_2e^{i\varphi_2} \qquad (3-9)$$

式中，$\varphi_i(i=1,2)$ 分别为杆1和杆2的复角。复角按如下规定度量，以 x 轴正方向为起始线，将 x 轴沿逆时针方向转至与某杆矢量重合（平行），转过的角度即为该杆的复角且为正值；若 x 轴顺时针旋转，得到的复角为负值。

上面复数方程可进一步表示为

$$e\cos90^\circ+ie\sin90^\circ+l_1\cos\varphi_1+il_1\sin\varphi_1=s\cos0^\circ+is\sin0^\circ+l_2\cos\varphi_2+il_2\sin\varphi_2$$

将实部与虚部分开，可得到以下两个方程

$$l_1\cos\varphi_1=s+l_2\cos\varphi_2$$
$$l_1\sin\varphi_1+e=l_2\sin\varphi_2$$

解得滑块位移为

$$s=l_1\cos\varphi_1\pm\sqrt{l_2^2-(l_1\sin\varphi_1+e)^2}$$

构件2角位移为

$$\varphi_2=\arcsin[(l_1\sin\varphi_1+e)/l_2]$$

式中的"＋""－"号依机构的装配形式而定。

（2）速度分析。

将公式（3-9）对时间求导得

$$il_1\omega_1e^{i\varphi_1}=ve^{i0^\circ}+il_2\omega_2e^{i\varphi_2} \qquad (3-10)$$

左、右两边同时乘以 $e^{-i\varphi_2}$，取实部，即可求得滑块的速度为

$$v=-\omega_1l_1\sin(\varphi_1-\varphi_2)/\cos\varphi_2$$

将式（3-10）取虚部得构件2的角速度为

$$\omega_2=\omega_1l_1\cos\varphi_1/(l_2\cos\varphi_2)$$

（3）加速度分析。

将公式（3-10）对时间求导得

$$-l_1\omega_1^2e^{i\varphi_1}=ae^{i0^\circ}+il_2\varepsilon_2e^{i\varphi_2}-l_2\omega_2^2e^{i\varphi_2} \qquad (3-11)$$

左、右两边同时乘以 $e^{-i\varphi_2}$，取实部，即可求得滑块的加速度

$$a=[-l_1\omega_1^2\cos(\varphi_1-\varphi_2)+l_2\omega_2^2]/\cos\varphi_2$$

将式（3-11）取虚部得构件2的角加速度为

$$\varepsilon_2=\omega_2^2l_2\sin\varphi_2-\omega_1^2l_1\sin\varphi_1/(l_2\cos\varphi_2)$$

【知识拓展】

机构运动分析的方法较多，图解法适合需要简捷直观地了解机构的某个或某几个位置的运动特性要求的情况；解析法只要建立了机构运动分析的数学模型后，可对机构的任意位置进行求解；另外还可用基本杆组法对平面机构进行运动分析，基本杆组法核心内容就是依据机构的组成原理将一个复杂的机构分解成若干个相对简单的基本杆组，用计算机编制好各种常用的基本杆组运动分析子程序，在对机构进行运动分析时直接调用所需基本杆组的子程序，可使复杂机构的运动分析问题大大简化，具体内容可参阅文献 [1] 和 [15]。此外，也可以用 ADAMS 等商业软件对机构进行运动分析，具体步骤为建模（构件建模、运动副建模和给原动件运动的施加）、模型仿真、仿真结果测量、测量结果后处理等，详细内容可参阅文献 [16]。

思 考 题

3-1　瞬心的含义是什么？瞬心有几种？

3-2　什么情况下需用三心定理确定速度瞬心？

3-3　同一构件上的两不同点与不同构件上的两重合点建立运动分析矢量方程时有什么不同？需要注意哪些方面？

习 题

3-1　在题 3-1 图所示机构中，已知 $\varphi=45°$，$H=50$ mm，$\omega_1=100$ rad/s。试用瞬心法确定图示位置构件 3 的瞬时速度 v_3 的大小及方向。

3-2　在题 3-2 图所示机构中，已知滚轮 2 与地面做纯滚动，构件 3 以速度 v_3 向左移动，试用瞬心法求滑块 5 的速度 v_5 的大小和方向，以及轮 2 的角速度 ω_2 的大小和方向。

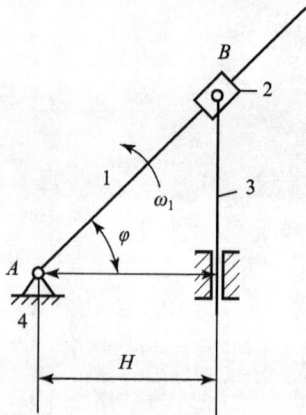

题 3-1 图

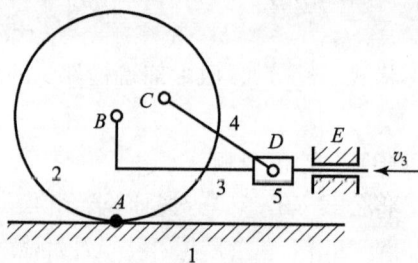

题 3-2 图

3-3　题 3-3 图所示机构的比例尺为 $\mu_l=0.001\ \dfrac{\text{m}}{\text{mm}}$，$\omega_1=1$ rad/s，试：

（1）用速度瞬心法求 ω_4；

（2）用相对运动图解法求 v_7。

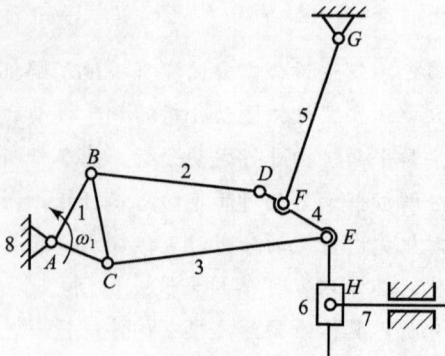

题 3-3 图

3-4 在题 3-4 图所示机构中，已知原动件 1 的角速度 $\omega_1 = 15$ rad/s，图中的长度比例尺为 $\mu_l = 0.01$ m/mm，试求构件 3 上 D 点的速度 $\boldsymbol{v}_{D_3}$ 和加速度 $\boldsymbol{a}_{D_3}$。

3-5 在题 3-5 图所示机构中，已知 $l_{AB} = 100$ mm，构件 1 以等角速度 $\omega_1 = 10$ rad/s 沿逆时针方向转动，试求机构在图示位置时，构件 3 上 C 点的速度 $\boldsymbol{v}_{C_3}$ 及加速度 $\boldsymbol{a}_{C_3}$。

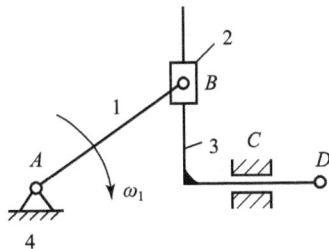

题 3-4 图

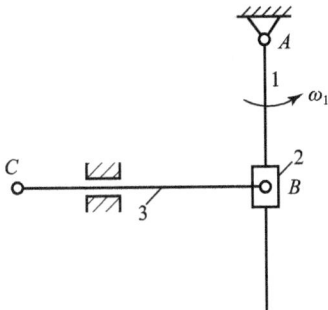

题 3-5 图

3-6 在题 3-6 图所示四杆机构中，已知：$l_{AB} = 20$ mm，$l_{BC} = 40$ mm，$l_{CD} = 100$ mm，$\angle DCB = \angle CBA = 90°$，$\omega_1 = 50$ rad/s。试求构件 3 的角速度 $\boldsymbol{\omega}_3$ 和角加速度 $\boldsymbol{\varepsilon}_3$。

3-7 在题 3-7 图所示摇块机构中，已知 $l_{AB} = 30$ mm，$l_{AC} = 80$ mm，$l_{CD} = 20$ mm，$l_{BE} = 20$ mm，$\omega_1 = 10$ rad/s，$\varphi_1 = 45°$。试求：

(1) $\boldsymbol{v}_D$、$\boldsymbol{v}_E$、$\boldsymbol{\omega}_2$；

(2) $\boldsymbol{a}_D$、$\boldsymbol{a}_E$、$\boldsymbol{\varepsilon}_2$。

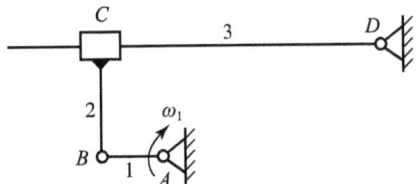

题 3-6 图

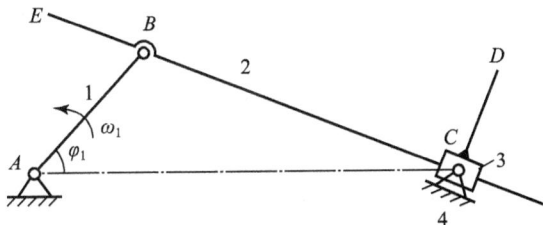

题 3-7 图

3-8 在题 3-8 图所示的机构中，原动件 1 以 $\omega_1 = 20$ rad/s 等角速度转动，$l_{AB} = 100$ mm，$l_{BC} = l_{CD} = 400$ mm。试用相对运动图解法求构件 2、3 的角速度 $\boldsymbol{\omega}_2$、$\boldsymbol{\omega}_3$ 及角加速度 $\boldsymbol{\varepsilon}_2$、$\boldsymbol{\varepsilon}_3$。$\left(\text{建议取 } \mu_l = 0.01 \dfrac{\text{m}}{\text{mm}}，\mu_v = 0.05 \dfrac{\text{m/s}}{\text{mm}}，\mu_a = 1 \dfrac{\text{m/s}^2}{\text{mm}}。\right)$

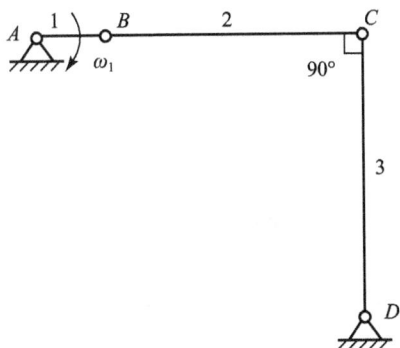

题 3-8 图

3-9 在题 3-9 图所示机构中，已知机构位置、各构件尺寸及原动件 1 的角速度 ω_1（为常数），试用相对运动图解法求构件 5 的速度 v_5 及加速度 a_5。（要求列出矢量方程式及必要的算式，画出速度多边形和加速度多边形。）

3-10 在题 3-10 图所示连杆机构中，已知机构位置、各构件尺寸及原动件 1 的角速度 ω_1（为常数），已完成机构的速度分析。试用相对运动图解法求构件 5 的角加速度 ε_5。（要求写出加速度矢量方程，作出加速度多边形。）

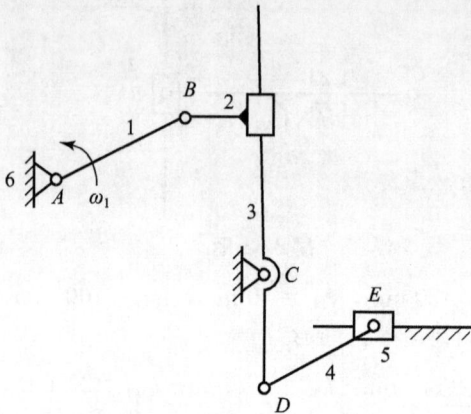

题 3-9 图

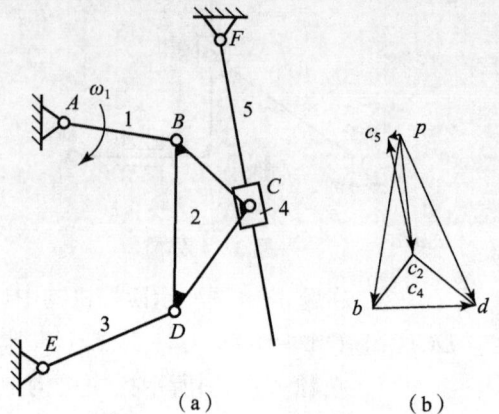

（a） （b）

题 3-10 图

3-11 在题 3-11 图所示机构中，已知机构位置、各构件尺寸及原动件 1 的角速度 ω_1（为常数），试：

（1）用瞬心法求构件 2 的角速度 ω_2 和构件 4 的速度 v_4（在图中标出解题所需必要瞬心并写出所求速度表达式）。

（2）用相对运动图解法求构件 2 的角速度 ω_2 及构件 4 的速度 v_4（要求写出速度矢量方程，画出相应速度多边形并写出结果表达式）。

（3）用相对运动图解法求构件 2 的角加速度 ε_2 及构件 4 的加速度 a_4（要求写出加速度矢量方程，画出相应加速度多边形并写出结果表达式）。

3-12 在题 3-12 图所示机构中，已知机构位置图和各杆尺寸，$\omega_1 =$ 常数，$l_{BD} = l_{BE}$，$l_{EF} = l_{BC} = \dfrac{1}{3} l_{BE}$，试用相对运动图解法求 v_F、a_F、v_C、a_C 及 ω_2、ε_2。

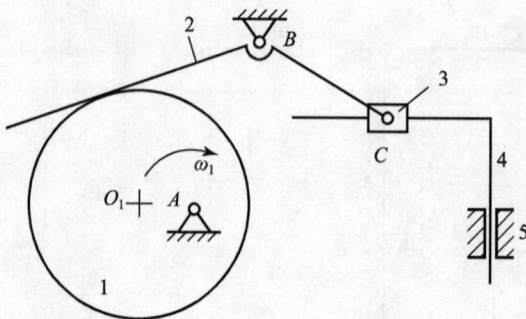

题 3-11 图

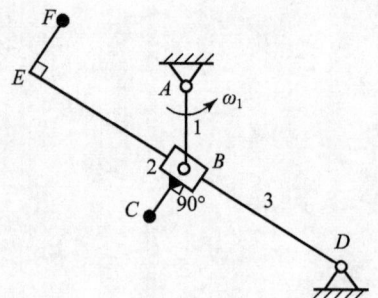

题 3-12 图

3-13 在题 3-13 图给定的机构中，已知：$\omega_1 = 10 \text{ rad/s}$，$l_{AB} = 100 \text{ mm}$，$l_{BM} = l_{CM} = l_{MD} = 200 \text{ mm}$。试求：

（1）$\boldsymbol{\omega}_2$、$\boldsymbol{\omega}_4$、$\boldsymbol{\varepsilon}_2$、$\boldsymbol{\varepsilon}_4$ 的大小和方向；

（2）$\boldsymbol{v}_5$、$\boldsymbol{a}_5$ 的大小和方向。

3-14 在题 3-14 图示机构的运动简图中长度比例尺 $\mu_l = 0.004 \text{ m/mm}$，构件 1 以 $\omega_1 = 20 \text{ rad/s}$ 等角速度顺时针方向转动，试用相对运动图解法求图示位置：

（1）$\boldsymbol{\omega}_2$、$\boldsymbol{\omega}_3$、$\boldsymbol{\omega}_4$、$\boldsymbol{\omega}_5$ 的大小方向；

（2）$\boldsymbol{\varepsilon}_2$、$\boldsymbol{\varepsilon}_3$、$\boldsymbol{\varepsilon}_4$、$\boldsymbol{\varepsilon}_5$ 的大小方向；

（3）在机构运动简图上标注出构件 2 上速度为零的点 I_2，在加速度多边形图上标注出构件 2 上点 I_2 的加速度矢量 $\boldsymbol{\pi i}'_2$，并求出点 I_2 的加速度 $\boldsymbol{a}_{I_2}$ 的大小。在画速度多边形及加速度多边形时建议比例尺分别取：$\mu_v = 0.02 \text{ (m/s)/mm}$，$\mu_a = 0.5 \text{ (m/s}^2\text{)/mm}$。

（要列出相应的矢量方程式和计算关系式。）

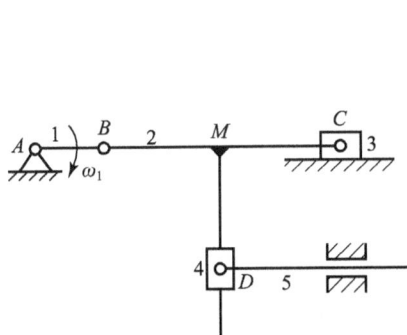

题 3-13 图

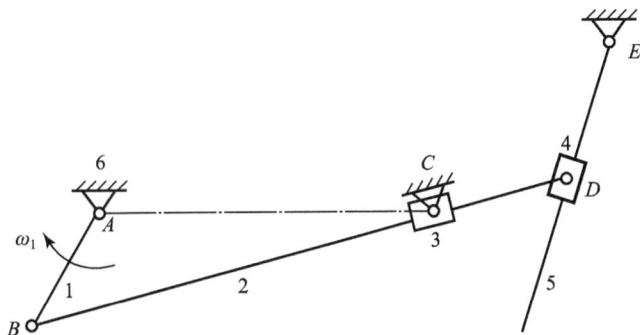

题 3-14 图

3-15 在题 3-15 图示连杆机构中，$l_{AB} = 15 \text{ mm}$，$l_{BC} = 40 \text{ mm}$，$l_{CD} = 40 \text{ mm}$，$l_{BE} = l_{EC} = 20 \text{ mm}$，$l_{EF} = 20 \text{ mm}$，$\omega_1 = 20 \text{ rad/s}$。试用相对运动图解法求：

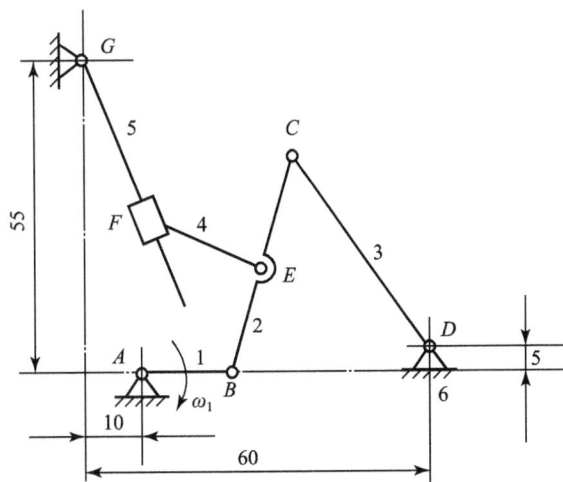

题 3-15 图

（1）$\boldsymbol{\omega}_5$ 的大小和方向；

（2）$\boldsymbol{\varepsilon}_5$ 的大小和方向。

（建议速度多边形和加速度多边形的比例尺分别取 $\mu_v = 0.005$（m/s）/mm，$\mu_a = 0.06$（m/s²）/mm，要求列出相应的矢量方程式和计算关系式。）

3-16 题 3-16 图所示为十字滑块联轴器的运动简图。若 $\omega_1 = 15$ rad/s，试用相对运动图解法求：

（1）$\boldsymbol{\omega}_3$ 和 $\boldsymbol{\varepsilon}_3$；

（2）杆 2 相对杆 1 和杆 3 的滑动速度；

（3）杆 2 上 C 点的加速度 $\boldsymbol{a}_C$。

（$\mu_l = 0.002$ m/mm。）

3-17 题 3-17 图所示为摆动导杆机构的运动简图，已知构件 1 以等角速度 $\omega_1 = 10$ rad/s 转动，$l_{AB} = 150$ mm，$l_{AC} = 450$ mm，试用解析法对构件 3 进行角速度和角加速度分析，要求推导出解析表达式并画出角速度及角加速度与构件 1 的转角关系曲线。

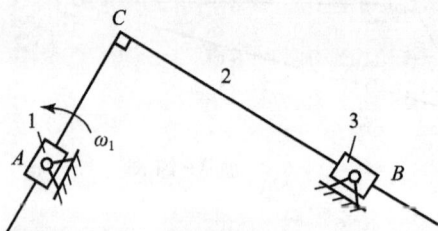

题 3-16 图

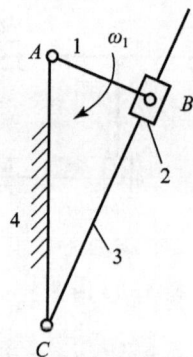

题 3-17 图

第四章　机构的力分析

【内容提要】

本章介绍机械效率与机械自锁，分析和研究运动副中的摩擦及考虑摩擦的机构的力分析，并简要介绍机构的动态静力分析。

第一节　机械效率与机械自锁

一、机械效率

在机械运转的过程中，作用在机械上的驱动力所做的功称为输入功或驱动功，克服有用阻力所做的功称为输出功或有用功，而被摩擦力等有害阻力所消耗的功称为有害功或损耗功，根据能量守恒的原则，输入功等于输出功与有害功之和，即

$$W_d = W_r + W_f$$

式中，W_d、W_r、W_f分别为输入功、输出功和有害功。

机械效率用来衡量机械对能量的有效利用程度，用输出功与输入功的比值为衡量指标，通常用 η 来表示，即

$$\eta = \frac{W_r}{W_d} = \frac{W_d - W_f}{W_d} = 1 - \frac{W_f}{W_d} \tag{4-1}$$

由于机械中有害阻力总是存在的，有害功 W_f 不可能为零，故机械效率 η 总是小于1。

将式（4-1）中分子分母同时除以做功时间，得到功率形式的机械效率表达式为

$$\eta = \frac{N_r}{N_d} = 1 - \frac{N_f}{N_d} \tag{4-2}$$

式中，N_d、N_r、N_f分别为输入功率、输出功率和有害功率。

在图 4-1 所示的机械装置中，P 为作用在输入端的驱动力，Q 为作用在输出端的载荷，v_P、v_Q 分别为作用在输入端及输出端力作用点处沿力方向上的速度。由式（4-2）得

$$\eta = \frac{N_r}{N_d} = \frac{Q v_Q}{P v_P} \tag{4-3}$$

假设该机械为理想机械，即机械中没有摩擦存在，

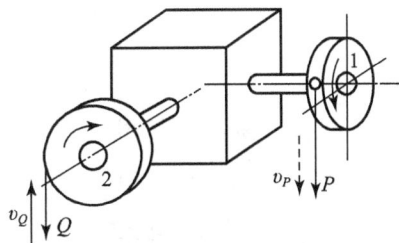

图 4-1　机械装置的效率

那么在 v_P、v_Q 分别保持不变的情况下，要克服同样的载荷 Q，所需驱动力 P_0（理想驱动力）显然要小于 P。由于理想机械效率 $\eta_0 = 1$，因此有

$$\eta_0 = \frac{N_r}{N_d} = \frac{Qv_Q}{P_0 v_P} = 1 \tag{4-4}$$

进一步

$$Qv_Q = P_0 v_P \tag{4-5}$$

将式（4-5）代入式（4-3），得

$$\eta = \frac{N_r}{N_d} = \frac{P_0 v_P}{P v_P} = \frac{P_0}{P}$$

即实际机械的效率等于理想驱动力 P_0 与实际驱动力 P 之比。

同理，可得在驱动力不变的情况下，机械的效率等于实际机械克服的载荷 Q 与理想机械所克服的载荷 Q_0 之比，即

$$\eta = \frac{Q}{Q_0} \tag{4-6}$$

二、机械自锁

所谓机械自锁是指一个处于静止状态的机械，由于摩擦，无论在机械上加多大的驱动力（驱动力矩）都无法使机械沿驱动力（驱动力矩）的方向或与驱动力成锐角的方向运动的现象。机械自锁与机械效率的关系如下：

（1）当 $\eta > 0$ 时，$W_d > W_f$，表示机械可输出有用功，即 $W_r \neq 0$，这是机械运转的正常情况。

（2）当 $\eta = 0$ 时，$W_d = W_f$，表示机械的驱动力全部用来克服有害阻力做功，不能输出任何有用功，即 $W_r = 0$。在这种情况下，若机械原来是运转的，只能保持空转；若原来是静止的，那么无论驱动力为多大，都只能保持静止状态，即机械发生自锁。

（3）当 $\eta < 0$ 时，$W_d < W_f$，表示机械的全部驱动力所做的功还不足以克服有害阻力的功。在这种情况下，若机械原来是运转的，将逐渐减速至静止；若原来是静止的，将继续保持静止状态，即机械发生自锁。

机械自锁的条件为机械效率小于等于零，即

$$\eta \leqslant 0 \tag{4-7}$$

因此，可以借助机械效率的计算公式来判断机械是否自锁，并分析机械自锁的几何条件。

第二节 运动副摩擦

机械自锁与摩擦密切相关，自锁机械中的摩擦主要是运动副的摩擦，包括移动副摩擦、转动副摩擦和螺旋副摩擦。

一、移动副的摩擦

根据形成移动副的具体结构，常把移动副中的摩擦分为平面摩擦、斜面摩擦和槽面摩擦

三种情况。

1. 水平面摩擦

图 4-2（a）中滑块 1 上的铅垂载荷为 Q，在水平驱动力 F 的作用下相对于平面 2 以速度 v_{12} 向右等速移动，滑块 1 与平面 2 间摩擦系数为 f。平面 2 对滑块 1 的作用力有法向反力 N_{21} 和摩擦力 F_{21}（摩擦力 F_{21} 方向与构件 1 相对构件 2 的相对速度方向 v_{12} 相反），它们的合力 R_{21} 为平面 2 对滑块 1 的总反力，R_{21} 与法线方向的夹角为 φ，称为摩擦角，如图 4-2（a）所示。

摩擦力 F_{21} 与法向反力 N_{21} 之间的大小关系为

$$F_{21} = fN_{21}$$

式中，f 为摩擦系数。进一步

$$\tan\varphi = \frac{fN_{21}}{N_{21}} = f$$

$$\varphi = \arctan f$$

由于摩擦力的方向与相对运动的方向是相反的，所以得出总反力 R_{21} 与滑块 1 相对于平面 2 的相对速度 v_{12} 所夹角度为 $90° + \varphi$。如以 N_{21} 为轴线，旋转 R_{21}，便得到一个圆锥，称为摩擦锥。

下面来分析平面摩擦的自锁条件。设构件 1 上的外载荷 P 与法线方向夹角为 α，如图 4-2（b）所示，则滑块 1 所受的法向反力为 $N_{21} = P\cos\alpha$，最大静摩擦力为 $F_{21} = fN_{21} = P\cos\alpha\tan\varphi$，驱动力 P 沿导路方向的有效分量 $P_t = P\sin\alpha$，当 $\alpha \leqslant \varphi$ 时，恒有 $P_t \leqslant F_{21}$，即无论 P 为多大，有效驱动力都小于最大静摩擦力，对于原来相对于平面 2 静止的滑块来讲，都不能沿驱动力方向运动，从而出现自锁。

因此对于水平面摩擦，外加驱动力的作用线在摩擦角（摩擦锥）之内时（见图 4-2（b）），处于自锁状态，即 $\alpha \leqslant \varphi$。

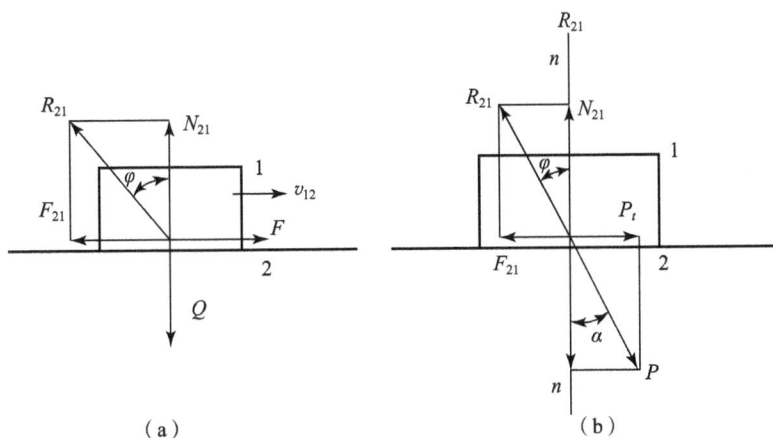

图 4-2 平面摩擦

（a）平面摩擦；（b）平面摩擦自锁分析

2. 斜平面摩擦

把滑块 1 放在倾角为 α 的斜面 2 上，则如图 4 - 2 所示的水平面摩擦就演化成了如图 4 - 3 所示的斜平面摩擦，图 4 - 3（a）中滑块等速上升，图 4 - 3（b）中滑块等速下降。

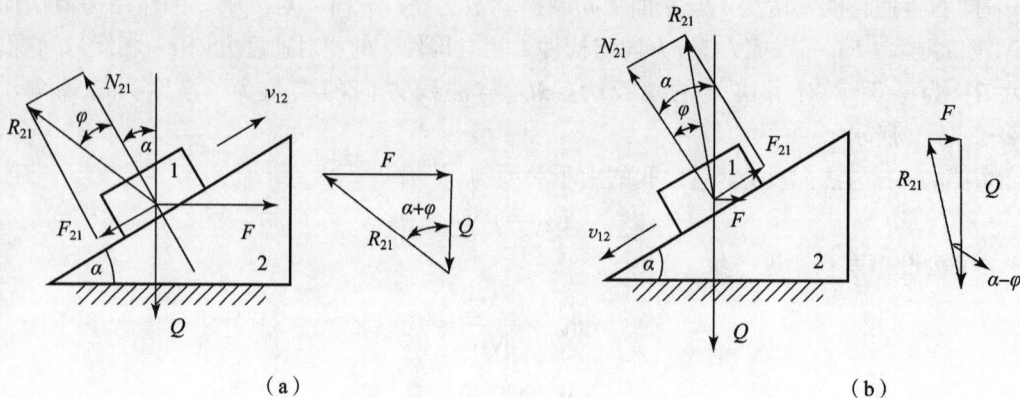

图 4 - 3 斜平面摩擦

（a）滑块等速上升；（b）滑块等速下降

1）滑块等速上升

在图 4 - 3（a）中，Q 为包括滑块重力的铅垂载荷，滑块在水平驱动力 F 的作用下等速上升，把斜面 2 对滑块 1 的法向反力 N_{21} 和摩擦力 F_{21} 合成总反力 R_{21} 后，滑块的力系平衡条件为

$$F+Q+R_{21}=0$$

先作出载荷 Q 的方向，然后再根据滑块的力系平衡条件作力三角形，如图 4 - 3（a）所示，得水平驱动力 F 和铅垂载荷 Q 之间的大小关系为

$$F=Q\tan(\alpha+\varphi) \tag{4-8}$$

自锁条件为

$$\alpha\geqslant 90°-\varphi \tag{4-9}$$

这是因为驱动力 F 沿滑块运动方向的有效分力为

$$F_t=F\cos\alpha$$

驱动力 F 引起的最大摩擦力为

$$F_{21}=fF\sin\alpha=F\sin\alpha\tan\varphi$$

如果驱动力 F 沿滑块运动方向的有效分力还不足以克服自身引起的摩擦力，则机构自锁，即

$$F_t=F\cos\alpha\leqslant F_{21}=fF\sin\alpha=F\sin\alpha\tan\varphi$$

由此得自锁条件为

$$\alpha\geqslant 90°-\varphi$$

2）滑块等速下降

在图 4 - 3（b）中，滑块等速下滑时，铅垂载荷 Q 为驱动力；F 为阻力，即阻止滑块 1 沿斜面加速下滑的力。把斜面 2 对滑块 1 的法向反力 N_{21} 和摩擦力 F_{21} 合成总反力 R_{21} 后，滑

块的力系平衡条件为

$$F+Q+R_{21}=0$$

作力三角形如图 4-3（b）所示，求得

$$F=Q\tan(\alpha-\varphi) \tag{4-10}$$

关系式（4-10）也可以直接利用正行程的关系式（4-8），把摩擦角 φ 前面的符号加以改变而得到。

当 $\alpha\leqslant\varphi$ 时，由式（4-10）可得 $F\leqslant0$。这表明只有当原工作阻力反方向作用在滑块 1 上，即工作阻力变为驱动力时，滑块 1 才能运动，即自锁条件为

$$\alpha\leqslant\varphi \tag{4-11}$$

上述自锁条件也可如下分析得到。滑块等速下滑时驱动力 Q 沿滑块运动方向的有效分力为

$$Q_t=Q\sin\alpha$$

驱动力 Q 引起的最大摩擦力

$$F_{21}=fQ\cos\alpha=Q\cos\alpha\tan\varphi$$

如果驱动力 Q 沿滑块运动方向的有效分力还不足以克服自身引起的摩擦力，则机构自锁，即

$$Q_t=Q\sin\alpha\leqslant F_{21}=fQ\cos\alpha=Q\cos\alpha\tan\varphi$$

自锁条件为

$$\alpha\leqslant\varphi$$

3. 槽面摩擦

将图 4-2（a）所示滑块做成如图 4-4 所示夹角为 2θ 的楔形滑块，并置于相应的槽面中，使楔形滑块 1 在水平驱动力 F 的作用下沿槽面等速运动。

设铅垂载荷为 Q，槽面两侧作用在楔形滑块上的法向反力为 $N_{21}/2$，总摩擦力 F_{21} 的大小为

$$F_{21}=N_{21}f$$

由滑块在铅垂面内的力系平衡条件可得

$$N_{21}=\frac{Q}{\sin\theta}$$

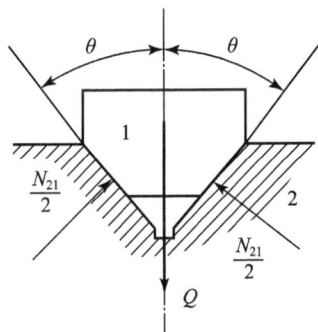

图 4-4 槽面摩擦

因此

$$F_{21}=\frac{f}{\sin\theta}Q=f_vQ \tag{4-12}$$

式中，$f_v=\frac{f}{\sin\theta}$ 称为当量摩擦系数，相当于将楔形滑块转换成平滑块时的摩擦系数，$\varphi_v=\arctan f_v$ 称为当量摩擦角。很明显，$f_v>f$，说明槽面摩擦产生的摩擦力大于平面摩擦产生的摩擦力。引入当量摩擦系数后，可将槽面摩擦的问题直接转换成较简单的平面摩擦问题来处理。

二、转动副中的摩擦

转动副通常是由轴和轴承构成的，轴被支承的部分称为轴颈。根据轴承上面承受载荷方向的不同有承受径向力的轴承和承受轴向力的轴承。承受径向力轴承的轴颈为径向轴颈，如图 4-5（a）所示；承受轴向力轴承的轴颈为止推轴颈，如图 4-5（b）所示。径向轴颈上的载荷沿半径方向分布；止推轴颈中的载荷沿轴向分布。下面分别讨论径向轴颈和止推轴颈与轴承的摩擦。

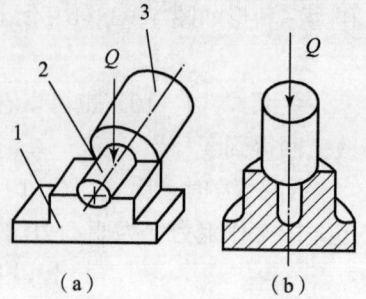

图 4-5 径向轴颈和止推轴颈
(a) 径向轴颈；(b) 止推轴颈
1—轴承；2—轴颈；3—轴

1. 径向轴颈的摩擦

一般轴颈与轴承孔为间隙配合，因轴颈与轴承孔之间存在一定间隙而使两者的中心 O_1 与 O_2 不重合，如图 4-6 所示（为描述方便，间隙夸大），图中轴颈与轴承孔的半径为 r。

轴颈 1 在没有转动前，通过轴心 O_1 垂直向下的载荷 Q（包括自重）与 A 点法向反力 N_{21} 平衡，如图 4-6（a）所示。

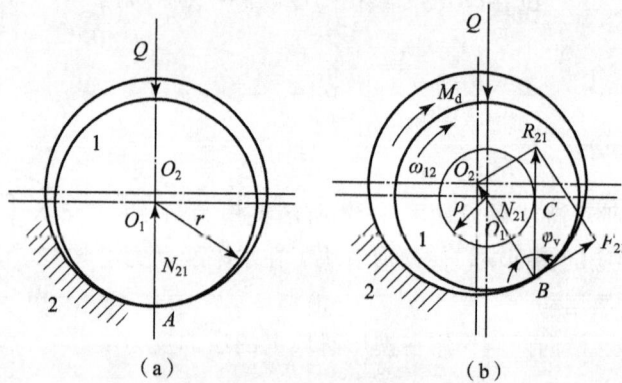

图 4-6 径向轴颈中的摩擦
(a) 转动前；(b) 稳定运转状态

在驱动力矩 M_d 的作用下，轴颈 1 由于受到接触点摩擦力的阻抗，由接触点 A 爬行到接触点 B 与摩擦力矩平衡后才开始转动，如图 4-6（b）所示。摩擦力 F_{21} 与法向力 N_{21} 的合力 R_{21} 为轴承 2 给轴颈 1 的总反力，总反力 R_{21} 到轴心的距离为 ρ，摩擦力矩为

$$M_f = F_{21}r = R_{21}\rho = Q\rho \tag{4-13}$$

由于径向轴承为曲线状接触面，可引入当量摩擦系数 f_v，所以摩擦力与径向载荷之间的关系为

$$F_{21} = f_v Q \tag{4-14}$$

将式（4-14）代入式（4-13），可求出总反力 R_{21} 到轴心之距离 ρ 为

$$\rho = f_v r \tag{4-15}$$

上式表明，ρ 的大小与轴颈半径 r 和当量摩擦系数 f_v 有关。对于一个具体的轴颈，ρ 为

定值。以轴颈圆心 O_1 为圆心、ρ 为半径作圆，此圆称为摩擦圆，ρ 称为摩擦圆半径。

综上所述，轴承 2 给轴颈 1 的总反力 $\boldsymbol{R}_{21}$ 对轴心之矩的方向与轴颈 1 相对于轴承 2 的角速度 $\boldsymbol{\omega}_{12}$ 方向相反并切于摩擦圆，其值为

$$R_{21} = Q \qquad\qquad (4-16)$$

当量摩擦系数 f_v 的选取遵循的原则为：对于较大间隙的轴承 $f_\mathrm{v} = f$；对于较小间隙的轴承，未经跑合时 $f_\mathrm{v} = 1.57f$，经过跑合时 $f_\mathrm{v} = 1.27f$。

显然，作用在轴颈上外力与外力矩的合力作用在摩擦圆之内，如轴颈原来静止，则发生自锁；若原来运动，则减速到停止转动。外力与外力矩的合力与摩擦圆相切，如轴颈原来静止，则发生自锁；若原来运动，则做等速转动。外力与外力矩的合力作用在摩擦圆之外，轴颈将加速运动。

转动副的自锁条件可以描述为：外力与外力矩的合力和摩擦圆相割或相切。

2. 止推轴颈的摩擦

轴用于承受轴向载荷的部分称为轴端（图 4-7（a））。轴 1 的轴端与轴承 2 的支承面构成转动副，当轴转动时，轴端面将产生摩擦力矩 $\boldsymbol{M}_\mathrm{f}$。

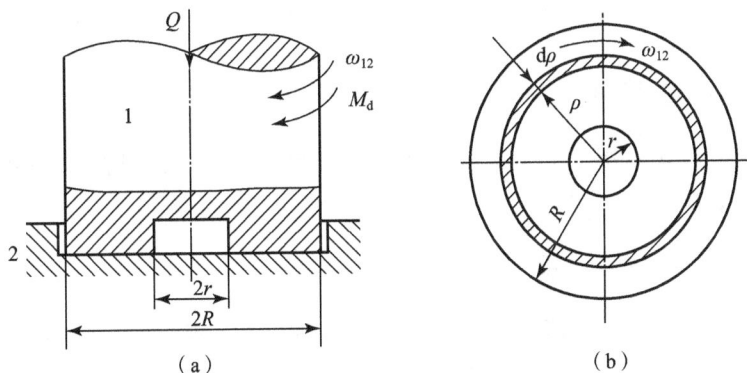

图 4-7 止推轴颈中的摩擦

假设与轴承接触的轴端面为一环面，内径为 $2r$，外径为 $2R$，轴上所受轴向载荷为 Q。如图 4-7（b）所示，在轴端半径为 ρ 处取宽度为 $\mathrm{d}\rho$ 的微小圆环，圆环面积为 $\mathrm{d}s = 2\pi\rho\mathrm{d}\rho$，环面上的正压力为 $\mathrm{d}N = p\mathrm{d}s = 2\pi p\rho\mathrm{d}\rho$，$p$ 为压强，摩擦力为

$$\mathrm{d}F = f\mathrm{d}N = 2\pi f p\rho\mathrm{d}\rho$$

摩擦力矩为

$$\mathrm{d}M_\mathrm{f} = \rho\mathrm{d}F = 2\pi f p\rho^2\mathrm{d}\rho$$

整个圆环接触面积上的摩擦力矩为

$$M_\mathrm{f} = \int_r^R \mathrm{d}M_\mathrm{f} = \int_r^R 2\pi f p\rho^2\,\mathrm{d}\rho \qquad\qquad (4-17)$$

未经跑合的止推轴承，可假定轴端面压强 p 为常数，即 $p = c$。摩擦力矩为

$$M_\mathrm{f} = \int_r^R \mathrm{d}M_\mathrm{f} = 2\pi f p\int_r^R \rho^2\,\mathrm{d}\rho = \frac{2}{3}\pi f p(R^3 - r^3)$$

又因接触面法向反力

$$N = \int_r^R p\,ds = \int_r^R 2\pi p\rho\,d\rho = \pi p(R^2 - r^2) = Q$$

所以

$$p = \frac{Q}{\pi(R^2 - r^2)}$$

进一步可得

$$M_f = \frac{2}{3} fQ \frac{R^3 - r^3}{R^2 - r^2} \tag{4-18}$$

经过跑合的止推轴承，轴端各处压强不相等，离轴心远的地方，压强较小；离轴心近的地方，压强较大，正常情况下有 $p\rho = c$。接触面法向反力为

$$N = \int_r^R p\,ds = \int_r^R 2\pi p\rho\,d\rho = 2\pi p\rho(R - r) = Q$$

故

$$p\rho = \frac{Q}{2\pi(R - r)}$$

摩擦力矩为

$$M_f = \int_r^R dM_f = 2\pi f p\rho \int_r^R \rho\,d\rho = \pi f p\rho(R^2 - r^2) = \frac{1}{2} fQ(R + r) \tag{4-19}$$

三、螺旋副中的摩擦

根据螺纹牙形状可将螺纹分为矩形螺纹和三角螺纹，下面分别讨论这两种螺纹牙构成的螺旋副中的摩擦。

1. 矩形螺纹螺旋副中的摩擦

如图 4-8 所示，螺杆 1 与螺母 2 构成矩形螺纹螺旋副，螺母 2 上受轴向载荷 Q（包括自重），螺母 2 在驱动力矩 M_d 作用下顺着螺杆螺旋面沿载荷反方向等速运动（拧紧螺母），此过程相当于滑块 2 在水平驱动力 F 作用下克服铅垂载荷沿倾角 α 的斜面等速向上运动，α 为螺纹中径 d_2 圆柱面上螺旋线的螺旋升角。

由式（4-8）得拧紧力 F 为

$$F = Q\tan(\alpha + \varphi) \tag{4-20}$$

式中，F 相当于拧紧螺母时需在螺纹中径 d_2 处施加的圆周力，其对螺纹轴心线产生的力矩为拧紧螺母时的拧紧力矩 M_d，故

$$M_d = F\frac{d_2}{2} = \frac{d_2}{2} Q\tan(\alpha + \varphi) \tag{4-21}$$

当松开螺母时，相当于滑块 2 在载荷 Q 作用下沿斜面匀速下滑，维持其匀速下滑的水平力 F（作用在螺纹中径处）由式（4-10）得

$$F = Q\tan(\alpha - \varphi) \tag{4-22}$$

松开螺母的力矩 M_d 为

$$M_d = F\frac{d_2}{2} = \frac{d_2}{2} Q\tan(\alpha - \varphi) \tag{4-23}$$

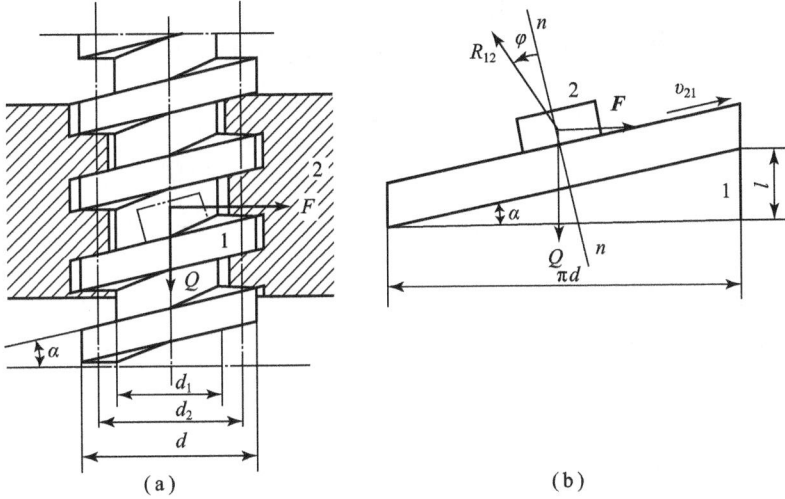

图 4-8 矩形螺纹螺旋副的摩擦

当 $\alpha < \varphi$ 时，M_d 为负值，意味着只有加一反向拧松力矩螺母才可能松动，即螺旋副自锁，而 $\alpha = \varphi$ 是自锁的临界条件。

2. 三角螺纹螺旋副中的摩擦

三角形螺纹和矩形螺纹的区别在于螺纹间接触面的几何形状不同。三角形螺纹螺旋副的摩擦可将螺母在螺杆上的运动简化为楔形滑块沿着斜槽面运动，槽面的楔角为 2θ，如图 4-9 所示，$\theta = 90° - \beta$，β 为螺纹牙形半角。由式（4-12）得当量摩擦系数 f_v 为

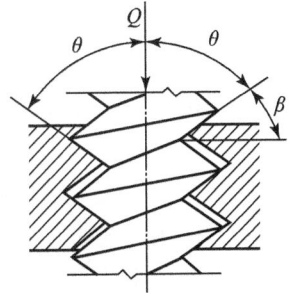

图 4-9 三角螺纹
螺旋副的摩擦

$$f_v = \frac{f}{\sin\theta} = \frac{f}{\sin(90° - \beta)} = \frac{f}{\cos\beta} \qquad (4-24)$$

当量摩擦角为

$$\varphi_v = \arctan f_v = \arctan = \frac{f}{\cos\beta} \qquad (4-25)$$

引入当量摩擦系数及当量摩擦角后，就可将三角形螺纹螺旋副中的摩擦像矩形螺纹螺旋副中的摩擦一样处理，只需将对应各公式中的 f 改为 f_v、φ 改为 φ_v 即可。

拧紧螺母时

$$F = Q\tan(\alpha + \varphi_v), \qquad M_d = F\frac{d_2}{2} = \frac{d_2}{2}Q\tan(\alpha + \varphi_v)$$

松开螺母时

$$F = Q\tan(\alpha - \varphi_v), \qquad M_d = F\frac{d_2}{2} = \frac{d_2}{2}Q\tan(\alpha - \varphi_v)$$

自锁条件为

$$\alpha \leqslant \varphi_v$$

第三节 考虑摩擦时机构的力分析

在考虑摩擦的情况下对机构进行受力分析和设计自锁机构时，关键是正确判断出运动副的摩擦力及总反力的方向、搞清机构自锁的概念及了解各种运动副的自锁条件。为解决问题方便，将平面机构中常见运动副的总反力方向判断方法、运动副的自锁条件、机械的自锁条件归纳如下：

（1）移动副总反力及自锁条件。

移动副总反力 R_{21} 的方向与相对运动 v_{12} 方向成 $90° + \varphi_v$ 角，其中 R_{21} 为构件 2 作用在构件 1 上的总反力，v_{12} 为构件 1 相对于构件 2 的相对移动速度，φ_v 为当量摩擦角；移动副摩擦的自锁条件为外加驱动力的作用线在摩擦角（锥）之内。

（2）径向轴颈与轴承构成的转动副总反力及自锁条件。

转动副总反力 R_{21} 的作用线始终与摩擦圆相切且对轴心的矩与轴颈 1 相对于轴承 2 的相对转动角速度 ω_{12} 方向相反，总反力 R_{21} 与径向载荷 Q 大小相等、方向相反；自锁条件为外力（M_d 与 Q）合力的作用线在摩擦圆之内。

（3）机械自锁的判断方法。

①按自锁的定义来判断。如驱动力无论多大都不能超过由它所产生的摩擦力，则机械将发生自锁。

②按机械效率来判断。机械效率 $\eta \leqslant 0$，则机械自锁。

③按运动副的自锁条件来判断。移动副：外加驱动力的作用线在摩擦角（锥）之内；转动副：外加驱动力的作用线在摩擦圆之内。

④阻力小于等于零。

下面举例说明如何对考虑摩擦的机构进行受力分析和如何设计自锁机构。

例题 4-1 在图 4-10 所示的曲柄滑块机构与铰链四杆机构中，Q 为作用在构件 3 上的工作阻力，M_d 为驱动力矩。移动副的摩擦角为 φ，转动副的摩擦圆半径为 ρ。试确定图示位置时各运动副总反力的作用线（各构件的重力及惯性力忽略不计）。

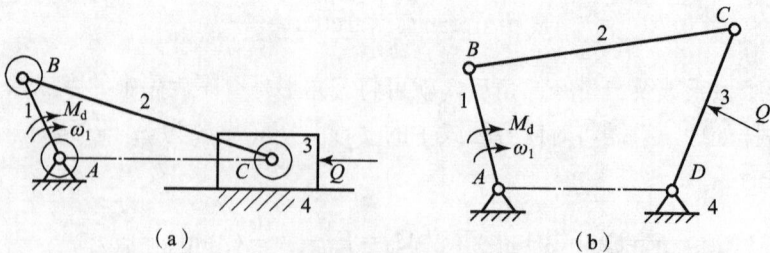

图 4-10 例题 4-1 图

（a）曲柄滑块机构；（b）铰链四杆机构

解： 由于连杆本身的重力及惯性力忽略不计，因此，在这两个机构中，连杆 BC 均为二力杆。

在图 4-11（a）所示机构中，根据已知的受力情况分析可知连杆 BC 受压。根据 ω_1 的

方向可判断 $\boldsymbol{\omega}_{21}$、$\boldsymbol{\omega}_{23}$、$\boldsymbol{v}_{34}$ 的方向，如图 4 - 11（a）所示。$\boldsymbol{R}_{43}$ 与 $\boldsymbol{v}_{34}$ 方向所夹角度为（$\varphi+$ 90°）；$\boldsymbol{R}_{12}$ 与 $\boldsymbol{R}_{32}$ 共线且方向相反；$\boldsymbol{R}_{12}$ 对铰链中心 B 形成的力矩方向与 $\boldsymbol{\omega}_{21}$ 方向相反，为顺时针方向；$\boldsymbol{R}_{32}$ 对铰链中心 C 的力矩方向与 $\boldsymbol{\omega}_{23}$ 方向相反，为逆时针方向，且均与摩擦圆相切，故 $\boldsymbol{R}_{12}$ 与 $\boldsymbol{R}_{32}$ 位于铰链 B、C 两摩擦圆的外公切线上，如图 4 - 11（a）所示。$\boldsymbol{R}_{41}$ 切于 A 处摩擦圆，与 $\boldsymbol{R}_{21}$ 方向相反，对铰链中心 A 形成逆时针方向力矩，如图 4 - 11（a）所示。

在图 4 - 11（b）所示机构中，根据已知的受力情况分析知连杆 BC 也受压。分析方法同图 4 - 11（a）机构，具体答案见图 4 - 11（b）。要注意的是根据杆 CD 所受三力汇交于一点确定反力 $\boldsymbol{R}_{43}$ 的最终位置。

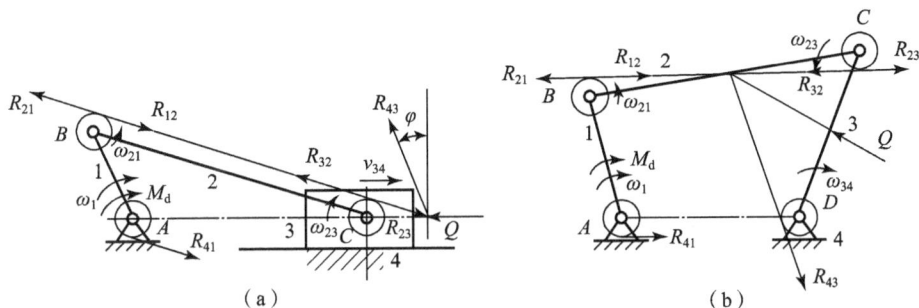

图 4 - 11　例题 4 - 1 答案

(a) 例题 4 - 1（a）图答案；(b) 例题 4 - 1（b）图答案

例题 4 - 2　在图 4 - 12（a）所示的机构中，凸轮 1 与从动件 2 高副接触处的摩擦角为 φ，图中转动副的摩擦圆已用细实线画出，作用在从动件 2 上的工作阻力为 F_r，不计各构件重力和惯性力，求各运动副处的总反力及作用在凸轮上的平衡力矩 M_b。

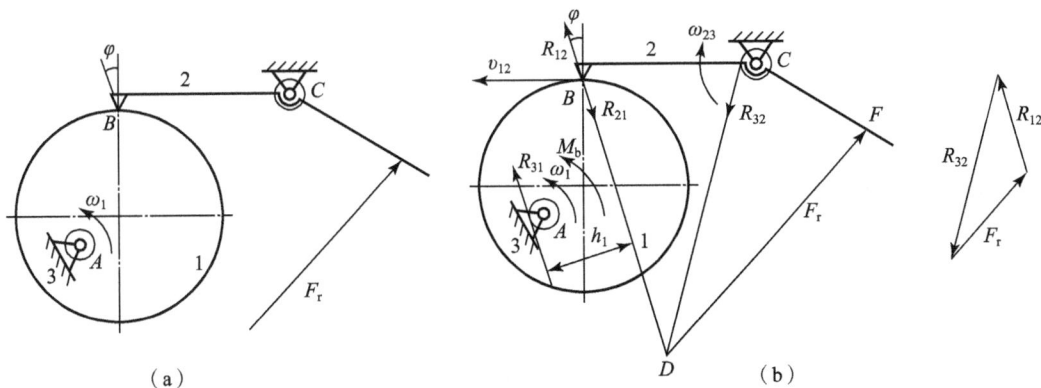

图 4 - 12　例题 4 - 2 图

(a) 机构简图；(b) 答案图

解：如图 4 - 12（b）所示，摆杆 2 作用在凸轮 1 上的总反力 $\boldsymbol{R}_{21}$ 的方向与凸轮 1 上的高副接触点 B 相对于摆杆 2 上的高副接触点 B 的相对速度 $\boldsymbol{v}_{12}$ 的方向成（90° + φ）角，凸轮 1 作用在摆杆 2 上的总反力 $\boldsymbol{R}_{12}$ 与 $\boldsymbol{R}_{21}$ 大小相等、方向相反且作用在一条直线上。$\boldsymbol{R}_{32}$ 切于摩擦圆，对转动中心 C 的力矩方向与 $\boldsymbol{\omega}_{23}$ 相反，并且作用于摆杆 2 上的三个力 $\boldsymbol{R}_{12}$、$\boldsymbol{R}_{32}$、$\boldsymbol{F}_r$ 构成一汇交的平衡力系，因此 $\boldsymbol{R}_{32}$ 过 $\boldsymbol{R}_{12}$ 与 $\boldsymbol{F}_r$ 的交点；$\boldsymbol{R}_{31}$ 切于摩擦圆，对转动中心 A 的力矩方

向与 ω_{13} 相反且与 $\boldsymbol{R}_{21}$ 平行、大小相等，即 $\boldsymbol{R}_{21}=-\boldsymbol{R}_{31}$，力臂为 h_1，则作用在凸轮 1 上的平衡力矩 M_b 为

$$M_b = R_{21}h_1$$

例题 4-3 在图 4-13（a）所示斜面机构中，摩擦角为 φ，求：

（1）$\boldsymbol{P}$ 为主动力、$\boldsymbol{Q}$ 为工作阻力（正行程）时，机构的不自锁条件。

（2）$\boldsymbol{Q}$ 为主动力、$\boldsymbol{P}$ 为工作阻力（反行程）时，机构的自锁条件。

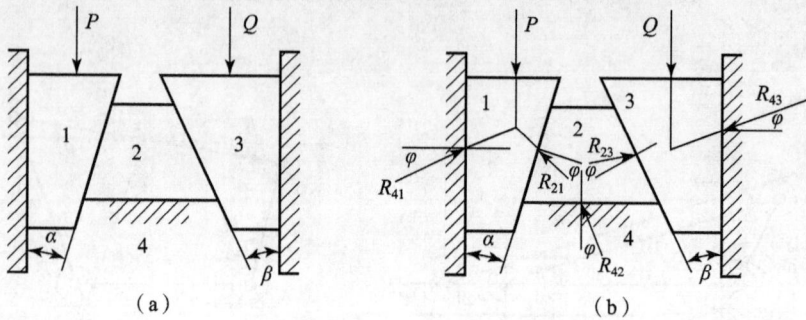

图 4-13 例题 4-3 图
(a) 机构简图；(b) 答案图

解：

（1）正行程。

构件 1、2、3 的受力分析如图 4-13（b）所示。对构件 1 有

$$\boldsymbol{P}+\boldsymbol{R}_{41}+\boldsymbol{R}_{21}=0$$

解得滑块 1 阻力 R_{21} 为

$$R_{21}=P\,\frac{\cos\varphi}{\sin(\alpha+2\varphi)} \tag{a}$$

对于构件 2 有

$$\boldsymbol{R}_{32}+\boldsymbol{R}_{12}+\boldsymbol{R}_{42}=0,\ \boldsymbol{R}_{12}=-\boldsymbol{R}_{21},\ \boldsymbol{R}_{32}=-\boldsymbol{R}_{23}$$

解得滑块 2 阻力 R_{32} 为

$$R_{32}=R_{12}\frac{\cos(\alpha+2\varphi)}{\cos(\beta-2\varphi)} \tag{b}$$

对于构件 3 有

$$\boldsymbol{R}_{23}+\boldsymbol{R}_{43}+\boldsymbol{Q}=0$$

解得滑块 3 阻力 Q 为

$$Q=R_{23}\frac{\sin(\beta-2\varphi)}{\cos\varphi} \tag{c}$$

要求正行程不自锁，就需要三个楔块均不发生自锁。为此，要求以上三个阻力的关系式均大于零。

由（a）式可看出，工作阻力 R_{21} 不可能为负值，故块 1 不可能自锁。

由（b）式可以看出，要使 R_{32} 大于零，需满足 $\alpha+2\varphi<90°$，即当 $\alpha<90°-2\varphi$ 时，块 2 才不会自锁。

由（c）式可以看出，只有当 $\beta>2\varphi$ 时，工作阻力 Q 才大于零，故块 3 不发生自锁的条件为 $\beta>2\varphi$。

由以上分析知：正行程不发生自锁的条件为 $\beta>2\varphi$ 和 $\alpha<90°-2\varphi$，且两者同时成立。

（2）反行程。

只需将正行程中各力关系式中摩擦角前加"—"号即可得到反行程各力关系式，即

$$R_{23}=Q\frac{\cos\varphi}{\sin(\beta+2\varphi)}$$

$$R_{12}=R_{32}\frac{\cos(\beta+2\varphi)}{\cos(\alpha-2\varphi)}$$

$$P=R_{21}\frac{\sin(\alpha-2\varphi)}{\cos\varphi}$$

反行程中任意一个楔块自锁机构均会自锁，仿照正行程的分析方法得自锁条件为

$$\alpha\leqslant2\varphi \quad 或 \quad \beta\geqslant90°-2\varphi$$

例题 4-4 在图 4-14 所示偏心圆盘夹紧机构中，1 为偏心圆盘，2 为待夹紧的工件，3 为夹具体。在驱动力 F 的作用下夹紧工件，当力 F 去掉后，在总反力 R_{21} 的作用下，工件不应自动松脱，即要求该机构的反行程必须满足自锁要求，试设计该夹具。

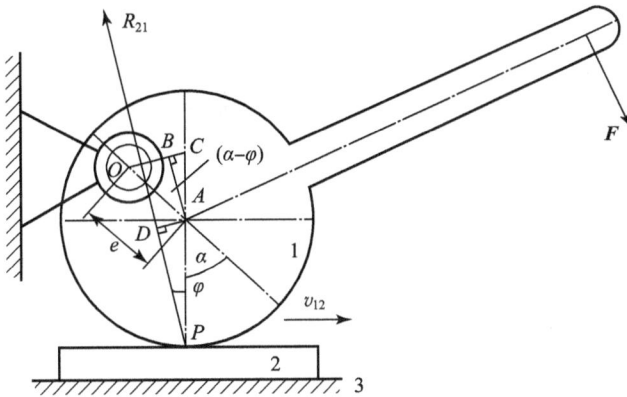

图 4-14 自锁机构的设计

解： 该机构如能满足自锁要求，关键问题是确定偏心圆盘的转动中心 O 点的位置。

设偏心圆盘的半径为 r_1，转动副摩擦圆半径为 ρ，偏心圆盘与工件的摩擦角为 φ，轴颈轴心 O 到偏心盘几何中心 A 的距离为 e。

如反行程能自锁，则总反力 R_{21} 与转轴中心 O 处摩擦圆相割，极限位置为相切，由图 4-14 中的几何关系有

$$e\sin(\alpha-\varphi)-r_1\sin\varphi\leqslant\rho$$

进一步

$$e\sin(\alpha-\varphi)\leqslant r_1\sin\varphi+\rho$$

式中，r_1、φ、ρ 均为已知数据或可以求出的数据，选择适当的 e 和 α 后，便可设计出该自锁机构。

第四节　机构的动态静力分析

机构的动态静力分析是指在进行机构的力分析时，根据力学原理将惯性力及惯性力矩看成外力加在相应的构件上，这样，动态的机构可以当成静止的机构来处理，从而用静力学的方法来进行分析计算，求解出各运动副的约束反力及需加在机构上的平衡力（力矩）。

进行机构动态静力分析的步骤是首先求出各构件的惯性力及惯性力矩，并把它们视为外力加在产生这些惯性力及惯性力矩的构件上，然后将机构分解为若干个构件组，分别列出它们的力（力矩）平衡方程，再逐一求解未知的运动副反力及平衡力（力矩）。

确定构件惯性力及惯性力矩的具体方法如下：

（1）做平面复合运动的构件。

构件做平面复合运动且具有平行于运动平面的对称面的刚体，它的全部惯性力可简化为一个加于质心 S 的惯性力 $\boldsymbol{F}$ 和一个惯性力矩 $\boldsymbol{M}$，$\boldsymbol{F}$ 和 $\boldsymbol{M}$ 的计算公式为

$$\boldsymbol{F} = -m\boldsymbol{a}_S \tag{4-26}$$

$$\boldsymbol{M} = -J_S\boldsymbol{\varepsilon} \tag{4-27}$$

式中，m 为构件的质量；$\boldsymbol{a}_S$ 为构件质心的加速度；$\boldsymbol{\varepsilon}$ 为构件的角加速度；J_S 为构件绕质心轴的转动惯量；"－"号表示 $\boldsymbol{F}$、$\boldsymbol{M}$ 分别与 $\boldsymbol{a}_S$、$\boldsymbol{\varepsilon}$ 的方向相反。

（2）做平面移动的构件。

做平面移动的构件，其全部惯性力可简化为一个加于质心 S 的惯性力，计算公式为

$$\boldsymbol{F}_i = -m\boldsymbol{a}_S \tag{4-28}$$

（3）做定轴转动的构件。

若回转轴线通过质心

$$\boldsymbol{M} = -J_S\boldsymbol{\varepsilon}, \quad \boldsymbol{F} = 0$$

若回转轴线不通过质心

$$\boldsymbol{M} = -J_S\boldsymbol{\varepsilon}, \quad \boldsymbol{F} = -m\boldsymbol{a}_S$$

式中，m 为构件的质量；$\boldsymbol{a}_S$ 为构件质心的加速度；$\boldsymbol{\varepsilon}$ 为构件的角加速度；J_S 为构件绕质心轴的转动惯量；"－"号表示 $\boldsymbol{F}$、$\boldsymbol{M}$ 分别与 $\boldsymbol{a}_S$、$\boldsymbol{\varepsilon}$ 的方向相反。

例题 4-5　在图 4-15 所示的曲柄滑块机构中，已知曲柄和连杆的长分别为 l_1、l_2，位置角为 φ_1、φ_2，质心位置为 r_1、r_2，对质心的转动惯量为 J_{S1}、J_{S2}；角加速度为 ε_1、ε_2；各构件质量为 m_1、m_2、m_3；各构件的质心沿坐标轴方向的加速度为 a_{S_1x}、a_{S_2x}、a_{S_3} 和 a_{S_1y}、a_{S_2y}、0；作用在滑块上的生产阻力为 $\boldsymbol{Q}$，方向如图 4-6 所示，求各运动副的反力和作用在曲柄上的平衡力矩 M_b。（不计运动副之间的摩擦力。）

解：将构件 1、2、3 从机构中分离后分别加上各已知外力、外力矩、运动副反力、惯性力、惯性力矩和平衡力矩，如图 4-15（b）～图 4-15（d）所示。按力系平衡条件列出力的平衡方程为

$$\sum \boldsymbol{F}_x = 0, \quad \sum \boldsymbol{F}_y = 0, \quad \sum \boldsymbol{M} = 0$$

对于图 4-15（b）所示的构件 1 有

$$R_{41x}+R_{21x}-m_1a_{S_1x}=0$$

$$R_{41y}+R_{21y}-m_1a_{S_1y}=0$$

$$M_b-R_{21x}L_1\sin\varphi_1+R_{21y}L_1\cos\varphi_1+m_1a_{S_1x}r_1\sin\varphi_1-m_1a_{S_1y}r_1\cos\varphi_1-J_{S_1}\varepsilon_1=0$$

对于图 4-15（c）所示的构件 2 有

$$R_{12x}+R_{32x}-m_2a_{S_2x}=0$$

$$R_{12y}+R_{32y}-m_2a_{S_2y}=0$$

$$-R_{32x}L_2\sin\varphi_2+R_{32y}L_2\cos\varphi_2+m_2a_{S_2x}r_2\sin\varphi_2-m_2a_{S_2y}r_2\cos\varphi_2-J_{S_2}\varepsilon_2=0$$

对于图 4-16（d）所示的构件 3 有

$$R_{23x}-Q\sin\alpha-m_3a_{S_3}=0$$

$$R_{23y}+R_{43y}-Q\cos\alpha=0$$

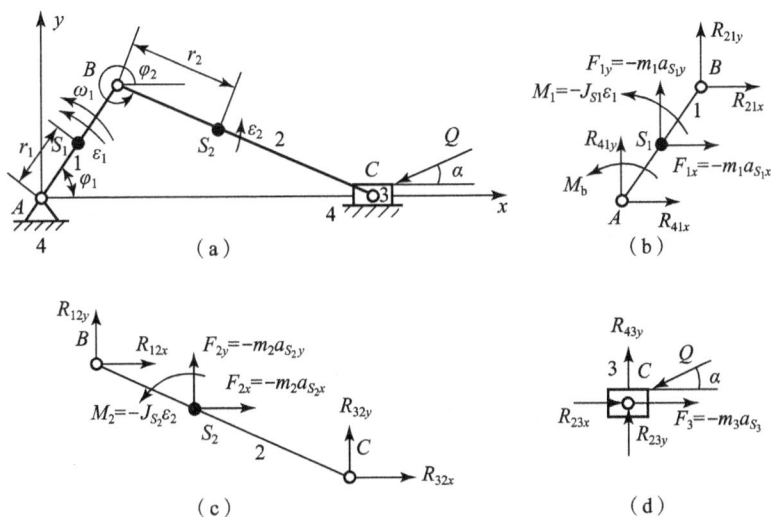

图 4-15 曲柄滑块机构动态静力分析

（a）机构简图；（b）构件 1 受力图；（c）构件 2 受力图；（d）构件 3 受力图

考虑到 $F_{12x}=-F_{21x}$，$F_{12y}=-F_{21y}$，$F_{23x}=-F_{32x}$，$F_{23y}=-F_{32y}$，则未知数的个数为 8 个，而方程的个数也为 8 个，故该方程组可解，将其写成矩阵形式

$$[A][R]=[B]$$

$[A]$、$[B]$矩阵均为已知参数矩阵，未知力矩阵$[R]$可以非常容易求解。

【知识拓展】

在对机构进行力分析时，如果机构中构件速度较高、质量较大，则必须考虑惯性力的影响，这时要对机构进行动态静力分析。对机构进行动态静力分析时，根据实际情况可以考虑摩擦，也可以不考虑摩擦，不考虑摩擦时，问题相对简单些；如构件质量不大、速度较低，可以忽略惯性力的影响，这时只对机构进行静力分析即可。可以用图解法和解析法，也可以用现有的机械动力学分析软件对机构进行力分析，如 ADAMS 软件，详细内容可参阅文献［16］。

思 考 题

4-1 什么是摩擦角？如何用摩擦角确定移动副总反力的位置？

4-2 什么是摩擦圆？如何用摩擦圆确定转动副总反力的位置？

4-3 什么是当量摩擦系数？为什么引入当量摩擦系数的概念？

4-4 移动副、转动副的自锁条件是什么？

4-5 何谓机械自锁？如何判断机械自锁？

4-6 何谓机构的动态静力分析？

习 题

4-1 在题4-1图所示机构中构件1为原动件，摩擦圆（用细实线画的图）及摩擦角如题4-1图所示，阻力 Q 作用在构件2上的 D 点。若忽略各构件的重力和惯性力，试：

(1) 在图上画出运动副反力 R_{32}、R_{12}、R_{41} 的作用线和方向；

(2) 在原动件1上标出驱动力矩 M_d 的方向。

4-2 题4-2图示机构凸轮为原动件，Q 为滑块上作用的工作阻力，各转动副处的摩擦圆（以细线圆表示）及移动副的摩擦角 φ 如题4-2图所示。若忽略各构件的重力和惯性力，试：

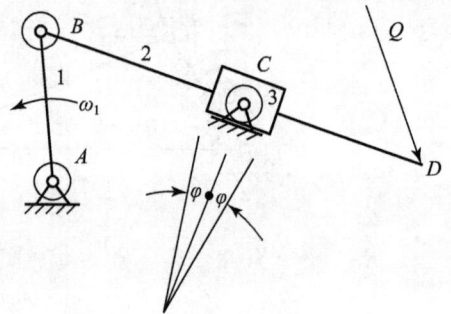

题 4-1 图

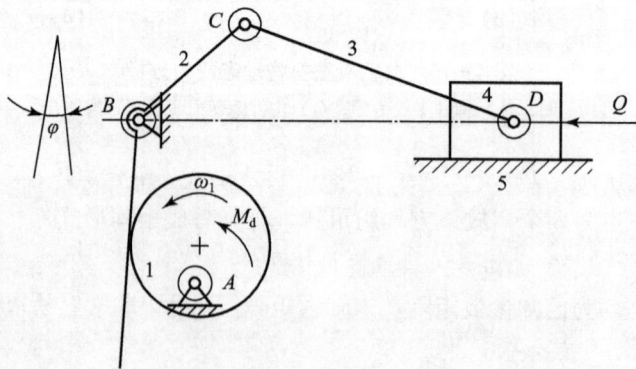

题 4-2 图

(1) 在图上画出各运动副处的约束反力（包括作用线位置与指向）；

(2) 利用图上所得尺寸求出图示位置的驱动力矩 M_d。

4-3 题4-3图所示为破碎机机构简图，待破碎的球形料块的重量忽略不计，料块与颚板1之间的摩擦系数为 f，求料块被夹紧（不会向上滑脱）时颚板夹角 α 应为多大？

4-4 在题4-4图所示机构中，已知 AB 杆的长为 l，转动副处摩擦圆半径为 ρ，F 为驱动力，G 为生产阻力，设移动副相互接触处的摩擦系数均为 f，摩擦角为 $\varphi = \arctan f$。若忽略各构件的重力和惯性力，试求该机构的效率和自锁条件。

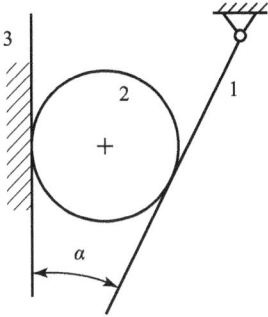

题 4-3 图

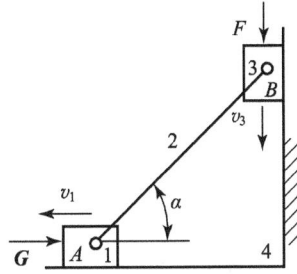

题 4-4 图

4-5 题4-5图所示的机床调整垫铁由1、2两构件组成，调整时将件2敲入，调整完毕后要求垫铁不会自行松开。已知垫铁1和2之间、垫铁2与地面3之间的摩擦系数均为 $f=0.12$，初定 $\alpha=15°$。问按此 α 设计的垫铁能否满足使用要求？为什么？

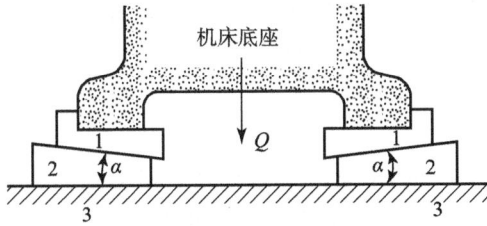

题 4-5 图

第五章 连杆机构及其设计

【内容提要】

本章介绍连杆机构的特点，平面四杆机构的基本型式、演化型式及其应用，以及平面连杆机构的基本性质，运用图解法和解析法进行平面连杆机构的设计，并对空间连杆机构的基础知识进行简单介绍。

第一节 平面连杆机构的类型及应用

一、连杆机构概述

连杆机构是指各构件之间均为低副（如转动副、移动副、螺旋副、圆柱副、球面副等）连接的机构，故也称为低副机构。连杆机构通常可分为平面连杆机构和空间连杆机构。其中，在平面连杆机构中，所有运动构件均在相互平行的平面内运动；而在空间连杆机构中，运动构件不都在相互平行的平面内运动。

连杆机构是机械装置中应用最为广泛的机构之一，它具有机构的简单性、设计的复杂性和功能的多样性等特点。具体来讲，连杆机构具有以下优点：

（1）构件间均为面接触，承载能力强，耐磨损，可靠性高；

（2）运动副元素的几何形状简单，易于制造和获得较高的制造精度，且成本低廉；

（3）能实现多种运动规律、运动轨迹及功能要求，如转动、摆动、移动、往复运动及复杂的轨迹运动等；

（4）当连杆和机架较长时，可实现远距离的运动和动力的传递。

但是，由于连杆机构的运动和动力需通过中间构件进行传递，因此，随着构件数目的增多、传递路线变长、累积运动误差增大、传动效率变低，设计也变得相对复杂。其次，连杆机构中由于存在着做平面运动或空间运动的构件，其在运动过程中会产生惯性力和惯性力矩，且难以用常规的平衡方法进行消除，特别是在高速运转时不平衡动载荷更大，因此连杆机构通常不适于在高速场合下工作。再者，虽然连杆机构可以实现多种运动规律和轨迹要求，但却很难精确实现一些复杂的运动轨迹，而且设计也十分烦琐。不过，随着计算机辅助设计、优化设计等方法与连杆机构设计理论的发展和深入，使得连杆机构的应用也得到了进一步的推广和拓展。

由于平面连杆机构在生产实践中得到了极为广泛的应用，因此本章以讨论平面连杆机构为主。在平面连杆机构中，以四个构件组成的平面四杆机构较为简单，应用最为广泛。许多多杆机构常可看成是在四杆机构的基础上增加基本杆组扩展而成的。因此，本章以简单的单自由度的平面四杆机构为主要对象，重点介绍平面四杆机构的类型与应用、工作特性以及设计方法等。

二、平面四杆机构的基本型式及其应用

常用的平面四杆机构根据四个低副的组成情况通常可以分为以下三类。

1. 全转动副的四杆机构（铰链四杆机构）

平面四杆机构中，所有运动副均为转动副的机构称为全转动副四杆机构，也称铰链四杆机构。在图 5-1 所示的铰链四杆机构中，各构件均以转动副相连接。其中，固定不动的构件 4 称为机架；与机架相连的构件 1 和构件 3 称为连架杆，连架杆中能做整周转动的称为曲柄，不能做整周转动的称为摇杆；不与机架直接连接的构件 2 称为连杆，连杆做复杂的平面运动。根据两连架杆运动形式的不同，铰链四杆机构又可分为三种型式。

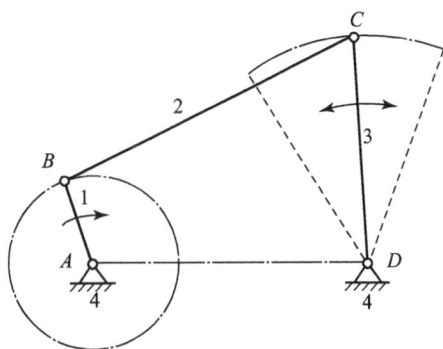

图 5-1 铰链四杆机构

1）曲柄摇杆机构

在铰链四杆机构中，若两连架杆中一个为曲柄，另一个为摇杆，则称为曲柄摇杆机构。在图 5-1 所示的曲柄摇杆机构中，构件 1 为曲柄，构件 3 为摇杆。一般情况下，曲柄和摇杆可分别作主动件。

当曲柄为主动件、摇杆或连杆为从动件时，可将曲柄的连续转动转变成摇杆的往复摆动或连杆的平面运动。例如，图 5-2 所示为雷达天线俯仰机构，由曲柄 AB 通过连杆 BC 带动天线（构件 3）做俯仰运动。再如，图 5-3 所示为搅拌器，由曲柄 AB 带动连杆 BC，并利用连杆上点 E 的特定运动轨迹来实现对容器中物料的搅拌动作。

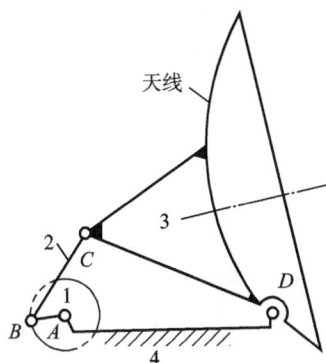

图 5-2 雷达天线俯仰机构

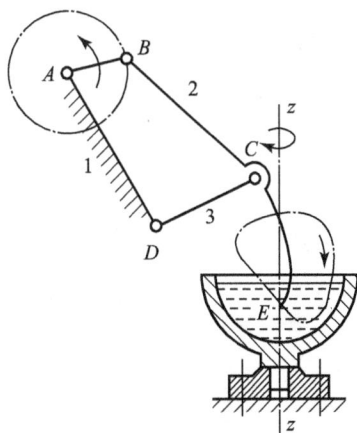

图 5-3 搅拌器

当摇杆为主动件、曲柄为从动件时，可将摇杆的往复摆动转变成曲柄的连续转动，如图 5-4 所示的缝纫机踏板机构。当踏板（摇杆 3）做往复摆动时，通过连杆 2 带动曲轴（曲柄 1）及带轮一起转动，从而使机头转动以进行缝纫工作。

2）双曲柄机构

在铰链四杆机构中，若两连架杆均为曲柄，则称为双曲柄机构，如图 5-5 所示。这种机构的运动特点是当主动曲柄连续转动时，从动曲柄也做连续转动。图 5-6 所示为惯性振动筛机构，其中驱动机构 $ABCD$ 为一双曲柄机构。当曲柄 AB 做等速转动时，通过中间构件 2、3 和 5 带动筛子 6 做变速直线运动，并利用其所产生的惯性力来改善被筛材料的筛分效果。

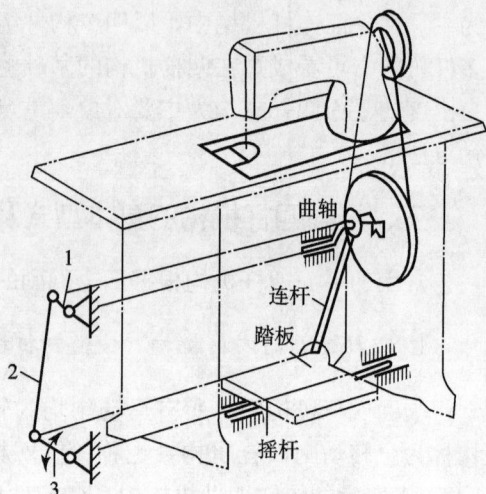

图 5-4　缝纫机踏板机构

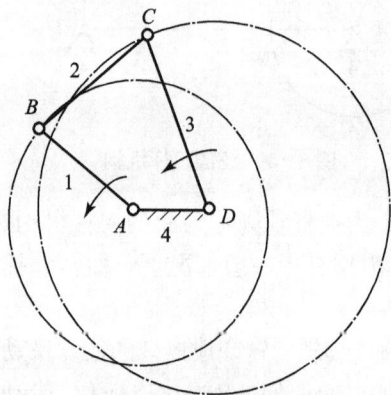

图 5-5　双曲柄机构

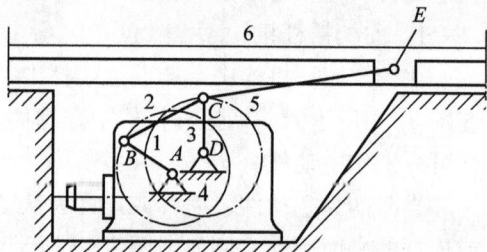

图 5-6　惯性振动筛

在双曲柄机构中，如果相对两杆的长度分别相等（即 $AB=CD$，$BC=AD$），则根据两曲柄相对位置的不同，可得到如图 5-7（a）所示的正平行四杆机构和图 5-7（b）所示的反平行四杆机构。正平行四杆机构中两连架杆 AB 和 CD 的转动方向相同，转速时时相等，而且连杆 BC 做平动。图 5-8 所示的机车车轮联动机构为正平行四杆机构的应用实例。

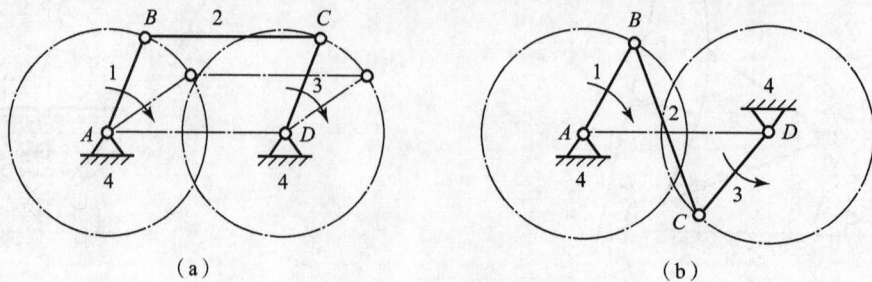

（a）　　　　　　　　　　　　　（b）

图 5-7　平行四边形机构

（a）正平行四杆机构；（b）反平行四杆机构

（a）

（b）

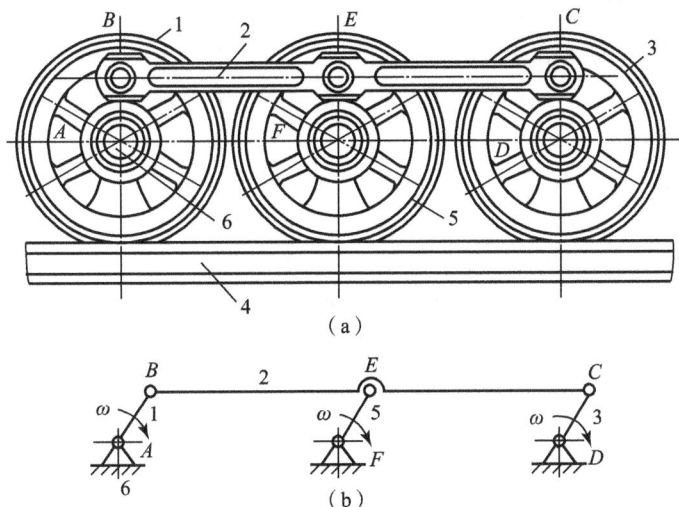

图 5-8　机车车轮联动机构

（a）示意图；（b）机构运动简图

在反平行四杆机构中，当主动曲柄等速转动时，另一曲柄做变速转动，且转动方向与主动曲柄转向相反。图 5-9 所示的公共汽车车门启闭机构就是反平行四杆机构应用的实例。

应当指出：图 5-7（a）所示的正平行四杆机构在运动过程中，曲柄 1 和曲柄 3 分别与连杆 2 出现两次共线位置。如图 5-10（a）所示，当曲柄 1 从 B_1 转到 B_2（在 AD 线上）时，曲柄 3 从 C_1 转至 C_2 点（AD 延长线上），从而使 AB_2、B_2C_2、C_2D 和 AD 四杆共线。这时，若曲柄 AB 继续沿顺时针方向转至 B_3 点，曲柄 3 上的铰链点 C 可能由 C_2 沿顺时针方向转到 C_3'，也可能沿逆时针方向反转到

图 5-9　公共汽车车门启闭机构

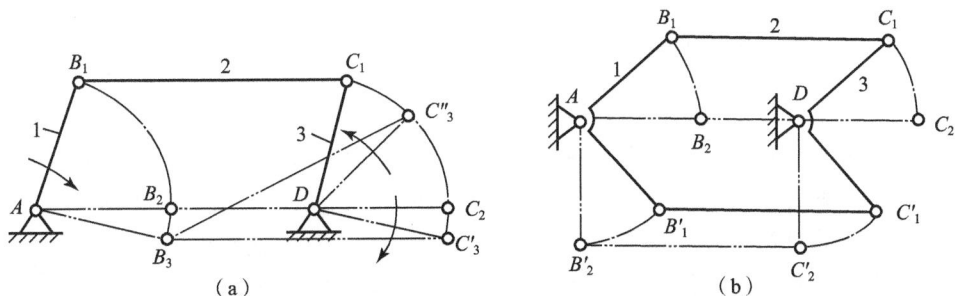

C_3''，即出现从动曲柄运动不确定的现象。为了防止这一现象的发生，除可以利用从动曲柄本身的质量或再附加转动惯量较大的飞轮，依靠其惯性导向外，还可用辅助构件组成多组相同的机构，使彼此错开一定角度的方法来解决。图 5-10（b）就是利用两组相同的正平行四杆机构（AB_1C_1D 和 $AB_1'C_1'D$），彼此错开 90°固连组合而成的。当一组处于水平共线位置

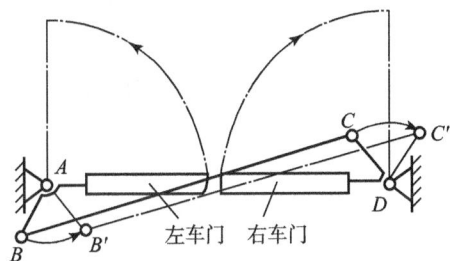

（a）

（b）

图 5-10　平行四边形机构的运动不确定性

（a）运动不确定性；（b）用辅助构件克服运动不确定性

AB_2C_2D 时，另一组则处于正常状态，从而消除了机构的运动不确定现象，保证机构按预定要求运动。另外，还可以采用其他方法消除机构运动不确定现象，如图 5-8 所示的机车车轮联动机构中，采用了加虚约束的方法来消除运动的不确定性。

3）双摇杆机构

在铰链四杆机构中，若两连架杆均为摇杆，则称为双摇杆机构，如图 5-11 所示。图 5-12 所示港口用的鹤式起重机为双摇杆机构的应用实例，当摇杆 AB 摆到 AB' 时，另一摇杆 CD 也随之摆到 $C'D$，从而使悬挂在 E 点的重物 Q 沿一近似水平直线运动到 E'，这就避免了平移重物时因不必要的升降而消耗能量的现象。

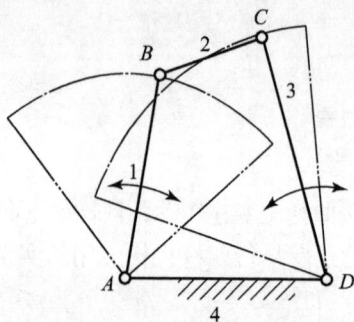

图 5-11　双摇杆机构

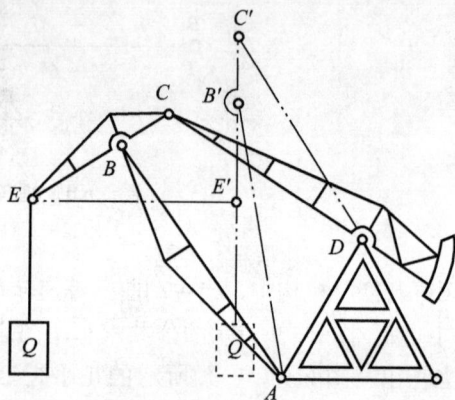

图 5-12　鹤式起重机

在双摇杆机构中，若两摇杆长度相等，则称为等腰梯形机构。如图 5-13 所示的汽车前轮转向机构就是等腰梯形机构的应用实例。当车子转弯时，与两前轮固连的两摇杆摆动的角度 α 和 β 是不相等的。如果在任意位置都能使两前轮轴线的交点 P 落在后轮轴线的延长线上，则当整个车身绕 P 点转动时，四个车轮均能在地面上做纯滚动，从而避免了轮胎的滑动摩擦损伤。等腰梯形机构可近似地满足这一要求。

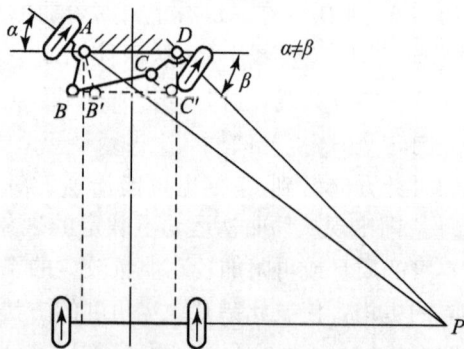

图 5-13　汽车前轮转向机构

2. 含有一个移动副的四杆机构

对于含有一个移动副的平面四杆机构，若其中一个连架杆为曲柄，而另一连架杆变成滑块相对于机架做往复移动，则此类机构称为曲柄滑块机构，如图 5-14（a）所示；若其中一个连架杆为曲柄，而另一连架杆与滑块组成移动副，其中滑块的运动起导路作用，则此类机构被称为曲柄导杆机构，如图 5-14（b）所示；若其中一个连架杆为曲柄，而另一连架杆为滑块，但滑块只能做往复摆动，则此类机构被为曲柄摇块机构，如图 5-14（c）所示；若平面四杆机构中滑块作为机架，导杆在固定滑块中移动，而另一连架杆往复摆动，则此类机构被称为摇杆移动导杆机构，如图 5-14（d）所示。

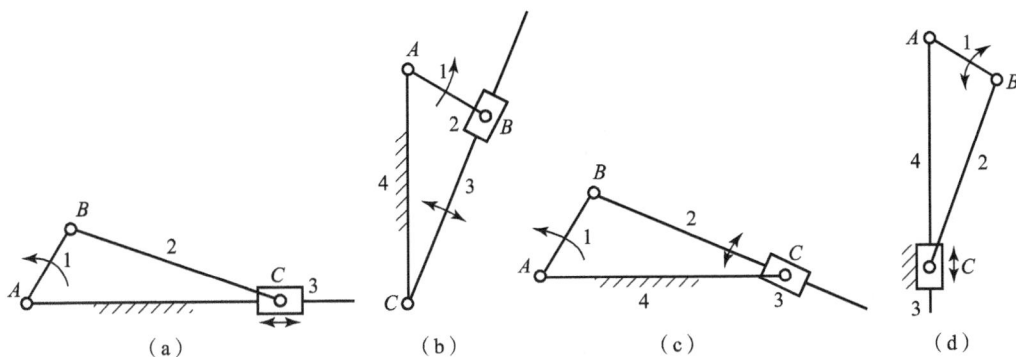

图 5-14　含有一个移动副的四杆机构

(a) 曲柄滑块机构；(b) 曲柄导杆机构；(c) 曲柄摇块机构；(d) 摇杆移动导杆机构

图 5-15 所示为曲柄滑块机构在单缸四冲程内燃机中的应用。

在曲柄导杆机构中，若构件的长度 $l_1 < l_2$，则构件 2 和构件 4 都可做整周转动，这种具有一个曲柄和一个能做整周转动导杆的平面四杆机构称为曲柄转动导杆机构，如图 5-16（a）所示。反之，若构件的长度 $l_1 > l_2$，则构件 2 做整周转动，而构件 4 做往复摆动，这种具有一个曲柄和一个能做往复摆动导杆的平面四杆机构称为曲柄摆动导杆机构，如图 5-16（b）所示。图 5-17（a）和图 5-17（b）所示分别为曲柄转动导杆机构在小型刨床机构和曲柄摆动导杆机构在电气开关中的应用。

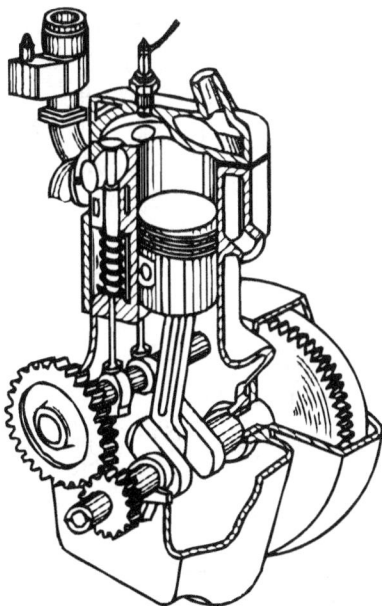

图 5-15　曲柄滑块机构在单缸四冲程内燃机中的应用

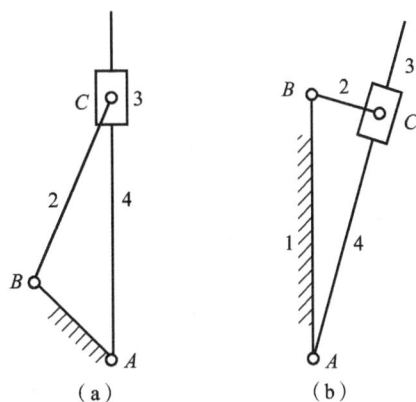

图 5-16　曲柄导杆机构

(a) 曲柄转动导杆机构；(b) 曲柄摆动导杆机构

图 5-18（a）~图 5-18（c）所示分别为曲柄摇块机构在摆动式油泵、自动卸料汽车以及插齿机床让刀机构中的应用实例。

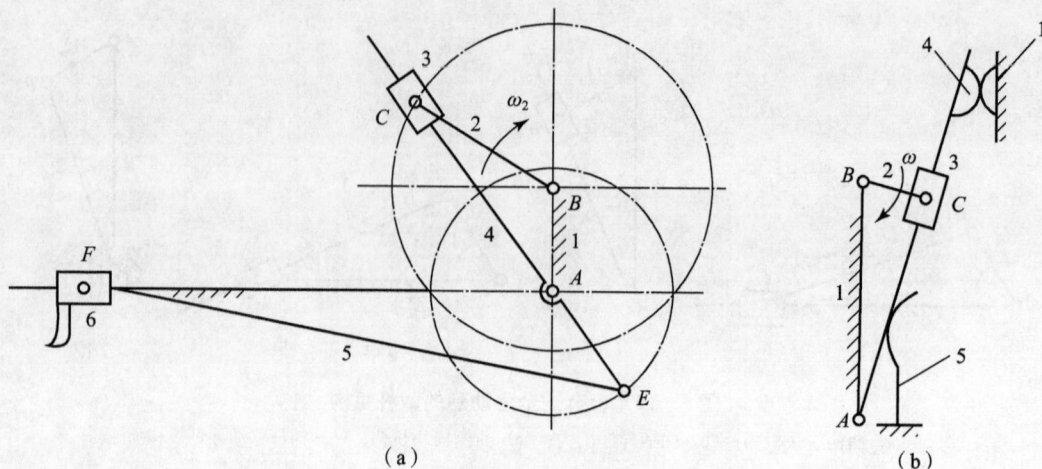

（a）　　　　　　　　　　　　　（b）

图 5 - 17　曲柄导杆机构的应用

（a）小型刨床机构；（b）电气开关

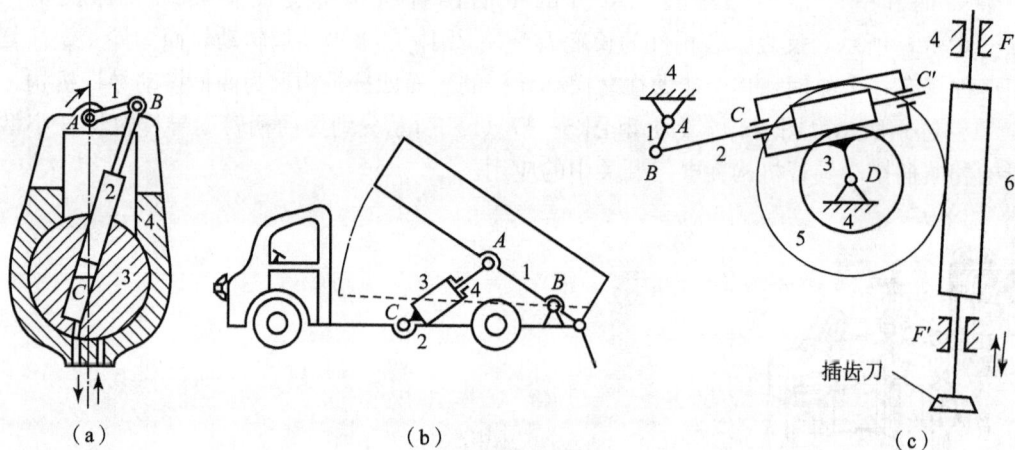

（a）　　　　　　　　（b）　　　　　　　　（c）

图 5 - 18　曲柄摇块机构的应用

（a）摆动式油泵；（b）自动卸料汽车；（c）插齿机床的让刀机构

图 5 - 19 所示为摇杆移动导杆机构在手动抽水机中的应用实例。当摇动手柄 1 时，活塞 4 在缸体 3 中上下移动便可将水抽出。

3. 含有两个移动副的四杆机构

对于含有两个移动副的平面四杆机构，按移动副是否相邻，可分为两种型式。一种是两个移动副相邻的机构。在这种机构中，两个滑块均与同一个构件组成移动副，如双滑块机构（图 5 - 20（a））、双转块机构（图 5 - 20（b））和正弦机构（图 5 - 20（c））。另一种是两个移动副不相邻的机构，如正切机构

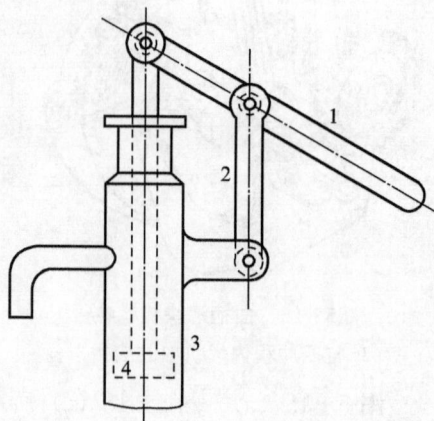

图 5 - 19　手动抽水机

（图 5 - 20 （d））。

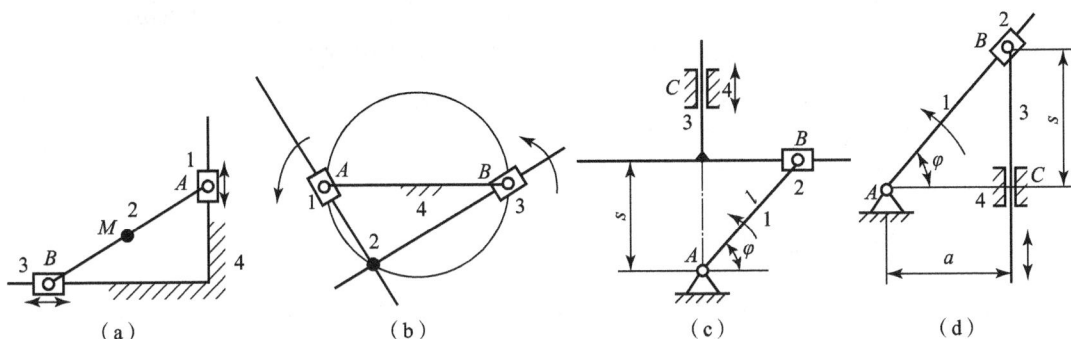

图 5 - 20　含有两个移动副的四杆机构

（a）双滑块机构；（b）双转块机构；（c）正弦机构；（d）正切机构

　　双滑块机构的特点是连杆 2 上除 A、B 两点做直线运动和中点 M 做圆周运动外，其他各点（不限于 AB 连线上）的运动轨迹均为椭圆，如椭圆规（图 5 - 21 （a））就是双滑块机构的一个应用实例。

　　双转块机构的特点是导杆 2 同时与滑块 1 和 3 组成移动副。当原动滑块 1 绕轴 A 转动时，通过导杆 2 使从动滑块 3 绕轴 B 做同方向转动，因此两个转动滑块的角速度必相等。图 5 - 21 （b）所示为双转块机构在十字滑块联轴器中的应用。

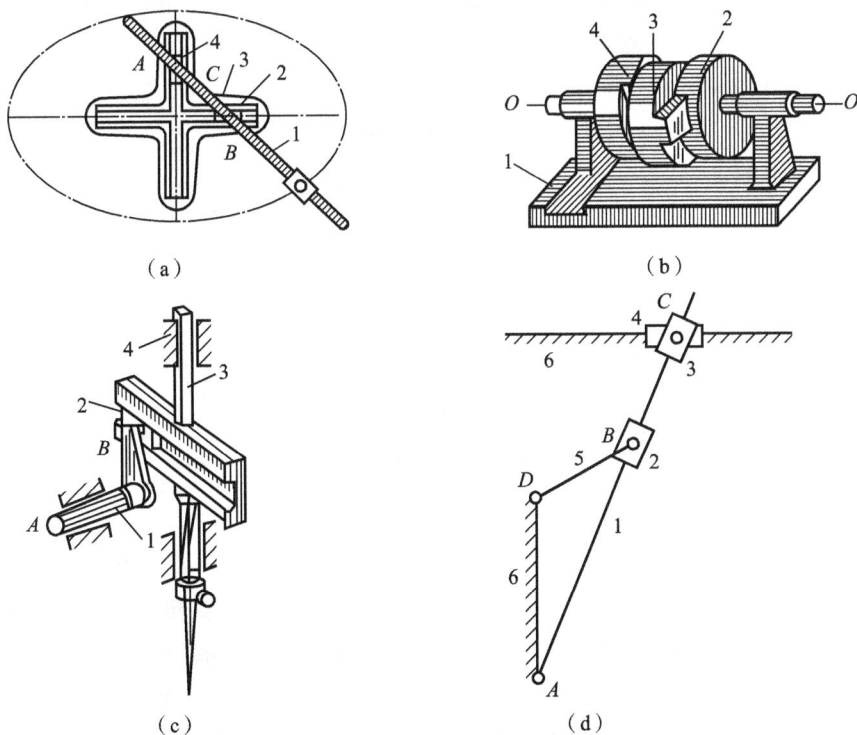

图 5 - 21　含有两个移动副四杆机构的应用

（a）椭圆规；（b）十字滑块联轴器；（c）缝纫机走针机构；（d）牛头刨床

正弦机构的特点是当曲柄 1 转动时，带动滑块 2 相对于导杆 3 做水平方向的移动，同时导杆 3 在固定导路 4（机架）中沿垂直方向移动，其位移量 $s=l\sin\varphi$，与曲柄转角 φ 成正弦函数关系。图 5-21（c）所示为正弦机构在缝纫机走针机构中的应用。

正切机构的特点是每个构件两端都分别含有一个移动副和一个转动副，其中滑块 3 的位移 $s=a\tan\varphi$，与曲柄转角 φ 成正切函数关系。图 5-21（d）所示为正切机构在牛头刨床中的应用。

三、平面四杆机构的演化

事实上，除了上述几种平面四杆机构的基本型式外，在工程实际中还有很多其他类型的四杆机构被广泛应用，但这些四杆机构与上述四杆机构的基本型式之间存在着一定的联系，并可依靠基本型式演化而得。因此，掌握四杆机构的演化方法，对于掌握连杆机构的类型和创新设计都具有非常重要的作用。下面就根据不同的演化方法来介绍平面四杆机构的演化型式及其应用。

1. 取不同构件为机架

如图 5-22（a）所示，两构件在点 A 处以转动副相连接。此时无论以哪一个构件为参考坐标，两构件的相对运动轨迹都是以铰链中心 A 为圆心的圆弧。同理，如图 5-22（b）所示两构件的相对运动轨迹均为直线。对于这种低副连接两构件之间的相对运动关系不以其中哪个构件为参考坐标（相对固定不动）而变化的性质，称为低副相对运动的可逆性。需要说明的是，高副不具有相对运动的可逆性。如图 5-22（c）和图 5-22（d）所示，若圆形构件相对直线构件做纯滚动，则圆形构件上的 B 点相对直线构件的运动轨迹为旋轮线（或称为摆线）；反之，直线构件相对圆形构件做纯滚动，则该直线构件上的 B 点相对圆形构件的运动轨迹为渐开线。

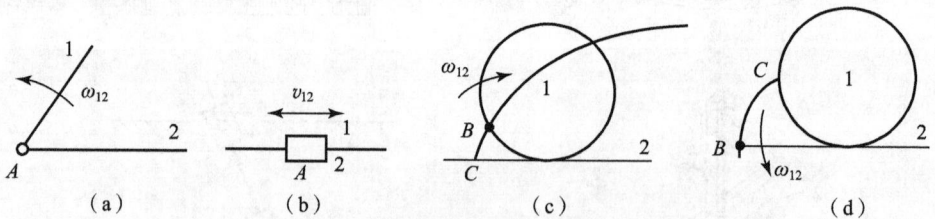

图 5-22　低副相对运动的可逆性
(a) 转动副；(b) 移动副；(c)，(d) 高副

由低副的相对运动可逆性可知，图 5-23（a）所示曲柄摇杆机构中若取不同的构件为机架，可以获得不同类型的铰链四杆机构。例如，若改取构件 2 为机架，可演化为曲柄摇杆机构，如图 5-23（b）所示；若取构件 1 为机架，可演化为双曲柄机构，如图 5-23（c）所示；若取构件 3 为机架，可演化为双摇杆机构，如图 5-23（d）所示。

同理，对于图 5-24（a）所示曲柄滑块机构，若分别取构件 1、2 和 3 为机架，则曲柄滑块机构可分别演化为转动导杆机构（图 5-24（b））、曲柄摇块机构（图 5-24（c））和移动导杆机构（图 5-24（d））。而图 5-25（a）所示双滑块机构中，若分别以构件 2（或 3）、

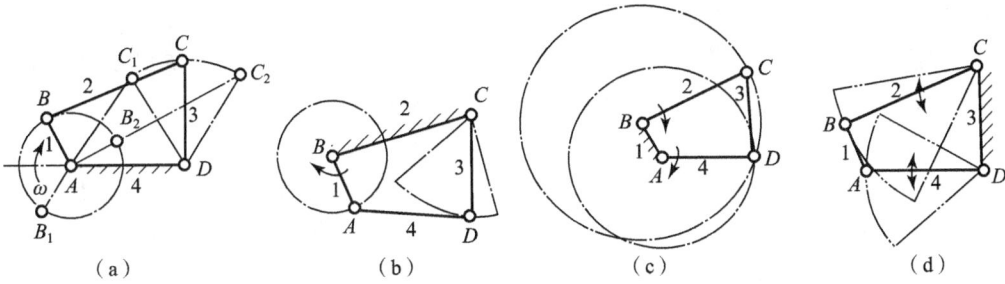

图 5-23 曲柄摇杆机构的演化

(a),(b)曲柄摇杆机构;(c)双曲柄机构;(d)双摇杆机构

构件1为机架,双滑块机构可分别演化为正弦机构(图 5-25(b)和图 5-25(c))和双转块机构(图 5-25(d))。

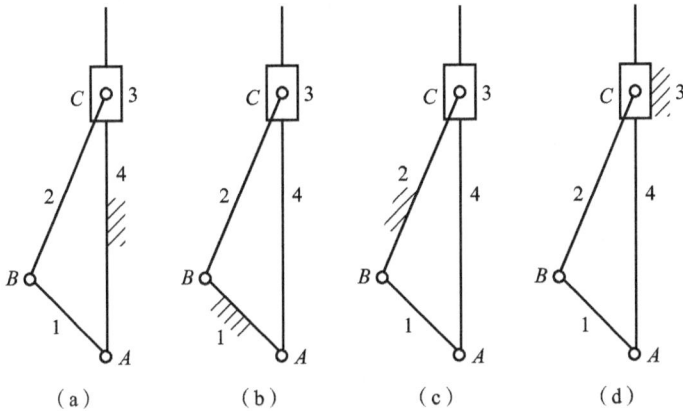

图 5-24 曲柄滑块机构的演化

(a)曲柄滑块机构;(b)转动导杆机构;(c)曲柄摇块机构;(d)移动导杆机构

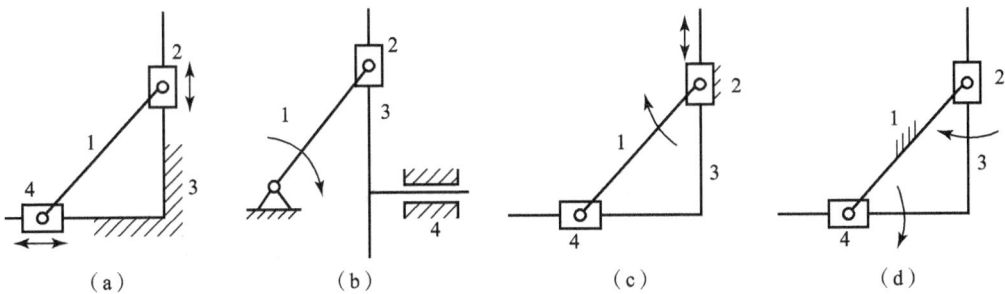

图 5-25 双滑块机构的演化

(a)双滑块机构;(b),(c)正弦机构;(d)双转块机构

取不同构件为机架时的演化型式的应用实例可参看图 5-2~图 5-4、图 5-6、图 5-8、图 5-9、图 5-12、图 5-13 以及图 5-17~图 5-19 等。

2. 改变运动副的类型

在图 5-26(a)所示的曲柄摇杆机构中,摇杆 3 上 C 点的运动轨迹为圆弧 mm。随着摇杆3长度的增加,轨迹 mm 逐渐趋于平缓。当摇杆3的长度增至无限大时,C 点的运动轨迹变成直线 mm,如图5-26(b)所示。此时,构件3由摇杆演化为滑块,而转动副 D 也随之演化为移动副。由此,曲柄摇杆机构演化成曲柄滑块机构,如图5-26(c)和图5-26(d)所示。

当滑块导路中心线 mm 通过曲柄转动中心 A 时,称该机构为对心式曲柄滑块机构,如图5-26(c)所示;反之,当滑块导路中心线 mm 不通过曲柄回转中心 A 而有一偏距 e 时,称该机构为偏置式曲柄滑块机构,如图5-26(d)所示。

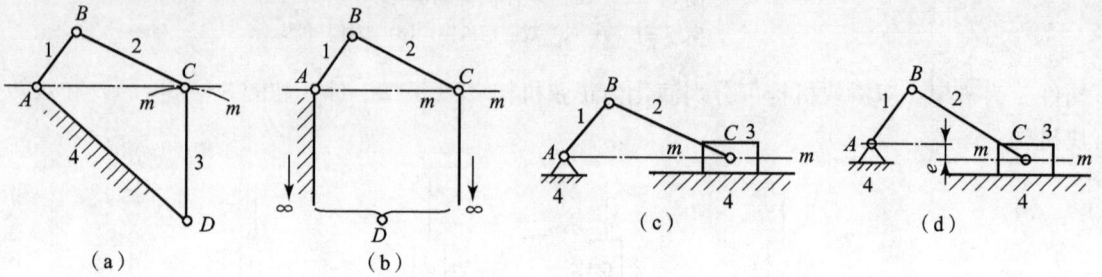

图5-26 曲柄摇杆机构演化为曲柄滑块机构

(a)曲柄摇杆机构;(b)杆3增至无限长;(c)对心式曲柄滑块机构;(d)偏置式曲柄滑块机构

对于对心式曲柄滑块机构(图5-27(a)),采用同样的演化方法可以将转动副 B 演化为移动副,构件2演化为滑块,从而曲柄滑块机构可以演化为正弦机构,如图5-27(b)所示。

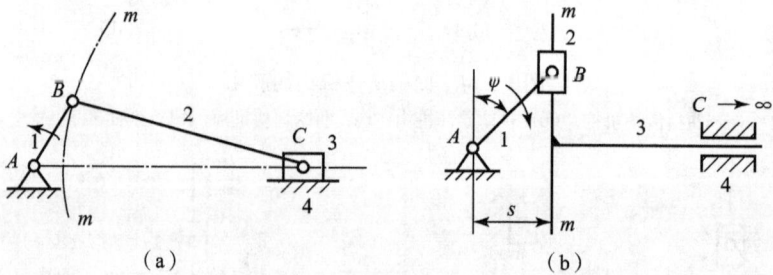

图5-27 对心式曲柄滑块机构演化为正弦机构

(a)对心式曲柄滑块机构;(b)正弦机构

曲柄滑块机构和正弦机构的应用实例如图5-15和图5-21(c)所示。

3. 改变运动副的尺寸

运动副尺寸的变化并不改变机构本身的性质和类型,但却可简化结构设计和提高机构的承载能力。如图5-28(a)所示的曲柄滑块机构中,当曲柄 AB 长度较小时,可将转动副 B 的半径增大至超过曲柄1的长度。此时,曲柄1演化成一个回转中心与几何中心不重合的偏心轮,如图5-28(b)所示。因此这种机构也称为偏心轮机构。其中,该偏心轮回转中心与几何中心间的距离 e 称为偏距,其值即为曲柄长度。显然,偏心轮机构与演化前的曲柄滑块机构具有完全相同的运动特性,但偏心轮机构却可以承受较大的冲击载荷。因此,偏心轮机构广泛应用于剪床、冲床、颚式破碎机和内燃机等具有较大冲击的机械设备。

同理，也可将图 5-28（c）所示的曲柄摇杆机构演化为另一种偏心轮机构，如图 5-28（d）所示，其运动特性与原机构也完全相同。

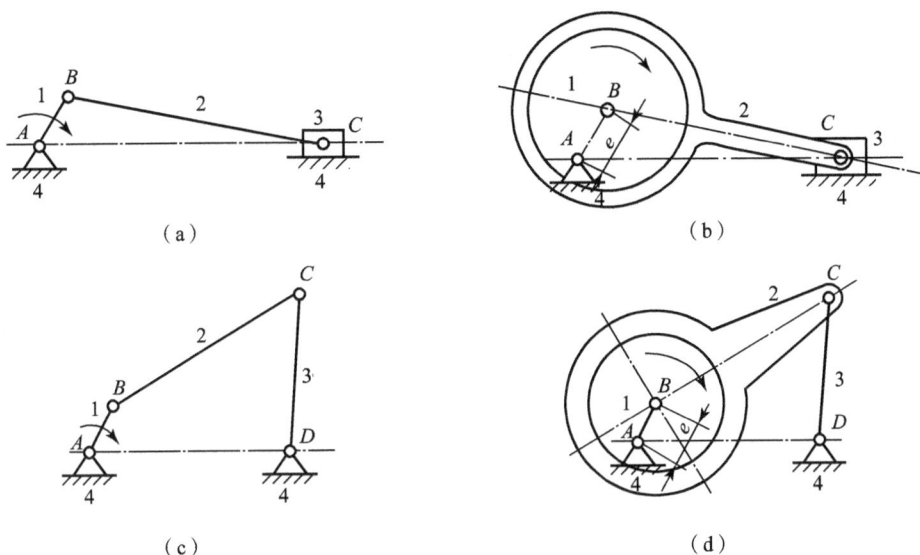

图 5-28 增大运动副的尺寸

（a）曲柄滑块机构；（b）等效曲柄滑块机构；（c）曲柄摇杆机构；（d）等效曲柄摇杆机构

4. 改变构件的形状

在图 5-29（a）所示的曲柄摇块机构中，如果把杆状构件 2 做成块状，而把块状构件 3 做成杆状，则原曲柄摇块机构可以演化为摆动导杆机构，如图 5-29（b）所示。摆动导杆机构可用于牛头刨床的主运动机构。

5. 改变构件的尺寸

机构中各构件的尺寸与机构的类型密切相关。例如，在曲柄摇杆机构中，若改变曲柄或其他任一构件的尺寸，都可能会影响到该机构曲柄的存在，从而使得该曲柄摇杆机构演化为双曲柄或双摇杆机

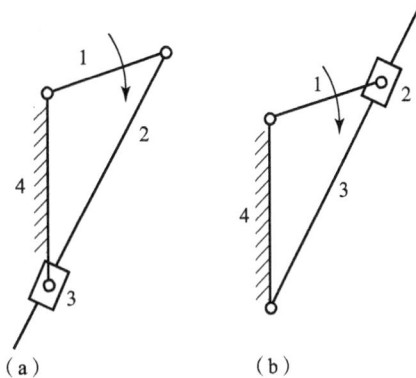

图 5-29 改变构件的形状

（a）曲柄摇块机构；（b）摆动导杆机构

构。关于这一点在下一节中会有详细的说明。再如，如果改变双曲柄机构中构件的尺寸，使得两个曲柄的尺寸相等且平行，连杆与机架的尺寸相等且平行，此时，双曲柄机构就演化为如图 5-7 所示的平行四杆机构。总之，通过改变构件尺寸可以获得不同的机构类型。

第二节　平面连杆机构的基本性质

由于平面连杆机构的功能主要是进行运动和动力的传递与变换，因此，除了需要了解连杆机构的类型外，还应进一步了解平面连杆机构的运动特性和传力特性。这是正确选择、合理使用乃至设计平面连杆机构的基础。下面以铰链四杆机构为例，来介绍平面连杆机构的一些基本性质。

一、曲柄存在条件

由前述可知，铰链四杆机构中能做整周转动的连架杆是曲柄，但曲柄是否存在取决于机构中各杆之间的相对尺寸关系以及选取哪个构件作为机架。也就是说，欲使铰链四杆机构存在曲柄，各杆的长度必须满足一定的条件，这就是曲柄存在条件。下面就来讨论铰链四杆机构曲柄存在的条件。

图 5-30 所示为铰链四杆机构，设构件 1、2、3 和 4 的长度分别为 a、b、c 和 d，并设 $a<d$。如果构件 1 是曲柄，则其能绕 A 点做整周转动，且必定能通过与构件 4 共线的两个位置 AB' 和 AB''。据此，可推导出构件 1 作为曲柄的条件。

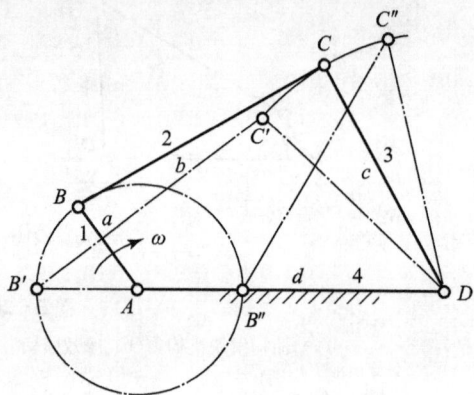

图 5-30　曲柄存在条件

在构件 1 与构件 4 两次共线的位置 AB' 和 AB''，形成了两个三角形 $\triangle B'C'D$ 和 $\triangle B''C''D$。根据三角形三条边的几何关系并考虑到极限情况，有：

$$a+d \leqslant b+c \tag{5-1}$$
$$b \leqslant (d-a)+c，即 a+b \leqslant c+d \tag{5-2}$$
$$c \leqslant (d-a)+b，即 a+c \leqslant b+d \tag{5-3}$$

将式（5-1）～式（5-3）两两相加，并整理得：

$$\begin{cases} a \leqslant b \\ a \leqslant c \\ a \leqslant d \end{cases} \tag{5-4}$$

由此可知，在铰链四杆机构中，要使构件 1 成为曲柄，它必须是四杆中的最短杆，且最短杆与最长杆长度之和小于或等于其余两杆长度之和。考虑到更一般的情形，可将铰链四杆机构的曲柄存在条件概括为：

（1）连架杆与机架中必有一杆是最短杆；

（2）最短杆与最长杆长度之和必须小于或等于其余两杆长度之和。

根据曲柄存在条件，当铰链四杆机构的各构件长度不变，且满足第（2）项条件时，取不同构件作为机架，可以得到以下三种型式的铰链四杆机构。

（1）以最短杆的相邻杆为机架时（如构件 4 或构件 2），得到曲柄摇杆机构，如

图 5-31（a）和图 5-31（b）所示；

　　（2）以最短杆为机架时（如构件 1），得到双曲柄机构，如图 5-31（c）所示；

　　（3）以最短杆的相对杆（如构件 3）为机架时，得到双摇杆机构，如图 5-31（d）所示。

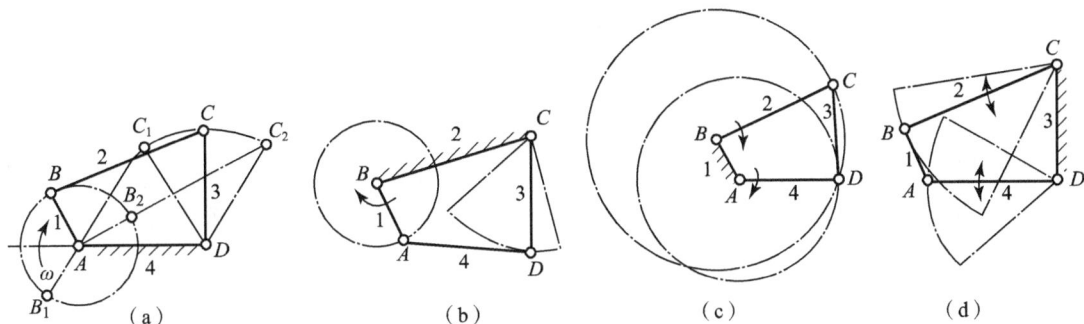

图 5-31　取不同构件为机架时的铰链四杆机构型式
（a）构件 4 为机架；（b）构件 2 为机架；（c）构件 1 为机架；（d）构件 3 为机架

　　上述结论也称为格拉霍夫（Grashof）定理。需要说明的是，上述两个条件必须同时满足才能证明平面铰链四杆机构中存在曲柄。例如，当铰链四杆机构中最短杆与最长杆长度之和大于其余两杆长度之和时，则不论以哪一构件为机架，都不存在曲柄而只能得到双摇杆机构。但该双摇杆机构与上述双摇杆机构（图 5-31（d））的区别在于：图 5-31（d）所示的双摇杆机构中的连杆能做整周转动，而该双摇杆机构中的连杆只能做摆动。

二、急回特性

　　图 5-32 所示为一曲柄摇杆机构，现设曲柄 AB 为主动件，摇杆 CD 为从动件。在主动曲柄 AB 以等角速度 ω 顺时针转动一周的过程中，曲柄 AB 与连杆 BC 会发生两次共线，即当曲柄 AB 转至 AB_1 位置时，与连杆 B_1C_1 重叠成一直线，此时从动摇杆 CD 处于左极限位置 C_1D；而当曲柄 AB 转至 AB_2 位置与连杆 B_2C_2 拉直成一直线时，从动摇杆 CD 处于右极限位置 C_2D。把从动摇杆处于左、右两极限位置时主动曲柄所在两对应位置所夹的锐角 θ 称为极位夹角；而从动摇杆两极限位置间的夹角 ψ 称为摇杆的摆角。

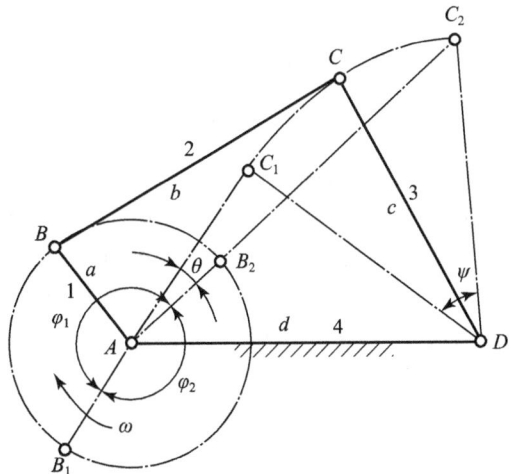

图 5-32　铰链四杆机构的急回特性

　　由图 5-32 可以看出，曲柄 AB 从 AB_1 位置转至 AB_2 位置时对应的转角为 $\varphi_1=180°+\theta$，而摇杆由位置 C_1D 摆至 C_2D 位置时的摆角为 ψ，设完成该过程所需的时间为 t_1，则 C 点的平均速度为

$$v_1=\frac{\widehat{C_1C_2}}{t_1}=\frac{l_{CD}\psi}{t_1} \tag{5-5}$$

同理，曲柄 AB 从 AB_2 位置继续转至 AB_1 位置时对应的转角为 $\varphi_2 = 180° - \theta$，而摇杆则由 C_2D 位置摆回 C_1D 位置的摆角仍为 ψ，设完成该过程所需的时间为 t_2，则 C 点的平均速度为

$$v_2 = \frac{\widehat{C_2C_1}}{t_2} = \frac{l_{CD}\psi}{t_2} \tag{5-6}$$

显然，当曲柄等速转动时，虽然摇杆往复摆动的摆角均为 ψ，但由于相应的曲柄转角并不相等，故有 $t_1 > t_2$，$v_1 < v_2$。

由此可见，当曲柄等速转动时，摇杆往复摆动的平均速度并不相等。我们把摇杆的这种运动特性称为急回特性。通常不同机构急回特性的相对程度用行程速比系数 K 来衡量，其定义为 v_2 与 v_1 之比，即

$$K = \frac{v_2}{v_1} = \frac{\widehat{C_2C_1}/t_2}{\widehat{C_1C_2}/t_1} = \frac{t_1}{t_2} = \frac{\varphi_1}{\varphi_2} = \frac{180°+\theta}{180°-\theta} \tag{5-7}$$

由于机构的急回特性可以节省空回行程（非工作行程）时间、提高生产率，因此在一些机器中得到了广泛的应用，如牛头刨床和摇摆式输送机等。当设计具有急回运动的机构时，通常按照给定的行程速比系数 K 先求出极位夹角。由式（5-7）可得极位夹角为

$$\theta = 180° \frac{K-1}{K+1} \tag{5-8}$$

由上述分析可知，曲柄摇杆机构有无急回特性取决于极位夹角 θ。只要机构的极位夹角 θ 不等于零，机构就有急回特性，而且 θ 越大，K 值就越大，而机构的急回特性也就越显著。

需要说明的是，对于其他类型的平面连杆机构，同样可以用式（5-7）来计算机构的行程速比系数 K。

三、压力角和传动角

在实际应用中，不仅要求连杆机构能实现预期的运动，同时也希望机构运转灵活和效率高，也就是要求机构具有良好的传力性能。压力角（或传动角）是衡量连杆机构传力性能优劣的重要指标之一。图 5-33 所示为一曲柄摇杆机构，若忽略惯性力、重力以及运动副中摩擦的影响，则主动曲柄 AB 通过连杆 BC 作用于从动摇杆 CD 上的力 $\boldsymbol{F}$ 沿杆 BC 方向。把力 $\boldsymbol{F}$ 与力作用点 C 的绝对速度 $\boldsymbol{v}_c$ 之间所夹的锐角 α 称为压力角。现将力 $\boldsymbol{F}$ 沿 v_c 方向和垂直于 v_c 方向进行分解，得到切向分力 $\boldsymbol{F}_t$ 和法向分力 $\boldsymbol{F}_n$。根据图中的几何关系，有：

$$\begin{cases} F_t = F\cos\alpha \\ F_n = F\sin\alpha \end{cases} \tag{5-9}$$

式中，F_t 称为有效分力，对从动件 CD 做有效功，产生回转力矩；而 F_n 称为有害分力，它非但不能做有用功，而且还增大了运动副 C、D 中的径向压力。

显然，压力角 α 越小，F_t 就越大，机构的传力性能也就越好。因此，压力角的大小可以作为判断连杆机构传力性能好坏的一个依据。

作用力 $\boldsymbol{F}$ 与法向分力 $\boldsymbol{F}_n$ 间所夹的锐角 γ 称为传动角。显然，α 与 γ 互为余角，即 $\gamma = 90° - \alpha$。由图 5-33 可知，当连杆 BC 与摇杆 CD 间的夹角 δ 为锐角时，$\gamma = \delta$；而当连杆 BC

与摇杆 CD 间的夹角 δ 为钝角时，$\gamma=180°-\delta$。也就是说，通过直接观察 δ 角的值，就可以知道传动角 γ 的大小。因此，传动角较压力角更为直观，故常用 γ 值来衡量机构的传力性能。γ 越大，α 就越小，机构的传力性能也就越好，反之越差。

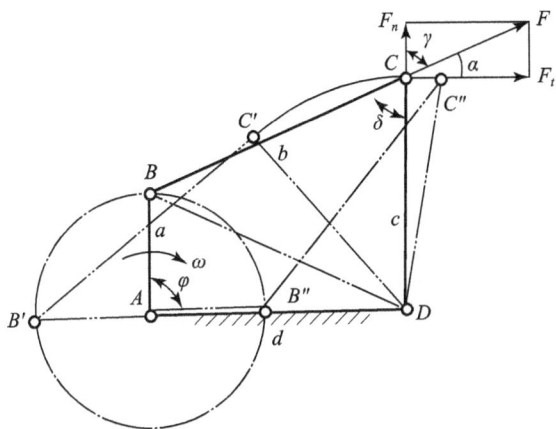

图 5 - 33 压力角和传动角

由于传动角 γ 的大小在机构运动过程中是不断变化的，因此，为了保证机构有良好的传力性能，设计时一般要求机构在一个运动循环中的最小传动角 γ_{min} 不能小于某一许用值。不同设备、不同使用场合，这个许用值会有所不同，通常 $\gamma_{min}\geqslant 40°$。在高速和传递功率大的场合（如颚式破碎机、冲床等），应使 $\gamma_{min}\geqslant 50°$。

由于传动角许用值的限制，在设计过程中就需要知道机构传动角的最小值。下面给出铰链四杆机构最小传动角的计算方法。在图 5 - 33 中，对于 $\triangle ABD$ 和 $\triangle BCD$，根据余弦定理，有：

$$(BD)^2=a^2+d^2-2ad\cos\varphi \qquad (5-10)$$

$$(BD)^2=b^2+c^2-2bc\cos\delta \qquad (5-11)$$

联立求解，得：

$$\cos\delta=\frac{b^2+c^2-a^2-d^2+2ad\cos\varphi}{2bc} \qquad (5-12)$$

对于给定的机构，杆长 a、b、c、d 均为已知，故 δ 仅取决于主动曲柄的转角 φ。当 $\varphi=0°$ 时，δ 取得最小值，对应图中 $AB''C''D$ 位置，即曲柄 AB 和机架 AD 重叠成一条直线；当 $\varphi=180°$ 时，δ 取得最大值，对应图中 $AB'C'D$ 位置，即曲柄 AB 和机架 AD 拉直成一条直线。再根据前面所述，当 $\delta\leqslant 90°$ 时，有 $\gamma_{min}=\delta_{min}$；当 $\delta>90°$ 时，有 $\gamma_{min}=180°-\delta_{max}$。也就是说，$\gamma_{min}$ 只可能出现在 φ 取得最值的两个位置（$\varphi=0°$ 或 $\varphi=180°$）。因此，只要比较这两个位置传动角的值，即可得到机构的最小传动角 γ_{min}。

由此可得出结论：机构的最小传动角 γ_{min} 可能发生在主动曲柄与机架二次共线的位置之一处。进行连杆机构设计时，必须检验是否满足最小传动角的基本要求。

四、死点位置

在图 5 - 34 所示的曲柄摇杆机构中，设摇杆 CD 为主动件。若不计惯性力、重力和运动副中摩擦力的影响，在连杆 BC 与从动曲柄 AB 出现两次共线的位置，主动件 CD 通过连杆 BC 传给曲柄 AB 的力必通过铰链中心 A，此时 $\gamma=0°$（或 $\alpha=90°$）。也就是说，不管作用力有多大，由于对 A 点的力矩为零，都不能驱动曲柄 AB 转动，因而出现"顶死"现象，通常把机构这样的位置称为死点位置。显然，四杆机构中是否存在死点位置，不但取决于从动件与连杆是否有共线情况，也与机构中哪个构件为主动件有关。例如，如果曲柄为主动件，曲柄摇杆机构就无死点位置。

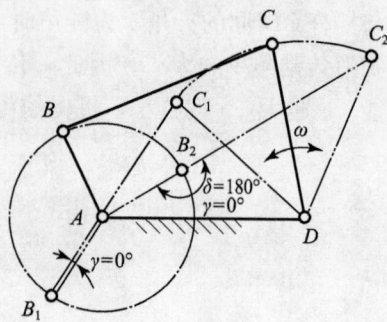

图 5 - 34　死点位置

死点位置对于传动机构是不利的，应该采取措施使机构能顺利通过死点位置。对于连续运转的机器，可以利用从动件的惯性来通过死点位置，例如图 5 - 4 所示的缝纫机踏板机构就是借助带轮的惯性通过死点位置的。也可以用机构错位排列的方法来通过死点位置，即将两组或两组以上的机构组合起来，并使各组机构的死点位置相互错开。如图 5 - 35 所示的蒸汽机车车轮联动机构就是用这种方法来通过死点位置的，其中，两组曲柄滑块机构 EFG 和 $E'F'G'$ 的曲柄位置相互错开 90°。

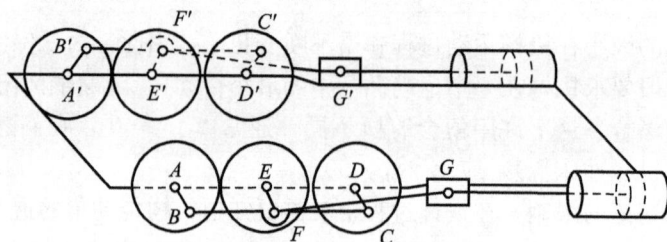

图 5 - 35　蒸汽机车驱动轮联动机构

需要注意的是，机构存在死点位置并非都是不利的。在工程实际中，也有不少场合利用机构的死点来实现一定的工作要求。图 5 - 36 所示为连杆式快速夹具，其就是利用死点位置来夹紧工件的。通过在连杆 2 的手柄处施以压力 F，使连杆 BC 与连架杆 CD 成一直线，撤去外力 F 之后，在工件反弹力 T 的作用下，从动件 3 处于死点位置。因此，即使反弹力很大，工件也不会松脱，从而实现夹紧工件的目的。

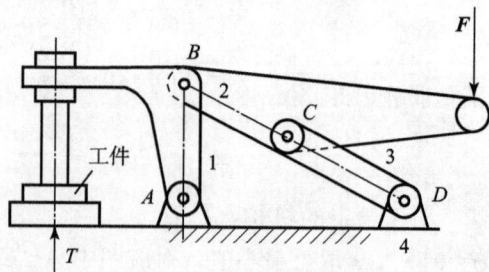

图 5 - 36　连杆式快速夹具

第三节　平面连杆机构设计

平面连杆机构的设计是指根据机构的运动要求合理设计出机构运动简图的尺寸参数，它并不涉及构件的强度、材料、结构、工艺、公差、热处理以及运动副的具体结构等问题。而且，为使设计更为合理，有时还需考虑几何条件和动力条件（如最小传动角 γ_{min}）等。

一、平面连杆机构设计的基本问题与设计方法简介

尽管生产实践中的要求多种多样，给定条件也各不相同，但平面连杆机构的设计基本上可归纳为以下两类问题。

1. 实现给定运动规律的四杆机构设计

实现给定的运动规律通常可分为按照给定连杆的一系列位置设计四杆机构、按照给定连架杆的一系列位置设计四杆机构和按照给定行程速比系数设计四杆机构三类。

（1）按照给定连杆的一系列位置设计四杆机构。

此类设计问题要求所设计机构能够导引一个刚体（连杆）通过一系列给定位置，因此也称刚体导引机构的设计。例如，如图 5-37（a）所示铸造车间砂箱翻转机构要求砂箱能依次通过Ⅰ、Ⅱ两个位置。由于砂箱与连杆固连，因此，砂箱的这两个位置靠连杆的两个位置来实现。

（2）按照给定连架杆的一系列位置设计四杆机构。

此类设计问题要求所设计机构的主动件和从动件的对应转角位置能满足某种给定的函数关系，因此也称为函数生成机构的设计。例如，如图 5-37（b）所示机构就是按照主动件与从动件的转角位置 φ 和 ψ 之间的对应关系进行设计的。

（3）按照给定行程速比系数设计四杆机构。

此类设计问题是按照连架杆的两个极限位置和机构的急回特性要求来设计四杆机构，如图 5-37（c）所示。

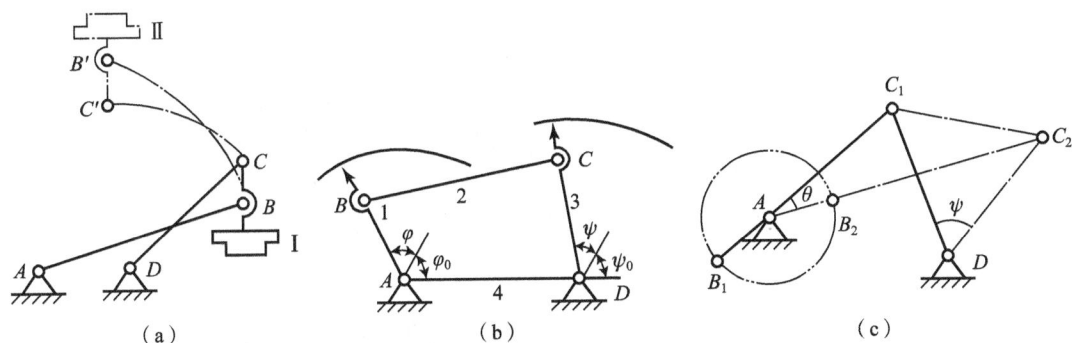

图 5-37 给定运动规律的四杆机构设计

（a）铸造车间砂箱翻转机构；（b）实现函数关系的机构；（c）急回特性设计四杆机构

2. 实现给定运动轨迹的四杆机构设计

此类设计问题要求所设计连杆机构中，连杆上某点的运动轨迹能与要求实现的运动轨迹一致，因此也称为轨迹生成机构的设计。例如，如图 5-38 所示机构中，连杆上 M 点可以实现图示要求的轨迹曲线。由于连杆通常做复杂的平面运动，其上不同位置点可描绘出各种各样的高次曲线。因此，轨迹生成机构设计的主要任务是根据给定要求轨迹曲线上的若干点，来设计能再现这些点的连杆机构。

平面连杆机构的设计方法通常有图解法、解析法和实验法 3 种。图解法应用运动几何学的原理进行求解，比较直观且简单易行，是连杆机构设计的一种基本方法，在某些设计问题上有时比解析法更方便有效。但缺点是设计精度低。解析法是通过建立数学模型进行求解，由于计算量大，通常需要编制程序并在计算机上求解，但设计精度高。近年来，随着计算机技术和数值方法的飞速发展，解析法的应用越来越广泛。实验法一般适用于运动要求比较复杂的连杆机构设计，或连杆机构的初步设计。本章主要介绍图解法和解析法。

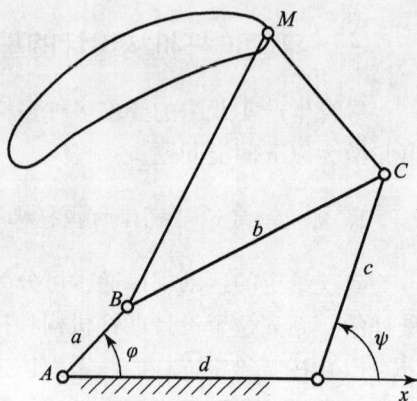

图 5-38　给定运动轨迹的四杆机构设计

二、图解设计方法

1. 按照给定连杆的一系列位置设计四杆机构

如图 5-39 所示，设连杆上两活动铰链点 B、C 相对于连杆的位置已经确定，现要求所设计的机构在运动过程中连杆 BC 能占据预先给定的 3 个位置 B_1C_1、B_2C_2 和 B_3C_3。因此，设计的关键就是要确定两连架杆转动中心 A 和 D 的位置。根据铰链四杆机构中构件的运动特点，在连杆依次占据预定 3 个位置的过程中，B、C 两点的轨迹（$B_1B_2B_3$ 和 $C_1C_2C_3$）均为圆弧曲线，而两连架杆转动中心的位置 A 和 D 即为此两圆弧曲线的圆心。因此，分别作 B_1B_2 和 B_2B_3 的垂直平分线 b_{12} 和 b_{23}，C_1C_2 和 C_2C_3 的垂直平分线 c_{12} 和 c_{23}，则 b_{12} 和 b_{23} 的交点即为转动副 A 的位置，而 c_{12} 和 c_{23} 的交点即为转动副 D 的位置。连接 AB_1 和 C_1D，则所求四杆机构在位置 1 的机构运动简图为 AB_1C_1D。显然，由于 3 点可唯一确定一个圆，因此，如果给定连杆 3 个位置，机构具有唯一解。但如果只给定连杆 BC 的两个位置，则两固定铰链点 A 和 D 的位置不能唯一确定，此时所设计的四杆机构具有无数多解。在这种情况下，通常可根据结构条件或其他辅助条件来确定固定铰链点 A、D 的位置。

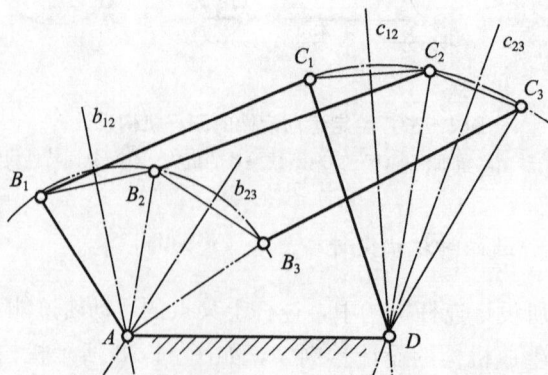

图 5-39　按连杆的三个位置设计四杆机构

在某些情况下，如图 5-40 所示，如果要求连杆依次占据给定的 4 个位置，由于连杆上活动铰链点的 4 个位置不可能总位于同一圆周上（特殊情况除外），因此，活动铰链点的位置就不能任意选定。但根据机构学的有关理论，当给定连杆平面上的 4 个位置时，总可以在连杆平面上找到这样一些点，它们的 4 个位置是位于同一圆周上的，因而可作为活动铰链中心，而该圆的圆心即为固定铰链的中心。因此，只要活动铰链点选择合适，给定连杆 4 个位置时的四杆机构设计问题是可以解决的。但是，当要求连杆依次占据 5

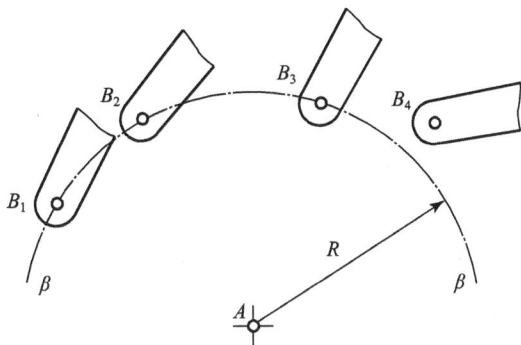

图 5-40　按连杆的四个位置设计四杆机构

个位置时，在连杆平面上可能找到可以作为活动铰链中心的点，也可能找不到这样的点。因此，是否能设计出使连杆能准确地占据预定 5 个位置的四杆机构，答案是不肯定的。如果难以设计出连杆能准确地占据 5 个预定位置的四杆机构，则只能近似地加以满足。

2. 按照给定连架杆的一系列对应位置设计四杆机构

对于此类设计问题，一般是给定连架杆的两组或三组对应位置，而且两个固定铰链点的位置和其中一个连架杆的长度已知。因此，设计的主要任务就是找出另一个连架杆与连杆的活动铰链点的位置。在用图解法设计此类问题时，通常是将其转化为按给定连杆的位置设计四杆机构的问题。因此，需要先引入刚化反转法的基本原理。

1）刚化反转法的基本原理

如图 5-41 所示四杆机构给出了两连架杆的两组对应位置 AB_1、DC_1 和 AB_2、DC_2，两连架杆的对应转角分别为 φ_1、ψ_1 和 φ_2、ψ_2。现设想将位于四杆机构的第二个位置 AB_2C_2D 刚化，并绕构件 DC 的转动中心 D 逆时针转过 $\psi_1-\psi_2$ 角。显然，这并没有影响各构件间的相对位置关系，但此时构件 DC 已由 DC_2 位置转回到 DC_1 位置，而构件 AB 由 AB_2 运动到 $A'B_2'$ 位置。因此，转化后，可以将此机构看成是以 CD 为机架、AB 为连杆的四杆机构，从而将按两连架杆预定的对应位置设计四杆机构的问题，转化成为按连杆预定位置设计四杆机构的问题。

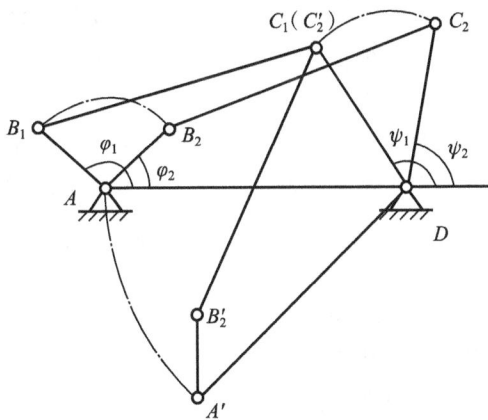

图 5-41　刚化反转法的原理

2）按照给定连架杆的三组对应位置设计四杆机构

如图 5-42（a）所示，已知构件 AB 和机架 AD 的长度，以及两连架杆的三组对应位置 AB_1、DE_1，AB_2、DE_2，AB_3、DE_3（相应的三组对应摆角 φ_1、ψ_1；φ_2、ψ_2；φ_3、ψ_3）。

根据反转法原理，此铰链四杆机构的设计问题可以转化为以构件 DC 为机架、构件 AB 为连杆，并按照构件 AB 依次占据 3 个位置来设计该机构的问题。设计步骤如下：

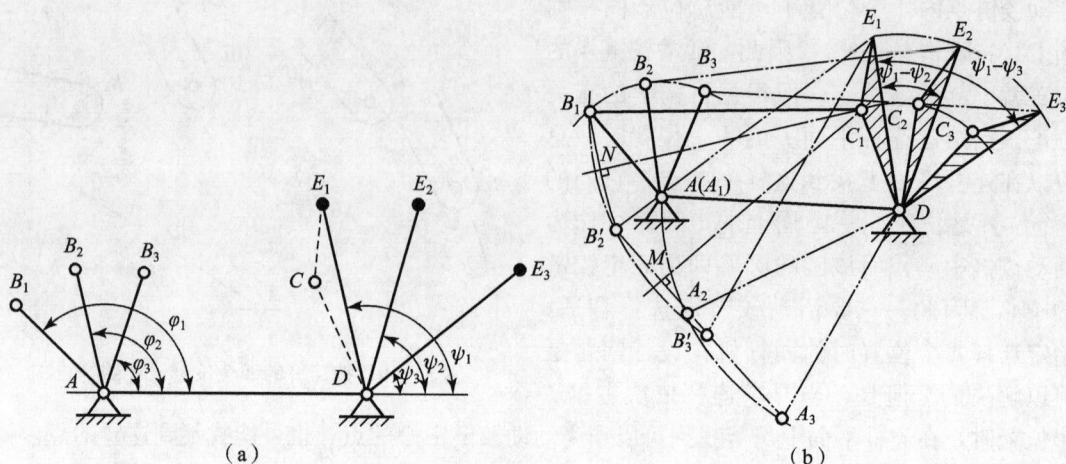

图 5-42　按两连架杆的三组对应位置设计四杆机构

(a) 已知条件；(b) 设计过程

（1）根据给定的已知条件画出两连架杆的三组对应位置 AB_1、DE_1，AB_2、DE_2，AB_3、DE_3，并连接 B_2E_2 和 B_3E_3，形成四边形 AB_2E_2D 和四边形 AB_3E_3D。

（2）作四边形 $A_2B_2'E_1D \cong AB_2E_2D$ 和四边形 $A_3B_3'E_1D \cong AB_3E_3D$（即相当于将四边形 AB_2E_2D 和四边形 AB_3E_3D 绕 D 点分别反转 $(\psi_1-\psi_2)$ 角和 $(\psi_1-\psi_3)$ 角），得到构件 AB 相对于构件 CD 运动时所占据的 3 个位置 A_1B_1、A_2B_2'、A_3B_3'。

（3）分别作 B_1B_2' 和 $B_2'B_3'$ 的垂直平分线 NC_1 和 MC_1，交点 C_1 即为所求活动铰链点。

（4）连接 AB_1、B_1C_1 和 C_1D，则 AB_1C_1D 即为所求铰链四杆机构在第一组对应位置时的机构运动简图。

显然，如果给定两连架杆的三组对应位置，则该机构具有唯一解。但如果只要求两连架杆依次占据两组对应位置，则有无穷多解。

3. 按给定行程速比系数设计四杆机构

对于此类设计问题，可根据实际需要给定的行程速比系数 K 的数值，利用机构在极限位置时的几何关系，并结合有关辅助条件来确定机构的尺寸参数。下面主要介绍几种常见具有急回特性机构的图解设计方法。

1）曲柄摇杆机构

现已知摇杆的长度 l_{CD}、摇杆摆角 ψ 和行程速比系数 K，试设计此曲柄摇杆机构。事实上，此类设计问题的任务是确定固定铰链点 A 的位置，并得到其他 3 个构件的尺寸 l_{AB}、l_{BC} 和 l_{AD}。设计步骤如下：

（1）由式（5-8），根据给定的行程速比系数 K 计算极位夹角 θ。

（2）选取适当的长度比例尺 μ_l，按照给定条件作出固定铰链点 D 以及摇杆的两个极限位置 C_1D 和 C_2D。

（3）连接 C_1、C_2 并作 $C_1C_2 \perp C_1M$。

（4）作 $\angle C_1C_2N=90°-\theta$，直线 C_1M 与 C_2N 交于 P 点。显然，$\angle C_1PC_2=\theta$。

（5）作直角三角形△C_1PC_2的外接圆，在圆弧$\overparen{C_1PC_2}$上任取一点A并连接AC_1、AC_2，均有∠C_1AC_2=∠C_1PC_2=θ。因此，曲柄AB的固定铰链点A应该在此圆弧上选取。

（6）由于摇杆在两极限位置时曲柄和连杆共线，因此有AC_1=$BC-AB$，AC_2=$BC+AB$，联立求解可得，

$$\begin{cases} AB=\dfrac{AC_2-AC_1}{2} \\ BC=\dfrac{AC_2+AC_1}{2} \end{cases} \quad (5-13)$$

当然，也可直接通过作图的方法得到AB和BC。具体步骤是：以A为圆心、AC_1为半径作圆弧交AC_2于E点。然后再以A为圆心、$EC_2/2$为半径作圆交C_2A于B_2点、C_1A的延长线于B_1点，则铰链四杆机构AB_1C_1D即为所求（AB_2C_2D为该四杆机构另一极限位置）。整个设计过程及设计结果如图5-43所示。

根据所选比例尺，曲柄AB、连杆BC和机架AD的实际长度为

$$\begin{cases} l_{AB}=\mu_l AB \\ l_{BC}=\mu_l BC \\ l_{AD}=\mu_l AD \end{cases} \quad (5-14)$$

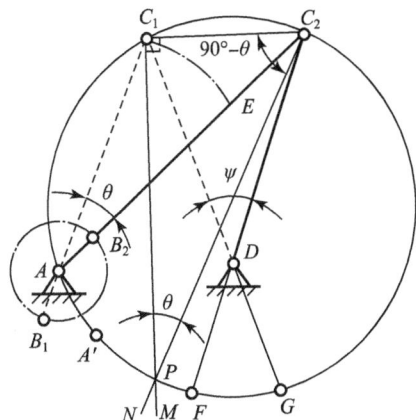

图5-43 按K值设计曲柄摇杆机构

需要注意的是，曲柄转动中心A可在圆弧$\overparen{C_1PC_2}$上除劣弧段$\overparen{FG}$外任意选取（注：如果A点选在劣弧段$\overparen{FG}$上，设计出的机构将不能满足运动连续性要求）。因此，在给定行程速比系数K时机构有无穷多解。而A点的选取位置不同，机构传动角的大小也不一样。所以，为了获得较好的传力性能，也可按最小传动角或其他辅助条件来确定A点位置。

2）曲柄滑块机构

已知行程速比系数K、行程H和偏距e，试设计该曲柄滑块机构。

可采用与曲柄摇杆机构类似的作图方法和步骤，即，根据K计算极位夹角θ；作直线段C_1C_2=H；作$C_1C_2\perp C_1M$；作∠C_1C_2N=$90°-\theta$，且直线C_1M交C_2N于P点；过P、C_1及C_2三点作圆。则曲柄AB的固定铰链点A应在圆弧$\overparen{C_1PC_2}$上。

然后，根据偏距条件，作一直线与导路C_1C_2平行，且距导路的距离为e，则该直线与上述圆弧的交点即为曲柄AB的固定铰链点A的位置。A点确定后，可用式（5-13）和式（5-14）求出曲柄的长度l_{AB}及连杆的长度l_{BC}。

整个设计过程及设计结果如图5-44所示。

3）导杆机构

已知行程速比系数K和摆动导杆机构中机架的长度l_{AC}，试设计该导杆机构。

根据图5-45中的几何关系，导杆机构的极位夹角θ等于导杆的摆角ψ，因此，此类设计问题的主要任务是确定曲柄的长度l_{AB}。设计步骤如下：

（1）由式（5-8），根据给定的行程速比系数K计算极位夹角θ（即摆角ψ）。

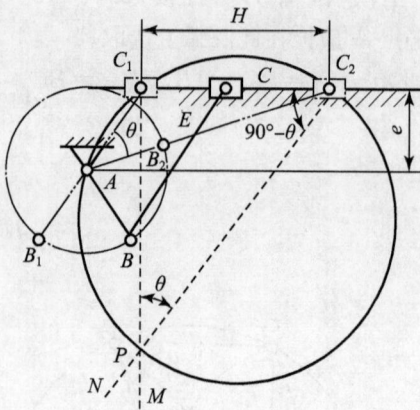

图 5-44　按 K 值设计曲柄滑块机构

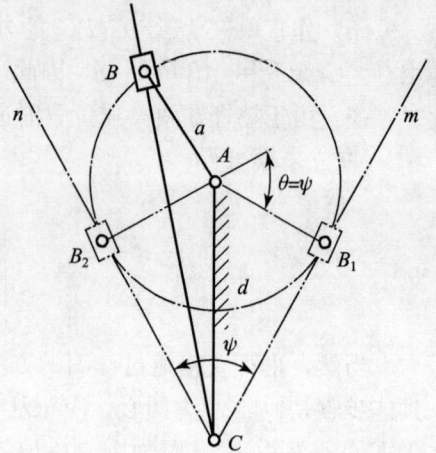

图 5-45　按 K 值设计导杆机构

（2）选取适当的长度比例尺 μ_l，按照给定条件作出固定铰链点 C 以及导杆的两个极限位置 Cm 和 Cn。

（3）作摆角 $\angle mCn$ 的角平分线 AC，并量取 $AC = l_{AC}/\mu_l$。

（4）过 A 点作导杆任一极限位置的垂线 AB_1（或 AB_2），曲柄长度为 $l_{AB} = \mu_l AB_1$。

由此可知，机构 AB_1C（或 AB_2C）即为所求导杆机构的一个极限位置。整个设计过程及设计结果如图 5-45 所示。

4. 按照给定运动轨迹设计四杆机构

四杆机构在运动时，连杆做平面运动，连杆上任一点的运动轨迹都是一条封闭曲线，该曲线称为连杆曲线。显然，连杆曲线的形状与连杆上点的位置以及各构件的相对尺寸有很大的关系。也正是由于连杆曲线的多样性，才使其能在各种机械上得到越来越广泛的应用。如图 5-46 所示的步进式传送机构，即为应用连杆曲线（卵形曲线）来实现步进式传送工件的典型实例。

对于按照给定运动轨迹设计四杆机构的问题，可采用实验法或图谱法来解决。

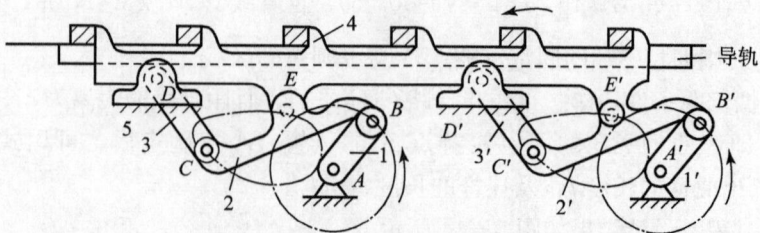

图 5-46　步进式传送机构

1）实验法

如图 5-47 所示，已知原动件 AB 的长度、固定铰链点 A 的位置以及连杆上一点 M 和给定轨迹。要求设计一平面四杆机构，使点 M 沿着给定的运动轨迹运动。设计过程如下：

（1）除杆件 BM 外，在连杆上另外固接若干杆件 BC、BC'、BC''…当点 M 沿着预期的运动轨迹运动时，连杆上的这些固连杆件的端点 C、C'、C''…也将描绘出各自的轨迹。

（2）找出这些曲线中的圆弧或近似圆弧的轨迹（如 C 点的轨迹），其圆心 D 即可作为另一连架杆的固定铰链点 D，而 CD 和 AD 可分别作为从动连架杆和机架。

因此，机构 $ABCD$ 即为所求。整个设计过程及设计结果如图 5-47 所示。

2）图谱法

由于连杆曲线是高阶曲线，一般按给定的运动轨迹设计四杆机构是比较困难的。为便于设计，也可采用汇编成册的连杆曲线图谱进行设计。设计时，只需按给定的运动轨迹，从图谱中查出与其相近的曲线，即可得到四杆机构各杆的相对长度。这就是工程上常用的"图谱法"。例如，图 5-48（a）就是其中的一张图谱。图上的 $\beta-\beta$ 曲线是连杆上 E 点在机构运动时所形成的连杆曲线。同时，图 5-48（a）中还给出了各杆长度与曲柄长度的比值。在设计中，如果给定的运动轨迹与图 5-48（a）中的 $\beta-\beta$ 曲线相似，则可根据二者相差的倍数和提供的比值求出所设计四杆机构中各构件的实际尺寸，即可得到图 5-48（b）所示的四杆机构。

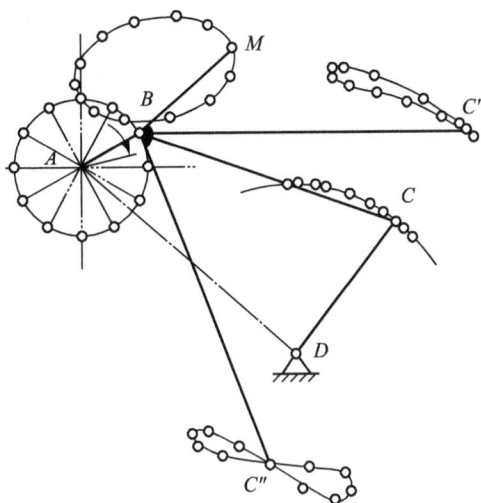

图 5-47　实验法

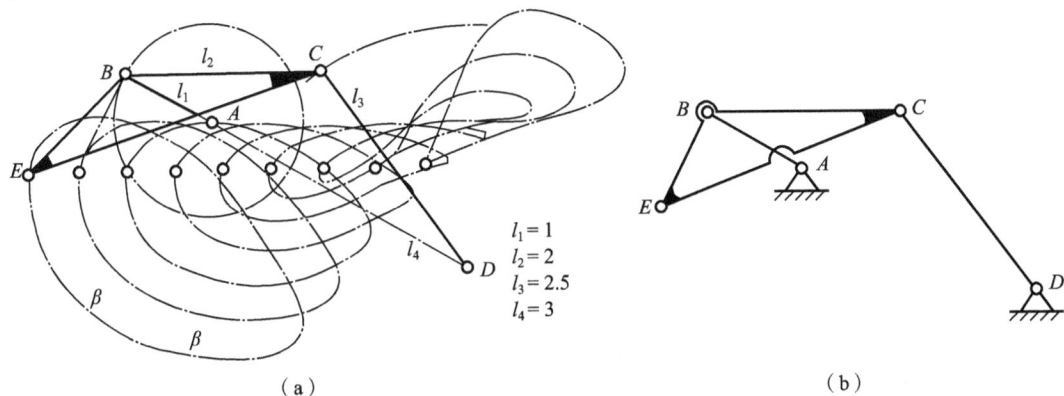

$l_1 = 1$
$l_2 = 2$
$l_3 = 2.5$
$l_4 = 3$

（a）　　　　　　　　　　（b）

图 5-48　连杆曲线分析图谱

（a）连杆曲线；（b）四杆机构

三、解析设计方法

1. 解析法的基本原理

解析法设计四杆机构的主要步骤：首先，根据给定的运动参数，建立描述运动参数与机构运动简图参数的关系方程；其次，利用机构的运动及几何约束条件建立约束方程；最后，联立求解方程组即可得到机构运动简图的参数。其中，利用刚体位移矩阵可以很简便地描述刚体运动位置的变化，而定杆长约束条件则可以方便地求解连架杆的转动中心。因此，这两部分将作为解析法设计四杆机构的数学基础。

1）刚体位移矩阵

刚体在平面中的位置，可以用刚体中某点固连于刚体上的标线及该标线与 x 轴的夹角来表示。如图 5 - 49 所示，刚体在位置 1 时，可用过 M 点的标线 M_1P_1 及其与 x 轴的夹角 θ_1 来表示，其中 M_1 点的坐标为 (x_{M_1}, y_{M_1})。而刚体由位置 1 到位置 j 的运动可看作 M_1P_1 先绕 M_1 点转过 θ_{1j} 角度，到达 M_1P_1' 位置，然后再平移到 M_jP_j 位置。刚体的这一运动过程可通过矩阵变换来描述，如式（5 - 15）所示。

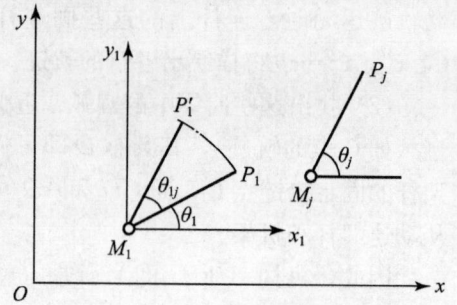

图 5 - 49 刚体的平面运动

刚体先在坐标系 $x_1M_1y_1$ 中绕 M_1 转动，然后在坐标系 xOy 中平移至 M_jP_j 位置，故有：

$$\begin{bmatrix} x_{P_j} \\ y_{P_j} \\ 1 \end{bmatrix} = \begin{bmatrix} \cos\theta_{1j} & -\sin\theta_{1j} & 0 \\ \sin\theta_{1j} & \cos\theta_{1j} & 0 \\ 0 & 0 & 1 \end{bmatrix} \cdot \begin{bmatrix} x_{P_1} - x_{M_1} \\ y_{P_1} - y_{M_1} \\ 1 \end{bmatrix} + \begin{bmatrix} x_{M_j} \\ y_{M_j} \\ 1 \end{bmatrix} \tag{5 - 15}$$

整理得：

$$\begin{bmatrix} x_{P_j} \\ y_{P_j} \\ 1 \end{bmatrix} = \begin{bmatrix} \cos\theta_{1j} & -\sin\theta_{1j} & x_{M_j} - x_{M_1}\cos\theta_{1j} + y_{M_1}\sin\theta_{1j} \\ \sin\theta_{1j} & \cos\theta_{1j} & y_{M_j} - x_{M_1}\sin\theta_{1j} - y_{M_1}\cos\theta_{1j} \\ 0 & 0 & 1 \end{bmatrix} \cdot \begin{bmatrix} x_{P_1} \\ y_{P_1} \\ 1 \end{bmatrix} \tag{5 - 16}$$

式（5 - 16）可简写为

$$[P_j] = [D_{1j}] \cdot [P_1] \tag{5 - 17}$$

式中，$[P_j] = \begin{bmatrix} x_{P_j} \\ y_{P_j} \\ 1 \end{bmatrix}$，$[P_1] = \begin{bmatrix} x_{P_1} \\ y_{P_1} \\ 1 \end{bmatrix}$；而 $[D_{1j}] = \begin{bmatrix} \cos\theta_{1j} & -\sin\theta_{1j} & x_{M_j} - x_{M_1}\cos\theta_{1j} + y_{M_1}\sin\theta_{1j} \\ \sin\theta_{1j} & \cos\theta_{1j} & y_{M_j} - x_{M_1}\sin\theta_{1j} - y_{M_1}\cos\theta_{1j} \\ 0 & 0 & 1 \end{bmatrix}$，

称为刚体由位置 1 运动到位置 j 的刚体位移矩阵。

有了刚体位移矩阵，可以得到刚体上任意一点在运动前后的位置坐标关系。例如，现欲求刚体上 B、C 两点在运动后的坐标，根据式（5 - 17）有：

$$\begin{cases} [B_j] = [D_{1j}] \cdot [B_1] \\ [C_j] = [D_{1j}] \cdot [C_1] \end{cases} \tag{5 - 18}$$

式中，$[B_j] = \begin{bmatrix} x_{B_j} \\ y_{B_j} \\ 1 \end{bmatrix}$，$[B_1] = \begin{bmatrix} x_{B_1} \\ y_{B_1} \\ 1 \end{bmatrix}$，$[C_j] = \begin{bmatrix} x_{C_j} \\ y_{C_j} \\ 1 \end{bmatrix}$，$[C_1] = \begin{bmatrix} x_{C_1} \\ y_{C_1} \\ 1 \end{bmatrix}$。

2) 定长约束方程

如图 5-50 所示，若构件 AB 绕固定铰链点 A 由位置 AB_1 逆时针旋转到 AB_j，由于构件的长度保持不变，因此有：

$$(x_{B_j} - x_A)^2 + (y_{B_j} - y_A)^2 = (x_{B_1} - x_A)^2 + (y_{B_1} - y_A)^2 \tag{5-19}$$

如果用矩阵表示，即为

$$[B_j - A]^T[B_j - A] = [B_1 - A]^T[B_1 - A] \tag{5-20}$$

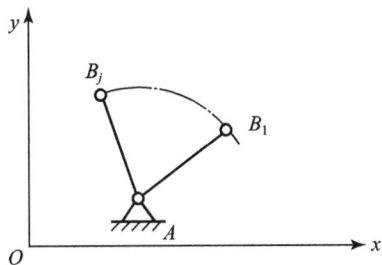

图 5-50　定长约束方程

式 (5-19) 或式 (5-20) 称为定长约束方程。

2. 按给定连杆的一系列位置设计四杆机构

在刚体导引机构中，与受导刚体固连的构件就是连杆，如图 5-51 所示。在此类设计问题中，需要根据连杆所需通过的位置，确定两连架杆的两个固定铰链点 A、D 和两个活动铰链点 B、C 的第一个位置 B_1、C_1。

在图 5-51 中，设受导刚体和连杆能顺序通过给定的 N 个位置 S_1，…，S_i，…，S_N，现如果能求出连杆上两点 B_1、C_1 和其对应位置 $B_1 \cdots B_j$、$C_1 \cdots C_j \cdots$ 分别位于以 A、D 为圆心的圆周上，则问题可解。

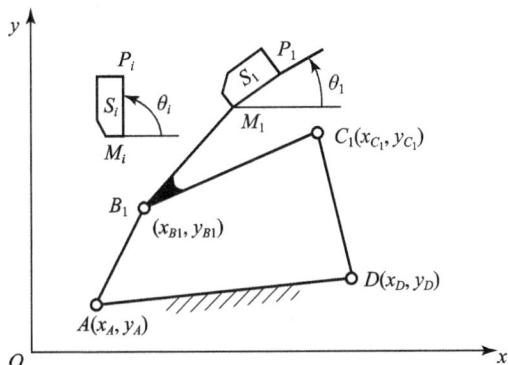

图 5-51　实现连杆若干给定位置的设计

根据刚体位移矩阵，B、C 两点在位置 i 处的坐标可表示为

$$[B_i] = [D_{1i}][B_1] \tag{5-21}$$

$$[C_i] = [D_{1i}][C_1] \tag{5-22}$$

再利用定长约束条件，把这些点的位置分别约束在以 A、D 为圆心、AB_1、C_1D 为半径的圆上，故有：

$$(x_{B_i} - x_A)^2 + (y_{B_i} - y_A)^2 = (x_{B_1} - x_A)^2 + (y_{B_1} - y_A)^2 \tag{5-23}$$

$$(x_{C_i} - x_D)^2 + (y_{C_i} - y_D)^2 = (x_{C_1} - x_D)^2 + (y_{C_1} - y_D)^2 \tag{5-24}$$

方程 (5-23) 中含有 4 个待求参数 x_{B_1}、y_{B_1}、x_A、y_A，因此只需根据给定的 5 组连杆位置建立 4 个方程即可联立求解。方程 (5-24) 中的 4 个待求参数 x_{C_1}、y_{C_1}、x_D、y_D 同理可得。推广到一般情况，如果给定连杆的 N 个位置，则可建立 $N-1$ 个方程。因此，若要精确实现连杆给定的位置，所能给定连杆的最多位置数为 5，即 $N \leqslant 5$。当 $N < 5$ 时，可任意选定 $5-N$ 个待求点的坐标。

例题 5-1　图 5-52 (a) 中给出了工件构件 S 的三个位置：$x_{M_1} = 8.776$，$y_{M_1} = 8.184$，$\theta_1 = 0°$；$x_{M_2} = 5.675$，$y_{M_2} = 5.292$，$\theta_2 = 19°$；$x_{M_3} = 6.404$，$y_{M_3} = 1.597$，$\theta_3 = 67°$。试设计一铰链四杆机构，要求能引导工件构件 S 实现这三个位置。

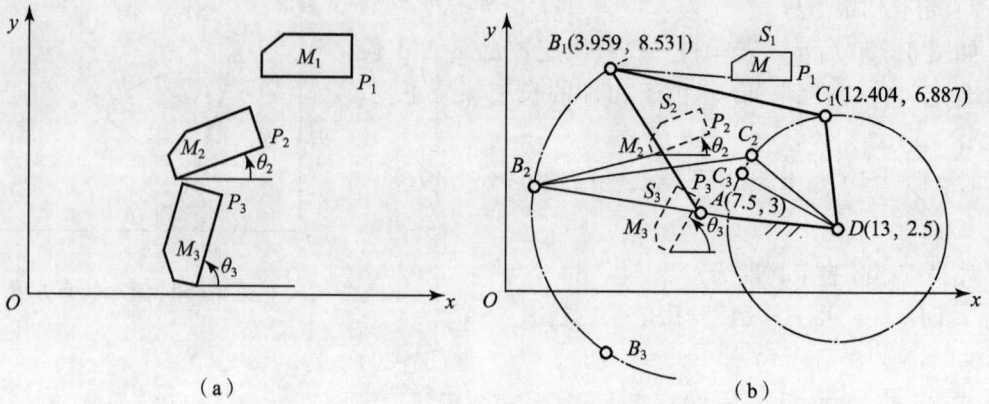

图 5-52 实现连杆三个给定位置的设计

(a) 给定连杆位置；(b) 实现连杆给定位置的设计

解： 已知位置数 $N=3$，则对式（5-23）和式（5-24），可分别建立的方程为 2 个，故可任意选定 2 个点的坐标。现不妨选定 $x_A=7.5$，$y_A=3$；$x_D=13$，$y_D=2.5$。具体设计步骤如下：

(1) 计算连杆位移矩阵中各元素的值。

当 $i=2$ 时，$\theta_{12}=\theta_2-\theta_1=19°-0°$，则连杆平面由位置 1 到位置 2 的位移矩阵为

$$[D_{12}] = \begin{bmatrix} \cos\theta_{12} & -\sin\theta_{12} & (x_{M_2}-x_{M_1}\cos\theta_{12}+y_{M_1}\sin\theta_{12}) \\ \sin\theta_{12} & \cos\theta_{12} & (y_{M_2}-x_{M_1}\cos\theta_{12}-y_{M_1}\sin\theta_{12}) \\ 0 & 0 & 1 \end{bmatrix}$$

$$= \begin{bmatrix} \cos 19° & -\sin 19° & (x_{M_2}-x_{M_1}\cos 19°+y_{M_1}\sin 19°) \\ \sin 19° & \cos 19° & (y_{M_2}-x_{M_1}\cos 19°-y_{M_1}\sin 19°) \\ 0 & 0 & 1 \end{bmatrix}$$

$$= \begin{bmatrix} 0.945 & -0.325 & 0.041 \\ 0.325 & 0.945 & -5.303 \\ 0 & 0 & 1 \end{bmatrix}$$

当 $i=3$ 时，$\theta_{13}=\theta_3-\theta_1=67°-0°$，则连杆平面由位置 1 到位置 3 的位移矩阵为

$$[D_{13}] = \begin{bmatrix} \cos\theta_{13} & -\sin\theta_{13} & (x_{M_3}-x_{M_1}\cos\theta_{13}+y_{M_1}\sin\theta_{13}) \\ \sin\theta_{13} & \cos\theta_{13} & (y_{M_3}-x_{M_1}\cos\theta_{13}-y_{M_1}\sin\theta_{13}) \\ 0 & 0 & 1 \end{bmatrix}$$

$$= \begin{bmatrix} \cos 67° & -\sin 67° & (x_{M_3}-x_{M_1}\cos 67°+y_{M_1}\sin 67°) \\ \sin 67° & \cos 67° & (y_{M_3}-x_{M_1}\cos 67°-y_{M_1}\sin 67°) \\ 0 & 0 & 1 \end{bmatrix}$$

$$= \begin{bmatrix} 0.390 & -0.920 & 10.508 \\ 0.920 & 0.390 & -9.679 \\ 0 & 0 & 1 \end{bmatrix}$$

（2）求解 B_1 点的坐标 (x_{B_1}, y_{B_1})。

将矩阵 $[D_{12}]$ 和 $[D_{13}]$ 带入式（5-21）并展开，可得：

$$\begin{cases} x_{B_2} = 0.945 x_{B_1} - 0.325 y_{B_1} + 0.041 \\ y_{B_2} = 0.325 x_{B_1} + 0.945 y_{B_1} - 5.303 \end{cases}$$

及

$$\begin{cases} x_{B_3} = 0.390 x_{B_1} - 0.920 y_{B_1} + 10.508 \\ y_{B_3} = 0.920 x_{B_1} + 0.390 y_{B_1} - 9.679 \end{cases}$$

将上述表达式和选定的 x_A、y_A 的值代入式（5-23），得到两个只含有未知量 x_{B_1} 和 y_{B_1} 的方程，即：

$$\begin{cases} -2.255 x_{B_1} - 2.422 y_{B_1} = -29.661 \\ -2.995\,4 x_{B_1} - 4.723 y_{B_1} = -52.279 \end{cases}$$

联立求解可得：

$$\begin{cases} x_{B_1} = 3.959 \\ y_{B_1} = 8.531 \end{cases}$$

（3）求解 C_1 点的坐标 (x_{C_1}, y_{C_1})。

同理，将矩阵 $[D_{12}]$ 和 $[D_{13}]$ 带入式（5-22）并展开，然后和选定的 D 点坐标一起代入式（5-24），并联立求解得：

$$\begin{cases} x_{C_1} = 12.404 \\ y_{C_1} = 6.887 \end{cases}$$

（4）计算各构件的长度。

$$\begin{cases} l_{AB} = \sqrt{(x_{B_1} - x_A)^2 + (y_{B_1} - y_A)^2} = 6.567 \\ l_{BC} = \sqrt{(x_{C_1} - x_{B_1})^2 + (y_{C_1} - y_{B_1})^2} = 8.603 \\ l_{CD} = \sqrt{(x_{C_1} - x_D)^2 + (y_{C_1} - y_D)^2} = 4.428 \\ l_{AD} = \sqrt{(x_D - x_A)^2 + (y_D - y_A)^2} = 5.222 \end{cases}$$

至此已完成了该四杆机构的设计，设计结果如图 5-52（b）所示。机构 AB_1C_1D 是处于第 1 位置时的机构运动简图，由曲柄存在条件判断可知，该机构为双摇杆机构。

由于该例题中固定铰链点 A 和 D 的坐标是任意选定的，当选定不同的 x_A、y_A 及 x_D、y_D 时，就可得到不同的解。因此，当位置数 $N=3$ 时，有无穷多解。

3. 按照给定连架杆的一系列对应位置设计四杆机构

对于此类设计问题，和图解法一样，解析法同样也可以用刚化反转法的基本原理，把按照给定连架杆的对应位置的设计问题转化为按照连杆的对应位置设计问题。设计过程如下。

（1）建立坐标系。

如图 5-53 所示建立直角坐标系 xAy，其中固定铰链点 A 为坐标原点，机架 AD 与 x

轴重合（设机架长度 l_{AD} 已知）。

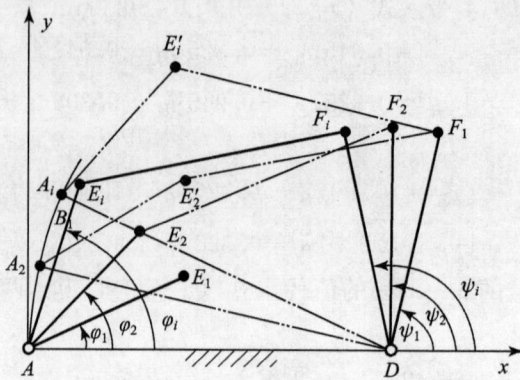

图 5-53　实现连架杆对应位置的设计

（2）刚化反转。

参考图 5-42 所示方法，得到转化机构。在转化机构中，DF_1 为机架，AE 是以 A 点为基点做平面运动的刚体标线，则该机构的设计就转化为上述按连杆若干给定位置的机构设计问题。而且，转化机构在运动中刚体的每个位置 A_iE_i' 相对于位置 1（AE_1）的转角为

$$\theta_{1i}=\varphi_{1i}-\psi_{1i} \quad (i=2, 3, \cdots, N) \tag{5-25}$$

式中，$\varphi_{1i}=\varphi_i-\varphi_1$，$\psi_{1i}=\psi_i-\psi_1$。

（3）计算基点 A 在各位置时的坐标。

由于机架的长度 l_{AD} 已知，根据所建立坐标系及图中的几何关系，有：

$$\begin{cases} x_{A_1}=0 \\ y_{A_1}=0 \end{cases} \tag{5-26}$$

$$\begin{cases} x_{A_i}=l_{AD}(1-\cos\psi_{1i}) \\ y_{A_i}=l_{AD}\sin\psi_{1i} \end{cases} \quad (i=2, 3, \cdots, N) \tag{5-27}$$

（4）计算转化机构中的刚体位移矩阵。

将式（5-25）~式（5-27）带入式（5-16）中，可以得到刚体 A_iE_i' 在转化机构中的位移矩阵（也称相对位移矩阵）：

$$[D_{1i}^r]=\begin{bmatrix} \cos(\varphi_{1i}-\psi_{1i}) & -\sin(\varphi_{1i}-\psi_{1i}) & l_{AD}(1-\cos\psi_{1i}) \\ \sin(\varphi_{1i}-\psi_{1i}) & \cos(\varphi_{1i}-\psi_{1i}) & l_{AD}\sin\psi_{1i} \\ 0 & 0 & 1 \end{bmatrix} \quad (i=2, 3, \cdots, N)$$

$$\tag{5-28}$$

注：式（5-16）中的 x_{M_j}、y_{M_j} 用式（5-26）和式（5-27）中的 x_{A_i}、y_{A_i} 代入。

（5）建立待求铰链点 B 的位置方程。

在转化机构中，连杆上的待求铰链点 B 的位置方程为

$$[B_i]=[D_{1i}^r][B_1] \tag{5-29}$$

（6）建立定长约束方程。

根据转化机构中构件 BC 的杆长不变这一条件，建立定长约束方程为

$$(x_{B_i} - x_{C_1})^2 + (y_{B_1} - y_{C_1})^2 = (x_{B_1} - x_{C_1})^2 + (y_{B_1} - y_{C_1})^2 \tag{5-30}$$

由于该方程含有 4 个待求参数 x_{B_1}、y_{B_1}、x_{C_1}、y_{C_1}，因此，一般给定的两连架杆的对应位置数 $N \leqslant 5$。

在求出这 4 个待定参数后，转化机构的设计问题已经得到解决。其中 B_1、C_1 在原机构中为第一组位置时的连杆铰链点，从而原问题也得到解决。

例题 5-2 图 5-54 中给出了两连架杆的三组对应位置：$\varphi_1 = 90.02°$，$\psi_1 = 31.93°$；$\varphi_2 = 116°$，$\psi_2 = 76.15°$；$\varphi_3 = 141.98°$，$\psi_3 = 109.07°$。且已知固定铰链 A、D 的坐标分别为 $A(x_A, y_A) = (0, 0)$，$D(x_D, y_D) = (1, 0)$。试设计此四杆机构。

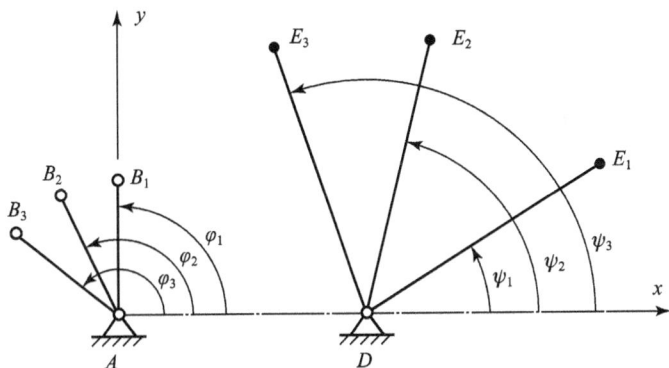

图 5-54 实现连架杆对应角位移的设计

解： 具体设计过程如下：

（1）计算相对位移矩阵 $[D_{1i}^r]$。

将已知条件代入式（5-28）可得：

$$
[D_{12}^r] = \begin{bmatrix} \cos(\varphi_{12} - \psi_{12}) & -\sin(\varphi_{12} - \psi_{12}) & l_{AD}(1 - \cos\psi_{12}) \\ \sin(\varphi_{12} - \psi_{12}) & \cos(\varphi_{12} - \psi_{12}) & l_{AD}\sin\psi_{12} \\ 0 & 0 & 1 \end{bmatrix}
$$

$$
= \begin{bmatrix} \cos(25.98° - 44.22°) & -\sin(25.98° - 44.22°) & l_{AD}(1 - \cos 44.22°) \\ \sin(25.98° - 44.22°) & \cos(25.98° - 44.22°) & l_{AD}\sin 44.22° \\ 0 & 0 & 1 \end{bmatrix}
$$

$$
= \begin{bmatrix} 0.949 & 0.313 & 0.283 \\ -0.313 & 0.949 & 0.697 \\ 0 & 0 & 1 \end{bmatrix}
$$

$$
[D_{13}^r] = \begin{bmatrix} \cos(\varphi_{13} - \psi_{13}) & -\sin(\varphi_{13} - \psi_{13}) & l_{AD}(1 - \cos\psi_{13}) \\ \sin(\varphi_{13} - \psi_{13}) & \cos(\varphi_{13} - \psi_{13}) & l_{AD}\sin\psi_{13} \\ 0 & 0 & 1 \end{bmatrix}
$$

$$
= \begin{bmatrix} \cos(51.96° - 77.14°) & -\sin(51.96° - 77.14°) & l_{AD}(1 - \cos 77.14°) \\ \sin(51.96° - 77.14°) & \cos(51.96° - 77.14°) & l_{AD}\sin 77.14° \\ 0 & 0 & 1 \end{bmatrix}
$$

$$= \begin{bmatrix} 0.905 & 0.425 & 0.775 \\ -0.425 & 0.905 & 0.947 \\ 0 & 0 & 1 \end{bmatrix}$$

（2）建立设计方程组。

将上述矩阵代入式（5-29）和式（5-30），即可得到两个含有 4 个未知参数 x_{B_1}、y_{B_1}、x_{C_1}、y_{C_1} 的方程。因此，必有一点可以任意选定，不妨设 $x_{C_1} = 1.348$，$y_{C_1} = 0.217$，代入并整理得：

$$\begin{cases} 0.186 x_{B_1} + 0.340 y_{B_1} = 0.249 \\ 0.507 x_{B_1} + 0.659 y_{B_1} = 0.481 \end{cases}$$

联立求解该方程组，得：

$$\begin{cases} x_{B_1} = 0.018 \\ y_{B_1} = 0.743 \end{cases}$$

（3）计算各构件的长度。

由于各铰链点的坐标已知，因此可得所设计机构中各构件的长度为

$$\begin{cases} l_{AB} = \sqrt{(x_{B_1} - x_A)^2 + (y_{B_1} - y_A)^2} = 0.743 \\ l_{BC} = \sqrt{(x_{C_1} - x_{B_1})^2 + (y_{C_1} - y_{B_1})^2} = 1.430 \\ l_{CD} = \sqrt{(x_{C_1} - x_D)^2 + (y_{C_1} - y_D)^2} = 0.410 \\ l_{DA} = 1 \end{cases}$$

因此，按给定连架杆的三组对应位置设计的连杆机构的机构运动简图如图 5-55 所示。

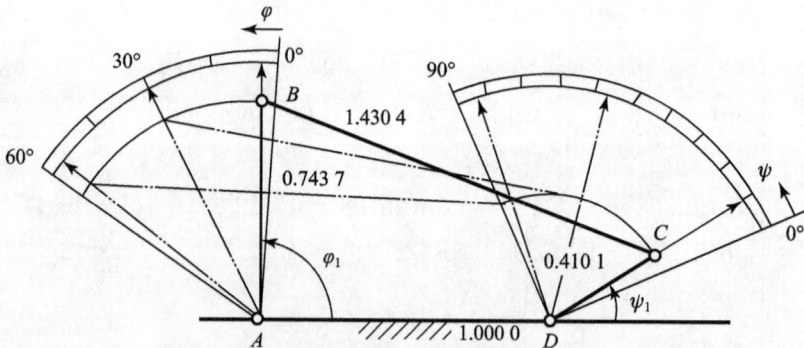

图 5-55　实现两连架杆三组对应位置的设计

需要说明的是，上述结果为各构件相对于构件 DA 的长度，在设计中可根据实际条件选取机架长度，同时按比例放大其他各构件的尺寸即可。

按行程速比系数设计四杆机构的解析方法，是在图解法的基础上，根据图中各参数相应的几何关系列出方程进行求解。由于其只涉及普通的几何计算，故这里不再赘述。

4. 按给定的运动轨迹设计四杆机构

此类设计问题通常是根据给定轨迹曲线上若干点的位置坐标，设计一个平面四杆机构，

使得连杆上的某点在机构运动时可以顺序依次通过所给曲线上的这些轨迹点。其设计的主要任务就是求出连杆上两活动铰链点 B、C 及连架杆上两固定铰链点 A、D 的坐标，如图 5-56 所示。

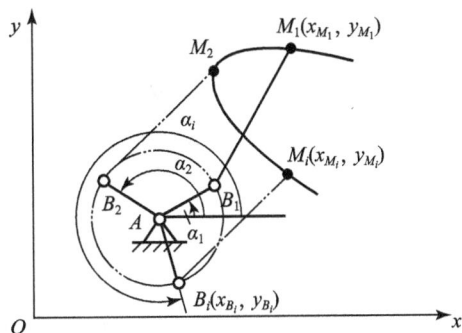

图 5-56　用位移矩阵法实现给定轨迹的四杆机构设计

根据式（5-17），对于 B、C 两点的位置方程，仍可以利用刚体位移矩阵并以点 M 为基点得到，即

$$[B_i]=[D_{1i}][B_1] \quad (i=2,3,\cdots,N)$$
$$(5-31)$$

$$[C_i]=[D_{1i}][C_1] \quad (i=2,3,\cdots,N)$$
$$(5-32)$$

注：由于这里只给出了轨迹点而无标线，因此，可将上述刚体位移矩阵 $[D_{1i}]$ 中的连杆位置相对转角 θ_{1i} 作为未知量处理。

然后，可将上述表达式展开整理并代入定长约束方程（5-23）和（5-24），即：

$$(x_{B_i}-x_A)^2+(y_{B_i}-y_A)^2=(x_{B_1}-x_A)^2+(y_{B_1}-y_A)^2 \quad (i=2,3,\cdots,N) \quad (5-33)$$
$$(x_{C_i}-x_D)^2+(y_{C_i}-y_D)^2=(x_{C_1}-x_D)^2+(y_{C_1}-y_D)^2 \quad (i=2,3,\cdots,N) \quad (5-34)$$

如果给定轨迹上 N 个点的坐标，则上述两式共可建立 $2(N-1)$ 个方程。由于方程中共含有 x_{B_1}、y_{B_1}、x_A、y_A、x_{C_1}、y_{C_1}、x_D、y_D 等 8 个坐标和 $N-1$ 个相对转角 θ_{1i}，因而共有 $8+(N-1)$ 个待求参数。为了得到定解或使方程组可解，方程数应等于或小于未知量的数目。因此，最多应给出 9 个轨迹点的坐标，即 $N\leqslant 9$。当 $N<9$ 时，可选定 $9-N$ 个机构参数。

在进行机构设计时，由于有 $\cos\theta_{1i}$、$\sin\theta_{1i}$ 等三角函数，方程求解比较困难，θ_{1i} 的初值也难以给定。而且，设计结果还常会出现所谓"通过顺序"问题，即设计出的机构连续运转时，连杆上的 M 点不能按预期顺序通过给定轨迹点。所以，在设计此类机构时，可按照轨迹点的位置与曲柄转角相对应的设计方法，即按 M_i 与 α_i 的对应关系先确定铰链点 B_1 和 A（图 5-56），然后求出连杆位置的相对转角 θ_{1i}，最后再按给定连杆位置设计四杆机构的方法来确定另外两个铰链点 C_1 和 D。

第四节　空间连杆机构的简介

一、概述

如前面所述，空间连杆机构是指各构件不都在同一平面或平行平面内做相对运动的连杆机构。除了转动副 R 和移动副 P 外，空间连杆机构还常用到螺旋副 H、圆柱副 C、球销副 S'以及球面副 S 等。根据运动链的类型，空间连杆机构可分为闭链型空间连杆机构和开链型空间连杆机构两大类，分别如图 5-57 和图 5-58 所示。在科学研究和实际应用中，空间连杆机构常以所含各运动副的代表符号来命名，如 RSSR、RSCR、PPSC 机构等。

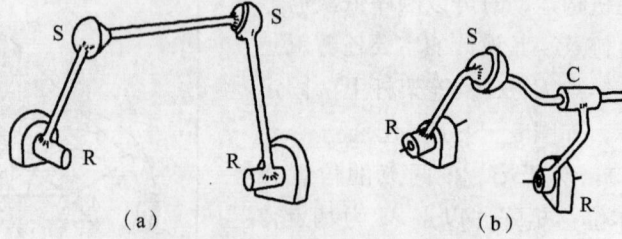

图 5-57　闭链型空间连杆机构

(a) RSSR 空间连杆机构；(b) RSCR 空间连杆机构

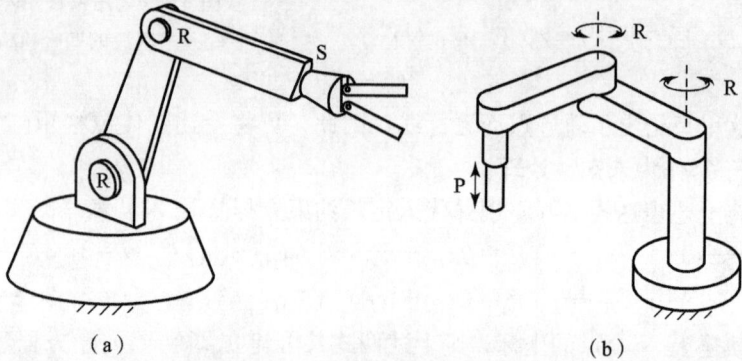

图 5-58　开链型空间连杆机构

(a) 关节空间连杆机构；(b) SCARA 空间连杆机构

二、空间连杆机构的特点

与平面连杆机构相比，空间连杆机构可以实现预期的空间运动规律和空间运动轨迹，可实现的运动更加复杂多样，且具有结构紧凑、运动灵活并且可靠等特点。因此，空间连杆机构广泛应用于航空航天机械、轻工机械、农业机械、机器人、机械手、汽车以及仪表等领域。

空间连杆机构多为多自由度系统，空间运动比较复杂，不直观，而且其分析、综合、设计、控制以及制造等方面都要比平面连杆机构复杂和困难。空间连杆机构的研究方法主要有图解法和解析法两种。图解法直观易学，但仅限于解决某些简单的分析与设计问题。目前，随着计算机应用的日益普及和数学工具的不断发展，空间连杆机构分析与综合的解析法取得了很大的进展，并成为研究空间连杆机构的主要方法。

三、空间连杆机构的应用实例

如图 5-59 所示，飞机起落架收放机构由机架 1、摇杆 2、活塞杆 3 和液压缸 4 通过 1 个转动副 R、1 个

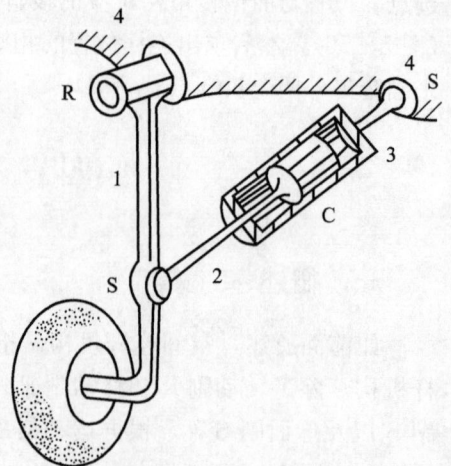

图 5-59　飞机起落架的收放机构

1—机架；2—摇杆；3—活塞杆；4—液压缸

圆柱副 C 和两个球面副 S 连接而成。这种空间连杆机构可标记为 RSCS 机构，当液压缸 4 动作时，通过活塞杆 3 的伸缩可带动摇杆 2 绕其轴线摆动，从而实现飞机轮子的收放动作。

如图 5-60 所示 7R 机械臂是一种关节式空间连杆机构，它具有方位关节 J_1、大臂俯仰关节 J_2、大臂自旋关节 J_3、小臂俯仰关节 J_4、小臂自旋关节 J_5、手腕俯仰关节 J_6 和手腕自旋关节 J_7 共 7 个关节。每个关节均为转动副，且具有相应的驱动装置（电机驱动较为常用），工作时带动末端执行器达到不同的位置和姿态，并由其完成相应的动作，如抓放、避障等操作。

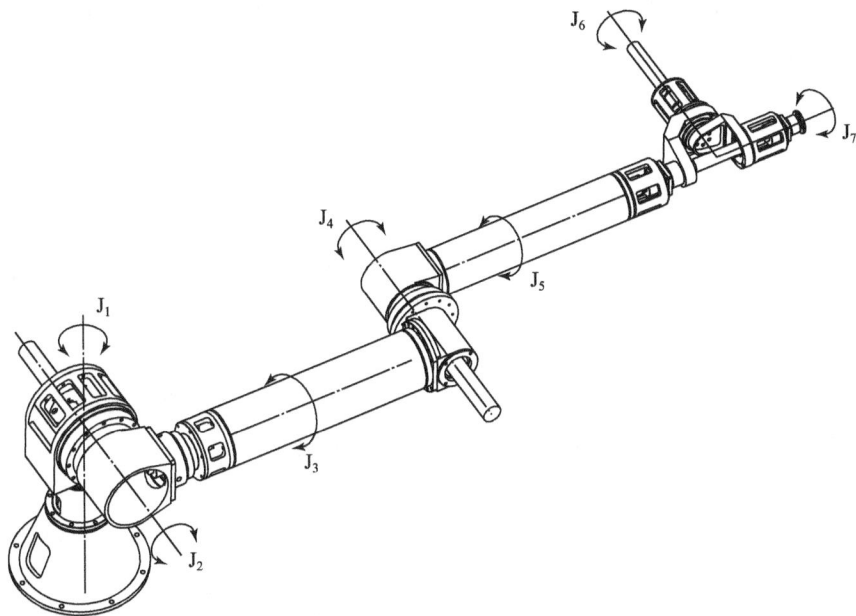

图 5-60　7R 机械臂

图 5-61 所示为并联机床，其主体运动机构——Stewart 平台（图 5-61（b））是一种闭链型空间连杆机构。它是由 6 根伸缩轴连接静平台 1 和动平台 2，每根伸缩轴由两个球面

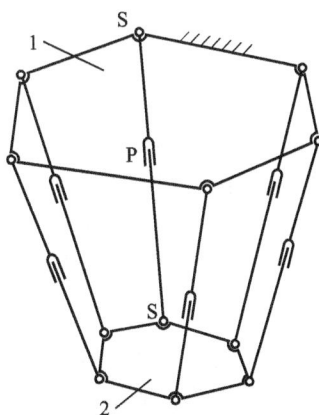

（a）　　　　　　　　　　　　　　　　（b）

图 5-61　并联机床
（a）并联机床样机；（b）并联机床的主体运动机构
1—静平台；2—动平台

副 S 和 1 个移动副 P 组成。通过实时改变 6 根伸缩轴的长度，使得动平台及刀具系统 2 获得 6 个自由度的运动，即沿 X、Y、Z 方向的移动和绕三个方向的转动，从而实现零件的加工，特别适用于形状复杂的零件。

【知识拓展】

平面连杆机构的设计方法通常可分为图解法、解析法和实验法 3 种。限于篇幅，本章仅对这几种方法做了最基本的介绍。若想进一步深入学习和研究，可参阅文献 [17]～文献 [19] 等著作，这些著作不仅涵盖了平面连杆机构的运动分析、力分析、振动分析、精度分析、平衡以及综合等多方面的理论知识，而且还介绍了很多与现代工业和实际生活息息相关的应用实例。

为适应现代机械设计的需要，连杆机构的弹性动力学近几十年来获得了飞速发展并成为机构动力学的一个新分支，其主要任务是研究连杆机构的部分或全部构件被看成是弹性体时在外力和惯性力作用下机构的真实运动情况和受力情况（弹性动力分析）以及相应的机构设计方法（弹性动力综合）。有关详细的连杆机构的弹性动力分析与综合方法，读者可参阅文献 [20]。

连杆机构的优化设计也是近年来机构学发展的一个重要方面，它可使设计的连杆机构同时满足多种要求。有兴趣的读者可参阅文献 [21] 和文献 [22]。

含连杆机构的组合机构进一步拓宽了连杆机构的应用范围，近年来得到了越来越广泛的应用。文献 [23] 中详细介绍了含连杆机构组合机构的设计分析方法及应用实例，可供读者设计时参考。

空间连杆机构也是近年来发展起来的一类较复杂的机构，与平面连杆机构相比，它可实现更加复杂多样的运动规律，且结构紧凑、运动灵活、工作可靠，因而广泛应用于多个领域之中。本章仅对空间连杆机构的概念和特点作了简单介绍，若想进一步深入学习其分析与设计的基本理论知识，可参阅文献 [24]～文献 [26] 等著作。

思 考 题

5-1　连杆机构是如何定义的？它具有哪些特点？

5-2　铰链四杆机构有哪几种类型？各举出两个应用实例。

5-3　试说出常见的平面连杆机构的演化方法，并给出具体的实例。

5-4　铰链四杆机构的曲柄存在条件是什么？如何利用该条件来判断铰链四杆机构的类型？

5-5　什么是平面连杆机构的急回特性？机构具有急回特性的条件是什么？

5-6　平面连杆机构的行程速比系数和极位夹角如何定义？二者之间有什么关系？

5-7　连杆机构压力角和传动角的定义是什么？如何计算铰链四杆机构的最小传动角？

5-8　连杆机构存在"死点"位置的条件是什么？如何避免和利用"死点"位置？

习 题

5-1 试判断题5-1图中各铰链四杆机构的类型。

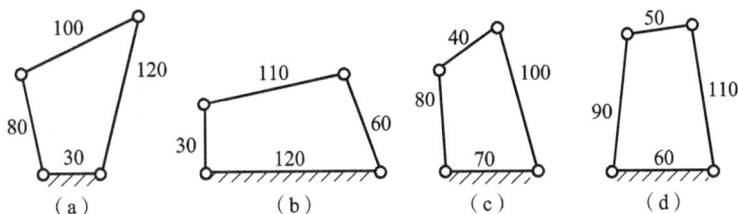

题 5-1 图

5-2 在题5-2图示铰链四杆机构中,已知 $l_{BC}=50$ mm, $l_{CD}=35$ mm, $l_{AD}=30$ mm,且 AD 为机架。

(1) 若此机构为曲柄摇杆机构,且 AB 为曲柄,试计算 l_{AB} 的最大值;

(2) 若此机构为双曲柄机构,试计算 l_{AB} 的最小值;

(3) 若此机构为双摇杆机构,试计算 l_{AB} 的数值。

5-3 在题5-3图所示偏置曲柄滑块机构中,已知滑块行程为100 mm,当滑块处于两个极限位置时,机构的压力角分别为30°和60°。试计算:

(1) 杆长 l_{AB}、l_{BC} 和偏心距 e;

(2) 机构的行程速度变化系数 K;

(3) 机构的最大压力角 α_{max}。

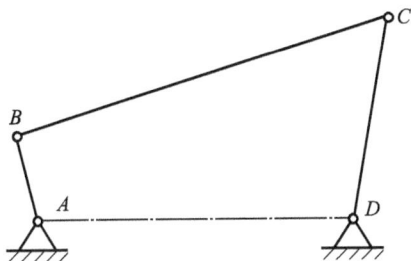

题 5-2 图

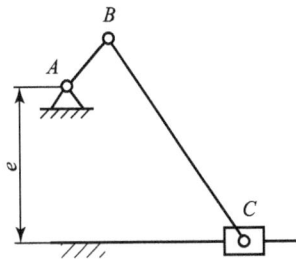

题 5-3 图

5-4 如题5-4图所示,试设计一用于脚踏轧棉机的曲柄摇杆机构。要求两固定铰链中心 A、D 位于铅垂线上,踏板 CD 在水平位置上下各摆动10°,且已知 $l_{CD}=400$ mm,$l_{AD}=800$ mm。试求曲柄 AB 与连杆 BC 的长度 l_{AB} 和 l_{BC},并画出所设计机构的死点位置。

5-5 在题5-5图所示铰链四杆机构中,已知摇杆 CD 在其两极限位置时与机架 AD 所成的夹角分别为 $\psi_1=45°$,$\psi_2=120°$,机架 AD 和摇杆 CD 的长度分别为 $l_{AD}=120$ mm,$l_{CD}=90$ mm。试求曲柄 AB 与连杆 BC 的长度 l_{AB}、l_{BC}。

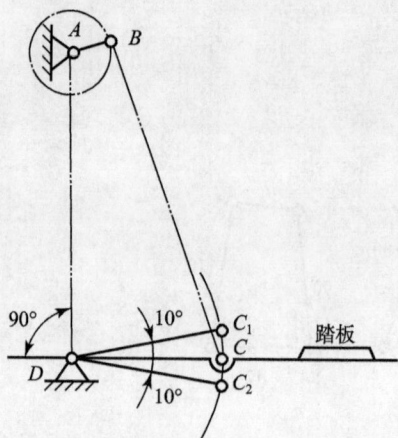

题 5-4 图

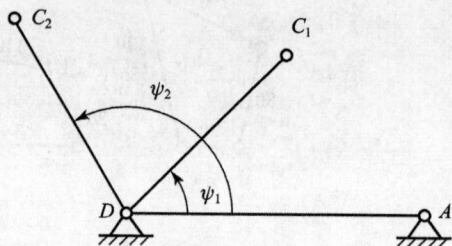

题 5-5 图

5-6 现有一四杆机构，已知其极位夹角为 0°，连架杆 AB 和连杆 BC 的长度分别为 $l_{AB}=30$ mm，$l_{BC}=90$ mm，且摇杆 CD 的摆角为 60°。试：

（1）用图解法求连架杆 DC 和机架 AD 的长度 l_{DC}、l_{AD}；

（2）判断此四杆机构的类型；

（3）在图上画出最小传动角。

5-7 在题 5-7 图所示曲柄滑块机构中，已知滑块的行程 $H=50$ mm，偏距 $e=15$ mm，行程速比系数 $K=1.5$。试求曲柄 AB 和连杆 BC 的长度 l_{AB}、l_{BC}。

5-8 题 5-8 图所示为牛头刨床的主运动机构，现已知两固定铰链中心 A、C 之间的距离为 $l_{AC}=400$ mm，刨头的行程 $H=600$ mm，机构的行程速比系数 $K=2$。试求曲柄 AB 和导杆 CD 的长度 l_{AB}、l_{CD}。

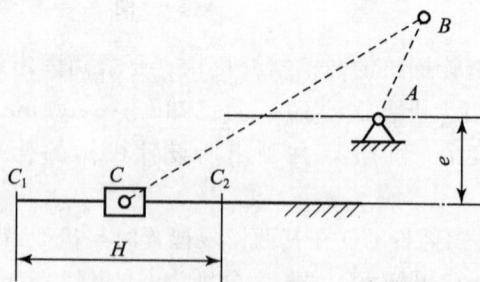

题 5-7 图

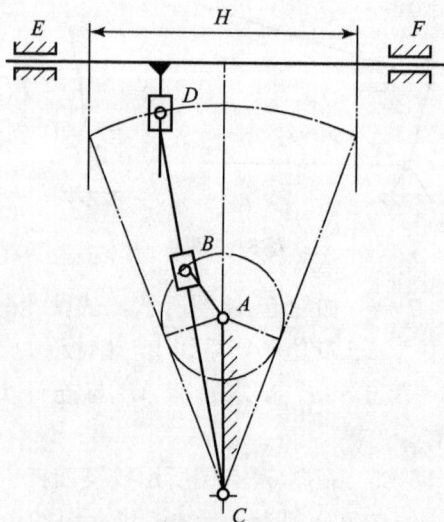

题 5-8 图

5-9 如题 5-9 图所示，试设计一铰链四杆机构用于加热炉炉门的启闭机构。现已知炉门上两活动铰链中心之间的距离 $l_{BC}=75$ mm。要求炉门打开后成水平位置时，炉门的热面朝下，且两固定铰链中心位于 yy 轴线上，其相对位置尺寸如题 5-9 图所示。

5-10 如题 5-10 图所示，连架杆 AB 上的标线 AE 和滑块上铰链点 C 的对应位置为 $\varphi_1=90°$、$s_1=50$ mm，$\varphi_2=37.5°$、$s_2=80$ mm，偏距 $e=20$ mm。试：

(1) 设计四杆机构（即确定 l_{AB}、l_{BC}）；

(2) 判别机构有无曲柄存在，并指出该机构名称（建议 B_1 取在 AE_1 线上）。

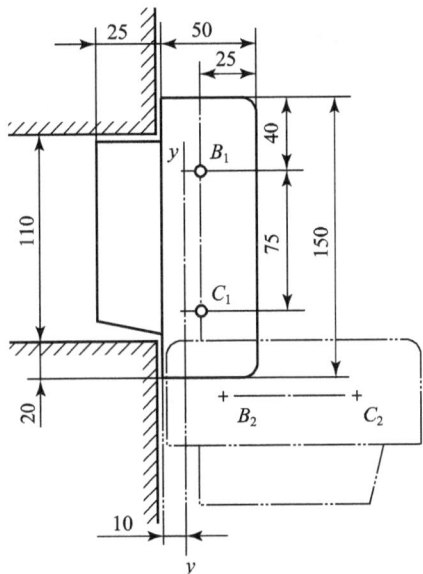

题 5-9 图

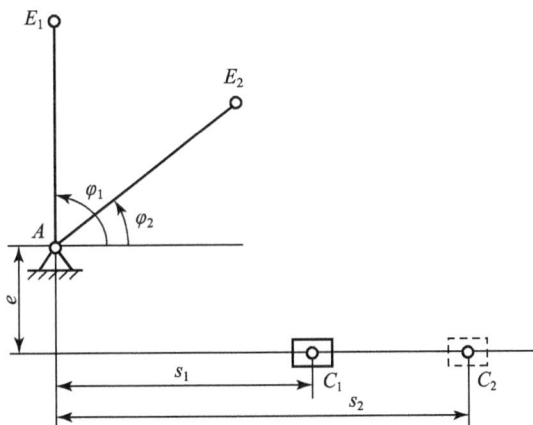

题 5-10 图

5-11 题 5-11 图所示 $ABCD$ 为已知的四杆机构，$l_{AB}=40$ mm，$l_{BC}=100$ mm，$l_{CD}=60$ mm，$l_{AD}=90$ mm。又已知 $l_{FD}=140$ mm，且 $FD \perp AD$，摇杆 EF 通过连杆 CE 传递运动。当曲柄 AB 由水平位置转过90°时，摇杆 EF 由铅垂位置转过45°。试用图解法求连杆 l_{CE} 及摇杆 l_{EF} 的长度。（E_1 点取在 DF 线上，作图过程中的线条应保留，并注明位置符号。）

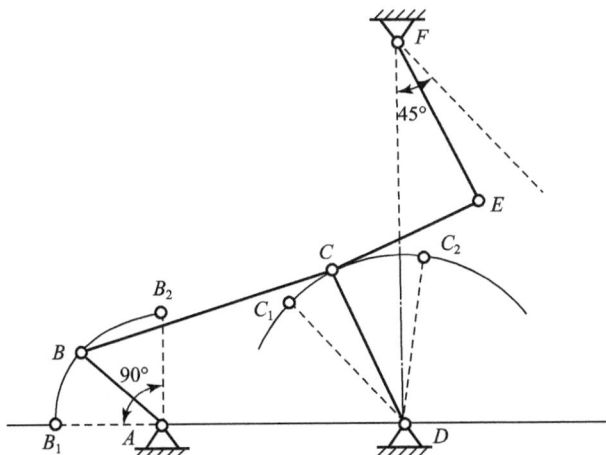

题 5-11 图

5-12 题 5-12 图给出了机构中两连架杆的三组对应位置：$\varphi_1 = 135°$，$\psi_1 = 110°$；$\varphi_2 = 90°$，$\psi_2 = 80°$；$\varphi_3 = 45°$，$\psi_3 = 50°$。且已知两固定铰链点 A、D 之间的距离为 $l_{AD} = 100$ mm。试用解析法设计该四杆机构。

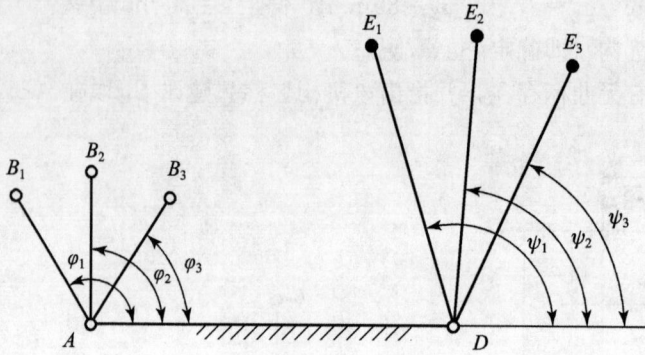

题 5-12 图

第六章 凸轮机构及其设计

【内容提要】

本章介绍凸轮机构的类型、凸轮机构从动件的运动规律、凸轮机构设计过程中的反转法原理、凸轮廓线的设计以及凸轮机构基本参数的设计等问题。

第一节 凸轮机构的组成及分类

一、凸轮机构的组成

凸轮机构广泛应用于发动机、轻工、纺织、造纸、服装和印刷等工业领域中，特别是自动机械、自动控制装置和装配生产线上，是工程中常见的典型机构之一。

例如，在绪论中曾介绍过的内燃机中的进气和排气阀门的启闭就是通过凸轮机构来实现的。图6-1所示为内燃机的配气机构，其中，构件1为凸轮，构件2为气阀，构件3为内燃机壳体。当凸轮1向径变化的轮廓曲线与气阀2相接触时，气阀2产生往复运动；而当以凸轮1的回转中心为圆心的圆弧段轮廓曲线与气阀2相接触时，气阀2将静止不动。因此，随着凸轮1的连续转动，气阀2可获得间歇的、有规律的运动，既而实现气阀有规律地开启和闭合。

由上面的工程实例可知，凸轮机构是由凸轮、从动件和机架这三个基本构件所组成的一种高副机构。图6-2所示为三种不同类型的凸轮机构，其中构件1为凸轮，它是一个具有特定曲线轮廓的构件，可以为圆盘形、圆柱形或凹槽形，在机构运动过程中，通常为主动件，做连续等速地回转或往复移动。凸轮廓线与构件2通过高副接触，从而推动构件2做往复摆动或往复直线运动，构件2为从动件或者推杆。构件3为机架，在机构中用于支撑凸轮和从动件。

凸轮的轮廓曲线称为凸轮廓线。从动件的运动规律取决于凸轮廓线的形状，不同的凸轮廓线可以实现从动件按不同的运动规律运动。反之，当给定了从动件的运动规律时，也可以

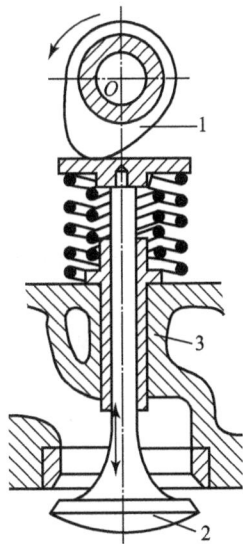

图6-1 内燃机的配气机构
1—凸轮；2—气阀；3—内燃机壳体

设计出能够满足要求的凸轮廓线。

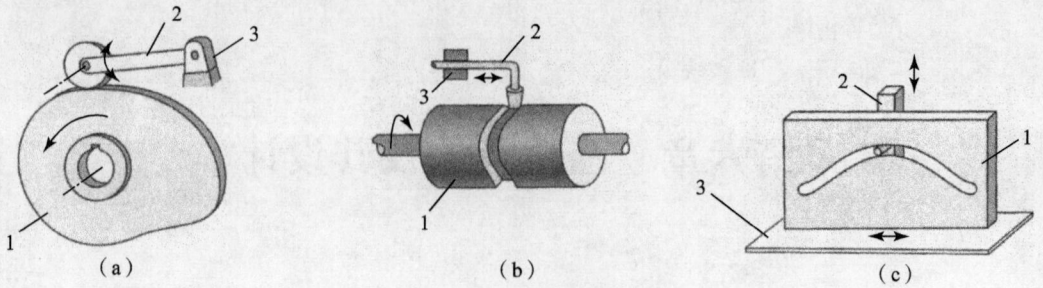

图 6-2　凸轮机构的组成
(a) 盘形凸轮；(b) 圆柱凸轮；(c) 移动凸轮
1—凸轮；2—从动件；3—机架

二、凸轮机构的分类

工程上所使用的凸轮机构的形式多种多样，一般情况可按凸轮的形状和运动形式、从动件的形状和运动形式、凸轮与从动件维持高副接触的方式等对凸轮机构进行分类。

1. 按照凸轮的形状和运动形式

如图 6-3 (a) 和图 6-3 (b) 所示机构中，凸轮为具有变化向径的盘形构件，绕固定轴线回转，称为盘形凸轮。盘形凸轮是凸轮的最基本形式，其结构简单，应用最为广泛。如图 6-3 (c) 所示机构中，凸轮的运动形式为往复移动，称为移动凸轮。移动凸轮可看作是转轴位于无穷远处的盘形凸轮。这两种凸轮机构中，凸轮与从动件之间的相对运动均为平面运动，故称为平面凸轮机构。

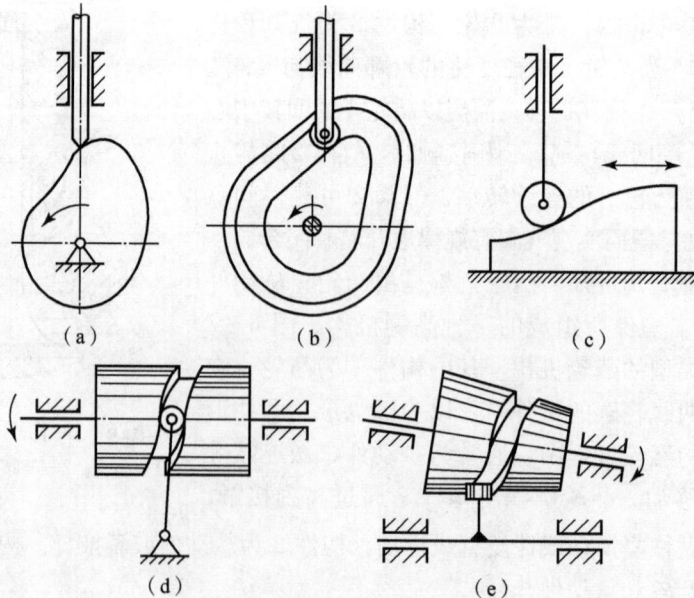

图 6-3　不同类型的凸轮
(a)，(b) 盘形凸轮；(c) 移动凸轮；(d) 圆柱凸轮；(e) 圆锥凸轮

如图 6 - 3（d）和图 6 - 3（e）所示机构中的凸轮与从动件之间的相对运动均为空间运动，称为空间凸轮机构，其中，图 6 - 3（d）所示为圆柱凸轮，可看作是将移动凸轮卷成圆柱体演化而来；图 6 - 3（e）所示为圆锥凸轮，可看作是将移动凸轮卷成圆锥体演化而来。

2. 按照从动件的形状和运动形式

按从动件的运动形式分类可分为直动从动件（图 6 - 4（a）～图 6 - 4（d））凸轮机构和摆动从动件（图 6 - 4（e）～图 6 - 4（h））凸轮机构两大类。在直动从动件凸轮机构中，从动件做往复直线移动；在摆动从动件凸轮机构中，从动件做往复摆动。

按从动件的形状分类还可分为尖底从动件、滚子从动件、平底从动件及曲底从动件凸轮机构。

图 6 - 4（a）所示为直动尖底从动件，图 6 - 4（e）所示为摆动尖底从动件。尖底从动件的尖端能与任意形状的凸轮轮廓保持接触，从而使从动件实现任意的运动规律，但由于尖底从动件与凸轮廓线之间的摩擦为滑动摩擦，导致尖端极易磨损，故只适用于速度较低和传力不大的场合。

图 6 - 4（b）所示为直动滚子从动件，图 6 - 4（f）所示为摆动滚子从动件。滚子从动件是将尖底从动件的尖端改为滚子，从而使从动件与凸轮轮廓线之间由滑动摩擦变为滚动摩擦，以减少摩擦磨损，可以用来传递较大的动力，故滚子从动件凸轮机构比直动从动件凸轮机构的应用更为广泛。

图 6 - 4（c）所示为直动平底从动件，图 6 - 4（g）所示为摆动平底从动件。平底从动件与凸轮轮廓线之间为线接触，优点是受力平稳，在不计摩擦时凸轮对平底从动件的作用力方向始终垂直于平底，传动效率高，并且凸轮与平底接触处易形成油膜，润滑状况较好，故平底从动件凸轮机构常用于高速场合，但要求与之配合的凸轮轮廓必须全部为外凸的形状。

图 6 - 4（d）所示为直动曲底从动件，图 6 - 4（h）所示为摆动曲底从动件。曲底从动

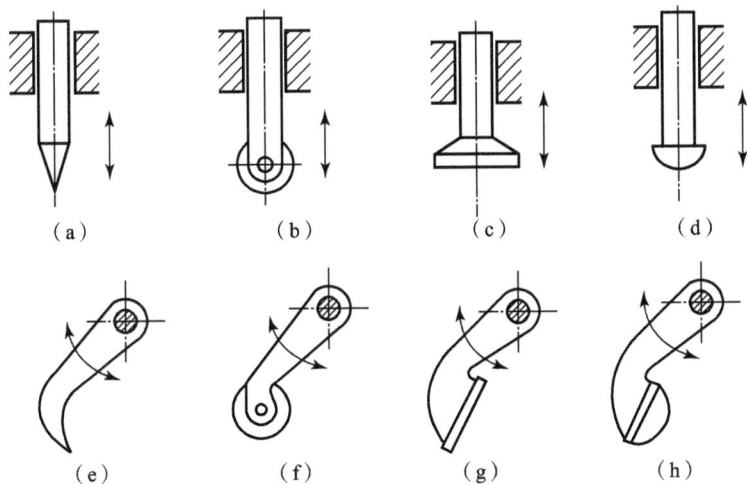

图 6 - 4 不同类型的从动件

（a）直动尖底从动件；（b）直动滚子从动件；（c）直动平底从动件；（d）直动曲底从动件；
（e）摆动尖底从动件；（f）摆动滚子从动件；（g）摆动平底从动件；（h）摆动曲底从动件

件的端部为曲面，兼有尖底与平底从动件的优点，因而曲底从动件凸轮机构在生产实际中的应用也较多。

在直动从动件凸轮机构中，若从动件的中心线通过凸轮的回转中心，则称为对心式凸轮机构，例如图 6-5（a）所示的对心式尖底直动从动件盘形凸轮机构；若从动件的中心线与凸轮的回转中心有一段距离 e，则称为偏置式凸轮机构，例如图 6-5（b）所示的偏置式滚子从动件盘形凸轮机构，距离 e 称为偏距。

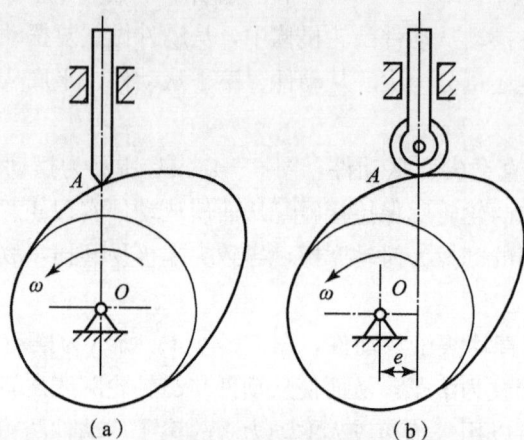

图 6-5　直动从动件凸轮机构
（a）对心式尖底直动从动件凸轮机构；（b）偏置式滚子直动从动件凸轮机构

3. 按照凸轮与从动件维持高副接触的方法

由于凸轮机构属于一种高副机构，因此，在机构运动过程中应设法使从动件与凸轮始终保持接触。使两者保持接触的方法通常称为封闭方式（或锁合方式），有力封闭型和形封闭型两类。

所谓力封闭型凸轮机构是利用从动件的重力、附加弹簧的弹性恢复力或者其他外力来使从动件与凸轮始终保持接触。图 6-6（a）所示为依靠从动件重力来保持高副接触的力封闭型凸轮机构；图 6-6（b）所示为利用弹簧的弹性力来保持高副接触的力封闭型凸轮机构。

所谓形封闭型凸轮机构是利用从动件与凸轮构成的高副元素的特殊几何形状来使从动件与凸轮始终保持接触的。如图 6-7（a）所示的凹槽凸轮机构是利用凸轮端面上的沟槽和放于槽中的从动件滚子使得凸轮与从动件保持接触的。由于凸轮轮廓线制造在端面上，故这种凸轮又称为端面凸轮。端面凸轮的两轮廓线为等距曲线，其距离

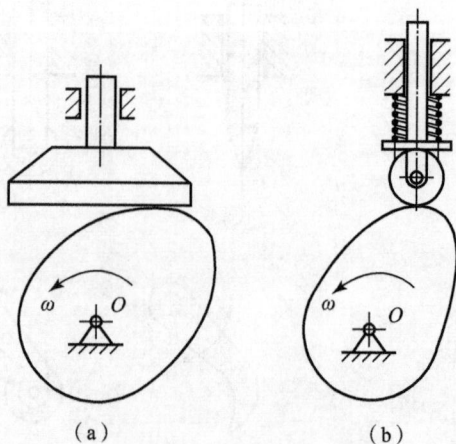

图 6-6　力封闭型凸轮机构
（a）重力封闭型凸轮机构；
（b）弹性力封闭型凸轮机构

等于滚子直径。这种封闭方式结构简单，但其缺点在于加大了凸轮的尺寸和重量。凹槽凸轮机构中还有一种是反凸轮机构（见图6-7（b）），即摆杆为主动件、凸轮为从动件，通过滚子与凸轮凹槽的接触，推动凸轮做上下往复的移动。

如图6-7（c）～图6-7（e）所示的凸轮机构是靠特殊结构进行封闭的。

等径凸轮机构（图6-7（c））的从动件上装有两个滚子，凸轮轮廓线同时与两个滚子接触，由于两个滚子中间的距离始终保持不变，故可使凸轮轮廓线与从动件始终保持接触。等宽凸轮机构（图6-7（d））的从动件做成矩形框架形状，而凸轮轮廓线上任意两条平行切线间的距离都等于框架内侧的宽度，因此，凸轮轮廓线与从动件可始终保持接触。等径与等宽凸轮机构，其从动件运动规律的选择或设计会受到一定的限制，即当180°范围内的凸轮轮廓线根据从动件的运动规律确定后，其余180°内的凸轮廓线必须根据等宽或等径的原则来确定。

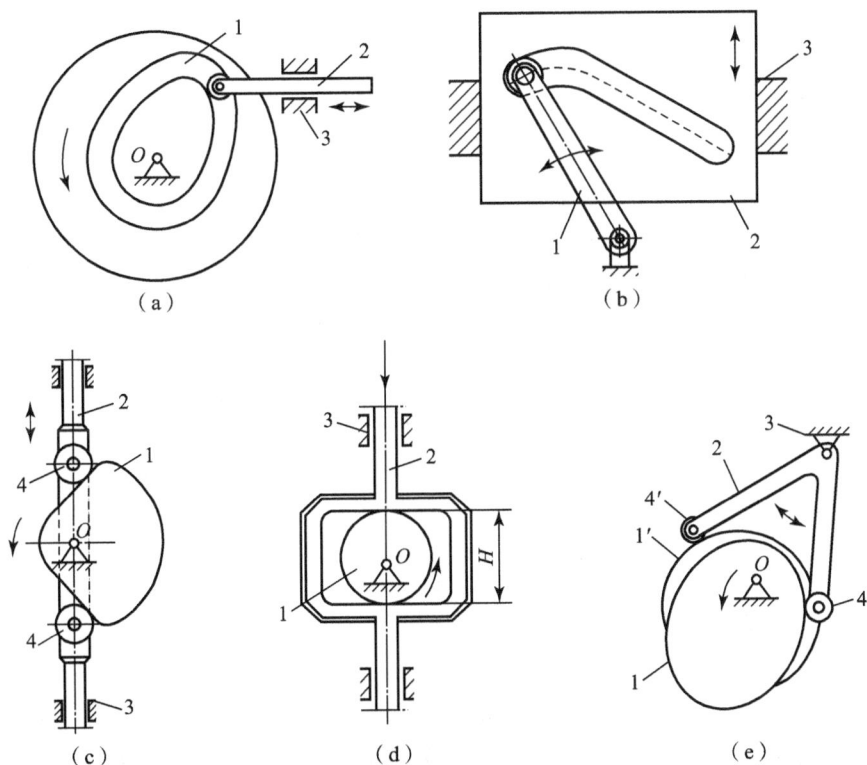

图6-7 常用的形封闭型凸轮机构

（a）凹槽凸轮机构；（b）反凸轮机构；（c）等径凸轮机构；（d）等宽凸轮机构；（e）主回凸轮机构

为了克服等宽、等径凸轮机构的上述不足，使从动件的运动规律可以在360°范围内任意选取，可用两个固连在一起的凸轮控制一个具有两滚子的从动件，如图6-7（e）所示的主回凸轮机构。在该机构中，安装在同一轴上的两个凸轮与双摆杆上的两个滚子同时保持接触，主凸轮1推动从动件完成沿逆时针方向正行程的摆动，另一个凸轮1'称为回凸轮，推动完成沿顺时针方向的反行程的摆动。由于只要设计出其中一个凸轮的轮廓曲线后，另一个凸轮的轮廓曲线可根据共轭条件求出，故主回凸轮机构又被称为共轭凸轮机构。

对于形封闭型的凸轮机构，需要较高的加工精度才能满足准确的形封闭条件，因而制造精度要求较高。

在凸轮机构型式的选择上，应综合考虑运动学、动力学、环境和经济等方面的因素。运动学方面的因素主要包括：工作所要求的从动件的输出运动是摆动的还是直动的；从动件和凸轮之间的相对运动是平面的还是空间的；凸轮机构在整个机械系统中所允许占据的空间大小；凸轮轴与摆动输出中心之间距离的大小。动力学方面的因素主要包括：工作中所需的凸轮运转速度的高低，以及加在凸轮与从动件上的载荷和被驱动质量的大小等。环境方面主要考虑的因素为环境条件及噪声清洁度等。经济方面需要考虑的因素是所选凸轮机构的加工成本和维护费用等。在满足运动学、动力学、环境和经济性要求的前提下，所选择的凸轮机构型式越简单越好。

三、凸轮机构的特点

凸轮机构的优点：

（1）设计简单，适应性强，可实现从动件的复杂运动规律要求；

（2）结构紧凑，控制准确有效，运动特性好，使用方便；

（3）性能稳定，故障少，维护保养方便。

凸轮机构的主要缺点是凸轮与从动件间为高副接触，压强较大、易于磨损，一般只用于传递动力不大的场合；凸轮机构的可调性差；凸轮轮廓曲线通常都比较复杂，精度要求高，加工比较困难，使得制造成本较高。

第二节　从动件的运动规律

一、凸轮机构中的基本名词术语

在进行从动件运动规律的选择与设计之前，需要了解凸轮机构的基本名词术语。下面根据凸轮机构在一个周期内的运动过程（图6-8），来介绍凸轮机构中的一些基本名词术语及其表示符号。

图6-8（a）所示为对心直动尖底从动件盘形凸轮机构；图6-8（b）所示为该凸轮机构的从动件位移曲线，其中横坐标代表凸轮的转角φ，纵坐标代表从动件的位移s。

基圆——凸轮机构中，以凸轮的回转中心O为圆心、凸轮轮廓线的最小向径为半径所作的圆，称为凸轮的基圆，半径用r_0来表示。基圆是设计凸轮轮廓曲线的基准。

推程——当凸轮以等角速度ω顺时针转动时，推杆在凸轮轮廓线BC段的推动下，由最低位置被推到最高位置C，对应从动件位移曲线中上升的那段曲线，相应地，从动件的运动是远离凸轮轴心的运动，我们将从动件的这一运动过程称为推程。

行程——从动件从距凸轮回转中心O的最近点B运动到最远点C所通过的距离。对于直动从动件凸轮机构，行程为从动件上升的最大距离，也称为升距，用h来表示。对于摆动从动件凸轮机构，从动件摆过的最大角位移称为摆幅，用ψ_{max}来表示。

推程运动角——在推程阶段相应的凸轮转角，称为推程运动角，用Φ表示。

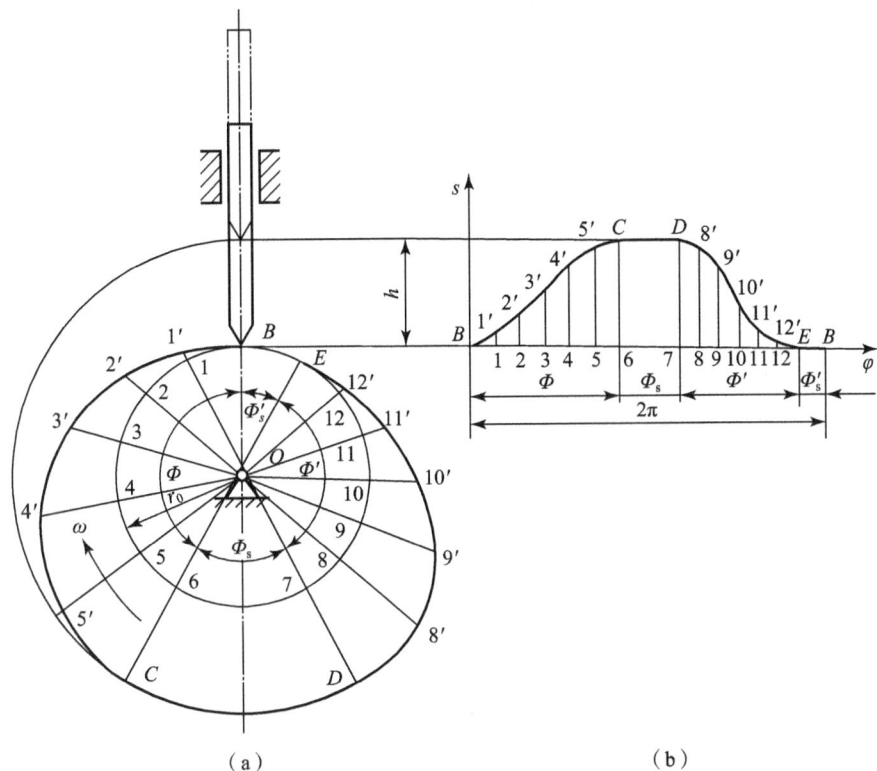

图 6-8　对心盘形凸轮机构的运动过程
(a) 对心直动尖底从动件盘形凸轮机构；(b) 从动件位移曲线

远休止——当凸轮廓线上对应的圆弧段$\overset{\frown}{CD}$与从动件接触时，从动件在距凸轮轴心的最远处静止不动，这一过程称为远休止。

远休止角——远休止过程对应凸轮所转过的角度，称为远休止角 Φ_s。

回程——当凸轮廓线上的曲线段 DE 与从动件接触时，引导从动件由最远位置返回到位移的起始位置，从动件的这一运动过程称为回程。

回程运动角——回程过程对应凸轮所转过的角度，称为回程运动角 Φ'。

近休止——当凸轮廓线上对应的圆弧段$\overset{\frown}{EB}$与从动件接触时，从动件处于位移的起始位置静止不动，这一过程称为近休止。

近休止角——近休止过程对应凸轮所转过的角度，称为近休止角 Φ'_s。

在凸轮顺序转过 Φ、Φ_s、Φ' 和 Φ'_s 角度的一个循环过程中，从动件依次做上升、停留、下降、停留运动，在一个运动循环周期中，推程运动角 Φ、远休止角 Φ_s、回程运动角 Φ' 和近休止角 Φ'_s 之和等于 $360°$。

凸轮转角——凸轮绕自身轴线转过的角度，称为凸轮转角，用 φ 来表示。一般地，凸轮转角从推程的起始点在基圆上开始度量，其值等于推程起点和从动件的导路中心线与基圆的交点所组成的圆弧对应的基圆的圆心角。

从动件位移——凸轮转过转角 φ 时，从动件运动的距离称为从动件的位移。对于直动从动件，位移用 s 表示；对于摆动从动件，位移为角位移，用 ψ 表示。

图6-9所示为偏置直动尖底从动件盘形凸轮机构的从动件位移 s 与凸轮转角 φ 之间的关系。开始时，从动件位于初始位置 A 点，当凸轮以 ω 的角速度逆时针开始转动时，随着凸轮的转动，向径逐渐增加的轮廓 AB 将从动件以一定的运动规律推到离凸轮回转中心最远点，即推程阶段。需要注意的是，在此阶段，推程运动角为 Φ，而不是 $\angle BOA$。

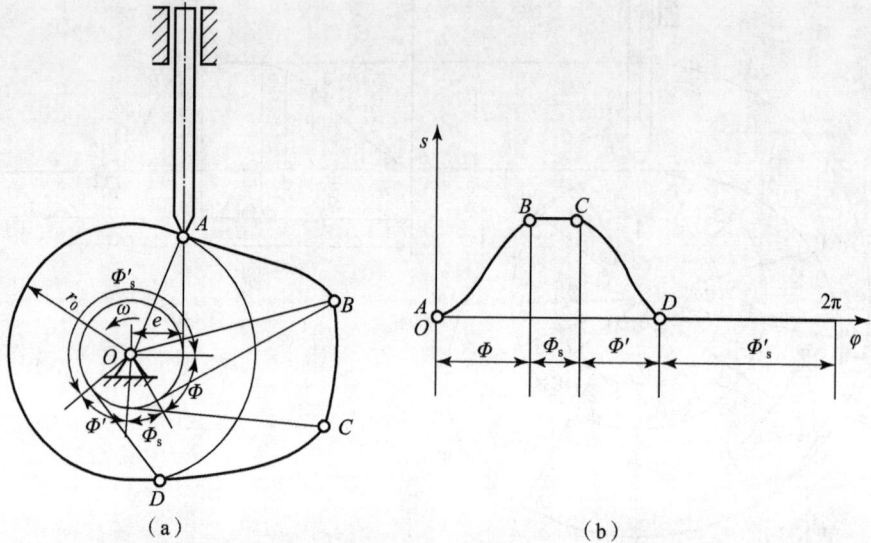

图6-9 偏置直动尖底从动件盘形凸轮机构的运动过程

(a) 偏置直动尖底从动件盘形凸轮机构；(b) 从动件位移曲线

从动件的位移 s 与凸轮转角 φ 之间的对应关系用从动件的位移曲线来表示。横坐标表示凸轮转角 φ，由于大多数凸轮做等速转动，其转角与时间呈正比，因而从动件位移线图的横坐标也可代表时间 t。纵坐标为位移 s（直动从动件）或角位移 ψ（摆动从动件）。从动件的位移曲线反映了从动件的位移变化规律，通过位移的变化规律，还可求出速度 v、加速度 a 和跃度（即加速度变化率）j 随时间 t 和凸轮转角 φ 变化的规律，从而作出从动件速度、加速度和跃度线图。

位移曲线——反映了从动件的位移 s 随凸轮转角 φ 或时间 t 变化的规律；

速度曲线——反映了从动件的速度 v 随凸轮转角 φ 或时间 t 变化的规律；

加速度曲线——反映了从动件的加速度 a 随凸轮转角 φ 或时间 t 变化的规律；

跃度曲线——反映了从动件的跃度 j 随凸轮转角 φ 或时间 t 变化的规律。

它们统称为从动件的运动规律线图。在建立运动规律线图时，需注意：位移 s 的度量基准从推程的最低位置，即距回转中心最近点算起（不论推程、回程）；凸轮转角 φ 从推程的起始点在基圆上开始度量，其值等于行程起点和从动件的运动方向线与基圆的交点所组成的圆弧对应的基圆的圆心角；初始条件为 $t=0$、$\varphi_0=0$、$s=0$（推程），$t=0$、$\varphi_h=0$、$s_h=h$（回程）。

从动件的运动规律是由凸轮轮廓曲线的形状所决定的。不同的凸轮轮廓曲线能够使从动件产生不同的运动规律。换而言之，要使从动件实现某种运动规律，就要设计出与其相应的凸轮轮廓曲线，即两者之间存在着确定的依存关系。因此，在凸轮廓线设计之前，须根据工作要求和使用场合（如速度特性、加速度特性等要素）预先选择或设计出从动件在一个运动循环过程中的运动规律。

二、从动件常见的运动规律

从动件的运动规律是指从动件的位移、速度、加速度与凸轮转角（或时间）之间的函数关系。

凸轮一般为主动件，且做匀速回转运动，设凸轮的角速度为 ω，则从动件的位移 s、速度 v 和加速度 a 与凸轮转角 φ 之间的关系（即从动件运动规律的数学表达式）为

$$\begin{cases} s=f(\varphi) \\ v=\dfrac{\mathrm{d}s}{\mathrm{d}t}=\dfrac{\mathrm{d}s}{\mathrm{d}\varphi}\cdot\dfrac{\mathrm{d}\varphi}{\mathrm{d}t}=\dfrac{\mathrm{d}s}{\mathrm{d}\varphi}\omega=\omega f'(\varphi) \\ a=\dfrac{\mathrm{d}v}{\mathrm{d}t}=\omega^2 f''(\varphi) \end{cases} \tag{6-1}$$

对于摆动从动件，上述公式同样成立，只需要把公式中的位移、速度和加速度替换为角位移、角速度和角加速度即可。

高速重载情况下，有时也考虑加速度的变化率——跃度，即

$$j=\frac{\mathrm{d}a}{\mathrm{d}t}=\omega^3 f^3(\varphi) \tag{6-2}$$

工程实际中对从动件的运动要求是多种多样的，经过长期的理论研究和生产实践，人们已经发现了多种具有不同运动特性的运动规律。下面介绍几种在工程实际中经常用到的运动规律的运动方程和运动规律曲线，包括多项式类的运动规律、三角函数运动规律以及组合型运动规律。

1. 多项式类运动规律

多项式类运动规律的一般形式如下：

$$\begin{cases} s=c_0+c_1\varphi+c_2\varphi^2+c_3\varphi^3+\cdots c_n\varphi^n \\ v=\omega(c_1+2c_2\varphi+3c_3\varphi^2+\cdots+nc_n\varphi^{n-1}) \\ a=\omega^2(2c_2+6c_3\varphi+\cdots+n(n-1)c_n\varphi^{n-2}) \end{cases} \tag{6-3}$$

式中，c_0，c_1，c_2，$\cdots$，c_n 为待定系数，可根据凸轮机构工作要求所决定的边界条件来确定。

1）等速运动规律

多项式类运动规律中的第一种情况是一次多项式运动规律，也叫等速运动规律，即对于上述多项式，令 $n=1$，则有

$$\begin{cases} s=c_0+c_1\varphi \\ v=\dfrac{\mathrm{d}s}{\mathrm{d}t}=c_1\dfrac{\mathrm{d}\varphi}{\mathrm{d}t}=c_1\omega=常数 \\ a=0 \end{cases} \tag{6-4}$$

将推程阶段的边界条件：当凸轮转角 $\varphi=0$ 时，$s=0$；当 $\varphi=\varPhi$ 时，$s=h$，带入式（6-4），解出 $c_0=0$，$c_1=h/\varPhi$。则推程运动方程为

$$\begin{cases} s = \dfrac{h}{\Phi}\varphi \\ v = \dfrac{h}{\Phi}\omega \qquad \varphi \in [0,\ \Phi] \\ a = 0 \end{cases} \tag{6-5}$$

同理，将回程阶段的边界条件：当 $\varphi = 0$ 时，$s = h$；当 $\varphi = \Phi'$ 时，$s = 0$，带入式 (6-4)，可解出 $c_0 = 0$，$c_1 = -h/\Phi'$。则回程运动方程为

$$\begin{cases} s = h - \dfrac{h}{\Phi'}\varphi \\ v = -\dfrac{h}{\Phi'}\omega \qquad \varphi \in [0,\ \Phi'] \\ a = 0 \end{cases} \tag{6-6}$$

可以看出，对于多项式类运动规律，当 $n = 1$ 时，加速度为 0，从动件按等速运动规律运动。图 6-10 所示为推程时等速运动规律线图，由图可以看出，位移为凸轮转角的一次函数，位移曲线为一条斜线，速度是常数，且方向相反。运动开始和终止的瞬时，速度有突变，理论上加速度趋向无穷大，致使从动件突然产生非常大的惯性力，因而使凸轮机构瞬间受到极大的冲击，这种冲击称为刚性冲击。当加速度为正时，它将增大凸轮压力，使凸轮轮廓严重磨损；当加速度为负时，可能会造成用力封闭的从动件与凸轮轮廓瞬时脱离接触，并加大力封闭弹簧的负荷。因此这种运动规律只适用于具有等速运动要求、从动件的质量不大或低速的场合。

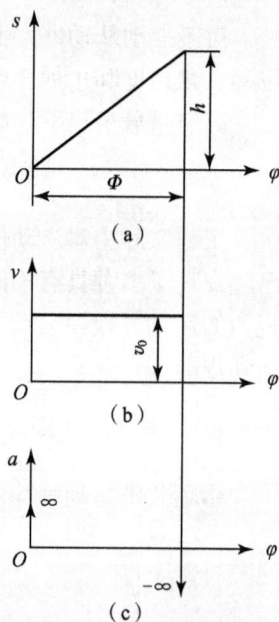

图 6-10 等速运动规律

2）等加速等减速运动规律

在多项式运动规律的一般形式中，令 $n = 2$，则有

$$\begin{cases} s = c_0 + c_1\varphi + c_2\varphi^2 \\ v = c_1\omega + 2c_2\omega\varphi \\ a = 2c_2\omega^2 \end{cases} \tag{6-7}$$

即为等加速等减速运动规律。从动件在一个行程 h 中先做等加速运动，后做等减速运动，且通常令两个过程加速度的绝对值相等。在此情况下，从动件在加速运动阶段和减速运动阶段所完成的位移当然也相等，即各为 $h/2$。

在推程阶段的前半段，将边界条件：当 $\varphi = 0$ 时，$s = 0$，$v = 0$；当 $\varphi = \Phi/2$ 时，$s = h/2$，带入式 (6-7)，解得 $c_0 = 0$，$c_1 = 0$，$c_2 = 2h/\Phi^2$，则在推程前半段的运动方程为

$$\begin{cases} s = \dfrac{2h}{\Phi^2}\varphi^2 \\ v = \dfrac{4h\omega}{\Phi^2}\varphi \qquad \varphi \in \left[0,\ \dfrac{\Phi}{2}\right] \\ a = \dfrac{4h\omega^2}{\Phi^2} \end{cases} \tag{6-8}$$

可知，在推程前半段，加速度 $a=4h\omega^2/\Phi^2=$ 常数，从动件做等加速运动。

在推程阶段的后半段，将边界条件：当 $\varphi=\Phi/2$ 时，$s=h/2$，$v=2h\omega/\Phi$；当 $\varphi=\Phi$ 时，$s=h$，$v=0$，带入二次多项式运动方程中，解得 $c_0=-h$，$c_1=4h/\Phi$，$c_2=-2h/\Phi^2$，则推程后半段的运动方程为

$$
\begin{cases}
s=h-\dfrac{2h}{\Phi^2}(\Phi-\varphi)^2 \\[2mm]
v=\dfrac{4h\omega}{\Phi^2}(\Phi-\varphi) \qquad \varphi\in\left[\dfrac{\Phi}{2},\ \Phi\right] \\[2mm]
a=-\dfrac{4h\omega^2}{\Phi^2}
\end{cases}
\tag{6-9}
$$

可见，在推程后半段，加速度 $a=-4h\omega^2/\Phi^2=$ 常数，从动件做等减速运动。

同理，根据从动件在回程阶段的边界条件，可以解出从动件在回程阶段的运动方程。

等加速回程：

$$
\begin{cases}
s=h-\dfrac{2h}{\Phi'^2}\varphi^2 \\[2mm]
v=-\dfrac{4h\omega}{\Phi'^2}\varphi \qquad \varphi\in\left[0,\ \dfrac{\Phi'}{2}\right] \\[2mm]
a=-\dfrac{4h\omega^2}{\Phi'^2}
\end{cases}
\tag{6-10}
$$

等减速回程：

$$
\begin{cases}
s=\dfrac{2h}{\Phi'^2}(\Phi'-\varphi)^2 \\[2mm]
v=-\dfrac{4h\omega}{\Phi'^2}(\Phi'-\varphi) \quad \varphi\in\left[\dfrac{\Phi'}{2},\ \Phi'\right] \\[2mm]
a=\dfrac{4h\omega^2}{\Phi'^2}
\end{cases}
\tag{6-11}
$$

图 6-11 所示为等加速等减速运动规律线图。对于二次多项式运动规律而言，从动件按等加速等减速规律运动，其位移为关于凸轮转角的二次函数，位移曲线为抛物线；从加速度线图可以看出，在推程阶段起始点和终点以及中间点

图 6-11　等加速等减速运动规律

处，由于加速度发生突变，因而在从动件上产生的惯性力也发生突变，会导致凸轮机构产生冲击。然而由于加速度的突变为一个有限值，所引起的惯性力突变也是有限值，故对凸轮的冲击也是有限的，因此这种冲击称为柔性冲击。

3）五次多项式运动规律

在多项式运动规律的一般形式中，令 $n=5$，则有

$$
\begin{cases}
s=c_0+c_1\varphi+c_2\varphi^2+c_3\varphi^3+c_4\varphi^4+c_5\varphi^5 \\
v=\omega(c_1+2c_2\varphi+3c_3\varphi^2+4c_4\varphi^3+5c_5\varphi^4) \\
a=\omega^2(2c_2+6c_3\varphi+12c_4\varphi^2+20c_5\varphi^3)
\end{cases}
\tag{6-12}
$$

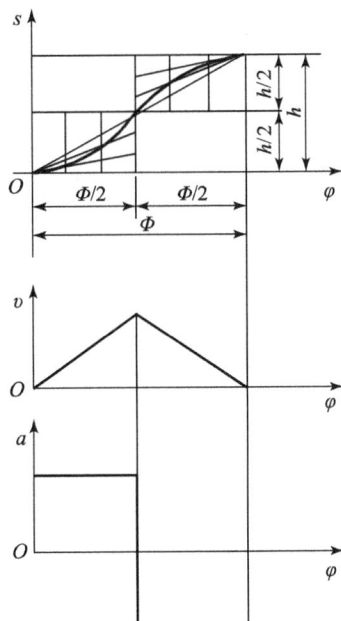

将推程阶段的边界条件：当凸轮转角 $\varphi=0$ 时，$s=0$，$v=0$，$a=0$；当 $\varphi=\Phi$ 时，$s=h$，$v=0$，$a=0$，带入式（6-12），解出 $c_0=c_1=c_2=0$，$c_3=10h/\Phi^3$，$c_4=-15h/\Phi^4$，$c_5=6h/\Phi^5$。则推程运动方程为

$$
\begin{cases}
s=h\left(\dfrac{10}{\Phi^3}\varphi^3-\dfrac{15}{\Phi^4}\varphi^4+\dfrac{6}{\Phi^5}\varphi^5\right) \\[2mm]
v=h\omega\left(\dfrac{30}{\Phi^3}\varphi^2-\dfrac{60}{\Phi^4}\varphi^3+\dfrac{30}{\Phi^5}\varphi^4\right) \quad \varphi\in[0,\ \Phi] \\[2mm]
a=h\omega^2\left(\dfrac{60}{\Phi^3}\varphi-\dfrac{180}{\Phi^4}\varphi^2+\dfrac{120}{\Phi^5}\varphi^3\right)
\end{cases}
\tag{6-13}
$$

同理，可求出回程运动方程：

$$
\begin{cases}
s=h-h\left(\dfrac{10}{\Phi'^3}\varphi^3-\dfrac{15}{\Phi'^4}\varphi^4+\dfrac{6}{\Phi'^5}\varphi^5\right) \\[2mm]
v=-h\omega\left(\dfrac{30}{\Phi'^3}\varphi^2-\dfrac{60}{\Phi'^4}\varphi^3+\dfrac{30}{\Phi'^5}\varphi^4\right) \quad \varphi\in[0,\ \Phi'] \\[2mm]
a=-h\omega^2\left(\dfrac{60}{\Phi'^3}\varphi-\dfrac{180}{\Phi'^4}\varphi^2+\dfrac{120}{\Phi'^5}\varphi^3\right)
\end{cases}
\tag{6-14}
$$

位移方程式中只有 3、4、5 次项，所以又称为 3-4-5 次多项式运动规律。

由此，我们可得出从动件按照五次多项式运动规律运动时，位移、速度和加速度相对于凸轮转角的变化规律线图，如图 6-12 所示。由加速度线图可以看出，五次多项式运动规律的加速度曲线是连续曲线，因此不存在冲击，运动平稳性好，适用于高速凸轮机构。

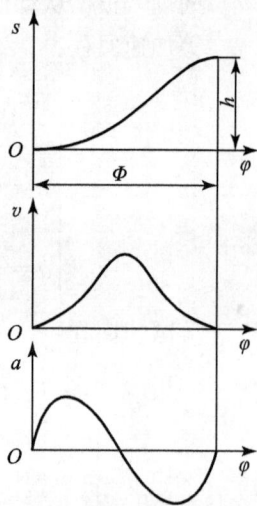

图 6-12　五次多项式运动规律

2. 三角函数运动规律

1）余弦加速度运动规律（简谐运动规律）

一个质点在圆周上做匀速运动，其在圆周任一直径上的投影所构成的运动称为简谐运动。当从动件按简谐运动规律运动时，其加速度方程为半个周期的余弦曲线，所以简谐运动规律又称为余弦加速度运动规律。

推程阶段的加速度方程为

$$
a=a_0\cos\left(\frac{\pi}{\Phi}\varphi\right) \quad \varphi\in[0,\ \Phi]
\tag{6-15}
$$

对上式积分，即得速度和位移方程，然后由边界条件求出待定系数和积分系数，即得余弦加速度运动规律的运动方程。推程阶段为

$$\begin{cases} s = \dfrac{h}{2} - \dfrac{h}{2}\cos\left(\dfrac{\pi}{\Phi}\varphi\right) \\[2mm] v = \dfrac{\pi h \omega}{2\Phi}\sin\left(\dfrac{\pi}{\Phi}\varphi\right) \qquad \varphi \in [0,\ \Phi] \\[2mm] a = \dfrac{\pi^2 h \omega^2}{2\Phi^2}\cos\left(\dfrac{\pi}{\Phi}\varphi\right) \end{cases} \qquad (6-16)$$

回程阶段为

$$\begin{cases} s = \dfrac{h}{2} + \dfrac{h}{2}\cos\left(\dfrac{\pi}{\Phi'}\varphi\right) \\[2mm] v = -\dfrac{\pi h \omega}{2\Phi'}\sin\left(\dfrac{\pi}{\Phi'}\varphi\right) \quad \varphi \in [0,\Phi'] \\[2mm] a = -\dfrac{\pi^2 h \omega^2}{2\Phi'^2}\cos\left(\dfrac{\pi}{\Phi'}\varphi\right) \end{cases} \qquad (6-17)$$

将余弦加速度运动规律推程阶段的运动线图表示在图 6-13 中可以看出，在从动件运动的起始和终止位置，加速度曲线不连续，存在柔性冲击。但当从动件做无停歇的连续往复运动时（图 6-13 中虚线所示），加速度曲线呈连续状态，从而避免了柔性冲击。

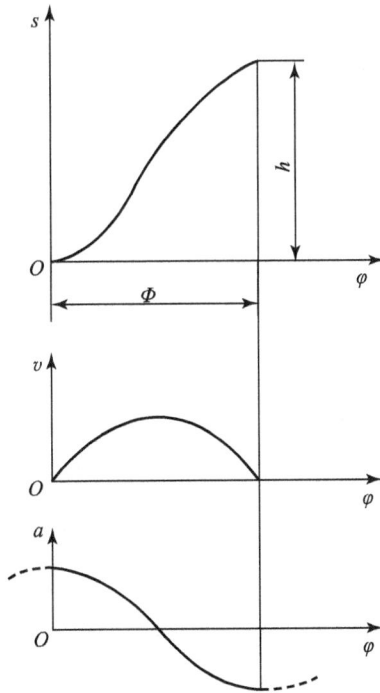

图 6-13　余弦加速度运动规律

2）正弦加速度运动规律（摆线运动规律）

正弦加速度运动规律的加速度方程为整周期的正弦曲线，也称摆线运动规律。推程阶段的加速度方程为

$$a = a_0 \sin\left(\frac{2\pi}{\Phi}\varphi\right) \quad \varphi \in [0,\ \Phi] \tag{6-18}$$

采用与余弦加速度运动规律同样的方法得正弦加速度运动规律的运动方程。

推程阶段为

$$\begin{cases} s = \dfrac{h}{\Phi}\varphi - \dfrac{h}{2\pi}\sin\left(\dfrac{2\pi}{\Phi}\varphi\right) \\ v = \dfrac{h\omega}{\Phi} - \dfrac{h\omega}{\Phi}\cos\left(\dfrac{2\pi}{\Phi}\varphi\right) \quad \varphi \in [0,\ \Phi] \\ a = \dfrac{2\pi h\omega^2}{\Phi^2}\sin\left(\dfrac{2\pi}{\Phi}\varphi\right) \end{cases} \tag{6-19}$$

回程阶段为

$$\begin{cases} s = h - \dfrac{h}{\Phi'}\varphi + \dfrac{h}{2\pi}\sin\left(\dfrac{2\pi}{\Phi'}\varphi\right) \\ v = -\left[\dfrac{h\omega}{\Phi} - \dfrac{h\omega}{\Phi'}\cos\left(\dfrac{2\pi}{\Phi'}\varphi\right)\right] \quad \varphi \in [0,\ \Phi'] \\ a = -\dfrac{2\pi h\omega^2}{\Phi'^2}\sin\left(\dfrac{2\pi}{\Phi'}\varphi\right) \end{cases} \tag{6-20}$$

将正弦加速度规律推程过程的运动线图表示在图 6-14 中，由图可知，该规律可实现加速度处处连续变化，既无刚性冲击，也无柔性冲击。

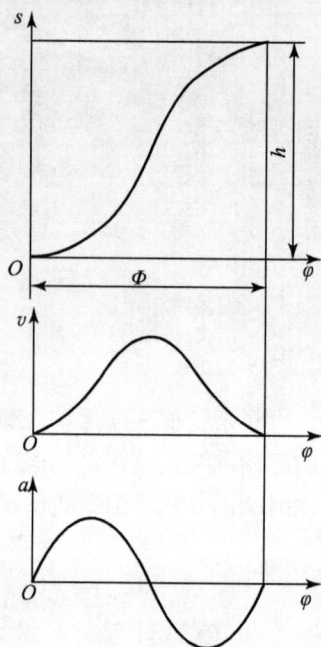

图 6-14　正弦加速度运动规律

三、改进型运动规律

单纯采用上述 5 种基本运动规律，往往难以满足工程需要。不过，可以以此为基础，根据需要采用组合方式构造出改进型运动规律。

组合构造是把若干个基本运动规律，按照一定的连接条件，分段组合在一起。比如，等加速等减速运动规律具有 a_{max} 最小的优点，但却存在柔性冲击，为消除这种柔性冲击，可在其加速度突变处插入正弦加速度曲线而构成所谓的"改进梯形运动规律"，如图 6-15 所示。

再如，当工作过程要求从动件在某区间内必须匀速运动时，为改善等速运动规律存在的刚性冲击，可将等速运动规律在其推程（回程）两端与正弦加速度运动规律组合起来，构成所谓的"改进等速运动规律"，如图 6-16 所示。

四、从动件运动规律的选择及设计原则

从动件的最大速度 v_{max} 直接影响着从动件系统所具有的最大动量 mv_{max}。一般而言，最大速度 v_{max} 越大，从动件系统的最大动量也大，对负载的承受能力越低。因此，当从动件系统的重量较大时，应选择 v_{max} 较小的运动规律。

从动件的最大加速度 a_{max} 直接决定着从动件系统的最大惯性力 ma_{max}。从动件在运动过程中的最大加速度 a_{max} 越大，从动件系统的最大惯性力也越大，造成作用在凸轮与从动件之间的接触应力越大，对构件的强度和耐磨性要求也越高。因此，当凸轮所需运转速度较高

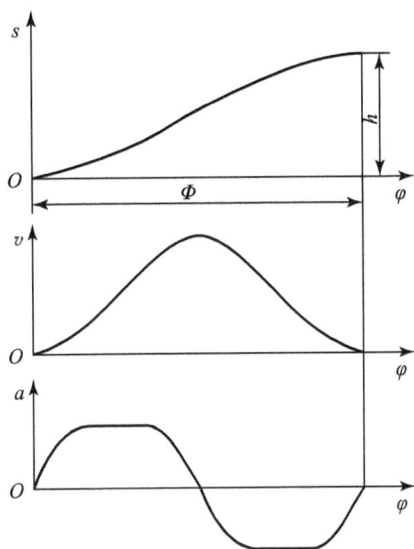

图 6 - 15　改进梯形运动规律

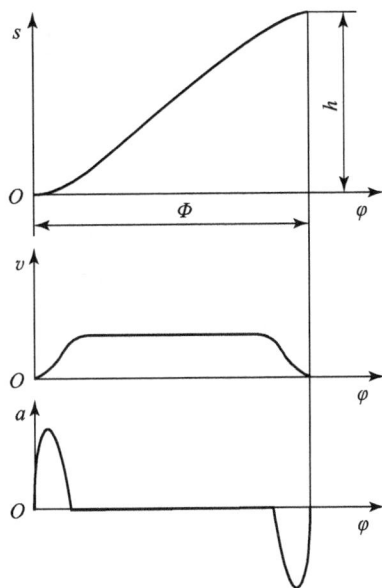

图 6 - 16　改进等速运动规律

时，从动件应选用最大加速度 a_{max} 值尽可能小的运动规律。

表 6 - 1 列出了常用运动规律的基本特性指标。

表 6 - 1　基本运动规律特性比较

运动规律 名称	最大速度 v_{max} $(h\omega/\Phi)$	最大加速度 a_{max} $(h\omega^2/\Phi^2)$	冲击情况	应用范围 （推荐）
等速	1.00	∞	刚性	低速轻载
等加速等减速	2.00	4.00	柔性	中速轻载
五次多项式	1.88	5.77	无	高速中载
余弦加速度	1.57	4.93	柔性	中速轻载
正弦加速度	2.00	6.28	无	高速轻载

第三节　凸轮廓线设计

凸轮轮廓线设计的主要任务是根据给定或设计的从动件位移曲线和其他设计条件画图作出凸轮轮廓（图解法），或者建立起凸轮轮廓线与凸轮转角的函数关系（解析法）。无论采用哪种方法，它们所依据的基本原理都是相同的。

一、凸轮廓线设计的基本原理

1. 相对运动原理

在凸轮机构中，凸轮转角 φ 与从动件位移 s 存在着对应关系，当给整个凸轮机构加上一个绕凸轮回转中心 O 的反转运动，且使反转角速度的大小等于凸轮的角速度，即给整个凸轮机构加上一个公共角速度 "$-\omega$" 时，凸轮与从动件之间的相对运动关系仍保持不变，但凸轮静止不动，成为机架，而从动件位置沿 "$-\omega$" 方向相对变化，这就是凸轮机构的相对运动原理，也称反转法原理。

凸轮机构的种类多样，反转法原理适用于各种凸轮轮廓曲线的设计。

图 6-17 所示为直动从动件和摆动从动件盘形凸轮机构的反转示例。对于直动从动件盘形凸轮机构，从动件一方面随导路绕 O 点以角速度 $-\omega$ 转动，同时又沿其导路方向按预期的运动规律做相对移动。由于从动件的尖底在相对运动中始终与凸轮轮廓曲线保持接触，因此从动件尖底在由反转和相对移动组成的复合运动中的轨迹便形成了凸轮的轮廓曲线，如图 6-17（a）所示。而对于摆动从动件凸轮机构，从动件一方面随导路绕 O 点以角速度 $-\omega$ 转动，同时又绕其摆动中心按预期的运动规律做相对摆动。从动件的尖底在反转和相对摆动的复合运动中的轨迹便形成了凸轮的轮廓曲线，如图 6-17（b）所示。

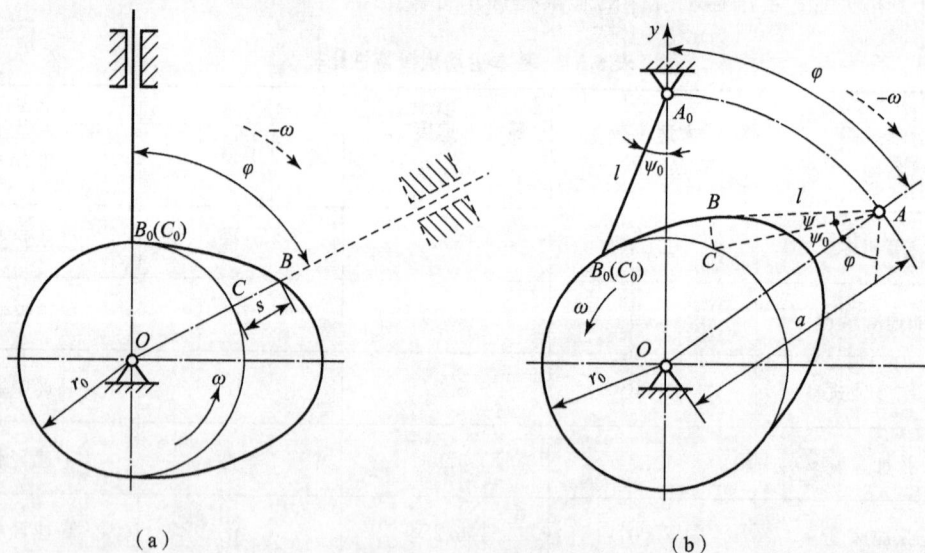

图 6-17　反转法原理
（a）直动尖底从动件盘形凸轮机构；（b）摆动尖底从动件盘形凸轮机构

2. 理论廓线与实际廓线

在凸轮机构中，从动件与凸轮之间做相对运动时，从动件上的参考点（尖底从动件的尖端、滚子从动件的滚子中心、平底从动件在初始位置与凸轮轮廓线的接触点）的复合运动轨迹称为理论廓线，理论廓线上的基圆半径用 r_0 表示。

对于尖底从动件，实际廓线与理论廓线重合；对于滚子从动件，实际廓线是滚子圆族的包络线，与其理论廓线的关系为法向等距；对于平底从动件，实际廓线是平底直线族的包络线。

图6-18所示为直动滚子从动件盘形凸轮机构。该凸轮机构的实际廓线是以理论廓线上各点为圆心、滚子半径为半径的一系列滚子圆的包络线，且实际廓线与理论廓线是等距曲线，其法向距离等于滚子的半径。在滚子从动件盘形凸轮机构中，凸轮转角可在理论廓线的基圆上度量，从动件的位移也是导路的方向线与理论廓线基圆的交点至滚子中心之间的距离。

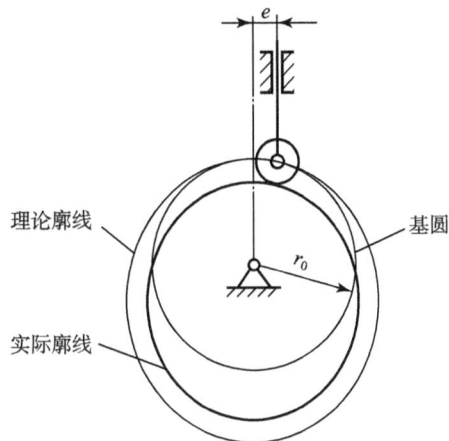

图6-18　直动滚子从动件盘形凸轮机构

二、图解法设计凸轮廓线

1. 偏置直动尖底从动件盘形凸轮轮廓线的设计

已知凸轮的基圆半径为 r_0，偏距为 e，凸轮以等角速度 ω 顺时针方向转动，从动件的位移曲线如图6-19（a）所示。

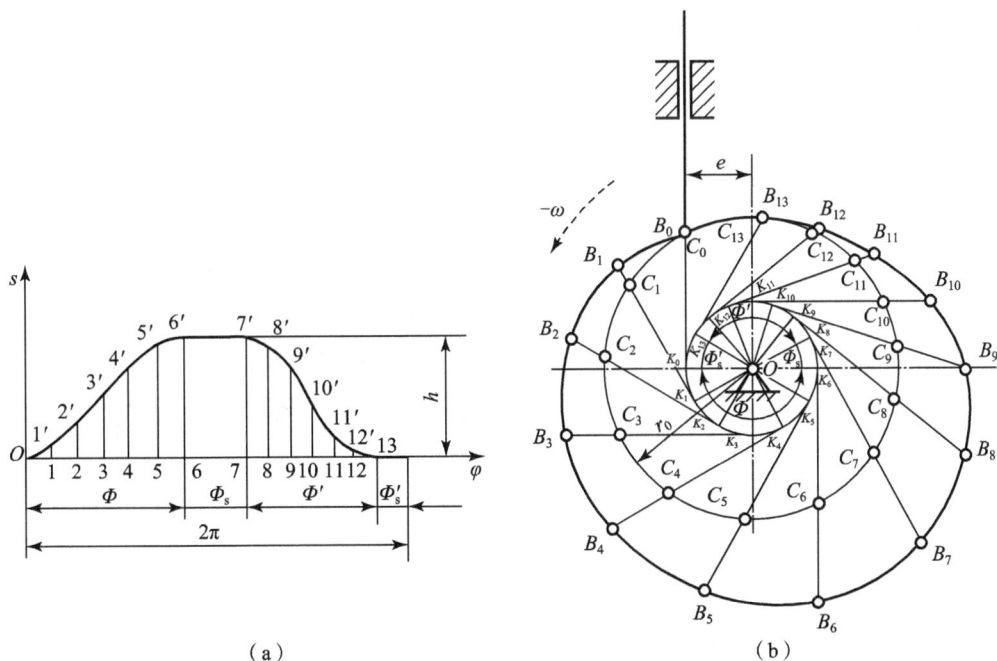

图6-19　偏置直动尖底从动件盘形凸轮轮廓线的设计
（a）从动件位移曲线；（b）偏置直动尖底从动件盘形凸轮机构

根据反转法原理，该凸轮轮廓曲线的设计步骤如下：

（1）选取适当的比例尺 μ_l，等分位移曲线。

（2）选取相同的比例尺 μ_l，以 O 点为圆心、r_0 为半径作基圆，根据从动件的偏置方向画出从动件的起始位置线，该位置线与基圆交点为 B_0，即为从动件尖底的初始位置。

（3）以 O 点为圆心、偏距 e 为半径作偏距圆，该圆与从动件的起始位置线切于 K_0 点。

（4）由 K_0 点开始，沿着 $-\omega$ 方向，将偏距圆分成与位移曲线图 6-19（a）的横坐标相对应的区间和等份，得到一系列分点 K_0，K_1，K_2，…，K_{13}。过各个分点作偏距圆的切线，即代表从动件在反转过程中所依次占据的位置线，其与基圆的交点分别为 C_0，C_1，C_2，…，C_{13}。

（5）在上述从动件的位置线上，从基圆起向外截取线段，使线段长度分别等于图 6-19（a）图中相应的纵坐标值，即 $C_1 B_1 = 11'$，$C_2 B_2 = 22'$，…，得到一系列点 B_1，B_2，…，B_{13}，这些点代表反转过程中从动件尖底所占据的位置。

（6）将从动件尖底所占据的位置连成光滑的曲线，即为所求的凸轮轮廓曲线，如图 6-19（b）所示。

2. 偏置直动滚子从动件盘形凸轮轮廓线的设计

图 6-20（a）所示为从动件位移曲线。采用反转法给整个机构绕凸轮转动中心 O 点加上一个公共角速度 $-\omega$，使凸轮静止不动，从动件以 $-\omega$ 的角速度绕 O 点转动，且从动件上的滚子在反转过程中始终与凸轮的廓线保持接触，滚子中心走过的轨迹为一条与凸轮廓线法向等距的曲线 η。根据从动件的位移曲线求出曲线 η，即可通过 η 和滚子半径 r_r 作出凸轮的

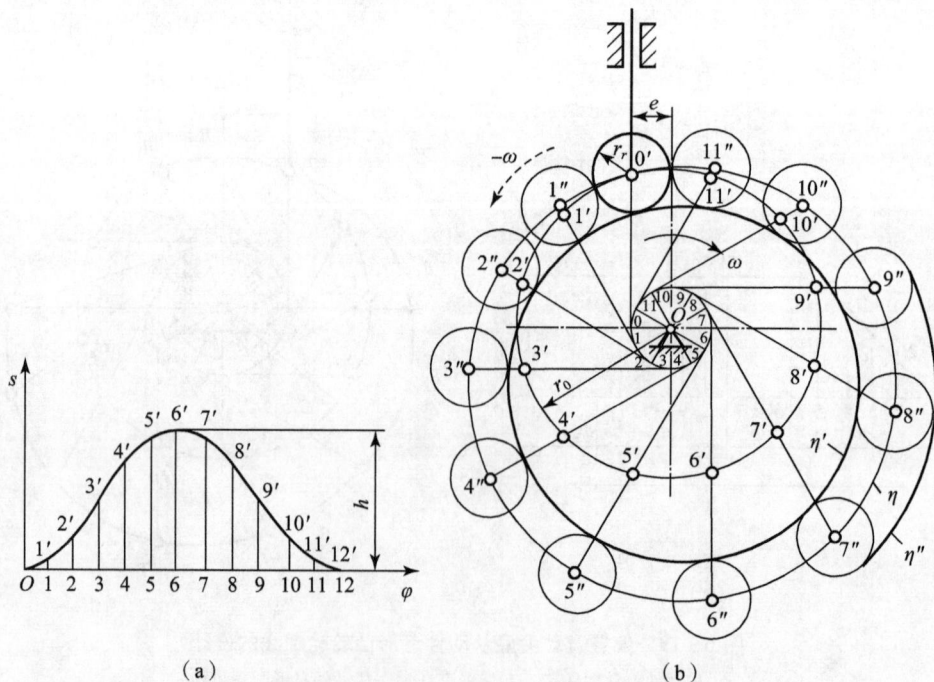

图 6-20　偏置直动滚子从动件盘形凸轮轮廓线的设计

（a）从动件位移曲线；（b）偏置直动滚子从动件盘形凸轮机构

实际廓线。具体作图步骤如下：

（1）将滚子中心假想为尖底从动件的尖点，按照偏置直动尖底从动件盘形凸轮轮廓线的设计方法求出曲线 η，即凸轮机构的理论廓线。

（2）以凸轮理论廓线上各点为圆心、滚子半径 r_r 为半径，作一系列滚子圆，然后求其内包络线 η'，或外包络线 η''，即为该凸轮的实际廓线，如图 6-20（b）所示。

3. 直动平底从动件盘形凸轮轮廓线的设计

图 6-21（a）所示为从动件位移曲线。凸轮廓线设计的基本思路与上述尖底从动件和滚子从动件盘形凸轮廓线的设计相似，不同的是将平底从动件在初始位置与凸轮轮廓线的接触点作为假想的尖点，通过反转法得到凸轮的轮廓曲线。具体设计步骤如下：

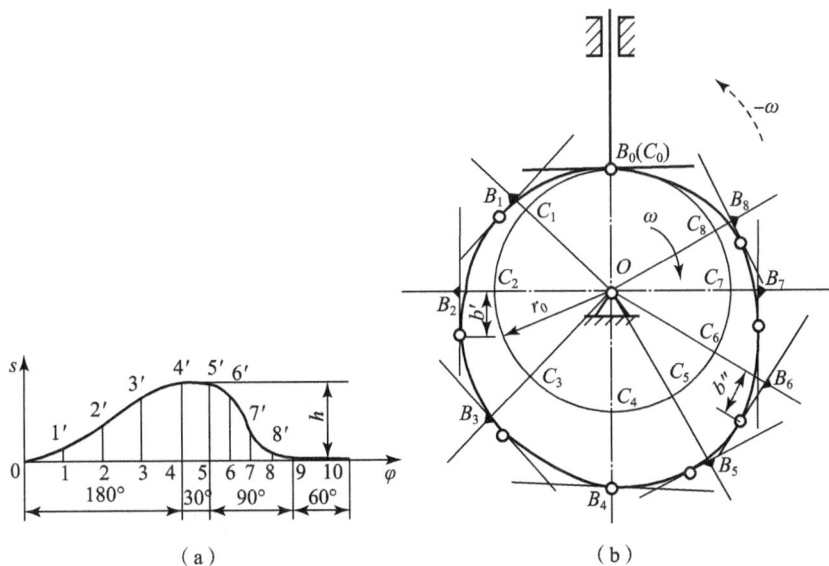

图 6-21　直动平底从动件盘形凸轮轮廓线的设计

（a）从动件位移曲线；（b）直动平底从动件盘形凸轮机构

（1）以平底与导路中心线的交点 B_0 作为假想的尖底从动件的尖点，按照尖底从动件盘形凸轮的设计方法，求出该尖点反转后的一系列位置 B_1，B_2，B_3，…，B_8 各点。

（2）过 B_1，B_2，B_3，…，B_8 各点，作出一系列代表平底的直线，即代表反转过程中从动件平底依次所占据的位置。

（3）通过作这些直线的包络线，即可求得凸轮的实际廓线，如图 6-21（b）所示。

需要注意的是，从动件平底上与凸轮轮廓线相切的点是随凸轮运动位置变化而不断变化的。为保证在所有位置从动件的平底与凸轮之间都能够保持接触，凸轮的所有廓线都必须是外凸的，并且平底左、右两侧的宽度应分别大于导路中心线至左、右最远切点的距离 b' 和 b''。

4. 摆动尖底从动件盘形凸轮轮廓线的设计

已知凸轮的转动中心与从动件摆动中心之间的距离 $OA_0 = a$，凸轮的基圆半径为 r_0，从动件的长度为 l，当凸轮以等角速度 ω 逆时针转动时，从动件的位移曲线如图 6-22（a）所示。利用反转法，给整个机构绕凸轮转动中心 O 加上一个公共角速度 $-\omega$，凸轮静止不动，从动件的摆动中心 A 将以角速度 $-\omega$ 绕 O 点转动，同时从动件将仍按照原有的运动规律绕 A 点摆动。凸轮廓线的设计步骤如下：

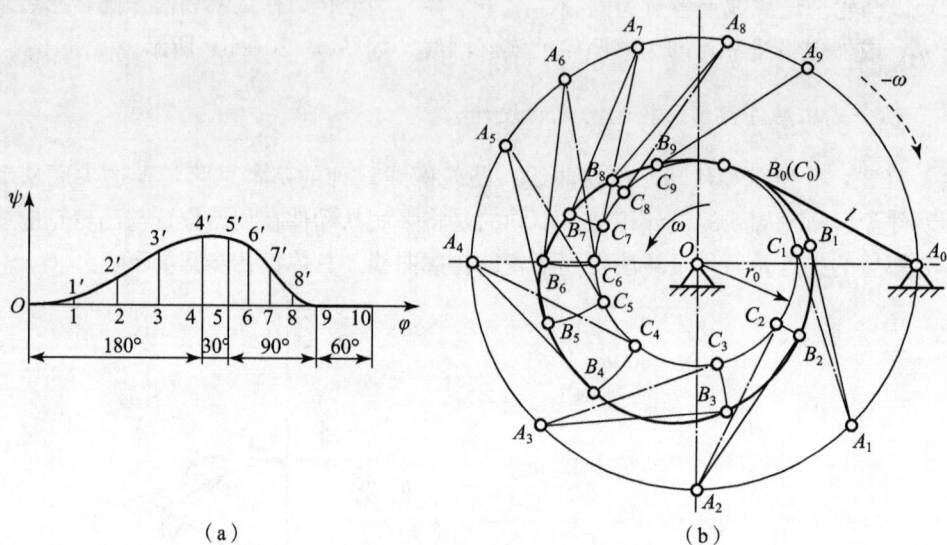

图 6 - 22　摆动尖底从动件盘形凸轮轮廓线的设计
(a) 从动件位移曲线；(b) 摆动尖底从动件盘形凸轮机构

(1) 选取适当的比例尺 μ_l，将从动件位移曲线上横坐标分成 10 份，须注意，这里的纵坐标为从动件的摆角 ψ，因此，纵坐标的比例尺是 1 mm 代表多少度。

(2) 以 O 点为圆心、r_0 为半径作基圆，根据已知的中心距 a，确定从动件摆动中心 A 点的初始位置 A_0。以 A_0 为圆心、从动件长度 l 为半径作圆弧，交基圆于 C_0 点，C_0 点为从动件尖底的初始位置。A_0C_0 为从动件的初始位置。

(3) 以 O 点为圆心、$OA_0 = a$ 为半径作圆，并从 A_0 点开始，沿着 $-\omega$ 方向将该圆分成与位移曲线中横坐标相对应的区间等分，得到反转过程中从动件摆动中心 A 的一系列位置 A_1，A_2，A_3，$\cdots$，A_9。

(4) 以 A_1，A_2，A_3，$\cdots$，A_9 为圆心，以从动件长度 l 为半径作圆弧，交基圆于 C_1，C_2，C_3，$\cdots$，C_9。以 A_1C_1，A_2C_2，A_3C_3，$\cdots$，A_9C_9 为一边，分别作射线 A_1B_1，A_2B_2，A_3B_3，$\cdots$，A_9B_9 交以 A_1，A_2，A_3，$\cdots$，A_9 为圆心，以 A_1C_1，A_2C_2，A_3C_3，$\cdots$，A_9C_9 为半径的圆弧，于 B_1，B_2，B_3，$\cdots$，B_9 点，使 $\angle C_1A_1B_1$，$\angle C_2A_2B_2$，$\cdots$，$\angle C_9A_9B_9$ 分别等于从动件位移曲线中对应的角位移，线段 A_1B_1，A_2B_2，A_3B_3，$\cdots$，A_9B_9 为复合运动中从动件所依次占据的位置，B_1，B_2，B_3，$\cdots$，B_9 为从动件尖底的运动轨迹点。

(5) 将点 B_1，B_2，B_3，$\cdots$，B_9 连成光滑的曲线，即为所求的凸轮轮廓线，如图 6 - 22 (b) 所示。

从图 6 - 22 (b) 中可以看出，求得的凸轮轮廓曲线与线段 AB 在某些位置会相交，因此，在考虑凸轮机构的具体结构时，应将从动件做成弯杆形式，以避免机构运动过程中凸轮与从动件发生干涉。

如果采用滚子、平底或曲底从动件来代替尖底从动件，则在设计凸轮轮廓线时，可把滚子的转动中心、平底与凸轮相切的接触点或曲底的曲率中心作为尖底从动件的尖底来设计凸轮轮廓曲线，即将上述连接 B_1，B_2，B_3，…，B_9 各点所得的光滑曲线作为凸轮的理论廓线，过这些点作一系列滚子圆、平底或曲底，然后画出它们的包络线即可求得凸轮的实际廓线。

三、解析法设计凸轮轮廓线

凸轮廓线解析设计的基本要求是建立凸轮轮廓线的解析方程，并精确地计算出凸轮轮廓线上各点的坐标值。下面以几种常用的盘形凸轮机构为例进行说明。

1. 直动滚子从动件盘形凸轮

选取直角坐标系 xOy，如图 6-23 所示，B_0 点为从动件处于起始位置时滚子中心所处的位置。当凸轮转过角度 φ 后，从动件对应的位移为 s。根据反转法原理可知，此时滚子中心 B 点的直角坐标为

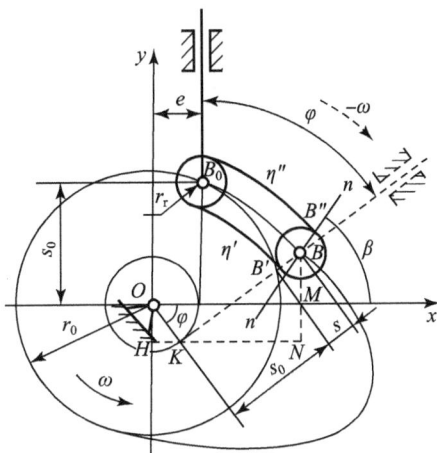

图 6-23 直动滚子从动件盘形凸轮机构

$$\left.\begin{array}{l} x = KH + KN = (s_0 + s)\sin\varphi + e\cos\varphi \\ y = BN - MN = (s_0 + s)\cos\varphi - e\sin\varphi \end{array}\right\} \qquad (6-21)$$

式中，e 为偏距，$s_0 = (r_0^2 - e^2)^{1/2}$。

式（6-21）为凸轮理论廓线的方程式。

由高等数学知识可知，曲线上任意一点的法线斜率与该点的切线斜率互为负倒数，所以理论廓线上 B 点处的法线 nn 的斜率为

$$\tan\beta = -\mathrm{d}x/\mathrm{d}y = (\mathrm{d}x/\mathrm{d}\varphi)/(-\mathrm{d}y/\mathrm{d}\varphi) \qquad (6-22)$$

式中，$\mathrm{d}x/\mathrm{d}\varphi$ 和 $\mathrm{d}y/\mathrm{d}\varphi$ 可由式（6-21）求得。

当 β 求出后，实际廓线上对应的 B' 点的坐标则为

$$\left.\begin{array}{l} x' = x \mp r_r\cos\beta \\ y' = y \mp r_r\sin\beta \end{array}\right\} \qquad (6-23)$$

式中，$\cos\beta$ 和 $\sin\beta$ 可由式（6-22）求得，即

$$\cos\beta = -(\mathrm{d}y/\mathrm{d}\varphi)/\sqrt{(\mathrm{d}x/\mathrm{d}\varphi)^2 + (\mathrm{d}y/\mathrm{d}\varphi)^2}$$

$$\sin\beta = (\mathrm{d}x/\mathrm{d}\varphi)/\sqrt{(\mathrm{d}x/\mathrm{d}\varphi)^2 + (\mathrm{d}y/\mathrm{d}\varphi)^2}$$

将 $\cos\beta$ 和 $\sin\beta$ 代入式（6-23），可得

$$\left.\begin{array}{l} x' = x \pm r_r \dfrac{\mathrm{d}y/\mathrm{d}\varphi}{\sqrt{\left(\dfrac{\mathrm{d}x}{\mathrm{d}\varphi}\right)^2 + \left(\dfrac{\mathrm{d}y}{\mathrm{d}\varphi}\right)^2}} \\[4mm] y' = y \mp r_r \dfrac{\mathrm{d}x/\mathrm{d}\varphi}{\sqrt{\left(\dfrac{\mathrm{d}x}{\mathrm{d}\varphi}\right)^2 + \left(\dfrac{\mathrm{d}y}{\mathrm{d}\varphi}\right)^2}} \end{array}\right\} \qquad (6-24)$$

式中，上面一组加减号表示一条内包络廓线 η'，下面一组加减号表示一条外包络线 η''。

式（6-24）即为凸轮实际廓线的方程式。

2. 直动平底从动件盘形凸轮

选取直角坐标系 xOy，如图 6-24 所示，B_0 点为从动件处于起始位置时，平底与凸轮廓线的接触位置。当凸轮转过角度 φ 后，从动件对应的位移为 s。根据反转法原理可知，此时从动件平底与凸轮在 B 点处相切。

由于 P 点为该瞬时从动件与凸轮的瞬心，因此，从动件在该瞬时的移动速度为

$$v = v_P = \overline{OP} \cdot \omega$$

即

$$\overline{OP} = \frac{v}{\omega} = \frac{\mathrm{d}s}{\mathrm{d}\varphi} \tag{6-25}$$

由图可知 B 点的坐标为

$$\left.\begin{array}{l} x = OD + EB = (r_0 + s)\sin\varphi + \dfrac{\mathrm{d}s}{\mathrm{d}\varphi}\cos\varphi \\[3mm] y = CD - CE = (r_0 + s)\cos\varphi - \dfrac{\mathrm{d}s}{\mathrm{d}\varphi}\sin\varphi \end{array}\right\} \tag{6-26}$$

式（6-26）即为凸轮实际廓线的方程式。

3. 摆动滚子从动件盘形凸轮

已知摆动滚子从动件盘形凸轮机构的基本尺寸为从动件摆杆长 l、凸轮转动中心 O 与摆杆摆动轴心 A 之间的距离 a、基圆半径 r_0、滚子半径 r_r。如图 6-25 所示，选取直角坐标系 xOy，B_0 点为从动件处于起始位置时滚子中心的位置，摆杆与连心线 OA_0 之间的夹角为 ψ_0。当凸轮转角为 φ 时，从动件的角位移为 ψ。根据反转法原理可知，滚子中心在 B 点，其坐标为

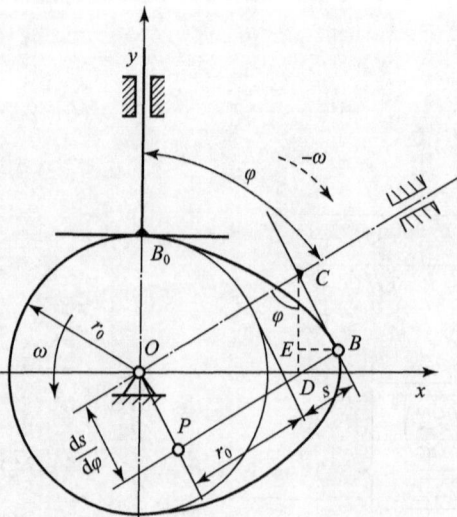

图 6-24　直动平底从动件盘形凸轮机构

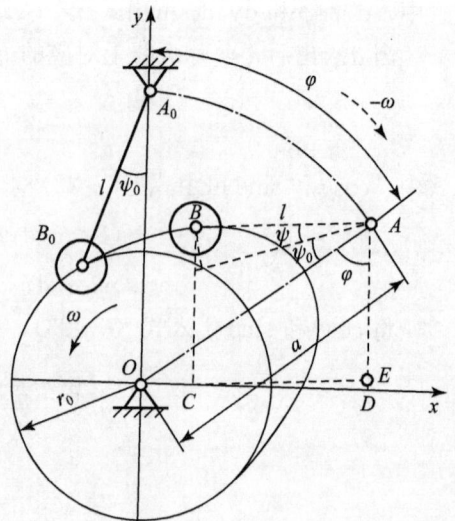

图 6-25　摆动滚子从动件盘形凸轮机构

$$x = OD - CD = a\sin\varphi - l\sin(\varphi + \varphi_0 + \psi) \Big\}$$
$$y = AD - ED = a\cos\varphi - l\cos(\varphi + \varphi_0 + \psi) \Big\} \qquad (6-27)$$

式（6-27）为凸轮理论廓线方程。

第四节　凸轮机构基本尺寸的确定

前述凸轮轮廓线设计中，基圆半径 r_0、滚子半径 r_r 等基本结构参数都假设是给定的，而在实际设计中，这些参数均需设计者自行确定。下面仅就凸轮机构基本尺寸确定时应考虑的主要因素加以分析和讨论。

一、凸轮机构的压力角

凸轮与从动件间正压力的方向线（即公法线 $n-n$）与从动件受力点速度的方向线所夹的锐角，称为凸轮机构的压力角，记为 α。图 6-26 给出了几种常见盘形凸轮机构的压力角示例。

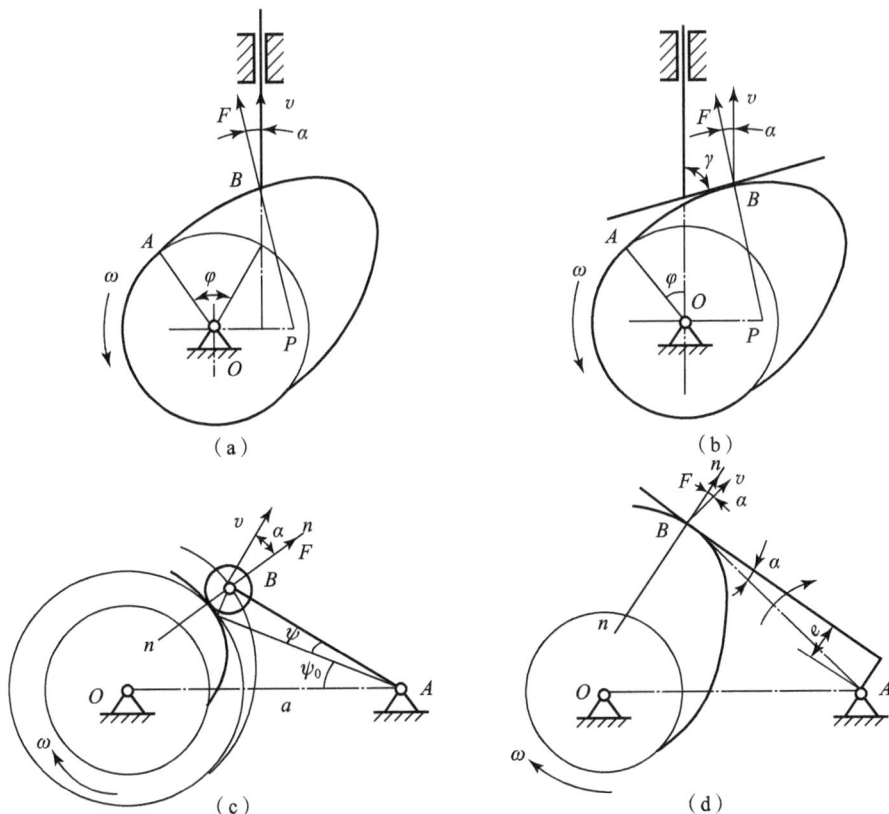

图 6-26　几种常见的盘形凸轮机构的压力角
（a）直动尖底从动件盘形凸轮机构；（b）直动平底从动件盘形凸轮机构；
（c）摆动滚子从动件盘形凸轮机构；（d）摆动平底从动件盘形凸轮机构

压力角 α 是影响凸轮机构受力情况的一个重要参数。α 越大，力 F 在从动件运动方向的有效分力就越小，效率则随之降低。

工程上，为避免机械效率偏低，改善其受力情况，规定最大压力角 α 小于等于许用压力角 $[\alpha]$，即 $\alpha_{max} \leqslant [\alpha]$。在实际应用中，推程许用压力角一般规定为：直动从动件取 $[\alpha]=30°\sim35°$；摆动从动件取 $[\alpha]=35°\sim45°$。回程时，形封闭凸轮机构，回程与推程许用压力角取同值；力封闭凸轮机构，回程许用压力角可取为 $[\alpha]=70°\sim80°$。

二、压力角与凸轮基圆半径的关系

在图 6-27 中，点 P 为凸轮和从动件在图示位置的速度瞬心，故有

$$\omega \overline{OP} = \frac{\mathrm{d}s}{\mathrm{d}t} = \frac{\mathrm{d}s}{\mathrm{d}\varphi}\frac{\mathrm{d}\varphi}{\mathrm{d}t} = \frac{\mathrm{d}s}{\mathrm{d}\varphi}\omega$$

即

$$\overline{OP} = \frac{\mathrm{d}s}{\mathrm{d}\varphi} = \frac{v}{\omega}$$

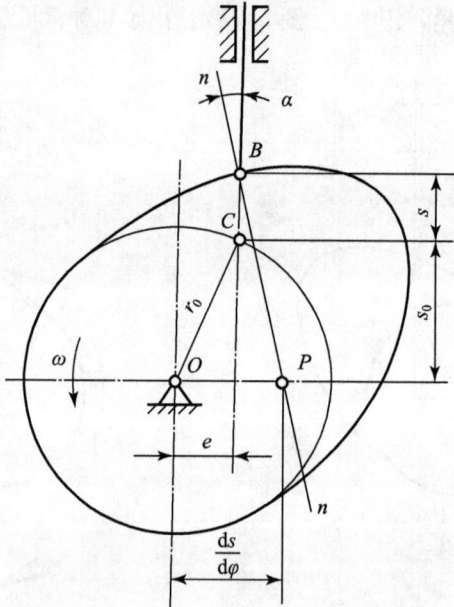

图 6-27　凸轮压力角与基圆的关系

由图 6-27 可得

$$\tan\alpha = \frac{|\,\mathrm{d}s/\mathrm{d}\varphi-e\,|}{s+\sqrt{r_0^2-e^2}} \tag{6-28}$$

或

$$r_0 = \sqrt{\left(\frac{|\,\mathrm{d}s/\mathrm{d}\varphi-e\,|}{\tan\alpha}-s\right)^2+e^2} \tag{6-29}$$

由此可知，基圆半径 r_0 与压力角 α 相互制约。当从动件运动规律及偏距 e 选定后，减小基圆半径会使压力角增大。

三、按许用压力角确定最小基圆半径

由前述可知，若从受力和效率的角度讲，压力角 α 越小越好；若从结构紧凑的角度讲，

则基圆半径 r_0 越小越好，但减小 r_0 会使 α 增大，这是一对矛盾，必须适当兼顾。设计上通常采用下述原则处理：根据凸轮机构的最大压力角 α_{max} 不超过其许用压力角 $[\alpha]$ 为先决条件，来确定出最小的基圆半径。

根据这一原则，在式（6-29）中令 $\alpha=[\alpha]$，则有

$$[r_0]=\sqrt{\left(\frac{|\mathrm{d}s/\mathrm{d}\varphi-e|}{\tan[\alpha]}-s\right)^2+e^2} \qquad (6-30)$$

式（6-30）中，s 及 $\dfrac{\mathrm{d}s}{\mathrm{d}\varphi}$ 是凸轮转角 φ 的函数，当取一定的转角间隔（即步长）计算时，所得出的 $[r_0]$ 实际上是个数列，该数列中必然有个最大的 $[r_0]$，将其记为 $[r_0]_{max}$。只要取 $r_0 \geqslant [r_0]_{max}$，则在整个区间内的压力角就不超过许用值。为使基圆半径尽可能地小，不妨取等号，这时的 r_0 是在一定偏距下满足 $\alpha_{max}=[\alpha]$ 条件的最小基圆半径，即

$$r_{0min}=[r_0]_{max} \qquad (6-31)$$

四、运动失真及滚子半径的确定

凸轮廓线从几何上讲不外乎由内凹和外凸两部分曲线所构成。图 6-28（a）所示为内凹廓线，η 为理论廓线，η' 为实际廓线。设理论廓线在某点的曲率半径为 ρ，实际廓线在对应点的曲率半径为 ρ'，则由图 6-28（a）可看出，二者与滚子半径 r_r 间的关系为 $\rho'=\rho+r_r$。这样，不论滚子半径大小如何，ρ' 恒大于零。

图 6-28（b）所示为外凸的廓线，由图可看出，$\rho'=\rho-r_r$。当 $r_r<\rho$ 时，$\rho'>0$，实际廓线为光滑曲线；当 $r_r=\rho$ 时，$\rho'=0$，实际廓线出现如图 6-28（c）所示的尖点，极易磨损；当 $r_r>\rho$ 时，$\rho'<0$，实际廓线出现图 6-28（d）所示的交叉，交叉部分在实际制造中将被切去，致使从动件不能按预期的运动规律运动，这种现象称为运动失真。

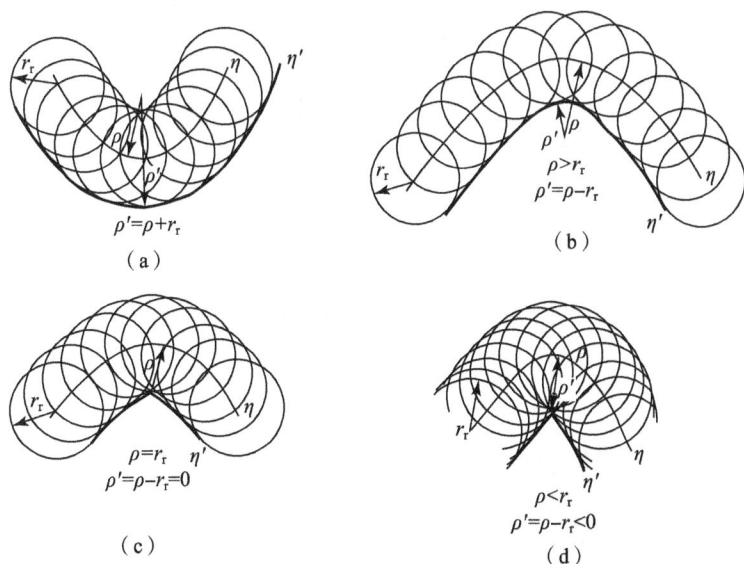

图 6-28　凸轮实际廓线形状与滚子半径的关系

由高等数学知，理论廓线上任意点的曲率半径的计算公式为

$$\rho = \frac{(\dot{x}^2 + \dot{y}^2)^{3/2}}{\dot{x}\ddot{y} - \dot{y}\ddot{x}} \tag{6-32}$$

式中，
$$\dot{x} = \frac{\mathrm{d}x}{\mathrm{d}\varphi}, \quad \dot{y} = \frac{\mathrm{d}y}{\mathrm{d}\varphi}, \quad \ddot{x} = \frac{\mathrm{d}^2 x}{\mathrm{d}\varphi^2}, \quad \ddot{y} = \frac{\mathrm{d}^2 y}{\mathrm{d}\varphi^2}$$

当用计算机进行辅助设计时，可以逐点用数值解法计算 ρ 值，最后找出最小值 ρ_{min}。

工程设计上，通常按 $r_r \leqslant 0.8\,\rho_{min}$ 来确定滚子半径。同时还规定，实际廓线的最小曲率半径 ρ'_{min} 一般不应小于 $1\sim5$ mm。当不能满足此要求时，要设法修改其设计，如适当减小 r_r 或增大 r_0，或修改从动件的运动规律，以避免实际廓线过于尖凸。

五、平底长度的确定

在设计平底从动件盘形凸轮机构时，为了保证机构在运转过程中从动件平底与凸轮廓线始终正常接触，还必须确定平底的长度。由图 6-29 可知，平底长度 l 理论上应满足以下条件，即

$$l = 2\,\overline{OP}_{max} + \Delta l = 2\left(\frac{\mathrm{d}s}{\mathrm{d}\varphi}\right)_{max} + \Delta l \tag{6-33}$$

式中，Δl 为附加长度，由具体的结构而定，一般取 $\Delta l = 5\sim7$ mm。

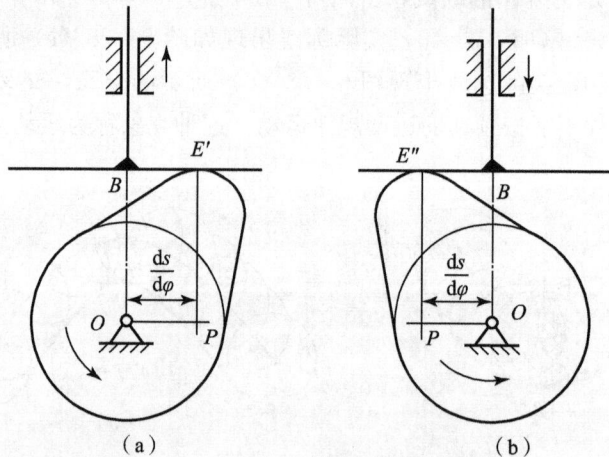

图 6-29 平底从动件的长度

六、偏距的设计

从动件的偏置方向直接影响凸轮机构压力角的大小，因此，在选择从动件的偏置方向时，应注意尽可能减小凸轮机构在推程阶段的压力角。由式（6-28）可知，增大偏距 e 既可使压力角减小，也可使压力角增大，取决于凸轮的转动方向和从动件的偏置方向。从动件偏置方向的原则是：若凸轮逆时针回转，则应使从动件轴线偏于凸轮轴心右侧；若凸轮顺时针回转，则应使从动件轴线偏于凸轮轴心左侧。

第五节　圆柱凸轮设计简介

一、直动从动件圆柱凸轮

图 6-30（a）所示为一直动从动件圆柱凸轮机构。现设想将此圆柱凸轮的外表面展开在平面上，则得到一个长度为 $2\pi R$ 的移动凸轮（见图 6-30（b）），其移动速度 $v=R\omega$。若给此移动凸轮机构系统加上一个公共线速度"$-v$"方向的移动，同时又在导轨中按给定的运动规律（见图 6-30（c））往复移动。显然，从动件在此复合运动过程中，其滚子中心描出的轨迹 η 即为理论廓线，而图中切于滚子圆族的两条包络线 η' 和 η'' 即为实际廓线。至于其具体作图方法则与盘形凸轮廓线的作法无实质差别。

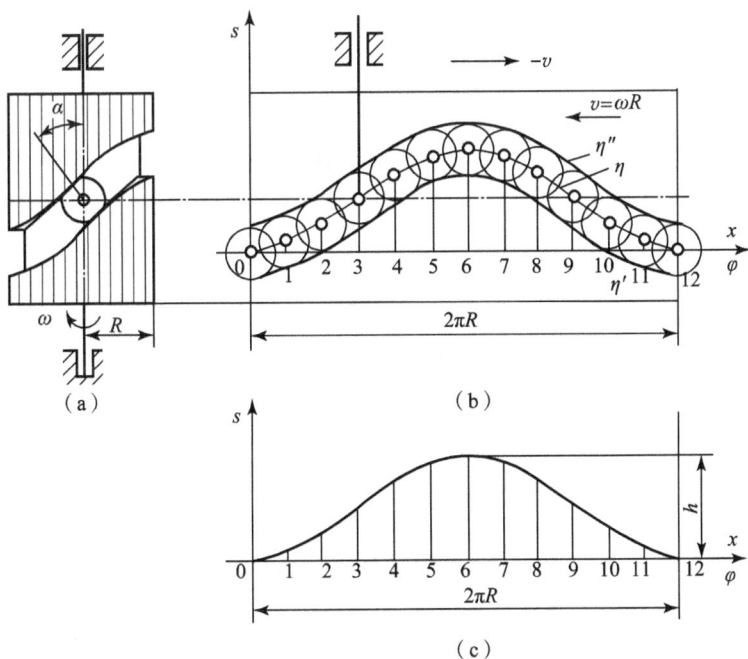

图 6-30　直动从动件圆柱凸轮的设计

（a）直动从动件圆柱凸轮机构；（b）圆柱凸轮外表面展开图；（c）从动件运动规律

二、摆动从动件圆柱凸轮

图 6-31（a）所示为一摆动从动件圆柱凸轮。其设计原理与前述直动从动件基本相同，也是先将柱体展开，按移动凸轮设计。所不同的只是在反向运动中，摆杆一方面随轴心 A 沿直线 OO（见图 6-31（b））以速度"$-v$"移动，一方面绕其轴心 A 按预期的运动规律（见图 6-31（c））摆动。至于凸轮廓线，则不难参照图示按前述方法作出。

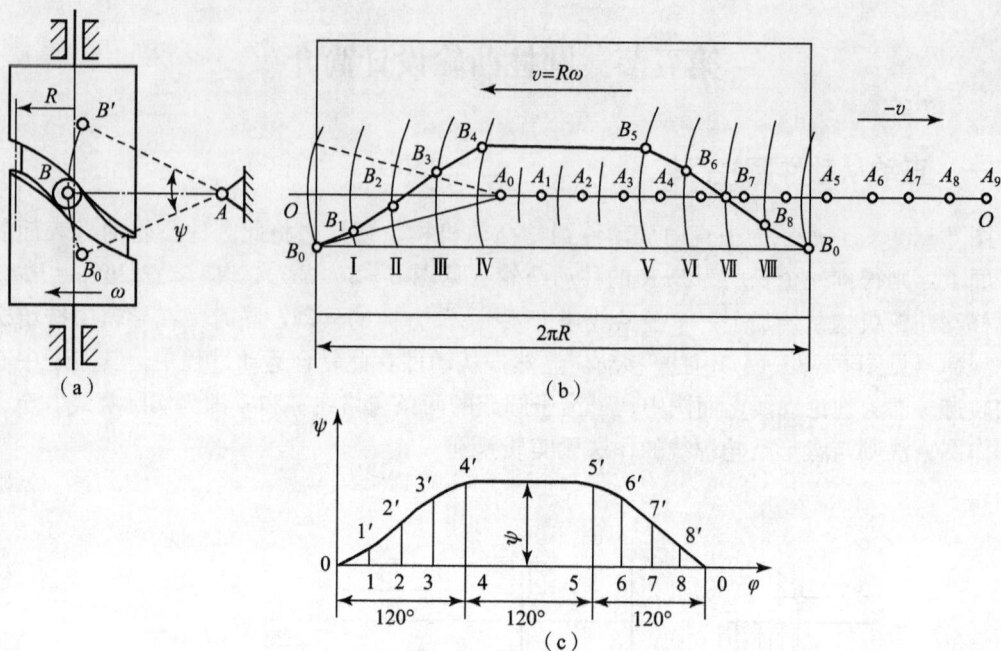

图 6-31　摆动从动件圆柱凸轮的设计
（a）摆动从动件圆柱凸轮机构；（b）凸轮理论廓线展开图；（c）从动件运动规律

【知识拓展】

研究凸轮机构的运动设计时，当把机构中除力封闭弹簧外的各构件均视为刚体，而不考虑弹簧及各构件弹性变形对运动的影响时，从动件工作端的运动规律仅取决于凸轮廓线的形状。这种将凸轮机构按刚性系统来处理的方法，称为凸轮机构的静态分析和静态设计，适用于系统刚性较大、构件质量较轻的中、低速凸轮机构。当凸轮机构的运转速度较高，构件刚性较小时，由于构件的惯性力相当大，构件的弹性变形的影响便不能忽略。此时，应将整个机构视为一个弹性系统。这种将凸轮机构按弹性系统的处理方法称为凸轮的动态分析和动态设计，相关情况可参阅文献 [71]。

思　考　题

6-1　凸轮机构的类型有哪些？在选择凸轮机构的类型时应考虑哪些因素？

6-2　从动件常用的运动规律有哪些？它们的特点和适用场合是什么？

6-3　选用何种从动件的运动规律可避免凸轮在运转过程中的冲击？

6-4　利用反转法来设计盘形凸轮的轮廓曲线时所应注意的问题有哪些？直动从动件和摆动从动件盘形凸轮机构的设计方法各有什么特点？

6-5　凸轮的理论廓线与实际廓线有什么区别和联系？

6-6　对于直动滚子从动件盘形凸轮机构，当凸轮的实际廓线不变，增大或减小滚子半径对从动件的运动规律是否有影响？

6-7　什么是凸轮机构的压力角？当压力角超过许用值时，可采取何种措施来减小推程压力角？

6-8　什么是运动失真？如何避免出现运动失真？

6-9　对于直动滚子从动件盘形凸轮机构，从动件偏置的主要目的是什么？偏置方向如何选取？

习　　题

6-1　画出题6-1图所示凸轮机构的基圆、偏距圆，并从图示位置开始按60°间隔画出反转过程从动件的导路线。

6-2　题6-2图所示凸轮机构的理论廓线已给出，试在此基础上作出实际廓线。

6-3　一偏置直动从动件凸轮机构，凸轮由图示位置转90°，题6-3图（a）～题6-3图（d）中给出的哪种凸轮转角度量方法是错误的？

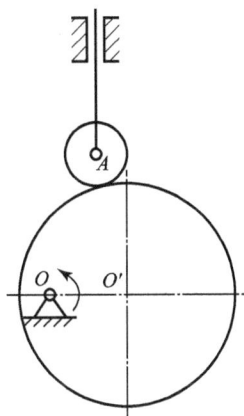

题 6-1 图

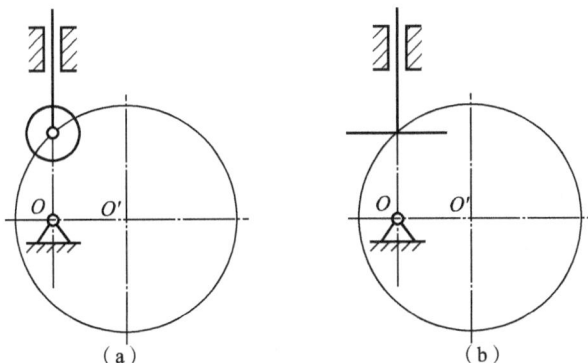

题 6-2 图

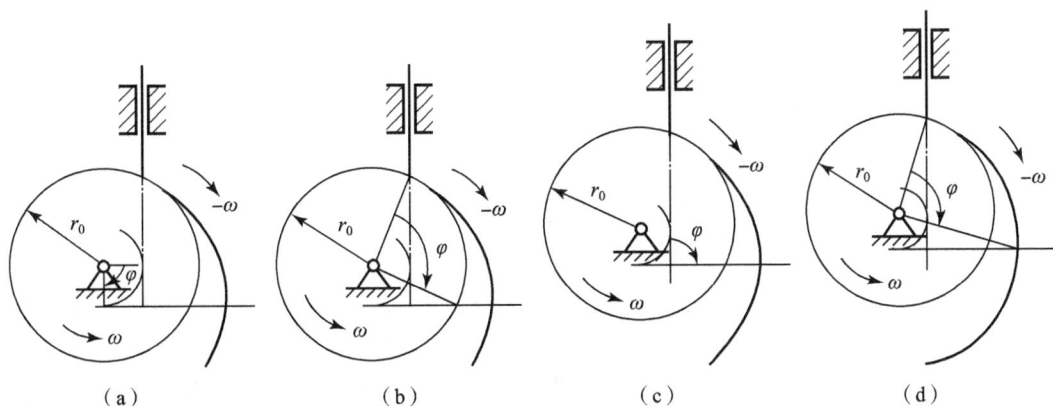

题 6-3 图

6-4　作图设计一偏置直动滚子从动件盘形凸轮机构的廓线。设凸轮以等角速度 ω 顺时针转动；从动件位于凸轮轴心左侧，偏距 $e=10$ mm；基圆半径 $r_0=35$ mm；滚子半径 $r_r=15$ mm；从动件升距 $h=32$ mm；从动件位移曲线如题 6-4 图所示。

6-5 在题 6-5 图所示凸轮机构中，摆杆 AB 在起始位置时垂直于 OB；凸轮逆时针方向转动；$l_{OB}=40$ mm，$l_{AB}=80$ mm，$r_r=10$ mm，$\Phi=180°$，$\Phi'=180°$。推程为余弦加速度运动规律；回程为正弦加速度运动规律。摆杆摆角 $\psi_0=30°$。试建立一个循环过程的从动件位移曲线表达式，并以解析法设计凸轮的理论廓线和实际廓线。

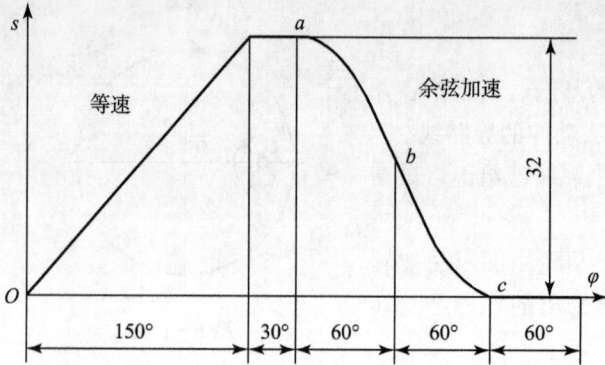

题 6-4 图

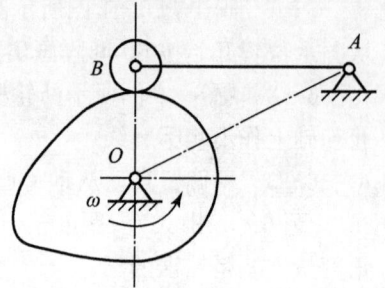

题 6-5 图

6-6 画出题 6-6 图所示凸轮机构的基圆，并标出凸轮由图示位置转过 60°时凸轮机构的压力角 α。

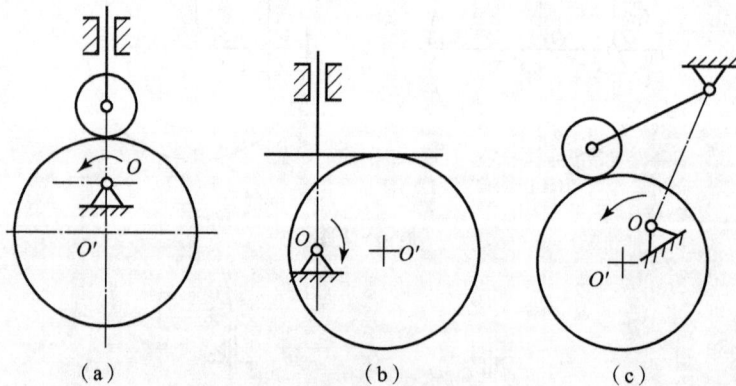

（a）   （b）   （c）

题 6-6 图

6-7 有一对心直动尖底偏心圆凸轮机构，如题 6-7 图（a）所示，O 为凸轮几何中心，O_1 为凸轮转动中心，直线 $AC \perp BD$，$O_1O=1/2OA$，圆盘半径 $R=60$ mm。

（1）根据题 6-7 图（a）及上述条件确定基圆半径 r_0、行程 h 与 C 点接触时的压力角 α_C 及与 D 点接触时的位移 s_D、压力角 α_D；

（2）若偏心圆凸轮几何尺寸不变，仅将从动件由尖底改为滚子，如题 6-7 图（b）所示，滚子半径 $r_r=10$ mm。试问上述参数 r_0、h、α_C 及 s_D、α_D 是否有改变？如认为没有，需明确回答，但可不必计算数值；如有改变也需明确回答，并计算其数值。

6-8 题 6-8 图中所示偏心圆盘凸轮机构，圆盘半径 $R=50$ mm，$l=25$ mm。试问：

在该位置时，凸轮机构的压力角为多大？从动件的位移为多大？该凸轮机构从动件的行程 h 等于多少？

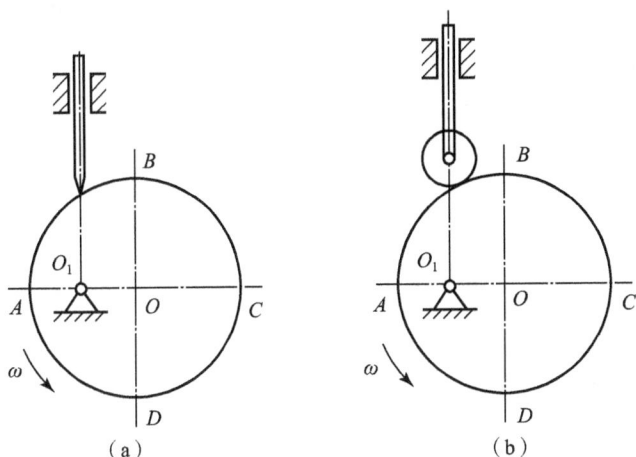

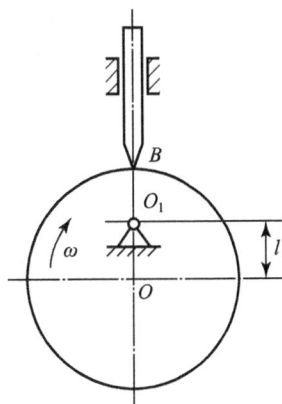

题 6-7 图　　　　　　　　　　　　　题 6-8 图

6-9　在题 6-9 图所示的凸轮机构中标出凸轮由图示位置转过 $90°$ 时凸轮机构的压力角 α。

6-10　在题 6-10 图所示的摆动滚子从动件盘形凸轮机构中，凸轮为偏心圆盘，且以角速度 ω 逆时针方向回转。试在图上：

（1）画出该凸轮基圆；

（2）标出推程运动角 $\varPhi$ 和回程运动角 $\varPhi'$；

（3）标出图示位置时从动件的初始位置角 ψ_0 和角位移 ψ；

（4）标出图示位置凸轮机构的压力角 α。

（5）标出从动件的最大角位移 ψ_{max}。

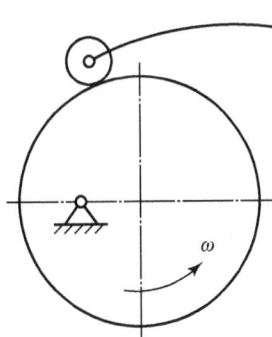

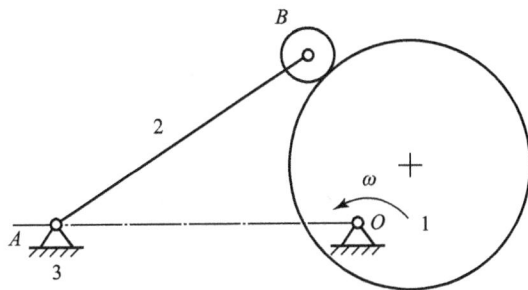

题 6-9 图　　　　　　　　　　　　题 6-10 图

6-11　题 6-11 图所示为对心直动平底从动件盘形凸轮机构。已知凸轮为一偏心圆盘，几何中心为 O_2，圆盘半径 $R=30$ mm，转动中心为 O_1，偏心距 $e=20$ mm，凸轮以等角速度 ω 顺时针方向转动。试求：

（1）凸轮的基圆半径 r_0；

(2) 从动件的行程 h；

(3) 该凸轮机构的最大压力角和最小压力角；

(4) 从动件位移 s 的数学表达式；

(5) 画出从动件运动规律线图（$\mu_s = 0.001$ m/mm，仅画出 $s - \varphi$ 线图）；

(6) 若把从动件的对心布置改为偏置，其运动规律是否改变？

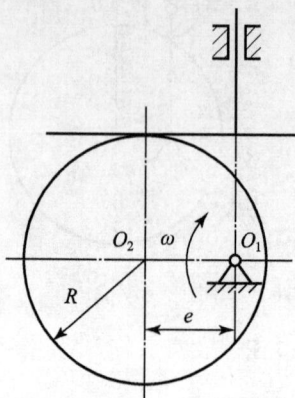

题 6-11 图

6-12 欲设计一偏置直动滚子从动件盘形凸轮机构，要求在凸轮转角为 0°～90°时，从动件以余弦加速度规律上升 $h = 20$ mm，取基圆半径 $r_0 = 25$ mm，偏距 $e = 10$ mm，滚子半径 $r_r = 5$ mm。试作：

(1) 从动件在推程的位移线图；

(2) 假设一凸轮转向和从动件偏置方向，绘制凸轮转角为 0°～90°时的工作轮廓（要求画图分度≤22.5°），并从压力角的影响上分析假设的凸轮转向和从动件偏置方向合理与否。

6-13 题 6-13 图所示分别为偏置直动尖底从动件盘形凸轮机构（见题 6-13 图（a））和偏置直动平底从动件盘形凸轮机构（见题 6-13 图（b））。要求：

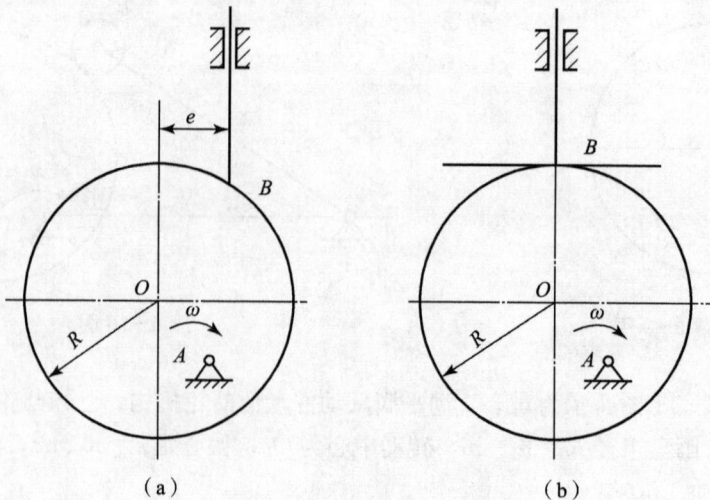

（a）

（b）

题 6-13 图

（1）在题 6-13（a）图所示的凸轮机构中画出基圆；

（2）标出题 6-13（a）图所示凸轮的推程运动角 Φ 和回程运动角 Φ' 及图示位置时从动件的位移 s；

（3）标出题 6-13（a）图所示凸轮机构在图示位置时的压力角，并分析若从动件导路偏距为 0，图示位置的压力角是增大还是减小。

（4）标出题 6-13（b）图所示凸轮机构在图示位置时的压力角，并分析若从动件导路偏距为 0，机构的压力角是否会有变化。

6-14　已知题 6-14 图所示偏置直动尖底从动件盘形凸轮机构的凸轮轮廓线为一个圆，圆心为 O'，凸轮的转动中心为 O。

（1）画出偏距圆和基圆；

（2）求图示位置凸轮机构的压力角 α；

（3）求图示位置从动件的位移 s；

（4）求图示位置凸轮的转角 φ；

（5）求从动件的行程 h。

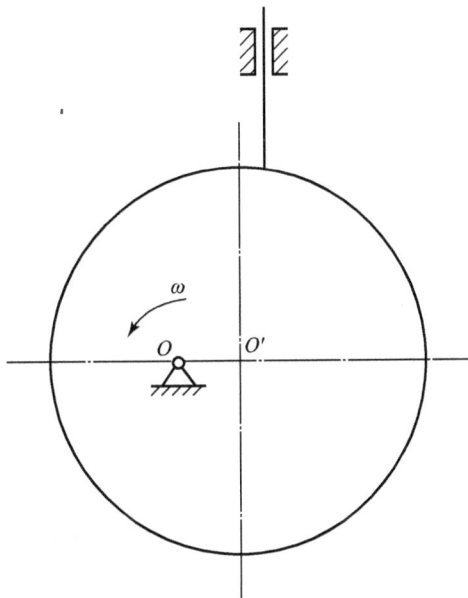

题 6-14 图

第七章　齿轮机构及其设计

【内容提要】

本章以渐开线直齿圆柱齿轮机构为主线，着重介绍渐开线直齿圆柱齿轮机构的啮合原理、几何参数和几何尺寸计算及传动设计。在此基础上，简单介绍斜齿圆柱齿轮机构、交错轴斜齿圆柱齿轮机构、圆锥齿轮机构和蜗杆传动机构的基本参数及几何尺寸计算。

第一节　齿轮机构的类型及应用

齿轮机构可用来传递空间两任意轴之间的运动和动力。按照一对齿轮传动的传动比是否恒定，可将齿轮机构分为定传动比齿轮机构和变传动比齿轮机构。

定传动比齿轮机构中的齿轮是圆形的，又称圆形齿轮机构，因其传动准确、平稳、效率高、传动功率范围和速度范围广、使用寿命长等优点而被广泛应用于各种仪器、仪表中。但其制造和安装精度要求高，成本较高，且不宜用于远距离两轴间传动。

变传动比齿轮机构中的齿轮一般是非圆形的，也称非圆齿轮机构。非圆齿轮机构中，传动比按一定规律变化，当主动齿轮做等角速度转动时，从动齿轮按一定规律做变角速度转动。这类齿轮机构主要应用于一些有特殊要求的机械中。

圆形齿轮机构类型很多，根据齿轮机构中两齿轮轴线的相对位置，可将圆形齿轮机构分为平面齿轮机构和空间齿轮机构两大类。

一、平面齿轮机构

用于传递两平行轴间运动和动力的齿轮机构称为平面齿轮机构，包括直齿圆柱齿轮机构、斜齿圆柱齿轮机构和人字齿轮机构，如图7-1～图7-3所示。

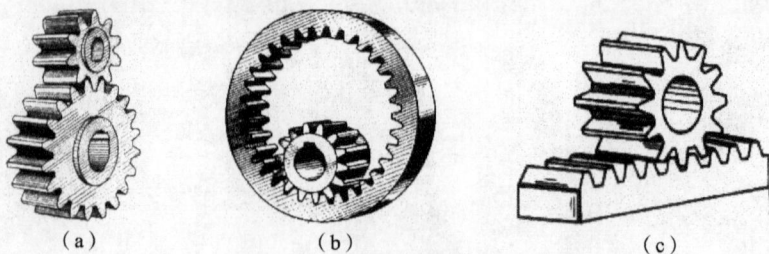

图7-1　直齿圆柱齿轮机构

(a) 外啮合；(b) 内啮合；(c) 齿轮齿条

　　直齿圆柱齿轮机构，其轮齿分布在圆柱体的表面，且各齿轮（齿条）轮齿的齿长方向相对于齿轮的轴线是平行的。图7-1（a）所示为外啮合直齿圆柱齿轮机构；图7-1（b）所示为内啮合直齿圆柱齿轮机构；图7-1（c）所示为齿轮齿条机构。

　　斜齿圆柱齿轮机构（见图7-2）中齿轮轮齿的齿长方向与齿轮的轴线方向有一倾斜角，此角称为斜齿圆柱齿轮的螺旋角。人字齿轮机构（见图7-3）中齿轮的齿形如人字，可看成由两个螺旋方向相反的斜齿轮构成。

图7-2　斜齿圆柱齿轮机构

图7-3　人字齿轮机构

二、空间齿轮机构

　　用于传递相交轴或交错轴间运动和动力的齿轮机构称为空间齿轮机构，如图7-4～图7-6所示。

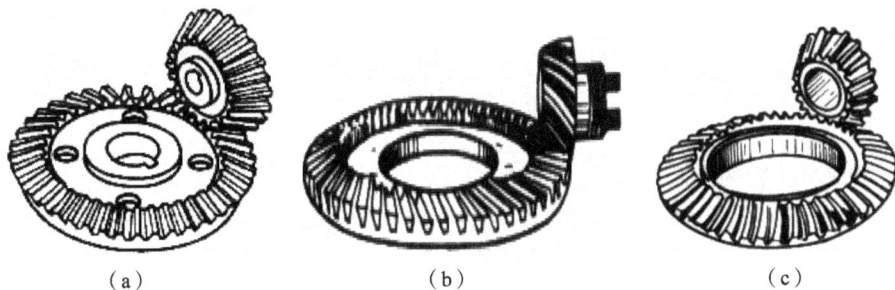

（a）　　　　　　　　　　（b）　　　　　　　　　　（c）

图7-4　圆锥齿轮机构

（a）直齿；（b）斜齿；（c）曲齿

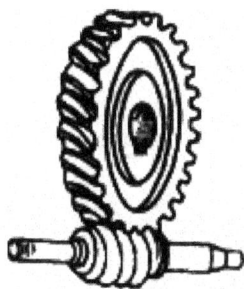

图7-5　蜗杆传动机构

图7-6　交错轴斜齿轮机构

　　圆锥齿轮的轮齿分布在圆锥体的表面，有直齿（见图7-4（a））、斜齿（见图7-4（b））和曲齿圆锥齿轮（图7-4（c））之分。直齿圆锥齿轮制造较为简单，应用最广泛；斜齿圆锥齿轮的轮齿倾斜于圆锥母线，制造困难，应用较少；曲齿圆锥齿轮的轮齿为曲线形，其传动平稳，适用于高速、重载传动中，但制造成本较高。

蜗杆传动机构通常用于两交错垂直轴之间的传动，如图 7-5 所示。

交错轴斜齿圆柱齿轮机构如图 7-6 所示，其中的每一个齿轮都是斜齿圆柱齿轮。

在众多类型的齿轮机构中，直齿圆柱齿轮机构是最简单、应用最广泛的一种。

第二节　齿廓啮合的基本定律及渐开线齿廓

齿面与特定几何面的交线称为齿廓。齿轮传动是靠主动齿轮的齿廓推动从动齿轮的齿廓来实现的，其瞬时传动比 i_{12}（主、从动轮角速度之比）与齿廓的形状有关。齿廓啮合的基本定律揭示了齿廓曲线与两轮传动比之间的关系。

一、齿廓啮合的基本定律

在图 7-7 所示的齿轮机构中，O_1、O_2 分别为两齿轮的转动中心，ω_1 和 ω_2 分别为两轮的角速度。

主动齿轮 1 的齿廓 C_1 与从动齿轮 2 的齿廓 C_2 在 K 点接触，过 K 点作二齿廓的公法线 nn，此公法线与两齿轮轮心连线（连心线）交于 C 点。由瞬心概念和三心定理可知，C 为两齿轮的相对速度瞬心。因此有

$$v_C = \omega_1 \overline{O_1C} = \omega_2 \overline{O_2C}$$

故两轮的瞬时传动比为

$$\frac{\omega_1}{\omega_2} = \frac{\overline{O_2C}}{\overline{O_1C}} \tag{7-1}$$

点 C 称为两齿轮的啮合节点，简称节点。

由上述分析可得齿廓啮合的基本定律：一对齿轮啮合时，其瞬时传动比等于啮合齿廓接触点处的公法线分连心线 $\overline{O_1O_2}$ 所成的两段线段的反比，即为节点 C 分连心线所成两段线段的反比。

由此定律知，两轮的瞬时传动比与节点 C 的位置有关，而节点 C 的位置与齿廓曲线的形状有关。若两齿轮的瞬时传动比为常数，则 C 必为定点，此时节点 C 在齿轮 1 的运动平面（与齿轮 1 固连的平面）上的轨迹为以 O_1 为圆心、$\overline{O_1C}$ 为半径的圆。同理，节点 C 在齿轮 2 运动平面上的轨迹为以 O_2 为圆心、$\overline{O_2C}$ 为半径的圆。这两个圆分别称为齿轮 1 和齿轮 2 的啮合节圆，简称节圆，其半径分别用 r_1' 和 r_2' 表示。对于定传动比平面齿轮机构，齿廓啮合的基本定律可表述为：在啮合传动的任意瞬时，两轮齿廓接触点的公法线与连心线的交点（节点）必为定点。

两轮的节圆在节点 C 处相切，因节点 C 为两轮的等速重合点，即两轮在节点 C 处的相对速度等于零，故一对齿轮的啮合

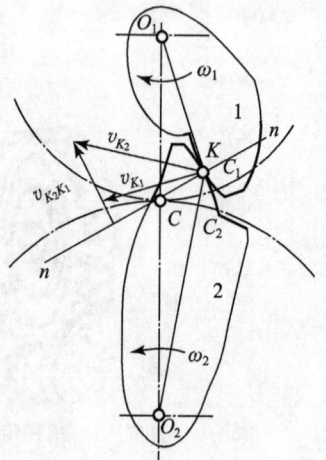

图 7-7　齿廓啮合的基本定律

传动相当于两轮节圆做纯滚动。

如果节点 C 的位置是变动的，则为变传动比齿轮机构。这时节点在两个齿轮运动平面上的轨迹为非圆曲线，称为节线，这种齿轮机构也称为非圆齿轮机构，如图 7-8 所示的椭圆齿轮机构即为变传动比齿轮机构的示例。本章只讨论定传动比圆形齿轮机构。

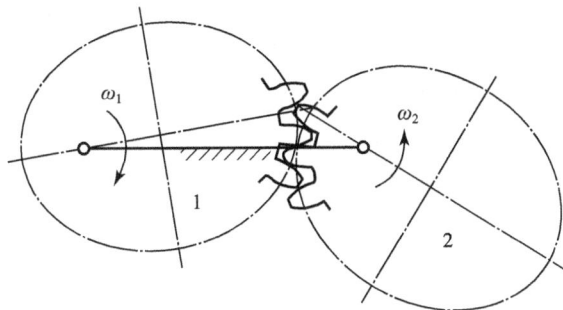

图 7-8 非圆齿轮机构

凡能时刻保持相切并实现预定传动比要求的一对齿廓称为共轭齿廓。共轭齿廓的齿廓曲线称为共轭曲线。一对共轭齿廓上能够相互接触的点（啮合点）称为共轭点。共轭点是一一对应的，共轭点的集合就是共轭曲线。

理论上讲，只要给定传动比的变化规律，并且给出一个齿轮的齿廓曲线，就可根据齿廓啮合的基本定律求出与之共轭的另一个齿轮的齿廓曲线。因此，可以作为共轭齿廓的曲线是很多的。而实际中选择齿廓曲线时除了满足给定传动比的要求外，还应考虑设计、制造、测量、安装、互换性和强度等方面的问题。因为渐开线齿廓能够较为全面地满足上述几方面的要求，是最常用的齿廓曲线。

二、渐开线齿廓

1. 渐开线的形成及其性质

如图 7-9 所示，当一直线 L 沿半径为 r_b 的圆周做纯滚动时，直线 L 上任意一点 K 的轨迹 AK 称为该圆的渐开线，简称渐开线；这个圆称为渐开线的基圆，其半径用 r_b 表示；直线 L 称为渐开线的发生线；A 为渐开线在基圆上的起始点；角 θ_K（$\angle AOK$）称为渐开线 AK 段的展角。

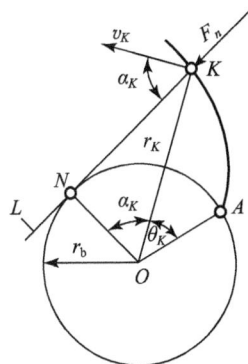

图 7-9 渐开线的形成及性质

由渐开线的形成过程可知其特性如下：

（1）由于发生线沿基圆做纯滚动，因此发生线沿基圆滚过的长度 $\overline{KN}$ 等于基圆被滚过的弧长 $\widehat{AN}$，即

$$\overline{KN}=\widehat{AN}$$

（2）渐开线上任意一点的法线必是基圆的切线。如图 7-9 所示，当发生线 L 沿基圆做纯滚动时，N 为速度瞬心，渐开线在 K 点的速度方向与渐开线在该点的切线方向重合，故发生线 L 就是渐开线在 K 点的法线。又因为发生线总是与基圆相切，因此渐开线上任意一点的法线必是基圆的切线。

（3）发生线与基圆的切点 N 是渐开线在 K 点的曲率中心，线段 $\overline{KN}$ 是渐开线在 K 点的曲率半径。显然，渐开线上各点的曲率半径不同，离基圆越远，曲率半径越大；反之，离基圆越近，曲率半径越小。渐开线在基圆上的点 A 的曲率半径为零，基圆内没有渐开线，A 点称为渐开线的起始点。

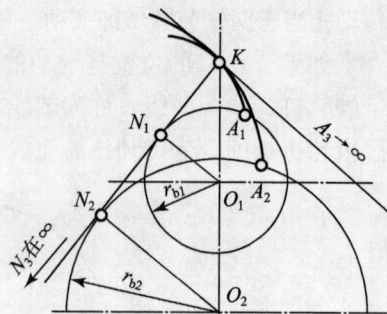

图 7-10 渐开线的形状与基圆半径的关系

（4）渐开线的形状取决于基圆的大小。如图 7-10 所示，在展角相同的情况下，基圆半径越小，渐开线的曲率半径越小，渐开线越弯曲；基圆半径越大，渐开线的曲率半径越大，渐开线越平直。当基圆半径为无穷大时，渐开线将变成垂直于 N_3K 的一条直线，直线是特殊的渐开线。

2. 渐开线方程

在研究渐开线齿轮啮合传动和几何尺寸计算时，经常需要用到渐开线的代数方程式及渐开线函数。下面就根据渐开线的形成原理来进行推导。

如图 7-9 所示，以 OA 为极坐标轴，渐开线上的任意一点 K 的位置可用向径 r_K 和展角 θ_K 来确定，如以此渐开线作为齿轮的齿廓曲线与另一个齿轮的渐开线齿廓在 K 点啮合时，K 点所受正压力 F_n 的方向（法线 NK 方向）与该点速度方向（垂直于直线 OK）所夹的锐角称为渐开线在 K 点的压力角，用 α_K 表示。

由图 7-9 的几何关系可得渐开线上任意点 K 的向径 r_K、压力角 α_K、基圆半径 r_b 之间的关系为

$$r_K = \frac{r_b}{\cos\alpha_K}$$

又

$$\tan\alpha_K = \frac{\overline{NK}}{\overline{ON}} = \frac{\widehat{AN}}{r_b} = \frac{r_b(\alpha_K + \theta_K)}{r_b} = \alpha_K + \theta_K$$

故

$$\theta_K = \tan\alpha_K - \alpha_K$$

上式说明，展角 θ_K 是压力角 α_K 的函数，工程上常用 $\mathrm{inv}\alpha_K$ 表示 θ_K，并称其为渐开线函数，即

$$\theta_K = \mathrm{inv}\alpha_K = \tan\alpha_K - \alpha_K$$

综上所述，渐开线的极坐标方程为

$$\left.\begin{array}{l} r_K = \dfrac{r_b}{\cos\alpha_K} \\[2mm] \theta_K = \mathrm{inv}\alpha_K = \tan\alpha_K - \alpha_K \end{array}\right\} \qquad (7-2)$$

3. 渐开线齿廓的啮合特性

1）瞬时传动比恒定不变

图 7-11 所示为一对渐开线齿廓啮合示意图，过任意啮合点 K 作两齿廓的公法线，根据渐开线的性质，它必与两齿轮的基圆相切且为其内公切线，N_1、N_2 分别为两个切点。二

齿轮基圆大小和位置一定，其在同一个方向上的内公切线只有一条，因此它与连心线的交点只有一个，即节点 C 为定点，两轮的传动比 i_{12} 为

$$i_{12}=\frac{\omega_1}{\omega_2}=\frac{\overline{O_2C}}{\overline{O_1C}}=\frac{r_2'}{r_1'}=\frac{r_{b2}}{r_{b1}}=\text{常数} \tag{7-3}$$

2) 渐开线齿廓传动中心距具有可分性

一对渐开线齿廓齿轮啮合，其传动比 i_{12} 恒等于两轮基圆半径的反比。齿轮加工完后，其基圆半径就已确定，如两轮的安装中心距 a'（两啮合齿轮回转中心的距离）发生变化（由于制造、安装等原因造成实际安装中心距与设计中心距不同），其传动比不变。这种中心距改变而传动比不变的性质称为渐开线齿轮传动中心距的可分性。

3) 啮合线是一条直线

一对渐开线齿廓无论在何处啮合，其啮合点只能在 N_1N_2 线上，即 N_1N_2 为啮合点的轨迹，故 N_1N_2 又称为啮合线。啮合线 N_1N_2 与两轮节圆公切线 tt（节点 C 的速度方向）所夹的锐角 α' 称为啮合角，它等于两齿轮渐开线在节圆上的压力角（$\angle CO_1N_1=\angle CO_2N_2$），如图 7-11 所示。当不计齿面间的摩擦力时，齿面间的作用力始终沿接触点的公法线方向作用，即作用力方向始终保持不变；当传递转矩一定时，齿面间的作用力大小也不变。这是渐开线齿廓的重要特性之一，对于齿轮传动的平稳性是十分有利的。

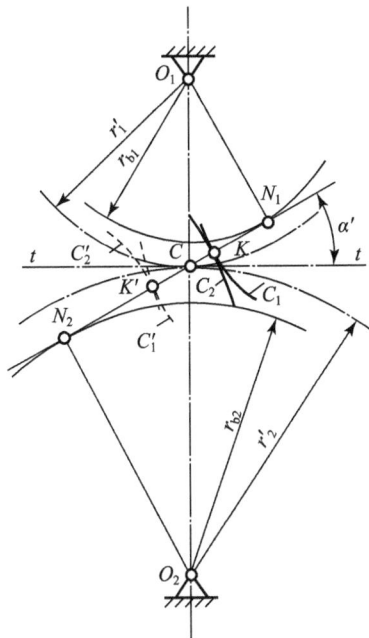

图 7-11 渐开线齿廓的啮合

第三节 渐开线标准直齿圆柱齿轮的基本参数及几何尺寸

一、渐开线齿轮各部分的名称

图 7-12 所示为一渐开线直齿外圆柱齿轮的一部分，各部分名称如下：

1. 齿顶圆

齿轮各齿顶所在的圆，其半径和直径分别用 r_a 和 d_a 表示。

2. 齿根圆

齿轮各齿槽底部所在的圆，其半径和直径分别用 r_f 和 d_f 表示。

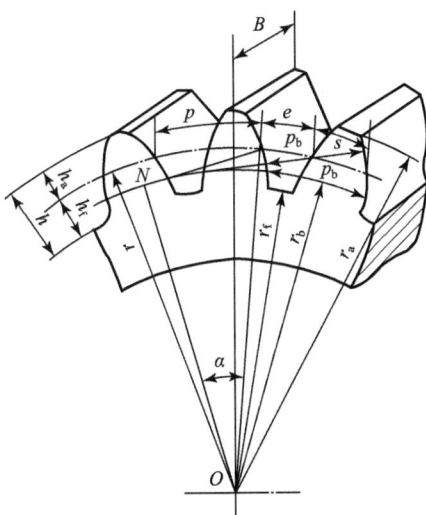

图 7-12 渐开线直齿圆柱齿轮各部分名称

3. 分度圆

在齿顶圆和齿根圆之间规定的一个圆，此圆被作为计算齿轮各部分几何尺寸的基准，其半径与直径分别用 r 和 d 表示。

4. 基圆

生成齿轮的齿廓曲线渐开线的圆，其半径和直径分别用 r_b 和 d_b 表示。

5. 齿厚、齿槽宽、齿距

在半径为 r_k 的任意圆周上，一个轮齿两侧齿廓间的弧长叫该圆上的齿厚，用 s_k 表示，分度圆上的齿厚用 s 表示；一个齿槽两侧齿廓间的弧长叫该圆上的齿槽宽，用 e_k 表示，分度圆上的齿槽宽用 e 表示；相邻两齿的同向齿廓之间的弧长叫这个圆上的齿距，用 p_k 表示，分度圆上的齿距用 p 表示。显然，在同一圆周上，齿距等于齿厚与齿槽宽之和，即 $p_k = s_k + e_k$。

6. 齿顶高、齿根高、齿高

轮齿由分度圆至齿顶圆沿半径方向的高度叫齿顶高，用 h_a 表示；由分度圆至齿根圆沿半径方向的高度叫齿根高，用 h_f 表示；由齿根圆至齿顶圆沿半径方向的高度叫齿高，用 h 表示，显然 $h = h_a + h_f$。

7. 法向齿距

齿轮相邻两轮齿同向齿廓沿公法线方向所量得的距离称为齿轮的法向齿距。根据渐开线的性质，法向齿距等于基圆齿距，都用 p_b 表示。

二、渐开线齿轮的基本参数

1. 齿数 z

齿轮整个圆周上轮齿的总数，用 z 表示，z 为整数。齿轮的大小和渐开线齿廓的形状均与齿数有关。

2. 模数 m

齿轮的分度圆周长等于 πd，也等于 zp，因此有

$$\pi d = pz$$

分度圆直径为

$$d = \frac{p}{\pi} z = \frac{p}{\pi} z$$

由于 π 是无理数，使分度圆直径成为无理数，所有齿轮各圆周的直径也将成为无理数，这给齿轮的设计、计算、制造和检测等带来了麻烦。为了便于设计、计算、制造和检验，人

为规定 $\dfrac{p}{\pi}=m$ 为标准值，称 m 为齿轮分度圆模数，简称模数，单位为 mm。模数 m 已经标准化，设计计算时必须按国家标准所规定的标准模数系列值选取。圆柱齿轮的标准模数系列见表 7-1。模数 m 是齿轮的一个基本参数。在其他参数不变的情况下，模数不同，齿轮的尺寸也不同，但齿廓形状保持相似，如图 7-13 所示。

表 7-1　圆柱齿轮标准模数系列 (GB/T 1357—2008)

第一系列	1	1.25	1.5	2	2.5	3	4	5	6	8	10	12	16	20
	25	32	40	50										
第二系列	1.125	1.375	1.75	2.25	2.75	3.5	4.5	5.5	(6.5)	7	9	11	14	18
	22	28	35	45										

注：①本表适用于渐开线圆柱齿轮，对于斜齿轮是指法面模数。
②选用模数时，应优先选用第一系列，其次是第二系列，括号内的模数尽可能不用。

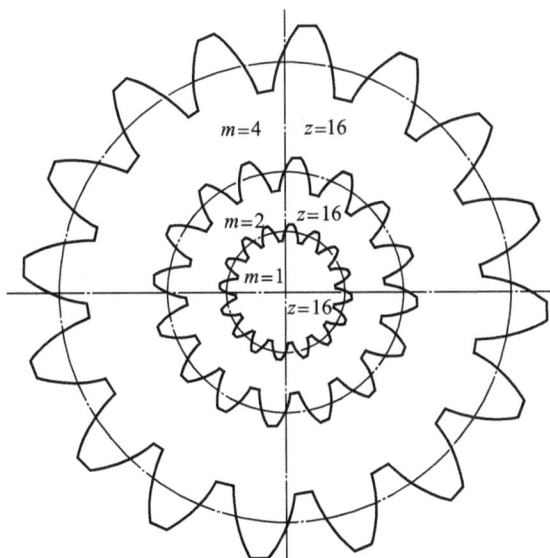

图 7-13　同齿数、不同模数的齿轮尺寸比较

3. 压力角 α

齿轮轮齿齿廓上各点的压力角的值是不同的，通常我们所说的压力角是指齿轮分度圆上的压力角。齿轮分度圆上的压力角 α、基圆半径 r_b 和分度圆半径 r 之间的关系为

$$r_b = r\cos\alpha = \frac{mz}{2}\cos\alpha \tag{7-4}$$

显然，齿轮的基圆半径是由齿轮的模数 m、齿数 z 和压力角 α 决定的，而渐开线的形状又是由基圆半径决定的。因此，分度圆压力角 α 是决定渐开线齿廓形状、影响齿轮传动性能的基本参数。为了设计、制造和检测方便，国家标准 (GB/T 1356—2001) 中规定，分度圆

压力角为标准值，$\alpha = 20°$。在一些特殊场合（如工程机械、航空工业等），压力角 α 也允许使用 $14.5°$、$15°$、$22.5°$ 或 $25°$ 等。

4. 齿顶高系数 h_a^*

齿轮的齿顶高

$$h_a = h_a^* m$$

式中，h_a^* 为齿顶高系数。

国家标准（GB/T 1356—2001）中规定：$h_a^* = 1$。

5. 顶隙系数 c^*

齿轮的齿根高

$$h_f = (h_a^* + c^*) m$$

式中，c^* 称为顶隙系数；$c^* m$ 称为标准顶隙。

国家标准（GB/T 1356—2001）中规定：$c^* = 0.25$。

上面讲述的五个参数，即齿数 z、模数 m、压力角 α、齿顶高系数 h_a^* 和顶隙系数 c^* 为渐开线齿轮的基本参数。

至此，可以给分度圆下一个完整的定义：齿轮上具有标准模数、标准压力角的圆称为分度圆。

三、渐开线标准直齿圆柱齿轮几何尺寸计算

具有标准模数 m、标准压力角 α、标准齿顶高系数 h_a^* 和标准顶隙系数 c^*，并且分度圆上的齿厚 s 等于分度圆上齿槽宽 e 的齿轮称为标准齿轮。已知齿轮的基本参数，由表 7-2 即可计算出渐开线标准直齿圆柱齿轮各部分的几何尺寸。

表 7-2　渐开线标准直齿圆柱齿轮传动几何尺寸的计算公式

名称	符号	计　算　公　式
分度圆直径	d	$d_1 = mz_1$，$d_2 = mz_2$
基圆直径	d_b	$d_{b1} = d_1 \cos\alpha$，$d_{b2} = d_2 \cos\alpha$
齿顶高	h_a	$h_a = h_a^* m$
齿根高	h_f	$h_f = (h_a^* + c^*) m$
全齿高	h	$h = h_a + h_f = (2h_a^* + c^*) m$
齿顶圆直径	d_a	$d_{a1} = d_1 + 2h_a = (z_1 + 2h_a^*) m$，$d_{a2} = d_2 + 2h_a = (z_2 + 2h_a^*) m$
齿根圆直径	d_f	$d_{f1} = d_1 - 2h_f = (z_1 - 2h_a^* - 2c^*) m$，$d_{f2} = d_2 - 2h_f = (z_2 - 2h_a^* - 2c^*) m$
齿距	p	$p = \pi m$
齿厚	s	$s = \dfrac{\pi m}{2}$
齿槽宽	e	$e = \dfrac{\pi m}{2}$

名　称	符　号	计　算　公　式
基圆齿距	p_b	$p_b = p\cos\alpha$
顶隙	c	$c = c^* m$
标准中心距	a	$a = \dfrac{m(z_1 + z_2)}{2}$

四、任意圆弧齿厚和公法线长度

1. 任意圆弧齿厚

在设计、加工和检验齿轮时，经常需要知道某一圆周上的齿厚。如为了确定齿轮啮合时的齿侧间隙，需确定节圆上的齿厚；为检测齿顶强度，需算出齿顶圆上的齿厚。因此，有必要推导出齿轮任意半径 r_K 的圆周上的齿厚 s_K 的计算公式。

图 7-14 所示为外齿轮的一个齿。图中，r、s、α 和 θ 分别为分度圆的半径、齿厚、压力角和展角。由于

$$\angle COC' = \angle BOB' - 2\angle BOC = \frac{s}{r} - 2(\theta_K - \theta)$$

则任意半径 r_K 的圆周上的齿厚 s_K 为

$$s_K = r_K \frac{s}{r} - 2r_K(\theta_K - \theta) = s\frac{r_K}{r} - 2r_K(\text{inv}\alpha_K - \text{inv}\alpha) \tag{7-5}$$

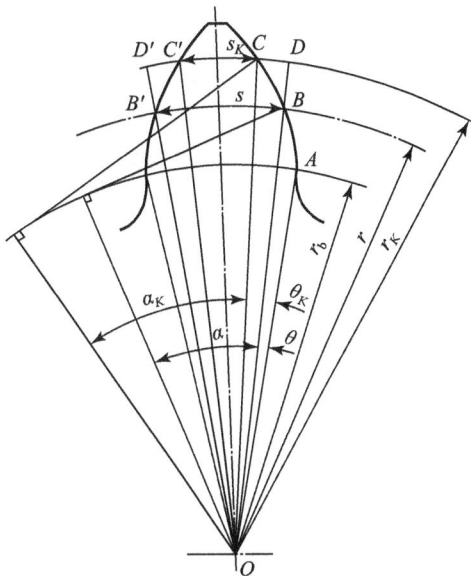

图 7-14　任意圆齿厚

式中，$\alpha_K = \arccos\left(\dfrac{r_b}{r_K}\right)$ 为在任意半径 r_K 上的渐开线齿廓压力角。

2. 公法线长度

因为弧齿厚无法测量，弦齿厚的测量又必须以齿顶圆作为基准，不但要求齿轮齿顶圆的加工精度，而且要采用以尖点与齿廓接触的量具，测量精度较低。为此，一般都通过测量轮齿的公法线长度来表示齿厚的加工精度。

如图 7-15 所示，作齿轮基圆的切线，它与齿轮不同轮齿的两反向齿廓交于 A、B 两点，根据渐开线的性质，A 与 B 两点的连线为外侧两齿廓的公法线。

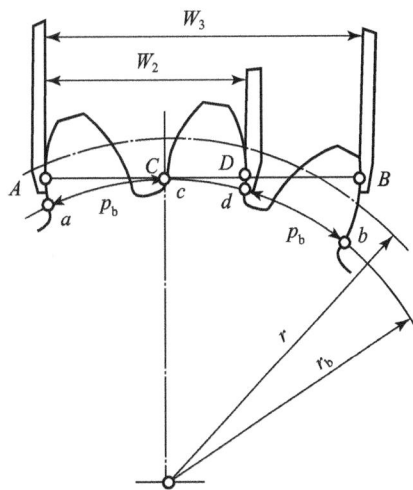

图 7-15　公法线长度

测量时，卡尺的卡爪跨 k 个轮齿，卡爪的平行平面与渐开线齿廓的切点 A 和 B（或 D）间的

距离 AB 或 AD 即为公法线长度，用 W_k 表示。

当跨 2 个齿，即 $k=2$ 时，公法线长度为

$$W_2=(2-1)p_b+s_b$$

当跨 3 个齿，即 $k=3$ 时，公法线长度为

$$W_3=(3-1)p_b+s_b$$

因此，跨 k 个齿时，公法线长度为

$$W_k=(k-1)p_b+s_b$$

将基圆齿距 $p_b=\pi m\cos\alpha$ 及基圆齿厚 $s_b=s\cos\alpha+mz\cos\alpha\,\mathrm{inv}\alpha$ 代入上式得

$$W_k=m\cos\alpha[(k-1)\pi+z\,\mathrm{inv}\alpha]+s\cos\alpha \tag{7-6}$$

对于标准齿轮，其分度圆齿厚 $s=\dfrac{1}{2}\pi m$，公法线长度为

$$W_k=m\cos\alpha[(k-0.5)\pi+z\,\mathrm{inv}\alpha] \tag{7-7}$$

在测量公法线长度时，跨齿数少，则切点偏向齿根，跨齿数过少，卡爪可能与齿根部的非渐开线齿廓接触；跨齿数多，则切点偏向齿顶，跨齿数过多，卡爪可能与齿顶尖点接触。这两种情况均不能准确测出公法线长。因此，需要确定适当的跨齿数 k。

测量齿轮的公法线长度时，应使卡爪与齿廓中部的渐开线接触。对于标准齿轮，通常希望卡爪与齿廓切在分度圆附近，其跨齿数 k 的计算公式为

$$k=\frac{\alpha}{\pi}z+0.5 \tag{7-8}$$

五、内齿轮的尺寸

内齿轮轮齿分布在空心圆柱体的内表面上，图 7-16 所示为内齿圆柱齿轮的一部分。内齿轮的齿槽宽相当于外齿轮的齿厚，内齿轮的齿厚相当于外齿轮的齿槽宽；内齿轮的齿顶圆在内、齿根圆在外，即齿顶圆半径小于齿根圆半径；为保证内齿轮齿顶以外为渐开线，内齿轮的齿顶圆直径大于基圆直径。根据以上特点，参照标准外齿圆柱齿轮几何尺寸的计算公

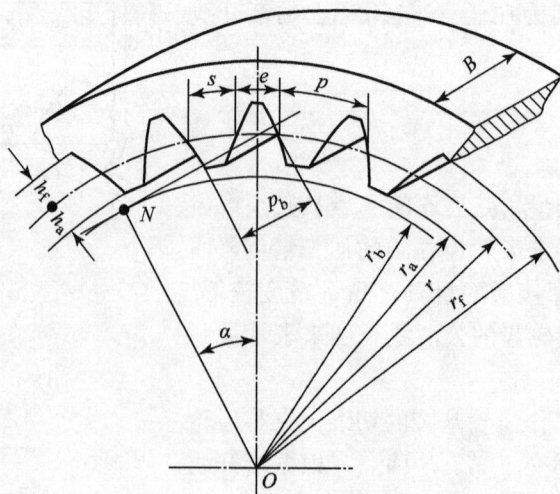

图 7-16 渐开线内齿圆柱齿轮

式，内齿轮的主要几何尺寸计算公式如下：

分度圆直径
$$d = mz$$

基圆直径
$$d_b = d\cos\alpha$$

齿顶高
$$h_a = h_a^* m$$

齿根高
$$h_f = (h_a^* + c^*)m$$

齿顶圆直径
$$d_a = d - 2h_a = (z - 2h_a^*)m$$

齿根圆直径
$$d_f = d + 2h_f = (z + 2h_a^* + 2c^*)m$$

六、齿条的尺寸

当标准齿轮的齿数为无穷多时，其分度圆、齿顶圆、齿根圆分别演变为分度线、齿顶线、齿根线，且相互平行，此时基圆半径为无穷大，渐开线演变为一条直线，齿轮则变为做直线运动的齿条。

如图 7-17 所示，齿条有如下特点：

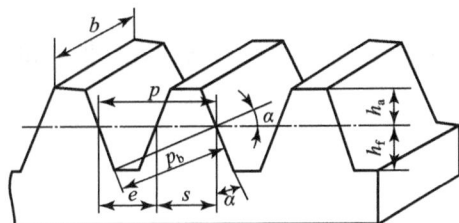

图 7-17 齿条

（1）齿条齿廓为直线，齿廓上各点的压力角均为标准值，且等于齿条齿廓的倾斜角（齿形角），标准值为 20°。

（2）在平行于齿条齿顶线的各条直线上，齿条的齿距均相等，其值为 $p = \pi m$，其法向齿距（等于基圆齿距）$p_b = \pi m\cos\alpha$；与齿顶线平行且齿厚等于齿槽宽（$s = e = \pi m/2$）的直线称为齿条的分度线，它是计算齿条尺寸的基准线。

（3）分度线至齿顶线的高度为齿顶高 $h_a = h_a^* m$，分度线至齿根线的高度为齿根高 $h_f = (h_a^* + c^*)m$。

第四节 渐开线直齿圆柱齿轮的啮合传动

一、正确啮合条件

正确啮合条件也称为齿轮传动的配对条件。虽然渐开线齿廓能满足定传动比传动要求，

但这并不意味着任意两个渐开线齿轮都可以配成
一对实现瞬时传动比为常数的啮合传动。那么，
到底满足什么条件的两齿轮才能配成一对进行正
确的啮合传动呢？

齿轮传动是靠轮齿依次啮合来实现的。如图
7-18所示，要使啮合正确进行，应保证处于啮合
线上的各对轮齿都处于啮合状态，即前一对轮齿
在啮合线 N_1N_2 上的 K 点啮合，后一对轮齿应在
啮合线 N_1N_2 上的 K' 点啮合。又线段 $\overline{KK'}$ 同时是
两轮相邻同侧齿廓沿公法线的距离，即法线齿距。
显然，实现定传动比传动的正确啮合条件为两轮
的法向齿距相等。根据渐开线的性质，齿轮的法
向齿距等于基圆齿距，因此，正确啮合条件为

$$\overline{KK'}=p_{b1}=p_{b2}$$

因 $p_{b1}=\pi m_1\cos\alpha_1$，$p_{b2}=\pi m_2\cos\alpha_2$，于是

$$\pi m_1\cos\alpha_1=\pi m_2\cos\alpha_2$$

由于齿轮的模数和压力角都已经标准化了，
若上式成立，应有

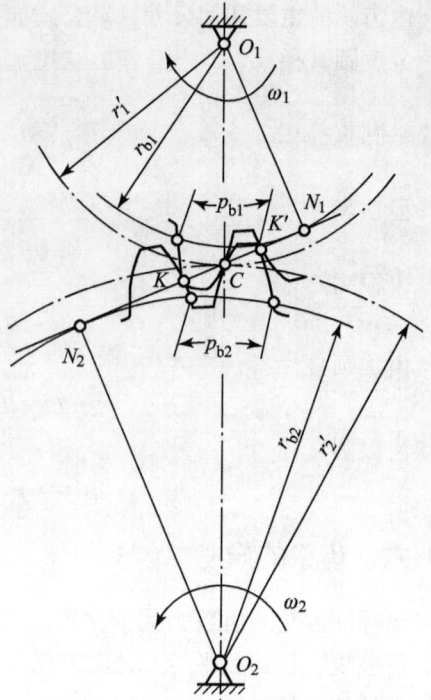

图7-18 正确啮合条件

$$m_1=m_2=m,\ \alpha_1=\alpha_2=\alpha \tag{7-9}$$

故一对渐开线直齿圆柱齿轮传动的正确啮合条件为两轮的模数和压力角分别相等。

二、连续传动条件

1. 轮齿的啮合过程

图7-19所示为一对啮合的齿轮，轮1为主动轮，
以角速度 ω_1 顺时针方向转动；齿轮2为从动轮，以角
速度 ω_2 逆时针方向转动。当主动齿轮1轮齿根部渐开
线齿廓与从动齿轮2轮齿顶部渐开线齿廓在啮合线
N_1N_2 上的 B_2 点接触时，这对轮齿开始进入啮合状态，
称 B_2 点为啮合开始点。随着传动的进行，两轮齿廓的
啮合点沿啮合线向左下方移动，直到主动齿轮1轮齿的
齿顶与从动齿轮2轮齿的齿根在啮合线上的 B_1 点接触
时，这对轮齿即将脱离啮合，称 B_1 点为啮合终止点。
因此线段 $\overline{B_2B_1}$ 才是啮合点实际所走过的轨迹，称为实
际啮合线。显然 B_1、B_2 点分别为齿轮1和齿轮2的齿
顶圆与啮合线 N_1N_2 的交点。如果增大两轮的齿顶圆
半径，B_1、B_2 将逐渐接近 N_2、N_1，但由于基圆内没

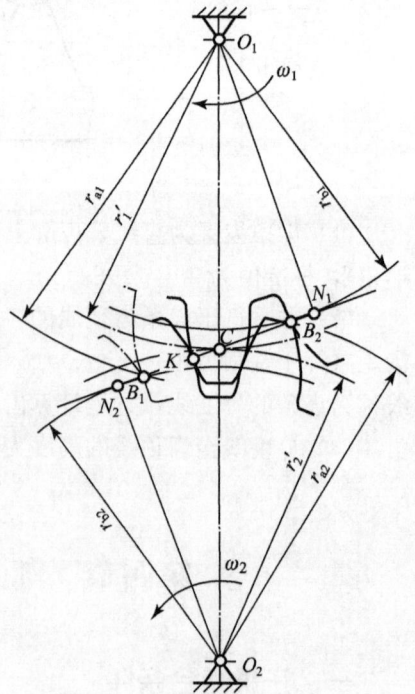

图7-19 轮齿的啮合过程

有渐开线，因此它们永远也不会超过 N_2、N_1。线段 $\overline{N_1 N_2}$ 是理论上最长的啮合线，称为理论啮合线。

2. 连续传动条件

要使齿轮传动连续进行，应使前一对轮齿在 B_1 点退出啮合之前，后一对轮齿就已经从 B_2 点进入啮合。为此，要求实际啮合线段 $\overline{B_2 B_1}$ 的长度大于等于轮齿的法向齿距 p_b，即 $\overline{B_2 B_1} \geqslant p_b$。

将实际啮合线段 $\overline{B_2 B_1}$ 的长度与法向齿距 p_b 的比值称为齿轮传动的重合度，用 ε_a 表示。因此，齿轮连续传动条件为

$$\varepsilon_a = \frac{\overline{B_2 B_1}}{p_b} \geqslant 1 \tag{7-10}$$

理论上，重合度 $\varepsilon_a = 1$ 就能保证连续传动。在实际应用中，ε_a 值应大于或等于一定的许用值 $[\varepsilon_a]$，即

$$\varepsilon_a \geqslant [\varepsilon_a] \tag{7-11}$$

$[\varepsilon_a]$ 的值由齿轮传动的使用要求和制造精度而定，推荐的 $[\varepsilon_a]$ 值见表 7-3。

表 7-3　推荐的 $[\varepsilon_a]$ 值

使用场合	一般机械制造业	汽车拖拉机	金属切削机床
$[\varepsilon_a]$	1.4	1.1~1.2	1.3

3. 重合度计算

一对外啮合直齿圆柱齿轮传动重合度的计算公式可由图 7-20 得出。

$$\overline{B_2 B_1} = \overline{CB_1} + \overline{CB_2}$$

$$\overline{CB_1} = \overline{N_1 B_1} - \overline{N_1 C} = r_{b1}(\tan\alpha_{a1} - \tan\alpha') = \frac{mz_1}{2}\cos\alpha(\tan\alpha_{a1} - \tan\alpha')$$

$$\overline{CB_2} = \overline{N_2 B_2} - \overline{N_2 C} = r_{b2}(\tan\alpha_{a2} - \tan\alpha') = \frac{mz_2}{2}\cos\alpha(\tan\alpha_{a2} - \tan\alpha')$$

因此

$$\overline{B_2 B_1} = \frac{mz_1}{2}\cos\alpha(\tan\alpha_{a1} - \tan\alpha') + \frac{mz_2}{2}\cos\alpha(\tan\alpha_{a2} - \tan\alpha')$$

由于 $p_b = p\cos\alpha = \pi m\cos\alpha$，所以一对外啮合直齿圆柱齿轮传动的重合度的计算公式为

$$\varepsilon_a = \frac{\overline{B_2 B_1}}{p_b} = \frac{1}{2\pi}[z_1(\tan\alpha_{a1} - \tan\alpha') + z_2(\tan\alpha_{a2} - \tan\alpha')] \tag{7-12}$$

式中，α' 为啮合角，也就是节圆压力角；α_{a1}、α_{a2} 分别为齿轮 1、2 的齿顶圆压力角，其值为

$$\alpha_{a1} = \arccos\frac{r_{b1}}{r_{a1}}, \quad \alpha_{a2} = \arccos\frac{r_{b2}}{r_{a2}}$$

由图 7-21 可推导出标准安装时齿轮与齿条啮合的重合度计算公式。

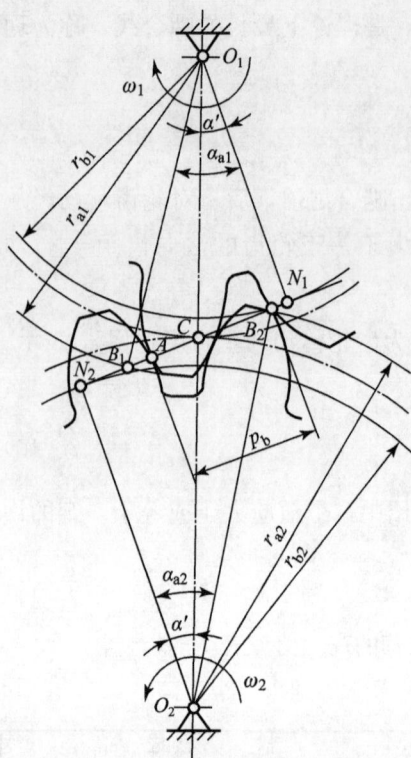

图 7-20 外啮合重合度计算

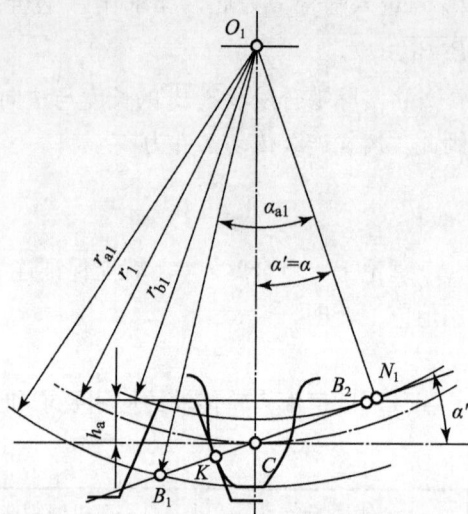

图 7-21 齿轮齿条啮合的重合度计算

$$\overline{B_2B_1} = \overline{CB_1} + \overline{CB_2} = (\overline{N_1B_1} - \overline{N_1C}) + \frac{h_a}{\sin\alpha}$$

$$= \frac{mz_1}{2}\cos\alpha(\tan\alpha_{a1} - \tan\alpha') + \frac{h_a^* m}{\sin\alpha}$$

重合度为

$$\varepsilon_a = \frac{\overline{B_2B_1}}{p_b} = \frac{1}{2\pi}\left[z_1(\tan\alpha_{a1} - \tan\alpha') + \frac{4h_a^*}{\sin2\alpha}\right] \quad (7-13)$$

重合度衡量了啮合线上同时参与啮合的轮齿对数的平均值，重合度越大，同时参与啮合的轮齿的对数越多，传动越平稳。由式（7-12）和式（7-13）可知，重合度与齿轮的模数无关，其随着齿数的增多而增大。假想当两齿轮的齿数 z_1、z_2 都趋于无穷大时，重合度亦趋于最大值 ε_{amax}。此时

$$\varepsilon_{amax} = \frac{2h_a^* m}{\pi m\sin\alpha\cos\alpha} = \frac{4h_a^*}{\pi\sin2\alpha} \quad (7-14)$$

式中，当 $h_a^* = 1$，$\alpha = 20°$ 时，$\varepsilon_{amax} = 1.981$。

如果 $\varepsilon_a = 1$，表明齿轮传动过程中始终只有一对轮齿啮合（只有在 B_1 和 B_2 两点接触的瞬间，才有两对轮齿同时啮合）；如果 $\varepsilon_a = 1.3$（见

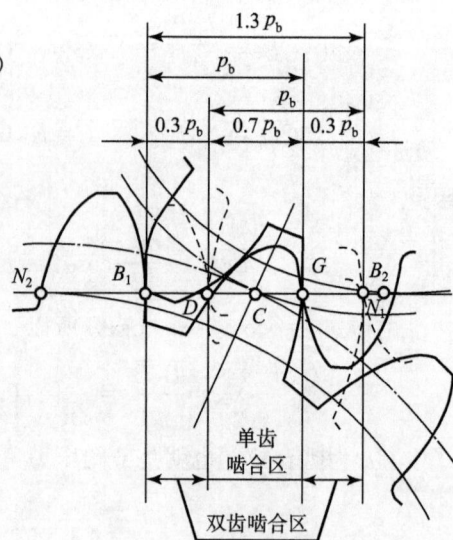

图 7-22 重合度的意义

图 7-22），则表明在啮合线上 B_2G 和 B_1D（长度各为 $0.3p_b$）两段范围内，有两对轮齿同时啮合，称双齿啮合区；在节点 C 附近的 DG（长度为 $0.7p_b$）段内，只有一对轮齿啮合，称单齿啮合区。

三、齿轮传动的中心距及标准齿轮的安装

1. 齿轮传动的中心距

齿轮传动的中心距的变化虽然不影响传动比，但会改变齿侧间隙和顶隙的大小。在确定中心距时，应满足理论齿侧间隙为零和顶隙为标准值两个条件。

一对齿轮啮合传动时，两个节圆始终保持相切，因此两齿轮传动的实际中心距（安装中心距）a' 恒等于两齿轮节圆半径之和，即

$$a' = r_1' + r_2' \qquad (7-15)$$

由于

$$r_b = r\cos\alpha = r'\cos\alpha'$$

故有

$$r_{b1} + r_{b2} = (r_1 + r_2)\cos\alpha = (r_1' + r_2')\cos\alpha'$$

即

$$a\cos\alpha = a'\cos\alpha'$$

式中，$a = r_1 + r_2$，称为标准中心距。

1）无侧隙啮合条件

实际机械中的一对齿轮传动，为了使齿面间形成润滑油膜，防止出现轮齿因受力变形及热膨胀而引起的挤压现象，两轮齿齿廓之间应有一定间隙，此间隙称为齿侧间隙（简称侧隙）。但为了减小或避免轮齿间空程和反向冲击，此间隙一般较小，通常由加工制造时齿轮公差来保证。理论上按无侧隙啮合来计算齿轮的几何尺寸和确定中心距。

一对齿轮的啮合传动相当于两个节圆的纯滚动。为保证无齿侧间隙啮合，一个齿轮节圆上的齿厚 s_1' 应等于另一个齿轮节圆上的齿槽宽 e_2'（见图 7-23），即

$$s_1' = e_2' \quad 或 \quad s_2' = e_1' \qquad (7-16)$$

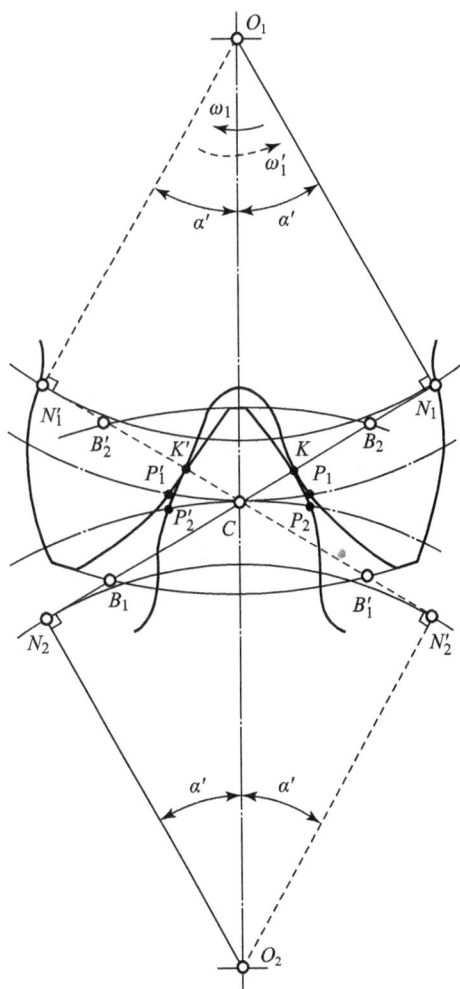

图 7-23 齿轮的安装

此条件称为齿轮传动的无侧隙啮合条件，即节圆齿厚等于相啮合的齿轮的节圆齿槽宽。

2）标准顶隙

在确定一对齿轮的实际中心距时除应满足无侧隙啮合条件外，还应使一轮的齿顶圆与另一轮的齿根圆之间留有一定的间隙，称为顶隙，以避免一轮的齿顶与另一轮的齿槽底相接

触，并能有一定的空隙存储润滑油。此间隙沿半径方向测量，其标准值为 $c=c^* m$。

2. 标准齿轮的标准安装

两标准齿轮啮合传动时，如把两轮安装成分度圆相切的状态，则两轮的节圆分别与其分度圆重合，实际中心距 a' 等于两齿轮分度圆半径之和（标准中心距 a）。由于标准齿轮的分度圆齿厚等于分度圆齿槽宽，即 $s_1=e_1=\dfrac{\pi m}{2}=s_2=e_2$，因此有 $s_1'=e_1'=\dfrac{\pi m}{2}=s_2'=e_2'$，故两轮做无侧隙啮合。此时，顶隙值为

$$c'=a-r_{a1}-r_{f2}=r_1+r_2-r_{a1}-r_{f2}=r_1+r_2-(r_1+h_a^* m)-(r_2-h_a^* m-c^* m)=c^* m$$

综上所述，一对标准齿轮按标准中心距安装，做无侧隙啮合并具有标准顶隙。标准齿轮的这种安装称为标准安装。

四、齿轮和齿条传动

齿轮与齿条啮合时，啮合线与齿轮的基圆相切且垂直于齿条的齿廓。在传动过程中，由于齿轮的基圆大小和位置不变，齿条的直线齿廓法线方向不变，因此啮合线为固定直线。啮合线与过齿轮中心且垂直于齿条分度线的直线的交点 C（节点）为定点。

当齿轮与齿条标准安装时（图 7-24 实线部分），齿轮的分度圆与齿条的分度线相切，齿轮与齿条做无侧隙啮合且具有标准顶隙。这时齿轮的分度圆与节圆重合，齿条分度线与节线重合，啮合角 α' 等于齿轮分度圆压力角 α，也等于齿条齿形角。

当齿轮与齿条非标准安装时（图 7-24 虚线部分），即将齿条由标准安装位置向远离齿轮轮心方向移动一段距离 x，由于节点 C 不变，所以齿轮的分度圆仍然与节圆重合，但齿条分度线与节线不再重合，而是相距一段距离 x。

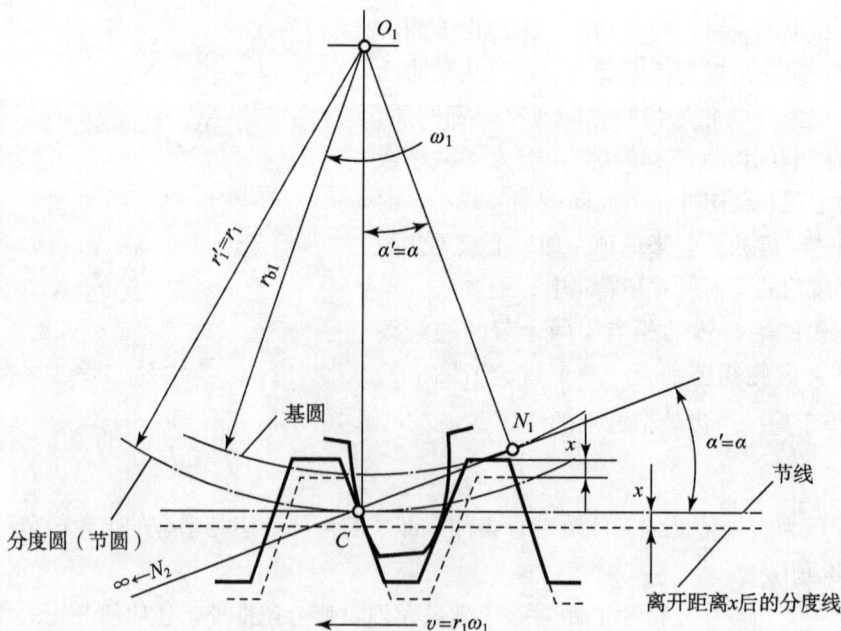

图 7-24 齿轮与齿条啮合

综上所述，当齿轮与齿条啮合传动时无论是标准安装，还是非标准安装，齿轮分度圆永远与节圆重合，啮合角 α' 永远等于分度圆压力角 α。但只有标准安装时齿条分度线才与节线重合。

例题 7-1 已知一对标准安装外啮合直齿圆柱齿轮的参数为 $z_1=22$，$z_2=33$，$\alpha=20°$，$m=2.5$ mm，$h_a^*=1$，$c^*=0.25$，求这对齿轮的主要尺寸和重合度。若两轮的中心距分开 1 mm，重合度又为多少？

解：

$d_1=mz_1=2.5\times22=55$ （mm）　　　　$d_2=mz_2=2.5\times33=82.5$ （mm）

$d_{a1}=d_1+2h_a^*m=60$ （mm）　　　　　$d_{a2}=d_2+2h_a^*m=87.5$ （mm）

$d_{f1}=d_1-2(h_a^*+c^*)m=48.75$ （mm）　$d_{f2}=d_2-2(h_a^*+c^*)m=76.25$ （mm）

$d_{b1}=d_1\cos\alpha=55\times\cos20°=51.68$ （mm）　$d_{b2}=d_2\cos\alpha=82.5\times\cos20°=77.52$ （mm）

$p=\pi m=7.85$ （mm）　　　　　　　　$p_b=p\cos\alpha=\pi m\cos20°=7.38$ （mm）

$\alpha_{a1}=\arccos\dfrac{d_{b1}}{d_{a1}}=\arccos\dfrac{51.68}{60}=30°32'$　$\alpha_{a2}=\arccos\dfrac{d_{b2}}{d_{a2}}=\arccos\dfrac{77.52}{87.5}=27°38'$

$\alpha'=\alpha=20°$

则

$$\varepsilon_a=\frac{1}{2\pi}\left[z_1(\tan\alpha_{a1}-\tan\alpha')+z_2(\tan\alpha_{a2}-\tan\alpha')\right]$$

$$=\frac{1}{2\pi}\left[22\times(\tan30°32'-\tan20°)+33\times(\tan27°38'-\tan20°)\right]$$

$$=1.629$$

标准中心距

$$a=r_1+r_2=27.5+41.25=68.75\ \text{（mm）}$$

增大 1 mm 时，中心距为

$$a'=a+1=69.75\ \text{（mm）}$$

由公式

$$a'\cos\alpha'=a\cos\alpha$$

求得啮合角为

$$\alpha'=\arccos\frac{a}{a'}\cos\alpha=\arccos\frac{68.75}{69.75}\times0.9397=22°9'$$

由此可得

$$\varepsilon_a=\frac{1}{2\pi}\left[z_1(\tan\alpha_{a1}-\tan\alpha')+z_2(\tan\alpha_{a2}-\tan\alpha')\right]$$

$$=\frac{1}{2\pi}\left[22\times(\tan30°32'-\tan22°9')+33\times(\tan27°38'-\tan22°9')\right]$$

$$=1.252$$

第五节　渐开线圆柱齿轮的加工及其根切现象

一、渐开线齿轮轮齿的加工

齿轮的加工方法很多，有铸造法、热压法、冲压法、粉末冶金法和切削法。最常用的是切削法，从加工原理上可将切削法分为仿形法和范成法两大类。

1. 仿形法

仿形法是利用刀具的轴面齿形与被切制的齿轮的齿槽两侧齿廓形状相同的特点，在轮坯上直接加工出齿轮的齿廓。仿形法常用的刀具有盘状铣刀和指状铣刀两种，如图 7-25 所示。切齿时刀具绕自身轴线转动，同时轮坯沿自身轴线移动；每铣完一个齿槽后，轮坯退回原处，并用分度机构将轮坯旋转 $360°/z$，之后再铣下一个齿槽，直至铣出全部轮齿。仿形法加工齿轮方法简单，在普通铣床上即可进行，但精度低，这是因为渐开线形状完全取决于基圆，由于 $d_b = mz\cos\alpha$，即渐开线的形状由 m、z 和 α 决定，因此，即使 m、α 相同，而齿数不同的齿轮也应有不同的成形刀具加工。为经济起见，通常对同一模数和压力角的齿轮只备 8 把或 15 把铣刀，每把铣刀都是以所加工的一组齿轮中齿数最少的齿轮的齿廓曲线来设计的，故用这把刀加工同组其他齿数的齿轮时将产生齿形误差。表 7-4 所示为一套八把铣刀加工齿轮的齿数范围。

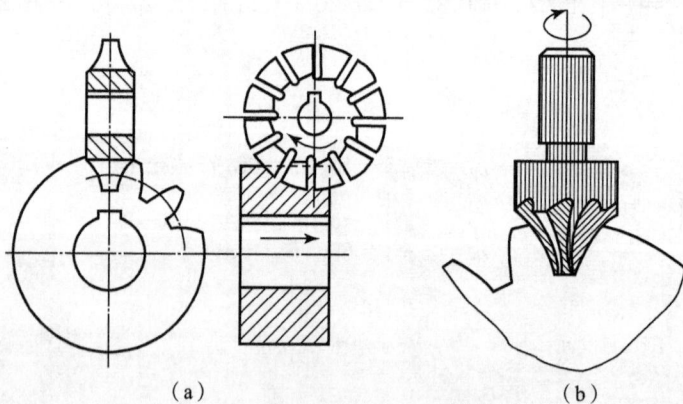

图 7-25　铣刀铣齿
（a）盘状铣刀；（b）指状铣刀

表 7-4　一套某一参数八把铣刀加工齿轮的齿数范围

刀　号	1	2	3	4	5	6	7	8
加工齿数范围	12～13	14～16	17～20	21～25	26～34	55～134	55～134	≥135

2. 范成法

范成法是利用互相啮合的两个齿轮的齿廓曲线互为包络线的原理加工齿轮的轮齿的。范成法切齿时，分为插齿法和滚齿法。插齿法所用刀具有齿轮插刀（见图 7-26）和齿条插刀（见图 7-27），滚齿法所用刀具为齿轮滚刀（见图 7-28）。

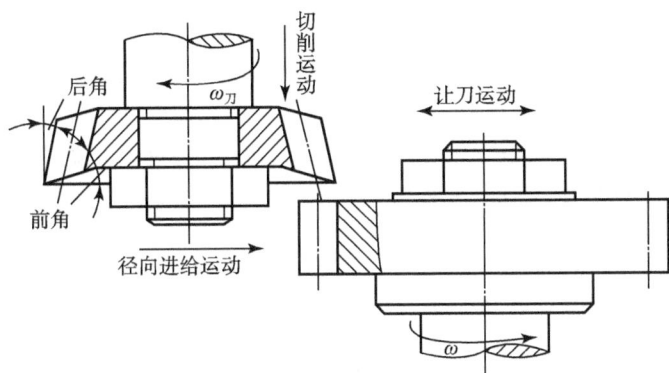

图 7-26　齿轮形插刀插齿

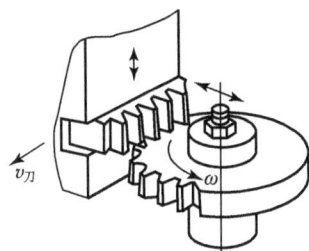

图 7-27　齿条形插刀插齿

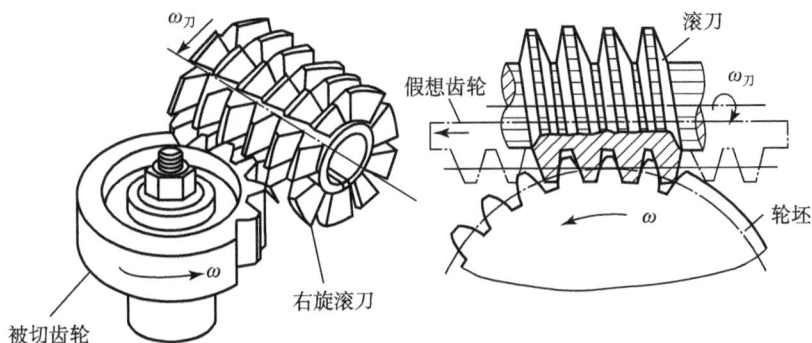

图 7-28　滚刀滚齿

1）齿轮插刀切制齿轮

如图 7-26 所示，齿轮插刀可视为一个模数和压力角与被切制齿轮相同、齿廓为刀刃的外齿轮。加工时，插齿机床的传动系统使插齿刀和轮坯按恒定的传动比 $i_{12} = \dfrac{\omega_1}{\omega_2} = \dfrac{z_{被加工齿轮}}{z_{刀具}}$ 运动，此运动是加工齿轮的主运动，称为范成运动。为切出齿槽，刀具还需沿轮坯轴线方向做往复运动，称为切削运动。另外，为切出齿高，刀具还有沿轮坯径向的进给运动及插刀每次回程时轮坯沿径向的让刀运动。

2）齿条插刀切制齿轮

图 7-27 所示为齿条插刀插齿，齿条插刀可视为齿廓为刀刃的齿条，加工时，机床的传动系统使齿条插刀的移动速度 $v_{刀}$ 与被加工齿轮的分度圆线速度相等，即 $v_{刀} = r\omega$。

3）滚刀滚齿

上述两种刀具加工齿轮时，都存在加工不连续的缺点，为了克服这个缺点可以采用齿轮滚刀加工，如图 7-28 所示。滚刀的外形类似一个螺杆，它的轴向剖面的齿形与齿条插刀的齿形类似，当滚刀滚动时，相当于直线齿廓的齿条沿其轴线方向连续不断的移动，从而加工出任意齿数的齿轮。此外，为了切制出具有一定轴向宽度的齿轮，滚刀在转动的同时，还需沿轮坯轴线方向做进给运动。

综上所述可知，滚刀加工齿轮时能连续切削，故生产率高，适用于大批量生产齿轮。

二、渐开线齿廓的根切

用范成法加工齿轮时，有时会出现刀具顶部把被加工齿轮轮齿根部的渐开线齿廓切去一部分，这种现象称为轮齿的根切现象，如图 7-29 所示。根切的齿轮，一方面削弱了轮齿的抗弯强度，另一方面会导致实际啮合线缩短，使重合度降低，影响传动的平稳性。因此，在设计齿轮时应尽量避免发生根切现象。这就要求我们了解根切现象产生的原因，清楚产生根切现象的几何条件和避免根切的措施。

1. 根切原因

下面以齿条形刀具加工标准齿轮为例，说明产生根切现象的原因。齿条刀的齿形（见图 7-30）与标准齿条的齿形相同，只是刀顶线比标准齿条的齿顶线高 $c^* m$。在范成切齿过程中，刀顶刃切出齿轮的齿根圆，高度为 $c^* m$ 的齿顶圆角刃切出齿轮根部的、介于渐开线与齿根圆弧间的过渡曲线，只有齿条刀齿侧直刃才能切制出齿轮齿廓的渐开线部分。

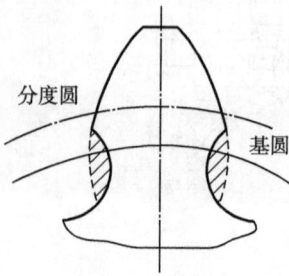

图 7-29　根切现象

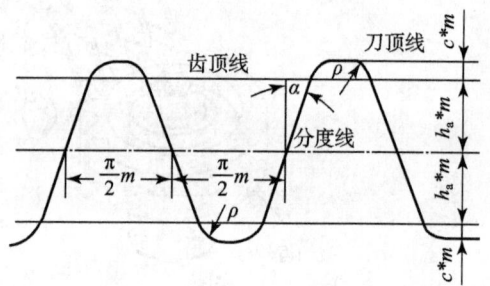

图 7-30　齿条形插刀的齿廓形状

加工标准齿轮时，齿条刀的分度线与齿轮毛坯的分度圆相切，节点为 C，如图 7-31 所示。当刀具的刀刃与被切制齿轮在 B_1 点啮合时，开始加工轮坯上轮齿的渐开线齿廓，当刀刃与轮坯的啮合点达到啮合极限点 N 点时，即加工出轮齿由基圆至齿顶圆间的渐开线齿廓。但由于刀具的齿顶线超过了啮合极限点 N，故刀具与被切制齿轮的轮齿此时尚未脱离啮合，刀具将继续右移，之后便开始出现根切，直至达到啮合终止 B_2 点为止。

设刀具移动的位移为 $r\varphi$，因刀具的分度线与轮坯的分度圆做纯滚动，故轮坯转过的角度为 φ。此时刀具的齿廓位于位置 l'，轮坯的齿廓位于位置 g'，齿廓 l' 与啮合线的交点为 K，由图 7-31 得

$$\overline{NK} = r\varphi\cos\alpha = r_b\varphi$$

此时，轮坯上的点 N 转过的弧长为

$$\widehat{NN'} = r_b\varphi$$

因此

$$\overline{NK} = \widehat{NN'}$$

由于 $\overline{NK}$ 是直线距离，而 $\widehat{NN'}$ 为圆弧，故点 N' 必位于齿廓 l' 的左侧。又因为 N' 是齿廓 g' 在基圆上的起始点，因此，刀具的齿顶必定切入轮坯的齿根，不仅仅基圆内的齿廓被切去

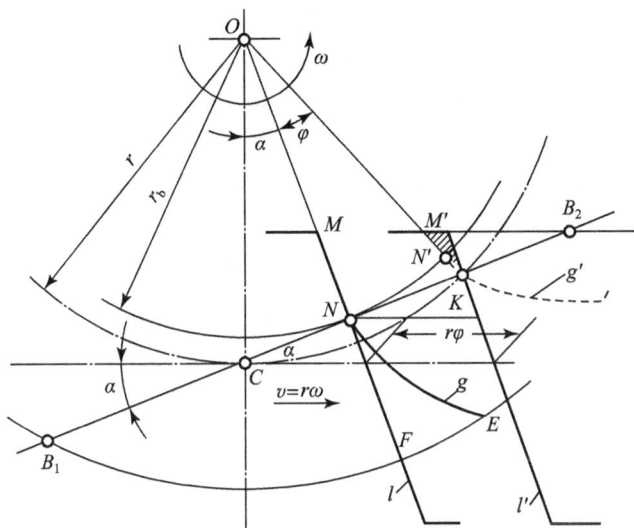

图 7 - 31　根切现象发生的原因

一部分，而且基圆外的渐开线齿廓也会被切去一部分，从而发生根切。

2. 用标准齿条型刀具切制标准齿轮不出现根切的最小齿数

如上所述，用范成法加工标准齿轮时，刀具的齿顶线如超过了啮合极限点 N，就会出现根切。因此，要避免根切，必须使刀具的齿顶线不超过啮合极限点 N，如图 7 - 32 所示，即刀具的齿顶线到节线的距离 $h_a^* m$ 应小于等于啮合极限点 N 到节线的距离 $\overline{NM}$，即

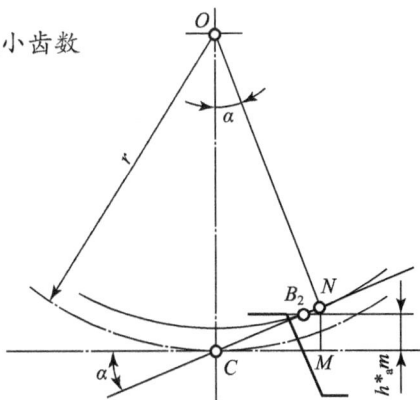

图 7 - 32　不出现根切

$$h_a^* m \leqslant \overline{NM} = r\sin^2\alpha = \frac{mz}{2}\sin^2\alpha$$

进一步

$$z \geqslant \frac{2h_a^*}{\sin^2\alpha}$$

因此，用标准齿条型刀具加工标准齿轮不出现根切的最小齿数为

$$z_{\min} = \frac{2h_a^*}{\sin^2\alpha} \tag{7 - 17}$$

式中，当 $h_a^* = 1$，$\alpha = 20°$ 时，$z_{\min} = 17$。

第六节　渐开线变位齿轮机构

一、变位齿轮的概念

为使结构紧凑，有时需要制造齿数小于最少齿数 $z_{\min}$，而又不出现根切的齿轮。由不发

生根切的最少齿数的公式可知，减小齿顶高系数 h_a^* 及加大压力角 α 均可使发生根切的最小齿数变少。但是，减小 h_a^* 将使重合度减小，增大压力角将降低传动效率，而且还需采用非标准刀具。因此，这两种办法都是不可取的。解决上述问题的最好办法是将刀具从标准安装位置向远离轮坯轮心方向移动一段距离 xm，使刀具齿顶线落在 N 点之下（见图 7-33）。由于这时刀具的节线与分度线不重合，而是相距 xm，故加工出的齿轮在分度圆上的齿厚与齿槽宽不相等，这种齿轮称为变位齿轮，x 称为变位系数。通常，刀具由标准安装位置远离轮坯中心时，x 为正值，称为正变位，加工出的齿轮称为正变位齿轮；如果被切制的齿轮齿数比较多，为了满足齿轮传动的某些要求，有时也可将刀具由标准安装位置移向轮坯中心 xm，此时 x 为负值，称为负变位，加工出的齿轮称为负变位齿轮。

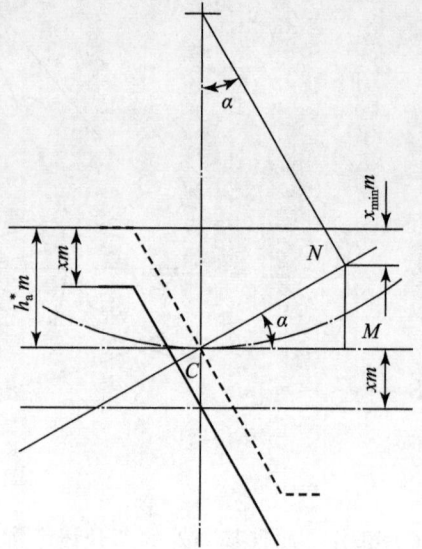

图 7-33 变位齿轮的概念

二、最小变位系数

如前所述，用齿条刀加工少于最少齿数的齿轮时，为了避免根切，刀具应做正变位切削，且变位系数越大，根切的程度越轻。当刀具的齿顶线刚好通过轮坯与刀具的啮合极限点 N 时，齿轮便完全没有根切。如图 7-33 所示，不发生根切的条件为

$$(h_a^*-x)m \leqslant \overline{NM} = r\sin^2\alpha = \frac{mz}{2}\sin^2\alpha$$

整理，并与式（7-17）联合求解得

$$h_a^*-x \leqslant \frac{z}{2}\sin^2\alpha, \quad x \geqslant h_a^* - \frac{z}{2}\sin^2\alpha = h_a^*\left(1-\frac{z}{z_{\min}}\right)$$

因此，用标准齿条刀切制齿轮不发生根切的最小变位系数为

$$x_{\min} = h_a^* - \frac{z}{2}\sin^2\alpha = h_a^*\left(1-\frac{z}{z_{\min}}\right) \tag{7-18}$$

式中，当 $h_a^*=1$，$\alpha=20°$ 时，$z_{\min}=17$，$x_{\min}=\frac{17-z}{17}$。当 $z<17$ 时，$x_{\min}>0$，这说明为了避免根切，刀具应由标准位置向远离轮坯轮心方向移动，移动最小距离为 $x_{\min}m$，这时刀具的分度线与被加工齿轮的分度圆相离 xm；当 $z>17$ 时，$x_{\min}<0$，这说明加工时刀具向轮坯轮心方向移动一段距离也不会出现根切，移动最大距离为 $x_{\min}m$，这时刀具的分度线与被加工齿轮的分度圆相交 xm。

三、变位齿轮与标准齿轮的异同点

变位齿轮与同参数的标准齿轮相比，它们的渐开线相同，只是使用同一条渐开线的不同部分，分度圆、基圆、齿距、基圆齿距不变，而齿顶圆、齿根圆、齿顶高、齿根高及分度圆齿厚和齿槽宽均发生了变化。

1. 齿厚与齿槽宽

如图 7-34 所示，对于正变位齿轮来说，刀具节线上的齿厚比分度线上的齿厚减少了 $2\overline{JK}$，因此被切制齿轮分度圆上的齿槽宽将减少 $2\overline{JK}$。由图中几何关系知 $\overline{JK}=xm\tan\alpha$，故正变位齿轮齿槽宽的计算公式为

$$e=\frac{\pi m}{2}-2xm\tan\alpha \qquad (7-19)$$

齿厚的计算公式为

$$s=\frac{\pi m}{2}+2xm\tan\alpha \qquad (7-20)$$

2. 齿顶高及齿根高

刀具节线至刀顶线之间的距离为齿根高。对于变位量为 xm 的正变位齿轮（见图 7-34），齿根高比相应的标准齿轮减少了 xm，即

$$h_f=(h_a^*+c^*-x)m \qquad (7-21)$$

变位齿轮的分度圆与相应标准齿轮一样，变位齿轮的齿顶圆仅仅取决于轮坯顶圆的大小，若暂不计变位齿轮齿顶高对顶隙的影响，假定齿高不变，正变位齿轮的齿顶高较相应的标准齿轮增大 xm，即

$$h_a=(h_a^*+x)m \qquad (7-22)$$

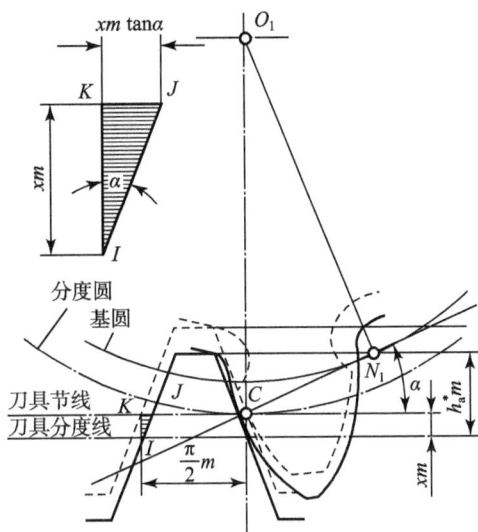

图 7-34 正变位齿轮齿厚变化

3. 公法线与跨齿数

变位齿轮的公法线长度计算公式为

$$W_k=m\cos\alpha[(k-0.5)\pi+z\text{inv}\alpha]+2xm\sin\alpha \qquad (7-23)$$

对于变位齿轮，通常希望量爪与齿廓的切点位于齿廓上向径等于 $(r+xm)$ 的点处，其跨齿数 k 的计算公式为

$$k=\frac{\alpha}{\pi}z+0.5+\frac{2x}{\pi\tan\alpha} \qquad (7-24)$$

对于负变位齿轮，以上几个公式同样适用，只需注意变位系数为负值即可。

同参数的标准齿轮与变位齿轮的尺寸比较如图 7-35 所示。

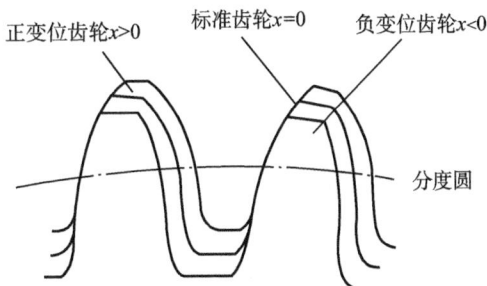

图 7-35 变位齿轮与标准齿轮比较

四、变位齿轮传动的设计

1. 变位齿轮传动的参数和几何尺寸

变位齿轮传动与标准齿轮传动一样，除要满足正确啮合及连续传动条件外，在安装时，也需满足两轮齿侧间隙为零及顶隙为标准值这两个要求。

1）无侧隙啮合方程式

由前述可知，齿轮传动的无侧隙啮合条件为

$$s_1' = e_2' \quad \text{或} \quad s_2' = e_1'$$

因此，两轮节圆齿距应满足

$$p' = s_1' + e_1' = s_1' + s_2' \tag{7-25}$$

由任意圆齿厚计算公式得

$$s_1' = s_1 \frac{r_1'}{r_1} + 2r_1'(\text{inv}\alpha - \text{inv}\alpha')$$

$$s_2' = s_2 \frac{r_2'}{r_2} + 2r_2'(\text{inv}\alpha - \text{inv}\alpha')$$

式中，$s_1 = m\left(\dfrac{\pi}{2} + 2x_1 \tan\alpha\right)$，$s_2 = m\left(\dfrac{\pi}{2} + 2x_2 \tan\alpha\right)$。

又由于 $r_b = r'\cos\alpha' = r\cos\alpha$，$p_b = p'\cos\alpha' = p\cos\alpha$，因此

$$\frac{r_1'}{r_1} = \frac{\cos\alpha}{\cos\alpha'}, \quad \frac{r_2'}{r_2} = \frac{\cos\alpha}{\cos\alpha'}, \quad \frac{p'}{p} = \frac{\cos\alpha}{\cos\alpha'}$$

而 $p = \pi m$，$r_1 = \dfrac{\pi m}{2}$，$r_2 = \dfrac{\pi m}{2}$，将以上各式代入式（7-25）得

$$\text{inv}\alpha' = \frac{2(x_1 + x_2)}{z_1 + z_2}\tan\alpha + \text{inv}\alpha \tag{7-26}$$

该式称为无侧隙啮合方程式，它表明一对变位齿轮在进行无侧隙啮合时，其啮合角 α' 与变位系数之和（$x_1 + x_2$）之间的关系。若 $x_1 + x_2 = 0$，则 $\alpha' = \alpha$，两轮节圆与分度圆重合，其无侧隙啮合中心距 a' 等于标准中心距 a；若 $x_1 + x_2 \neq 0$，则 $\alpha' \neq \alpha$，两轮节圆与分度圆不重合，无侧隙啮合中心距 a' 不等于标准中心距 a，两轮的分度圆分离或相交。

2）中心距变动系数 y

设两轮做无侧隙啮合时的中心距 a' 与标准中心距 a 之差为 ym。其中，m 为模数，y 称为中心距变动系数，则

$$ym = a' - a$$

由于 $a' = a\dfrac{\cos\alpha}{\cos\alpha'}$，因此有

$$ym = a\left(\frac{\cos\alpha}{\cos\alpha'} - 1\right) = \frac{m(z_1 + z_2)}{2}\left(\frac{\cos\alpha}{\cos\alpha'} - 1\right)$$

故

$$y = \frac{(z_1 + z_2)}{2}\left(\frac{\cos\alpha}{\cos\alpha'} - 1\right) \tag{7-27}$$

3）齿顶高变动系数 σ

顶隙 c' 由下式确定

$$c' = a' - r_{a1} - r_{f2} \text{ 或 } c' = a' - r_{a2} - r_{f1} \tag{7-28}$$

由于

$$r_{a1} = r_1 + h_a^* m + x_1 m, \quad r_{f2} = r_2 - (h_a^* + c^*)m + x_2 m$$

$$r_{a2} = r_2 + h_a^* m + x_2 m, \quad r_{f1} = r_1 - (h_a^* + c^*)m + x_1 m$$

代入式（7-28）得

$$c' = a' - a + c^* m - (x_1 + x_2)m$$

由于 $a' - a = ym$，$c = c^* m$。因此

$$c' = c - (x_1 + x_2 - y)m$$

可以证明，只要 $x_1 + x_2 \neq 0$，总有 $x_1 + x_2 > ym$，即 $c' < c$。工程上为了解决这一矛盾，常将两轮的齿顶高各减短 $\sigma m = (x_1 + x_2 - y)m$，以满足两变位齿轮既做无侧隙啮合，又具有标准顶隙的要求，称 σ 为齿顶高变动系数，其值为

$$\sigma = (x_1 + x_2) - y \tag{7-29}$$

这时，齿轮的齿顶高为

$$h_a = h_a^* m + xm - \sigma m = (h_a^* + x - \sigma)m$$

2. 变位齿轮传动的类型、应用

齿轮传动的类型是根据一对齿轮传动变位系数之和 $(x_1 + x_2)$ 的不同来划分的。$x_1 + x_2 = 0$，且 $x_1 = x_2 = 0$ 时为标准齿轮传动；$x_1 + x_2 = 0$，且 $x_1 = -x_2 \neq 0$ 时为高变位齿轮传动或等移距变位齿轮传动；$x_1 + x_2 \neq 0$ 时为角变位齿轮传动或不等移距变位齿轮传动，其中 $x_1 + x_2 > 0$ 为正传动，$x_1 + x_2 < 0$ 为负传动。

1）标准齿轮传动

这类齿轮传动设计简单，只要齿数大于最少齿数就不会出现根切。重合度一般足够大，无须验算，但小齿轮的齿根强度较弱、齿面耐磨性较差。

2）高变位齿轮传动

小齿轮正变位，大齿轮负变位。其齿数可以小于最少齿数，但两轮都不应出现根切，要满足 $z_1 + z_2 \geq 2z_{min}$。由于 $x_1 + x_2 = 0$，故

$$a' = a, \quad \alpha' = \alpha, \quad y = 0, \quad \sigma = 0$$

即无侧隙啮合中心距等于标准中心距，啮合角等于分度圆压力角，节圆与分度圆重合，齿顶高无须降低。适当选择变位系数，可使大、小两齿轮强度趋于相等，从而提高一对齿轮传动

的承载能力，改善齿轮的磨损情况。因中心距为标准值，故这种齿轮传动可用来替换或修复旧机械中的原有标准齿轮传动。高变位齿轮传动必须成对设计、制造和使用。小齿轮齿顶易变尖；重合度与相应标准齿轮传动比略有减小。

3）正传动

由于

$$x_1 + x_2 > 0$$

故

$$a' > a, \ \alpha' > \alpha, \ y > 0, \ \sigma > 0$$

即无侧隙啮合中心距大于标准中心距，啮合角大于分度圆压力角，分度圆相离，齿顶高比标准齿轮减短 σm。两轮齿数和不受 $z_1 + z_2 \geqslant 2z_{\min}$ 限制，因此，机构可以更为紧凑。适当选择变位系数可提高齿轮传动的承载能力。

正传动的缺点为，当变位系数和较大时，由于啮合角增大及实际啮合线减短，重合度降低较多，因此必须校验。另外，还需校验齿顶厚度，以免太薄。

4）负传动

由于 $x_1 + x_2 < 0$，故

$$a' < a, \ \alpha' < \alpha, \ y < 0, \ \sigma > 0$$

即无侧隙啮合中心距小于标准中心距，啮合角小于分度圆压力角，分度圆相交，齿顶高比标准齿轮减短 σm。

负传动的重合度略有增加，但轮齿的接触与弯曲强度都有所降低。总体来看，负传动的缺点较多，除用于凑配中心距外，一般不宜采用。

变位齿轮传动，特别是角变位齿轮传动是渐开线齿轮技术特有的成果。在制造工艺上变位齿轮与标准齿轮完全一样，所需技术装备也完全相同，只需适当调整轮坯与刀具的径向相对位置就能加工出变位齿轮。如能在设计上正确选用变位系数，则可获得比标准齿轮传动更好的啮合性能、更高的承载能力和更强的适应性。

各类齿轮传动的参数和尺寸计算公式见表 7-5。

表 7-5　变位齿轮传动计算公式

名称	符号	标准齿轮传动	高变位齿轮传动	角变位齿轮传动	
				正传动	负传动
变位系数	x	$x_1 = x_2 = 0$	$x_1 + x_2 = 0$ $x_1 = -x_2 \neq 0$	$x_1 + x_2 > 0$	$x_1 + x_2 < 0$
啮合角	α'	$\alpha' = \alpha$		$\alpha' > \alpha$	$\alpha' < \alpha$
中心距	a	$a' = a$		$a' > a$	$a' < a$
中心距变动系数	y	$y = 0$		$y > 0$	$y < 0$
齿顶高变动系数	σ	$\sigma = 0$		$\sigma > 0$	
齿顶高	h_a	$h_a = h_a^* m$	$h_a = (h_a^* + x)m$	$h_a = (h_a^* + x - \sigma)m$	
齿根高	h_f	$h_a = (h_a^* + c^*)m$	$h_a = (h_a^* + c^* - x)m$		
齿顶圆直径	d_a	$d_a = d + 2h_a$			
齿根圆直径	d_f	$d_f = d - 2h_a$			

例题 7-2　某设备中有一对渐开线标准直齿圆柱齿轮传动，$m=16$ mm，$\alpha=20^\circ$，$h_a^*=1$，$z_1=27$，$z_2=245$，小轮轮齿已严重磨损，拟更换小齿轮而对大齿轮进行修复，以节约原材料和制造费用。已测出大齿轮的齿面最大磨损深度相当于分度圆齿厚减薄 5.61 mm。试用高变位齿轮传动修复这对原有的标准齿轮传动。

解：

（1）根据大齿轮分度圆齿厚磨损减薄量确定大齿轮的变位系数。

为了把磨损的大齿轮重新切出完好的齿廓，应使修正后的大齿轮齿厚等于或小于原有的标准齿轮齿厚减去磨损减薄量，即

$$s_2=\frac{\pi m}{2}+2x_2 m\tan\alpha\leqslant\frac{\pi m}{2}-5.61$$

由此得

$$x_2\leqslant\frac{5.61}{2m\tan\alpha}=\frac{-5.61}{2\times16\times\tan20^\circ}=-0.481\ 7$$

取 $x_2=-0.5$。

（2）为保证无侧隙啮合中心距与原有设备的中心距相符，按照 $x_1+x_2=0$ 的条件确定小齿轮的变位系数为 $x_1=0.5$。

（3）修整后的大齿轮齿顶圆半径应为

$$r_{a2}=r_2+(h_a^*+x_2)m=\frac{mz_2}{2}+(h_a^*+x_2)m=\frac{245\times16}{2}+(1-0.5)\times16=1\ 968\ (\text{mm})$$

在修整齿侧表面之前，应先把原大轮顶圆半径车去 8 mm。

（4）校核小轮齿顶厚。

由任意圆周齿厚公式得齿顶圆齿厚计算公式为

$$s_{a1}=d_{a1}(s_1/d_1-\text{inv}\alpha_{a1}+\text{inv}\alpha)$$

经计算

$$d_1=z_1 m=27\times16=432\ (\text{mm})$$

$$d_{a1}=d_1+2(h_a^*+x_1)\ m=432+2\times(1+0.5)\times16=480\ (\text{mm})$$

$$s_1=\frac{\pi m}{2}+2x_1 m\tan\alpha=\frac{\pi\times16}{2}+2\times0.5\times16\times\tan20^\circ=30.965\ (\text{mm})$$

$$\alpha_{a1}=\arccos\frac{d_{b1}}{d_{a1}}=\arccos\frac{z_1\cos\alpha}{z_1+2h_a^*+2x_1}=\arccos\frac{27\times\cos20^\circ}{27+2\times1+2\times0.5}=32.25^\circ$$

$$\text{inv}\alpha_{a1}=\tan32.25^\circ-32.25\times\pi/180=0.068\ 087\ 7$$

$$\text{inv}\alpha=\tan20^\circ-20\times\pi/180=0.014\ 904\ 4$$

得小齿轮齿顶厚为

$$s_{a1}=8.868\ \text{mm}$$

通常要求齿顶厚不小于模数的 0.4 倍，本例拟新制的小齿轮满足此条件。

（5）校核重合度。

由于

$$\alpha_{a1} = \arccos \frac{d_{b1}}{d_{a1}} = \arccos \frac{d_1 \cos\alpha}{d_1 + 2(h_a^* + x_1)m} = \arccos \frac{27 \times 16 \times \cos 20°}{27 \times 16 + 2 \times (1 + 0.5) \times 16} = 32.25°$$

$$\alpha_{a2} = \arccos \frac{d_{b2}}{d_{a2}} = \arccos \frac{d_2 \cos\alpha}{d_2 + 2(h_a^* + x_2)m} = \arccos \frac{245 \times 16 \times \cos 20°}{245 \times 16 + 2 \times (1 - 0.5) \times 16} = 20.63°$$

$$\alpha' = \alpha = 20°$$

因此

$$\varepsilon_a = \frac{\overline{B_2 B_1}}{P_b} = \frac{1}{2\pi}[z_1(\tan\alpha_{a1} - \tan\alpha') + z_2(\tan\alpha_{a2} - \tan\alpha')]$$

$$= \frac{1}{2 \times 3.14}[27(\tan 32.25° - \tan 20°) + 245(\tan 21.24° - \tan 20°)] = 1.64$$

原标准齿轮的重合度为

$$\alpha_{a1} = \arccos \frac{d_{b1}}{d_{a1}} = \arccos \frac{d_1 \cos\alpha}{d_1 + 2h_a^* m} = \arccos \frac{27 \times 16 \times \cos 20°}{27 \times 16 + 2 \times 1 \times 16} = 28.96°$$

$$\alpha_{a2} = \arccos \frac{d_{b2}}{d_{a2}} = \arccos \frac{d_2 \cos\alpha}{d_2 + 2h_a^* m} = \arccos \frac{245 \times 16 \times \cos 20°}{245 \times 16 + 2 \times 16} = 21.24°$$

$$\varepsilon_a = \frac{\overline{B_2 B_1}}{P_b} = \frac{1}{2\pi}[z_1(\tan\alpha_{a1} - \tan\alpha') + z_2(\tan\alpha_{a2} - \tan\alpha')]$$

$$= \frac{1}{2 \times 3.14}[27(\tan 28.96° - \tan 20°) + 245(\tan 21.24° - \tan 20°)] = 1.78$$

从计算结果看，重合度略有减小，但仍大于中、低精度齿轮传动的许用重合度。

例题 7-3 模数 $m = 3$ mm，压力角 $\alpha = 20°$ 的一对外啮合标准直齿圆柱齿轮进行啮合传动，两轮齿数分别为 $z_1 = 31$ 和 $z_2 = 49$，中心距为 $a' = 120$ mm。为得到更为合适的传动比，希望用一个 48 个齿的齿轮来替换 49 个齿的齿轮，若要保持原有中心距，试求该齿轮的变位系数。

解：

若 $z_1 = 31$，$z_2 = 48$，则标准中心距为

$$a = \frac{m}{2}(z_1 + z_2) = \frac{3}{2} \times (31 + 48) = 118.5 \ (\text{mm})$$

要保持原有中心距 $a' = 120$ mm 不变，因 $a' > a$，须采用正传动。啮合角为

$$\alpha' = \arccos\left(\frac{a}{a'}\cos\alpha\right) = \arccos\left(\frac{118.5}{120}\cos 20°\right) = 21.88°$$

根据无侧隙啮合方程式，求得两轮的变位系数之和为

$$x_1 + x_2 = \frac{z_1 + z_2}{2\tan\alpha}(\text{inv}\alpha' - \text{inv}\alpha) = \frac{31 + 48}{2 \times \tan 20°}(\text{inv} 21.88° - \text{inv} 20°) = 0.524$$

小轮为标准齿轮，$x_1 = 0$，故大轮的变位系数为

$$x_2 = 0.524$$

第七节 其他齿轮机构

一、斜齿圆柱齿轮机构

1. 斜齿圆柱齿轮齿廓曲面的形成

由于直齿圆柱齿轮的轮齿齿长方向与轴线平行，所以在垂直于齿轮轴线的任意平面（端面）上的齿廓形状及啮合情况是完全一样的，因此上述各节在讨论直齿圆柱齿轮时都将它简化为平面问题来研究，如图 7 - 36（a）所示。直齿圆柱齿轮的齿廓曲面是这样形成的：发生面 S 在基圆柱上做纯滚动时，其上任意与基圆柱母线 NN' 平行的直线 KK' 的轨迹形成直齿圆柱齿轮的齿廓曲面（为渐开线曲面）。两直齿圆柱齿轮进行啮合传动时，两齿廓接触线 KK' 沿着两基圆柱的内公切面 S（称为啮合面）移动，且 KK' 线与基圆柱母线 N_1N_1' 和 N_2N_2' 平行，如图 7 - 36（b）所示。因此，两齿轮的一对啮合齿廓在传动过程中是沿全齿宽同时进入啮合与同时退出啮合的。

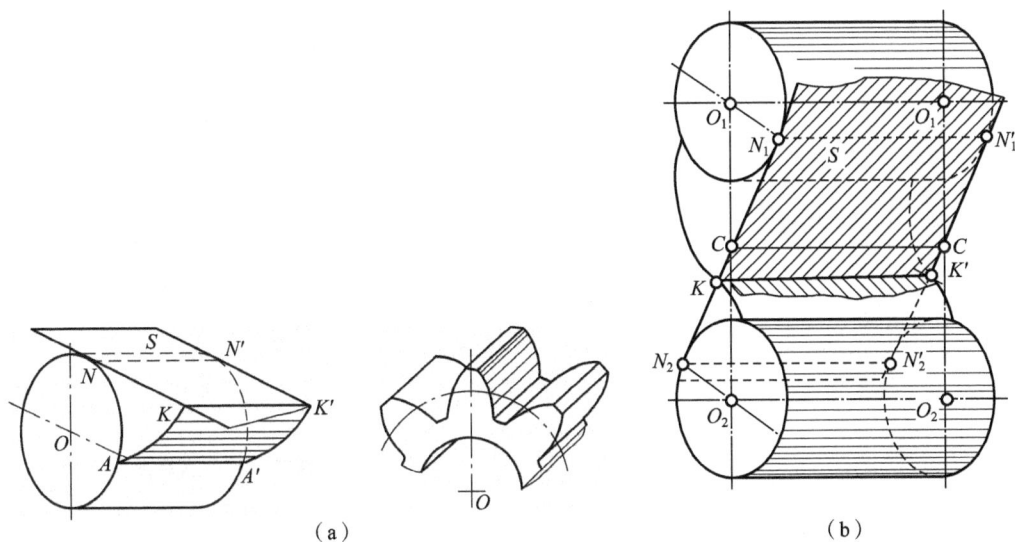

图 7 - 36 直齿轮齿面形成和齿面接触线

（a）齿面形成；（b）齿面接触线

斜齿圆柱齿轮齿廓曲面的形成与直齿圆柱齿轮类似，只不过直线 KK' 不平行于 NN'，而与它成一偏斜角 β_b。如图 7 - 37（a）所示，当发生面 S 沿基圆柱做纯滚动时，直线 KK' 上各点的轨迹仍为渐开线，各渐开线的起始点将在基圆柱上集合形成一条螺旋线（AA'），具有不同起始点的渐开线集合形成渐开线螺旋曲面。渐开线螺旋面齿廓具有如下特点：

（1）端面（垂直于齿轮轴线的平面）与齿廓曲面的交线为渐开线。

（2）相切于基圆柱的平面与齿廓曲面的交线为斜直线，它与基圆柱母线的夹角为 β_b。

（3）基圆柱面以及与它同轴的圆柱面和齿廓曲面的交线都是螺旋线，但螺旋角不同。基圆柱面上的螺旋角用 β_b 表示；分度圆柱面上的螺旋角简称螺旋角，用 β 表示。

两斜齿圆柱齿轮进行啮合传动时，两齿廓接触线 KK' 与齿轮轴线的夹角为 β_b，为斜直线，如图 7-38（b）所示。其啮合过程是在前端面从动轮齿顶的某一点开始接触，然后接触线由短变长，再由长变短，最后在后端面从动轮靠近齿根的某一点分离。

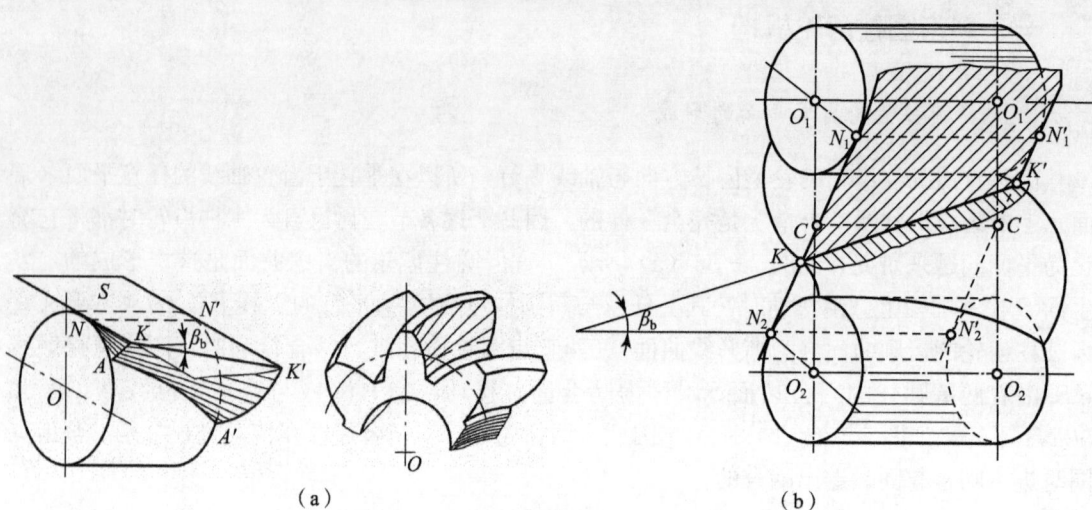

图 7-37 斜齿轮齿面形成和齿面接触线

（a）齿面形成；（b）齿面接触线

2. 斜齿轮的基本参数

斜齿圆柱齿轮的法面（垂直于分度圆柱面螺旋线的切线的平面）齿形不同于端面的渐开线齿形，故斜齿圆柱齿轮有端面和法面两套齿形参数。在切制斜齿轮的轮齿时，刀具进刀方向是垂直于法面的，故法面参数 m_n、α_n、h_{an}^* 和 c_n^* 均与刀具参数相同，是标准值。但端面齿廓曲线是真正的渐开线，因此斜齿圆柱齿轮的几何尺寸如 d、d_b、d_a、d_f 等的计算均应在端面上进行，即用端面参数 m_t、α_t、h_{at}^* 和 c_t^* 等计

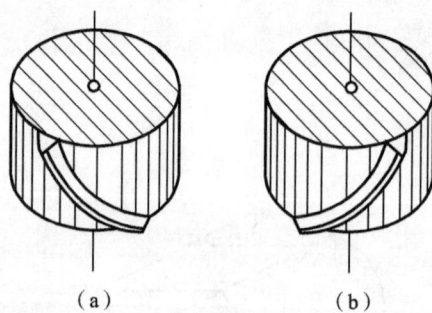

图 7-38 斜齿轮的旋向

（a）左旋；（b）右旋

算，这就要求建立端面参数与法面参数之间的换算关系。另外，斜齿圆柱齿轮比直齿圆柱齿轮多了一个基本参数，即螺旋角 β。

斜齿圆柱齿轮轮齿螺旋方向有左旋与右旋之分，如图 7-38 所示。

1）法面模数 m_n 与端面模数 m_t

如图 7-39 所示，将斜齿圆柱齿轮分度圆柱面展开，图中有剖面部分为轮齿，空白部分为齿槽。β 为分度圆柱的螺旋角，p_n 为法面齿距，p_t 为端面齿距，根据图中的几何关系可得

$$p_n = p_t \cos\beta$$

因为 $p_n = \pi m_n$，$p_t = \pi m_t$，因此斜齿轮端、法面模数的关系为

$$m_n = m_t \cos\beta \tag{7-30}$$

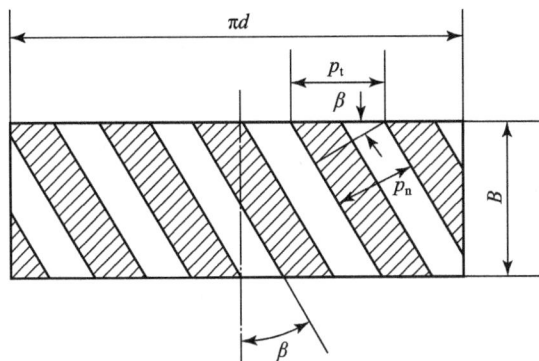

图 7-39 斜齿轮端法面模数关系

2）法面齿顶高系数 h_{an}^*、端面齿顶高系数 h_{at}^*；法面顶隙系数 c_n^*、端面顶隙系数 c_t^*

斜齿轮的齿顶高和齿根高，不论从法面或端面上看都是相同的，即

$$h_a = h_{an}^* m_n = h_{at}^* m_t, \quad c = c_n^* m_n = c_t^* m_t$$

故

$$h_{at}^* = h_{an}^* m_n / m_t = h_{an}^* \cos\beta \quad (7-31)$$

$$c_t^* = c_n^* m_n / m_t = c_n^* \cos\beta \quad (7-32)$$

3）法面压力角 α_n 与端面压力角 α_t

为方便起见，用斜齿条的端、法面压力角来定义斜齿轮的端、法面压力角。

在图 7-40 中，$\triangle bac$ 所在的面为端面，此面内的压力角为斜齿轮的端面压力角 α_t；$\triangle b'a'c$ 所在的面为法面，此面内的压力角为斜齿轮的法面压力角 α_n。由图中几何关系得

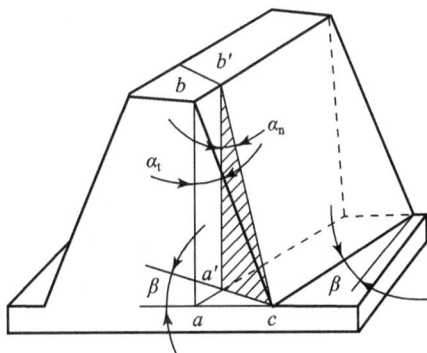

图 7-40 斜齿条压力角

$$\tan\alpha_n = \frac{a'c}{a'b'}, \quad \tan\alpha_t = \frac{ac}{ab}$$

因为 $a'c = ac\cos\beta$，$ab = a'b'$，所以

$$\tan\alpha_n = \cos\beta\tan\alpha_t \quad (7-33)$$

4）斜齿轮的分度圆柱螺旋角 β 与基圆柱螺旋角 β_b

如图 7-41 所示，将斜齿圆柱齿轮的分度圆柱面展开成一个长方形，阴影线部分为轮齿，空白部分为齿槽，b 为斜齿轮的轴向宽度。分度圆柱面展成平面后，螺旋线便成为一条斜直线，斜直线与轴线的夹角即螺旋角。由图中的几何关系得

$$\tan\beta = \frac{\pi d}{p_z}$$

式中，p_z 为螺旋线的导程，即螺旋线绕一周时沿齿轮轴线方向前进的距离。

斜齿轮各个圆柱面上的螺旋线的导程相同，基圆柱面上的螺旋角 β_b 为

$$\tan\beta_b = \frac{\pi d_b}{p_z}$$

由以上两式得

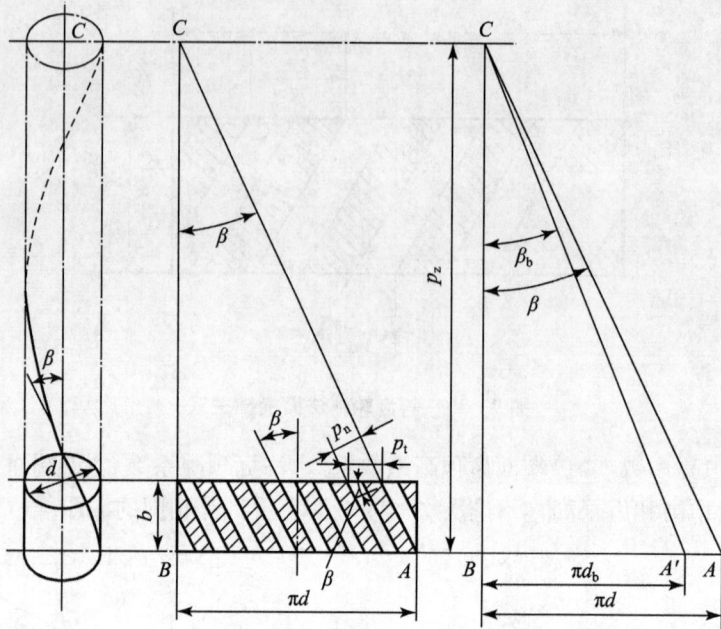

图 7 - 41 斜齿轮的基本参数

$$\tan\beta_b = \frac{d_b}{d}\tan\beta = \tan\beta\cos\alpha_t \qquad (7-34)$$

5）法面变位系数 x_n 与端面变位系数 x_t

变位量无论从端面看或从法面看均相同，即

$$x_n m_n = x_t m_t$$

故

$$x_t = x_n\cos\beta \qquad (7-35)$$

3. 斜齿圆柱齿轮的几何尺寸计算

从端面上看，斜齿轮啮合与直齿轮完全相同，所以斜齿轮的几何尺寸及与渐开线齿廓啮合有关的计算公式和直齿轮完全一样，不过要换成斜齿轮的端面参数。由于法面参数为标准值，还需进一步用法面参数表达斜齿轮几何尺寸的计算公式，具体计算公式见表 7 - 6。斜齿圆柱齿轮传动中心距的配凑可通过改变螺旋角 β 来实现，因而变位斜齿轮很少使用。

表 7 - 6 标准斜齿圆柱齿轮几何尺寸计算公式

名称	符号	计 算 公 式
螺旋角	β	一般取 $8°\sim15°$
法面模数	m_n	按表 7 - 1，取标准值
法面压力角	α_n	$\alpha_n = 20°$
法面齿顶高系数	h_{an}^*	$h_{an}^* = 1$
法面顶隙系数	c_n^*	$c_n^* = 0.25$

名称	符号	计 算 公 式
基圆柱螺旋角	β_b	$\tan\beta_b = \tan\beta\cos\alpha_t$
端面模数	m_t	$m_t = \dfrac{m_n}{\cos\beta}$
端面压力角	α_t	$\tan\alpha_t = \dfrac{\tan\alpha_n}{\cos\beta}$
法面齿距	p_n	$p_n = \pi m_n$
端面齿距	p_t	$p_t = \pi m_t = \dfrac{p_n}{\cos\beta}$
端面基圆齿距	p_{bt}	$p_{bt} = p_t\cos\alpha_t$
分度圆直径	d	$d = m_t z = m_n z/\cos\beta$
基圆直径	d_b	$d_b = d\cos\alpha_t$
齿顶高	h_a	$h_a = h_{an}^* m_n = h_{at}^* m_t$
齿根高	h_f	$h_f = (h_{an}^* + c_n^*)m_n = (h_{at}^* + c_t^*)m_t$
齿高	h	$h = h_a + h_f = (2h_{an}^* + c_n^*)m_n = (2h_{at}^* + c_t^*)m_t$
齿顶圆直径	d_a	$d_a = d + 2h_a = (z + 2h_{at}^*)m_t = (z/\cos\beta + 2h_{an}^*)m_n$
齿根圆直径	d_f	$d_f = d - 2h_f = (z - 2h_{at}^* - 2c_t^*)m_t = (z/\cos\beta - h_{an}^* - c_n^*)m_n$
顶隙	c	$c = c_n^* m_n = c_t^* m_t$
中心距	a	$a = (d_1 + d_2)/2 = (z_1 + z_2)m_n/2\cos\beta$

4. 斜齿圆柱齿轮传动

1）正确啮合条件

斜齿圆柱齿轮的正确啮合条件，除了两个齿轮的模数和压力角应分别相等外，它们的齿向还应匹配。因此，一对斜齿圆柱齿轮的正确啮合条件为

$$\left.\begin{array}{l} m_{n1} = m_{n2} \text{ 或 } m_{t1} = m_{t2} \\ \alpha_{n1} = \alpha_{n2} \text{ 或 } \alpha_{t1} = \alpha_{t2} \\ \beta_1 = -\beta_2 \text{（"－"代表旋向相反）} \end{array}\right\} \tag{7-36}$$

2）重合度计算

从端面看，斜齿轮啮合与直齿轮完全一样，因此用端面参数代入直齿轮重合度计算公式即可求得斜齿轮的端面重合度

$$\varepsilon_a = \frac{\overline{B_2 B_1}}{p_{bt}} = \frac{L}{p_{bt}} = \frac{1}{2\pi}\left[z_1(\tan\alpha_{at1} - \tan\alpha_t') + z_2(\tan\alpha_{at2} - \tan\alpha_t')\right] \tag{7-37}$$

式中，α_{a1}、α_{a2} 分别为齿轮 1 及齿轮 2 的端面齿顶圆压力角；α_t' 为端面啮合角，标准齿轮传动 $\alpha_t' = \alpha_t$。

斜齿轮传动的实际啮合区比直齿轮大 $\Delta L = B\tan\beta_b$（见图 7-42），由此形成的轴面重合

度 ε_β 为

$$\varepsilon_\beta = \Delta L / p_{bt} = \frac{B\tan\beta_b}{p_{bt}} = \frac{B\tan\beta_b}{\pi m_t \cos\alpha_t} = \frac{B\tan\beta_b}{\pi m_n}$$

$$(7-38)$$

式中，B 为齿轮的宽度。

斜齿圆柱齿轮的总重合度为

$$\varepsilon = \varepsilon_a + \varepsilon_\beta \qquad (7-39)$$

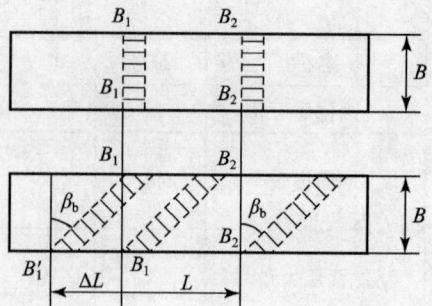

图 7-42　斜齿轮传动重合度

5. 当量齿数

斜齿轮的法面齿形比较复杂，但其受力与强度设计都以法面为依据。另外，用仿形法加工斜齿轮时，铣刀是沿着螺旋齿槽的方向进刀的，因此必须按照齿轮的法面齿形来选择铣刀的号码。为此，需要研究斜齿轮的法面齿形。现虚拟一个直齿轮，它的齿形与斜齿轮的法面齿形相当，将这个直齿轮称为斜齿轮的当量齿轮，这个直齿轮的参数与斜齿轮的法面参数相同，其齿数称为斜齿轮的当量齿数，用 z_v 表示。

图 7-43 所示为斜齿轮的分度圆柱，过任意齿的齿厚中点 C 作分度圆柱螺旋线的法平面，该法平面与分度圆柱的交线为一椭圆，它的长半轴为 $a = r/\cos\beta$，短半轴为 $b = r$。由图 7-13 可见，点 C 附近的一段椭圆弧段与以椭圆在 C 点处的曲率半径 ρ 为半径所画的圆弧非常相近。为此，以 ρ 为分度圆半径、斜齿轮的 m_n 为模数、α_n 为压力角虚拟出的直齿圆柱齿轮即为斜齿圆柱齿轮的当量齿轮。由高等数学知，椭圆在 C 点的曲率半径为

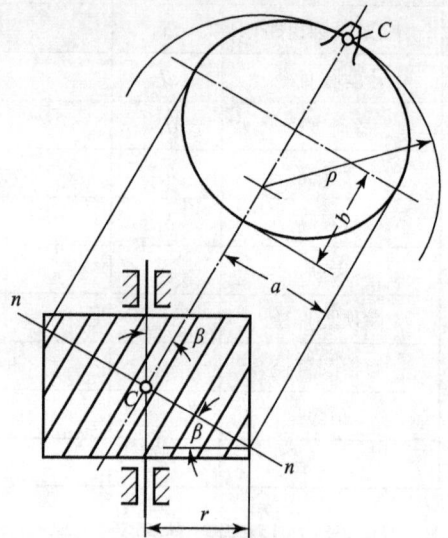

图 7-43　斜齿轮的当量齿轮

$$\rho = \frac{a^2}{b} = \left(\frac{r}{\cos\beta}\right)^2 \frac{1}{r} = \frac{r}{\cos^2\beta}$$

当量齿数为

$$z_v = \frac{2\rho}{m_n} = \frac{2r}{m_n\cos^2\beta} = \frac{2}{m_n\cos^2\beta}\left(\frac{m_t z}{2}\right) = \frac{z}{\cos^3\beta} \qquad (7-40)$$

式中，z 为斜齿圆柱齿轮的齿数。

由此可求出斜齿圆柱齿轮不出现根切的最小齿数为

$$z_{min} = z_{vmin}\cos^3\beta$$

式中，z_{vmin} 为当量直齿标准齿轮不出现根切的最小齿数。

6. 斜齿圆柱齿轮传动的优、缺点

与直齿圆柱齿轮相比，斜齿圆柱齿轮传动的优点为：传动平稳，冲击、振动和噪声小，

重合度大，承载能力强，结构紧凑，制造成本与直齿轮相同，因而在大功率和高速齿轮传动中广泛应用。主要缺点为：因存在螺旋角 β，传动时齿面间会产生轴向推力。为了既发挥斜齿轮的优点，又消除传动中轴向推力对轴承的不利影响，可采用齿向左、右完全对称的人字齿轮，由于齿轮的轮齿左、右完全对称，故所产生的轴向力可完全抵消，但人字齿轮制造比较困难。

斜齿轮的主要优缺点均与 β 角有关，β 越大，优点越显著，缺点也越突出。通常斜齿轮的螺旋角 β 在 $8°\sim15°$ 选取，人字齿轮螺旋角 β 可达 $25°\sim40°$。

二、交错轴斜齿圆柱齿轮机构

两个法面参数相等的斜齿轮，如果 $\beta_1 \neq -\beta_2$，那么就不能安装成平行轴传动，只能安装成交错轴传动，这种齿轮传动称为交错轴斜齿轮传动（见图 7-44），由于交错轴斜齿轮传动是点接触啮合传动，轮齿磨损较快，效率较低，只用于仪表及载荷不大的传动中。

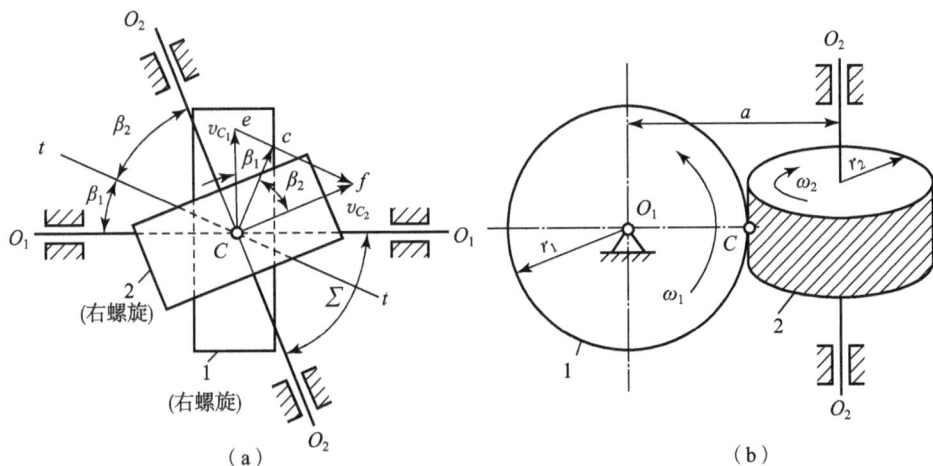

图 7-44 交错轴斜齿轮机构（旋向相同）
(a) 轴交角；(b) 中心距

1. 中心距、轴交角

图 7-44 所示为交错轴斜齿轮机构，两轮分度圆柱在 C 点相切。两轮轴线在两轮分度圆柱公切面上投影的夹角 Σ 称为轴交角。由于两齿轮啮合时，它们的齿向必须一致，因此，两轮的螺旋角 β_1、β_2 与轴交角 Σ 之间的关系为

$$\Sigma = |\beta_1 + \beta_2| \tag{7-41}$$

式中，β_1、β_2 均为代数值。

当两轮螺旋方向相同时，β_1、β_2 运用正号代入，如图 7-44（a）所示；当两轮螺旋方向相反时，一个用正值代入，一个用负值代入，如图 7-45 所示。当 $\Sigma=0°$ 时，即为斜齿圆柱齿轮机构。

一对标准安装的交错轴斜齿轮传动的中心距（二

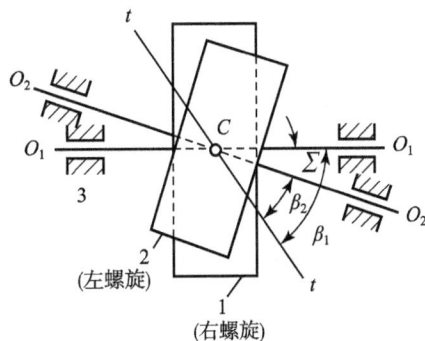

图 7-45 交错轴斜齿轮机构（旋向相反）

交错轴的公垂线）仍然等于两齿轮分度圆半径之和（见图 7 - 47（b）），即

$$a = d_1 + d_2 = \frac{m_n}{2}\left(\frac{z_1}{\cos\beta_1} + \frac{z_2}{\cos\beta_2}\right) \qquad (7-42)$$

因此，可借助改变两轮螺旋角大小的方法来满足中心距的要求。

2. 正确啮合条件

一对交错轴斜齿轮传动，其轮齿是在法面内相啮合的，因而两轮的法面模数、法面压力角、法面齿顶高系数和法面顶隙系数均为标准值，而且相同。由于交错轴斜齿轮传动中两轮的螺旋角不一定相等，所以两轮的端面模数、端面压力角、端面齿顶高系数和端面顶隙系数不一定相等，这是它与平形轴斜齿轮传动的不同之处。由此得交错轴斜齿轮传动的正确啮合条件为

$$\left.\begin{array}{c} m_{n1} = m_{n2} = m_n \\ \alpha_{n1} = \alpha_{n2} = \alpha_n \end{array}\right\} \qquad (7-43)$$

3. 传动比及从动轮转向

交错轴斜齿轮传动的传动比 i_{12} 为

$$i_{12} = \frac{\omega_1}{\omega_2} = \frac{z_2}{z_1} = \frac{d_2\cos\beta_2}{d_1\cos\beta_1} \qquad (7-44)$$

式（7-44）表明，交错轴斜齿轮传动的传动比不仅与分度圆直径有关，还与螺旋角的大小有关。

从动轮的转向由主动轮的转向及两轮螺旋角的旋向决定。在图 7 - 46 所示的传动中，根据相对运动的原理，主动轮 1 上 C 点的速度 v_{C_1} 与从动轮 2 上的 C 点速度 v_{C_2} 之间的相对运动关系为

$$v_{C_2} = v_{C_1} + v_{C_2C_1} \qquad (7-45)$$

式中，$v_{C_2C_1}$ 为两齿廓啮合点的沿轮齿的公切线 tt 方向的相对速度，即为沿齿长方向的滑动速度，由图中的速度三角形即可求得 v_{C_2}，从而判断出从动轮的转向。由此可见，可通过改变螺旋角的旋向来改变从动轮的转向，这是交错轴斜齿轮机构的一个特点。

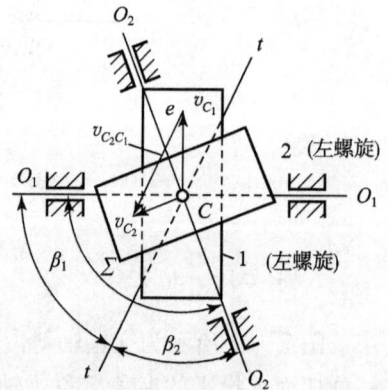

图 7 - 46　交错轴斜齿轮机构从动轮转向判断

在交错轴斜齿轮传动中，由于相互啮合的一对齿廓为点接触，而且轮齿间除与一般的齿轮传动一样除有沿齿高方向的相对滑动外，还有沿齿长方向的相对滑动，因而易磨损、寿命低、机械效率低，故不适于高速重载的传动中。

三、蜗轮蜗杆机构

1. 蜗轮蜗杆机构的特点

蜗轮蜗杆机构是交错轴斜齿轮机构的特例，如图 7 - 47 所示，用于传递两交错轴之间的

运动和动力，一般情况下两轴的轴线垂直交错，交错角为 $90°$。

蜗杆分度圆直径比较小，而轴向尺寸又比较长，轮齿在分度圆柱面上形成了完整的螺旋面，外形像一根螺杆，所以叫蜗杆，与蜗杆啮合的齿轮称为蜗轮。

蜗杆的螺旋面齿有左旋与右旋之分，为了在车床上加工方便，通常为右旋。蜗杆的头数 z_1 即蜗杆的齿数很小，蜗杆上只有一个螺旋面，即只有一个齿的蜗杆称为单头蜗杆；有两个或多个螺旋面的蜗杆称为双头或多头蜗杆。蜗轮的齿数 z_2 较大。蜗杆机构的传动比 $i = \dfrac{z_2}{z_1}$ 很大，一般为 $10 \sim 80$，有时可达 300 以上。

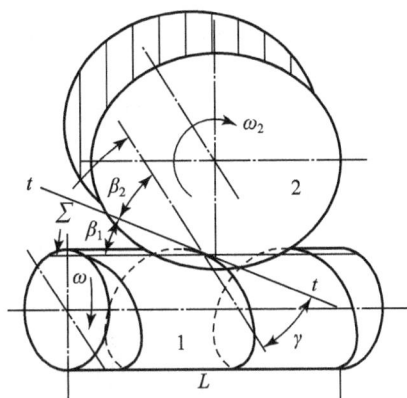

图 7-47 蜗轮蜗杆机构

为改善交错轴斜齿轮机构轮齿间点接触的啮合情况，可将蜗轮圆柱面上的直母线改成与蜗杆轴同轴线的圆弧形，使蜗轮部分地包住蜗杆。另外蜗轮采用与蜗杆形状相同的滚刀（为加工出蜗轮齿根处的顶隙，滚刀的齿顶高要比相应的蜗杆大）加工，这样加工出的蜗轮与蜗杆啮合时，齿面之间为线接触。

根据蜗杆的外形，蜗杆传动可分为圆柱蜗杆传动和圆弧面（环面）蜗杆传动等类型。圆柱蜗杆的齿分布在圆柱面上，而圆弧面蜗杆的齿分布在圆弧回转面上。圆弧面蜗杆传动比圆柱蜗杆传动承载能力强，而且效率高，但其制造和安装精度要求高，成本也高。

圆柱蜗杆多在车床上车削粗加工后经磨削精加工而成，根据车刀与蜗杆轮坯放置的相对位置和姿态的不同，可得到三种尺廓形状的蜗杆，即阿基米德蜗杆、渐开线（法向直廓）蜗杆及延伸渐开线蜗杆。加工阿基米德蜗杆时将车刀刀刃与蜗杆轴线置于同一平面内，加工出的蜗杆在通过轴线的剖面（轴面）内的齿形为直线，相当于齿条；垂直于轴线的剖面（端面）内的齿形为阿基米德螺旋线，如图 7-48 所示。阿基米德蜗杆加工方便、应用广泛，本章只讨论阿基米德圆柱蜗杆传动。

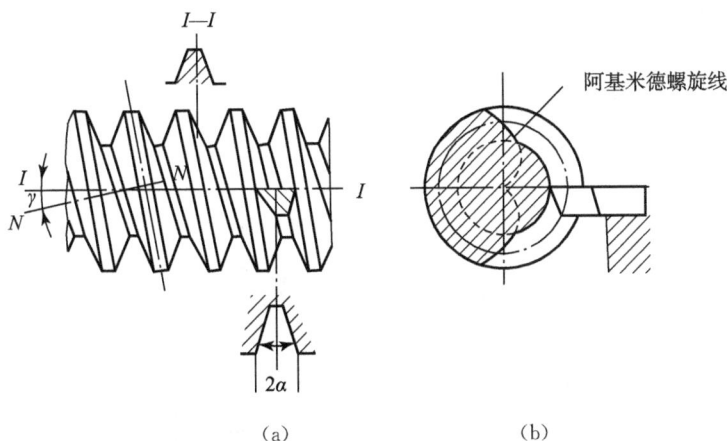

图 7-48 阿基米德圆柱蜗杆的车削与齿形

2. 蜗杆传动的主要参数和几何尺寸

1) 蜗杆传动的主要参数

图 7 - 49 所示为蜗轮与阿基米德圆柱蜗杆的啮合情况。通过蜗杆轴线并垂直于蜗轮轴线的平面称为主平面。在主平面内，蜗杆与蜗轮的啮合相当于渐开线齿条与齿轮的啮合，主平面内的参数为标准值，蜗杆传动的设计计算都以主平面的参数和几何关系为准。

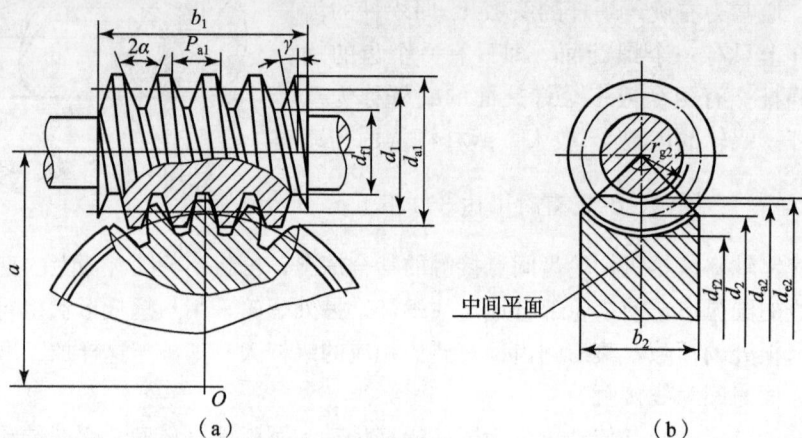

图 7 - 49 阿基米德圆柱蜗杆传动

(1) 模数。

模数是蜗杆传动的主要参数，蜗杆的轴面模数和蜗轮的端面模数相等，且应该取标准数值。普通圆柱蜗杆传动的标准模数值见表 7 - 7。

(2) 压力角。

国家标准 GB/T 10087—1988 规定，阿基米德圆柱蜗杆传动的压力角为 $\alpha = 20°$。在动力传动中，允许增大压力角，推荐用 $\alpha = 25°$；在分度机构中，允许减小压力角，推荐用 $\alpha = 15°$ 或 12°。

(3) 蜗杆分度圆直径 d_1 和蜗杆的导程角 γ。

设蜗杆的分度圆直径为 d_1，螺旋线的导程为 L，轴面齿距为 p_a，蜗杆的导程角为 γ，由蜗杆分度圆柱面展开图图 7 - 50 得

$$\tan\gamma = \frac{L}{\pi d_1} = \frac{z_1 p_a}{\pi d_1} = \frac{z_1 m}{d_1} \tag{7-46}$$

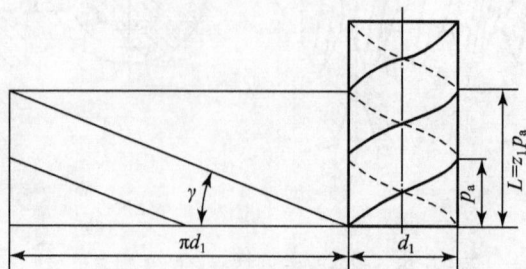

图 7 - 50 蜗杆分度圆柱展开图

则

$$d_1 = m\frac{z_1}{\tan\gamma} \qquad\qquad (7-47)$$

当用滚刀加工蜗轮时，滚刀的直径须与相啮合的蜗杆相同。为了减少滚刀的规格数量，蜗杆的分度圆直径不能任意选取。国家标准规定蜗杆分度圆直径 d_1 为标准值，且与模数 m 和头数相匹配，系列值见表 7-7。

表 7-7　普通圆柱蜗杆传动模数 m、分度圆直径 d_1 和齿数 z_1 值（摘自 GB/T 10085—1988）

m/mm	1.25		1.6		2			
d_1/mm	20	**22.4**	20	**28**	(18)	22.4	(28)	**35.5**
z_1	1	1	1, 2, 4	1	1, 2, 4	1, 2, 4, 6	1, 2, 4	1
m/mm	2.5				3.15			
d_1/mm	(22.4)	28	(35.5)	**45**	(28)	35.5	(45)	**56**
z_1	1, 2, 4	1, 2, 4, 6	1, 2, 4	1	1, 2, 4	1, 2, 4, 6	1, 2, 4	1
m/mm	4				5			
d_1/mm	(31.5)	40	(50)	**71**	(40)	50	(63)	**90**
z_1	1, 2, 4	1, 2, 4, 6	1, 2, 4	1	1, 2, 4	1, 2, 4, 6	1, 2, 4	1
m/mm	6.3				8			
d_1/mm	(50)	63	(80)	**112**	(63)	80	(100)	**140**
z_1	1, 2, 4	1, 2, 4, 6	1, 2, 4	1	1, 2, 4	1, 2, 4, 6	1, 2, 4	1
m/mm	10				12.5			
d_1/mm	(71)	90	(112)	**160**	(90)	112	(140)	**200**
z_1	1, 2, 4	1, 2, 4, 6	1, 2, 4	1	1, 2, 4	1, 2, 4	1, 2, 4	1
m/mm	16				20			
d_1/mm	(112)	140	(180)	**250**	(140)	160	(224)	**315**
z_1	1, 2, 4	1, 2, 4	1, 2, 4	1	1, 2, 4	1, 2, 4	1, 2, 4	1

注：（1）括号内的数字尽可能不采用。
（2）黑体 d_1 值表示蜗杆导程角 $\gamma < 3°30'$ 的自锁蜗杆。

（4）正确啮合条件。

蜗杆传动的正确啮合条件是：主平面内的模数和压力角分别相等且为标准值。另外，当轴交错角为 90°时，蜗轮的螺旋角还应等于蜗杆的导程角（见图 7-48），即

$$m_{a1}=m_{t2}=m$$
$$\alpha_{a1}=\alpha_{t2}=\alpha$$
$$\gamma=\beta\text{(旋向相同)}$$

$(7-48)$

式中，m_{a1}、m_{t2}分别为蜗杆的轴面模数和蜗轮的端面模数；α_{a1}、α_{t2}分别为蜗杆的轴面压力角和蜗轮的端面压力角；γ、β分别为蜗杆的导程角和蜗轮的螺旋角。

2）几何尺寸计算

蜗杆的分度圆直径d_1由表7-7选定，蜗轮的分度圆直径$d_2=mz_2$，蜗杆、蜗轮的齿顶高、齿根高、齿顶圆直径和齿根圆直径等尺寸可参照圆柱齿轮的相应公式计算。需要注意的是蜗杆传动的顶隙系数$c^*=0.2$，与齿轮传动不同。

四、圆锥齿轮机构

圆锥齿轮机构用于传递两相交轴之间的运动，轴交角Σ（两轴之间的夹角）可根据需要而定，一般取$\Sigma=90°$。圆锥齿轮的轮齿有直齿、斜齿和曲齿等形式之分。由于直齿圆锥齿轮的设计、制造和安装简便，应用广泛，是研究其他类型锥齿轮的基础，故本书只对直齿圆锥齿轮加以讨论。

圆锥齿轮的轮齿分布在圆锥体的表面上，因此对应圆柱齿轮中的各"圆柱"都将变成"圆锥"，如分度圆锥、基圆锥、齿顶圆锥、齿根圆锥等。另外，圆锥齿轮的轮齿由大端至小端逐渐变小，不同端面上的齿形是不一样的，当然参数也不同。为了计算和测量方便，取大端参数为标准值，几何尺寸也是相对大端而言。

1. 传动比与分度圆锥角

满足啮合条件正确安装的一对圆锥齿轮的啮合传动相当于一对节圆锥进行纯滚动，并且其分度圆锥与节圆锥重合，如图7-51所示。图中δ_1、δ_2分别为大、小锥齿轮的分度圆锥母线与各自轴线所夹的角，称为大、小齿轮的分度圆锥角；$\Sigma=\delta_1+\delta_2$为轴交角；d_1、d_2分别为大、小锥齿轮大端的分度圆直径；OC为锥齿轮的锥距，用R表示。圆锥齿轮传动的传动比为

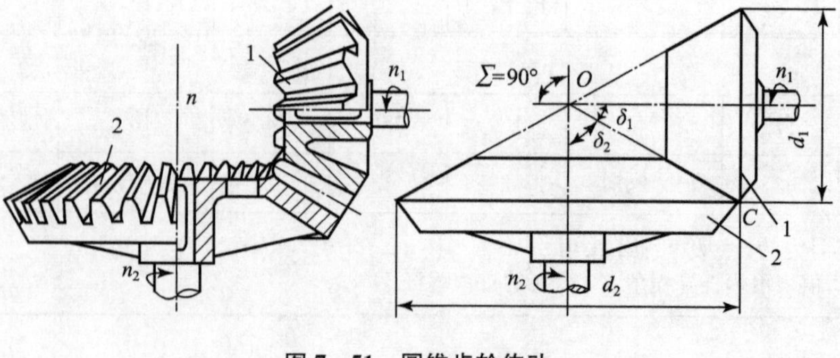

图 7-51　圆锥齿轮传动

$$i=\frac{\omega_1}{\omega_2}=\frac{z_2}{z_1}=\frac{r_2}{r_1}=\frac{R\sin\delta_2}{R\sin\delta_1}=\frac{\sin\delta_2}{\sin\delta_1}$$

$(7-49)$

如果 $\Sigma = 90°$，则 $i = \tan\delta_2 = \cot\delta_1$。

2. 圆锥齿轮的背锥、当量齿轮和当量齿数

圆锥齿轮齿廓曲面的形成与圆柱齿轮类似。如图 7-52 所示，一圆平面（发生面）与圆锥（基圆锥）相切于 OC，圆平面的圆心与锥顶 O 重合。当发生面绕基圆锥做纯滚动时，发生面上任意点 K 的轨迹为球面渐开线，而其上任意过点 O 的直径 OK 在空间形成的轨迹是由无数条半径不同的球面渐开线组成的球面渐开曲面，此即圆锥齿轮的齿廓曲面。如上所述，圆锥齿轮的齿廓曲线理论上为球面渐开线。由于无法将球面展成平面，给圆锥齿轮的设计和制造带来了诸多不便，通常我们用下面近似方法来研究圆锥齿轮的齿廓曲线。

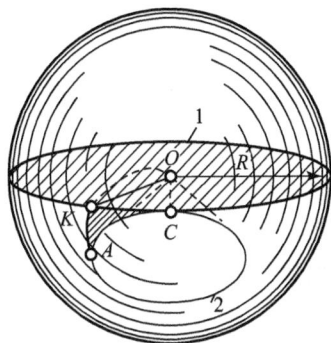

图 7-52 锥齿轮齿面形成

图 7-53 所示的锥齿轮的轴剖面图中，OAB 为分度圆锥，过锥齿轮大端的点 A 作 OA 的垂线与锥齿轮的轴线交于点 O_1，以 O_1 为锥顶、O_1A 为母线、OO_1 为轴线作一圆锥（背锥）与锥齿轮大端球面在分度圆处相切。将圆锥齿轮大端的球面渐开线齿形投影到背锥上，背锥上的齿形与圆锥齿轮大端上的齿形十分接近，因此可近似地用背锥上的齿形来代替圆锥齿轮大端的齿形。

背锥可展成平面，展开后得到一扇形齿轮，其轮齿参数与锥齿轮大端轮齿参数完全相同，齿数为圆锥齿轮的真实齿数。将扇形缺口补齐成一圆形齿轮，该圆形齿轮称为圆锥齿轮的当量齿轮，其齿数 z_v 为当量齿数。由图 7-53 可见，当量齿轮的半径为

$$r_v = \frac{r}{\cos\delta} = \frac{mz}{2\cos\delta}$$

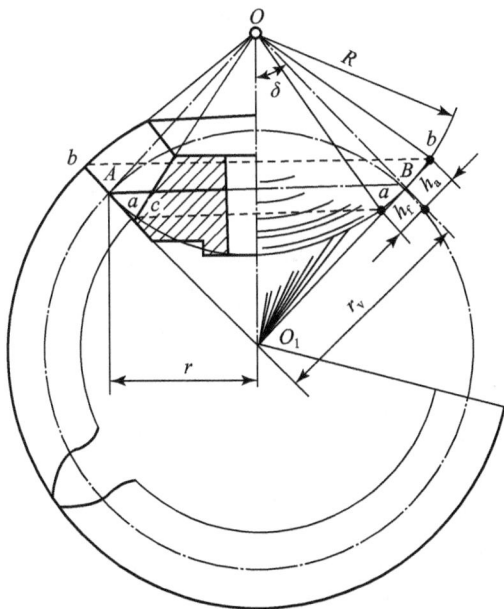

图 7-53 圆锥齿轮的背锥、当量齿轮

故当量齿数 z_v 与实际齿数 z 的关系为

$$z_v = \frac{2r_v}{m} = \frac{mz}{m\cos\delta} = \frac{z}{\cos\delta} \tag{7-50}$$

3. 锥齿轮的参数、几何尺寸计算及啮合特点

与圆柱齿轮相仿，锥齿轮的基本参数有 m、α、h_a^*、c^*、z。这里 m 指锥齿轮大端模数，为标准值（见表 7-8）；α 为齿轮大端的压力角，一般为 $20°$；齿顶高系数 $h_a^* = 1$；顶隙系数 $c^* = 0.2$。

表 7-8　圆锥齿轮标准模数系列 (GB/T 12368—1990)

...	1	1.125	1.25	1.375	1.5	1.75	2	2.25	2.5	2.75	3	3.25
3.5	3.75	4	4.5	5	5.5	6	6.5	7	8	9	10	...

一对圆锥齿轮正确啮合的条件为

$$m_1 = m_2 = m, \quad \alpha_1 = \alpha_2 = \alpha, \quad R_1 = R_2 = R \tag{7-51}$$

一对直齿圆锥齿轮啮合传动的重合度可按其当量圆柱齿轮的重合度计算，即

$$\varepsilon = \frac{1}{2\pi}\left[z_{v1}(\tan\alpha_{va1} - \tan\alpha_v') + z_{v2}(\tan\alpha_{va2} - \tan\alpha_v')\right] \tag{7-52}$$

式中，α_{va1}、α_{va2} 分别为当量圆柱齿轮 z_{v1}、z_{v2} 的齿顶圆压力角。

为了避免发生根切，圆锥齿轮不出现根切的最小齿数为

$$z_{min} = z_{vmin}\cos\delta \tag{7-53}$$

z_{vmin} 为圆柱齿轮不出现根切的最小齿数，当 $h_a^* = 1$，$\alpha = 20°$ 时，$z_{vmin} = 17$，故圆锥齿轮不出现根切的最小齿数应小于 17。

圆锥齿轮的轮齿通常可分为正常收缩齿和等顶隙收缩齿两种，如图 7-54 和图 7-55

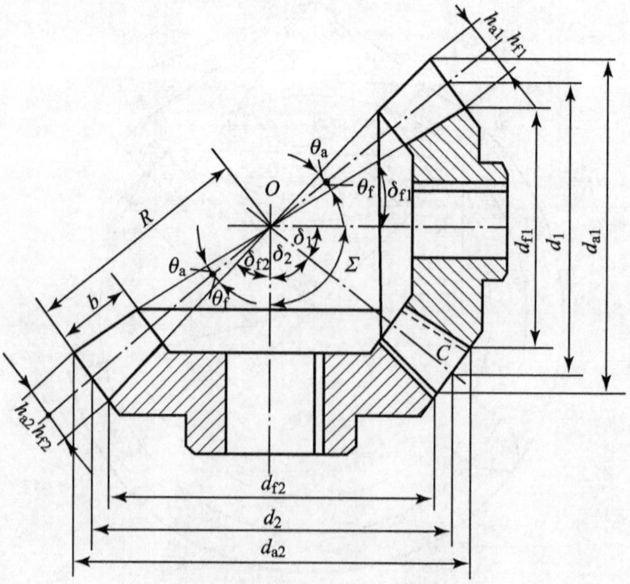

图 7-54　正常收缩齿锥齿轮

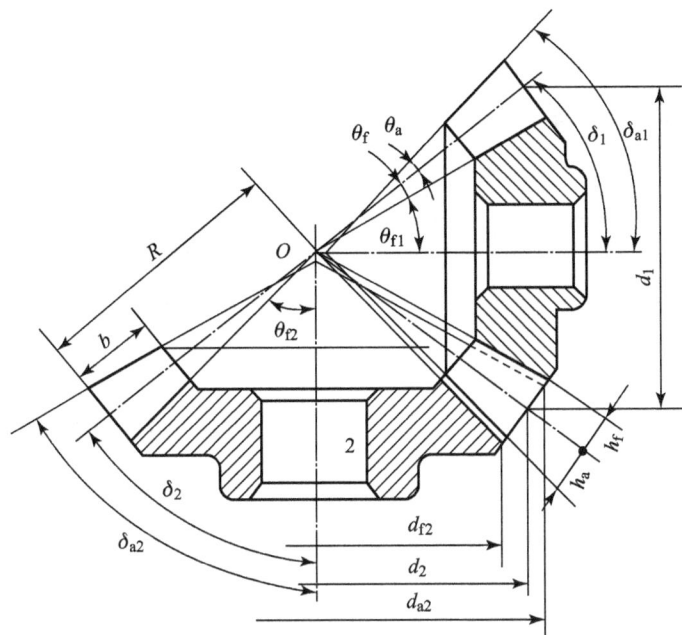

图 7-55 等顶隙收缩齿锥齿轮

所示。

正常收缩齿锥齿轮（见图 7-54）的齿顶圆锥、分度圆锥和齿根圆锥交于一点，这种齿轮齿根圆角半径和齿顶厚由大端至小端逐渐缩小，小端轮齿强度较差。当满足啮合条件的一对正常收缩齿圆锥齿轮进行啮合传动时，顶隙亦由大端至小端逐渐收缩，轮齿小端润滑较差。

等顶隙收缩齿锥齿轮（见图 7-55）的分度圆锥与齿根圆锥交于一点，齿顶圆锥位于它们之下，其母线与另一配对的锥齿轮齿根圆锥母线平行，这种圆锥齿轮传动顶隙沿齿长方向由大端至小端是相等的，润滑状况得到改善。

由上述可知，正常收缩齿锥齿轮和等顶隙收缩齿锥齿轮在几何尺寸上基本相同，主要区别为齿顶角 θ_a 的计算上，即

正常收缩齿锥齿轮：

$$\theta_{a1} = \theta_{a2} = \arctan \frac{h_a}{R}$$

等顶隙收缩齿锥齿轮：

$$\theta_{a1} = \theta_{f2}, \quad \theta_{a2} = \theta_{f1}$$

现将 $\Sigma = 90°$ 标准直齿圆锥齿轮传动的几何尺寸计算公式列于表 7-9。

表 7-9 $\Sigma = 90°$ 标准直齿圆锥齿轮传动几何尺寸计算公式

名称	符号	计 算 公 式
齿顶高	h_a	$h_a = h_a^* m$
齿根高	h_f	$h_f = (h_a^* + c^*) m$

续表

名称	符号	计 算 公 式
分度圆直径	d_1, d_2	$d_1=mz_1$，$d_2=mz_2$
齿顶圆直径	d_{a1}, d_{a2}	$d_{a1}=d_1+2h_a\cos\delta_1$，$d_{a2}=d_2+2h_a\cos\delta_2$
齿根圆直径	d_{f1}, d_{f2}	$d_{f1}=d_1-2h_f\cos\delta_1$，$d_{f2}=d_2-2h_f\cos\delta_2$
锥距	R	$R=\sqrt{r_1^2+r_2^2}=\dfrac{m}{2}\sqrt{z_1^2+z_2^2}=\dfrac{d_1}{2\sin\delta_1}=\dfrac{d_2}{2\sin\delta_2}$
齿宽	b	$b\leqslant\dfrac{R}{3}$
齿根角	θ_f	$\theta_f=\arctan\dfrac{h_f}{R}$
齿顶角	θ_a	$\theta_a=\operatorname{arccot}\dfrac{h_a}{R}$（正常收缩齿），$\theta_a=\theta_f$（等顶隙收缩齿）
顶锥角	δ_{a1}, δ_{a2}	$\delta_{a1}=\delta_1+\theta_f$　$\delta_{a2}=\delta_2+\theta_f$
根锥角	δ_{f1}, δ_{f2}	$\delta_{f1}=\delta_1-\theta_f$，$\delta_{f2}=\delta_2-\theta_f$

【知识拓展】

在定传动比齿轮传动中，渐开线齿廓虽然有许多优点（加工简单，中心距具有可分性等），但也存在一些由几何特性决定的无法克服的一些缺陷，如综合曲率半径相对较小、易产生齿向载荷分布不均匀及齿廓各部分磨损不均匀等，这将影响齿轮的承载能力及使用寿命，为了克服渐开线齿廓的诸多缺点，1956 年，苏联学者提出了圆弧齿廓齿轮传动机构。圆弧齿轮是具有圆弧形齿廓的斜齿圆柱齿轮，通常把小齿轮做成凸齿、大齿轮做成凹齿。圆弧齿轮传动综合曲率半径大，在尺寸和材料相同的情况下，承载能力为渐开线齿轮的 1.5～2 倍；齿向载荷分布均匀，没有根切问题，最少齿数不受根切的限制。但缺点是中心距误差严重影响承载能力，轴向尺寸较大，难以满足重合度要求；须两把刀加工凸、凹齿。另外在齿轮机构中实际应用的齿廓还有摆线齿廓、变齿厚渐开线齿廓、准双曲面齿廓、球面渐开线齿廓等，有兴趣的读者可阅读文献 [32]。

随着计算机技术及数控技术的发展，变传动比齿轮机构在工程实际中得到了越来越广泛的应用，如非圆齿轮机构、偏心渐开线齿轮机构等。有关变传动比齿轮机构的设计、制造及其应用，可阅读文献 [33] 和 [34]。

思 考 题

7-1　齿轮传动要匀速、连续、平稳地进行需要满足哪些条件？

7-2　渐开线是如何形成的？有哪些重要性质？试列出渐开线方程式。

7-3 渐开线齿廓上各点的压力角是否相同？何处的压力角是标准压力角？何处的压力角最大？

7-4 渐开线直齿圆柱齿轮的分度圆和节圆有何区别？在什么情况下分度圆和节圆是重合的？

7-5 啮合角与压力角有什么区别？在什么情况下两者大小相等？

7-6 何谓法向齿距和基圆齿距？它们之间有什么关系？

7-7 渐开线的形状取决于什么？若两个齿轮的模数和齿数分别相等，但压力角不同，则它们齿廓渐开线形状是否相同？一对相啮合的齿轮，若它们的齿数不同，则它们齿廓的渐开线形状是否相同？

7-8 渐开线直齿圆柱齿轮机构、斜齿圆柱齿轮机构、直齿圆锥齿轮机构及蜗轮蜗杆机构的正确啮合条件是什么？

7-9 一对外啮合渐开线直齿圆柱齿轮机构的实际中心距大于设计中心距，其传动比 i_{12} 是否有变化？节圆与啮合角是否有变化？

7-10 一标准齿轮与标准齿条相啮合，当齿条的分度线与齿轮的分度圆不相切时，齿轮节圆与分度圆是否重合？齿条节线与分度线又是否重合？

7-11 何谓齿廓的根切现象？产生根切的原因是什么？根切有什么危害？如何避免根切？

7-12 变位齿轮与标准齿轮相比较哪些尺寸发生了变化？哪些尺寸没有改变？何谓标准齿轮？

7-13 齿轮传动有哪些类型？

7-14 与直齿轮传动相比，斜齿轮传动的主要优点是什么？简述其理由。

7-15 何谓斜齿轮的当量齿轮？对于螺旋角为 β、齿数为 z 的斜齿圆柱齿轮，试写出其当量齿数的表达式。

7-16 什么是直齿圆锥齿轮的背锥和当量齿轮？如何计算当量齿数？

习　题

7-1 当 $\alpha = 20°$，$h_a^* = 1$，$c^* = 0.25$ 时，若渐开线标准直齿圆柱齿轮的齿根圆和基圆相重合，其齿数应为多少？又当齿数大于以上求得的齿数时，试问基圆与齿根圆哪个大？

7-2 一对齿顶高系数 $h_a^* = 0.8$ 和另一对 $h_a^* = 1$ 的渐开线直齿圆柱齿轮传动，若模数、压力角及两齿轮的齿数均相同，问哪一对齿轮具有较大的重合度？为什么？

7-3 已知一对渐开线标准直齿圆柱齿轮，其齿数 $z_1 = 20$，$z_2 = 41$，模数 $m = 4$ mm，齿顶高系数 $h_a^* = 1$，顶隙系数 $c^* = 0.25$，试求：

（1）小齿轮分度圆直径 d_1；

（2）齿顶高 h_a；

（3）小齿轮齿顶圆直径 d_{a1}；

（4）齿根高 h_f；

（5）小齿轮齿根圆直径 d_{f1}；

(6) 分度圆齿距 p；

(7) 小齿轮基圆直径 d_{b1}；

(8) 分度圆齿厚 s；

(9) 分度圆齿槽宽 e；

(10) 标准中心距 a。（取 $\cos20° = 0.94$）

7-4 一对外啮合标准直齿圆柱齿轮传动，$m = 2$ mm，$\alpha = 20°$，$h_a^* = 1$，$c^* = 0.25$，$z_1 = 20$，$z_2 = 40$，试求：

(1) 标准安装的中心距 a；

(2) 齿轮 1 齿廓在分度圆上的曲率半径 ρ_1；

(3) 这对齿轮安装时若中心距 $a' = 62$ mm，问啮合角 α' 为多少？其传动比 i_{12}、齿侧间隙 j'、顶隙 c' 与标准安装相比是否有变化？如有变化，其值为多少？

7-5 一对外啮合渐开线标准直齿圆柱齿轮传动，其有关参数如下：$z_1 = 21$，$z_2 = 40$，$m = 5$ mm，$\alpha = 20°$，$h_a^* = 1$，$c^* = 0.25$。试求：

(1) 标准安装时的中心距、啮合角和顶隙；

(2) 若该对齿轮传动的重合度 $\varepsilon = 1.58$，实际啮合线段 $\overline{B_2B_1}$ 为多长？

(3) 中心距加大 2 mm 时的啮合角及顶隙为多少？

7-6 在一对渐开线标准直齿圆柱齿轮传动中，主动轮 1 做逆时针转动。已知标准中心距 $a = 126$ mm，$z_1 = 17$，$z_2 = 25$，$\alpha = 20°$，$h_a^* = 1$。要求：

(1) 确定模数 m；

(2) 确定齿顶圆半径 r_{a1}、r_{a2}；

(3) 确定基圆半径 r_{b1}、r_{b2}；

(4) 按长度比例尺 $\mu_l = 2$ mm/mm 画啮合图，在图上标出理论啮合线 $\overline{N_1N_2}$、实际啮合线 $\overline{B_2B_1}$、节点 C 和啮合角 α'，并在图上标出齿顶压力角 α_{a1} 和 α_{a2}（以中心角表示）；

(5) 求重合度 ε（有关尺寸可直接由图上量取）。

7-7 题 7-7 图所示为一对互相啮合的渐开线直齿圆柱齿轮传动，已知主动轮 1 的角速度 $\omega_1 = 100$ rad/s，$\mu_l = 1$ mm/mm，$n-n$ 线为两齿廓接触点的公法线。试在该图上：

(1) 标出节点 C；

(2) 画出啮合角 α'；

(3) 画出理论啮合线 $\overline{N_1N_2}$；

(4) 画出实际啮合线 $\overline{B_2B_1}$；

(5) 在 2 轮齿廓上标出与 1 轮齿廓 A_1 点相啮合的 A_2 点；

(6) 计算 ω_2 的大小。

7-8 一模数为 4 mm、压力角为 $\alpha = 20°$、齿顶高系数 $h_a^* = 1$、顶隙系数 $c^* = 0.25$、齿数为 $z = 30$ 的渐开线标准直齿圆柱齿

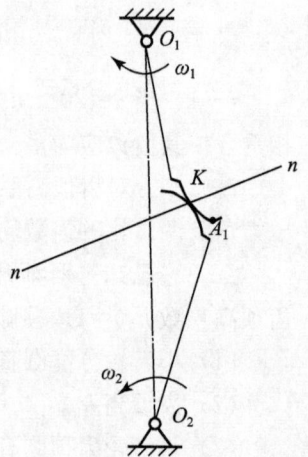

题 7-7 图

轮与一齿形角为 $\alpha=20°$、齿顶高系数 $h_a^*=1$、顶隙系数 $c^*=0.25$ 的标准齿条无侧隙啮合。画啮合图并求实际啮合线长度及重合度 ε（作图法或计算法均可）。

7-9 一渐开线标准直齿圆柱齿轮与一标准齿条进行啮合传动，齿轮的齿数 $z_1=18$，$m=4$ mm，$\alpha=20°$，$h_a^*=1$，$c^*=0.25$。试求：

（1）当标准安装时，齿轮的分度圆和节圆半径及啮合角各为多少？

（2）当齿条远离齿轮中心 2 mm 时，齿轮的分度圆和节圆半径及啮合角又各为多少？重合度减少多少？

7-10 已知被加工的直齿圆柱齿轮毛坯的转动角速度 $\omega=1$ rad/s，齿条刀移动的线速度 $v_{刀}=60$ mm/s，其模数 $m_{刀}=4$ mm，刀具分度线与齿轮毛坯轴心的距离 $a=58$ mm。试问：

（1）被加工齿轮的齿数是多少？

（2）这样加工出来的齿轮是标准齿轮还是变位齿轮？如为变位齿轮，那么是正变位还是负变位？

（3）其变位系数 x 是多少？

7-11 齿轮变速箱中各轮的齿数、模数和中心距如题 7-11 图所示，指出齿轮副 z_1、z_2 和 z_3、z_4 各应采用何种变位齿轮传动类型，并简述理由。

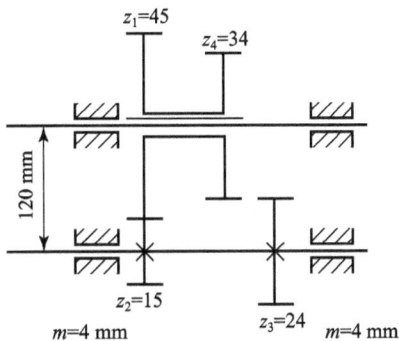

题 7-11 图

7-12 一渐开线标准直齿圆柱齿轮与一标准齿条标准安装并啮合传动，已知参数如下：齿轮齿数 $z=20$，压力角 $\alpha=20°$，模数 $m=5$ mm，齿顶高系数 $h_a^*=1$，$c^*=0.25$。试求：

（1）齿轮以 200 r/min 的转速旋转时齿条移动的线速度？

（2）齿条外移 1 mm 时齿轮的节圆半径和啮合角？

（3）齿条外移 1 mm 时齿条顶线与啮合线的交点 B_2 到节点 C 的距离？

7-13 设一对斜齿圆柱齿轮传动的参数为：法面模数 $m_n=5$ mm、法面压力角 $\alpha_n=20°$、小齿轮齿数 $z_1=25$、大齿轮齿数 $z_2=40$、螺旋角 $\beta=20°$，试计算端面模数 m_t、端面压力角 α_t、大小齿轮分度圆直径 d_1 和 d_2 及标准中心距 a。

7-14 有一直齿圆锥齿轮机构，已知 $z_1=32$，$z_2=36$，模数 $m=4$ mm，轴交角 $\Sigma=90°$，试求两锥齿轮的分度圆锥角 δ_1、δ_2 与当量齿数 z_{v1} 和 z_{v2}。

7-15 已知阿基米德圆柱蜗杆传动的参数为：$m=10$ mm，$\alpha=20°$，$h_a^*=1$，$z_1=1$，$z_2=35$，$\tan\gamma=0.125$。求：

（1）蜗杆与蜗轮的分度圆直径 d_1、d_2；

（2）蜗杆与蜗轮的齿顶圆直径 d_{a1}、d_{a2}；

（3）蜗轮的螺旋角 β。

第八章 轮 系

【内容提要】

本章介绍轮系及其分类，各类轮系传动比的计算方法、轮系的功能。简单介绍其他几种类型的行星轮系。

第一节 轮系及其分类

由一对相啮合的齿轮所构成的传动机构是齿轮传动中最简单的形式。但在实际工程机械中，往往由于主动轴与从动轴之间的距离较远，或需要有较大的传动比等原因，仅用一对齿轮组成的齿轮机构往往不能满足不同的工作需要，常常需要采用一系列彼此啮合的齿轮所构成的系统进行传动。例如汽车中使用齿轮传动箱来获得多级变速；各种机械式钟表中应用一系列齿轮传动，使时针、分针和秒针获得具有一定的比例关系的转速。这种由一系列齿轮组成的传动系统称为轮系，如图8-1所示。

在一个轮系中可以同时包含圆柱齿轮、圆锥齿轮和蜗杆传动等各种类型的齿轮。根据轮系运转时各齿轮几何轴线在空间的相对位置关系是否变动，将轮系分为定轴轮系和周转轮系两种基本类型。周转轮系又可进一步细分为行星轮系和差动轮系。如果定轴轮系中各对啮合齿轮全部由平面齿轮机构构成，各轮的轴线都相互平行，则称该类轮系为平面定轴轮系。包含空间齿轮机构的轮系称为空间定轴轮系，如图8-2所示。

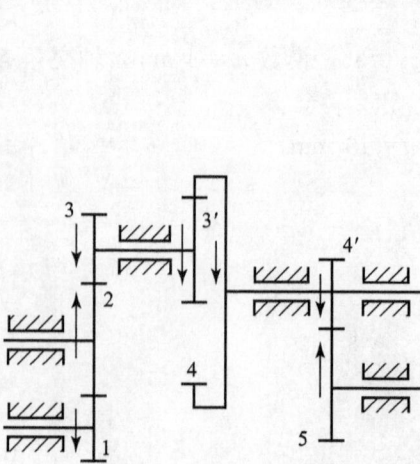

图8-1 平面定轴轮系

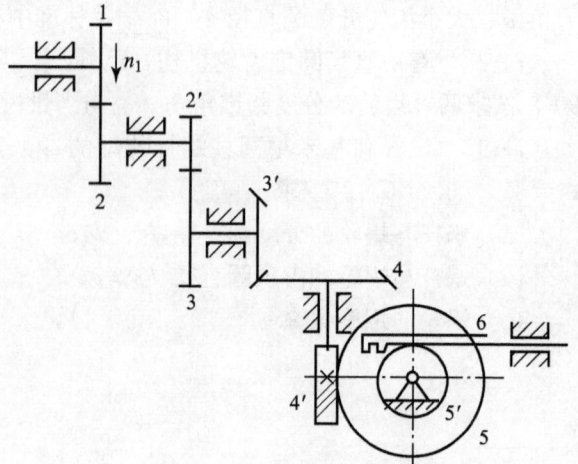

图8-2 空间定轴轮系

一、定轴轮系

轮系在运转过程中，如果所有齿轮的几何轴线位置相对于机架的位置均固定不动，则称该轮系为定轴轮系，如图 8-1 所示。该机构运动由齿轮 1 输入，通过一系列齿轮传动，将运动传递给齿轮 5 进行输出。在这个轮系中，各个齿轮在运转中的几何轴线相对于机架的位置均固定不变。图 8-1 中所标箭头方向为轮系中各轮转向。

定轴轮系根据结构组成可分为以下几类：

（1）单式轮系：每根轴上只装一个齿轮所构成的轮系，如图 8-3 所示。

（2）复式轮系：有的轴上安装有 2 个以上齿轮的轮系，如图 8-4 所示。

（3）回归轮系：输出轮和输入轮共轴线的轮系，如图 8-5 所示。

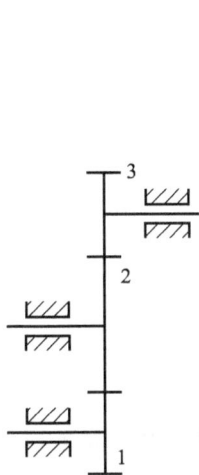

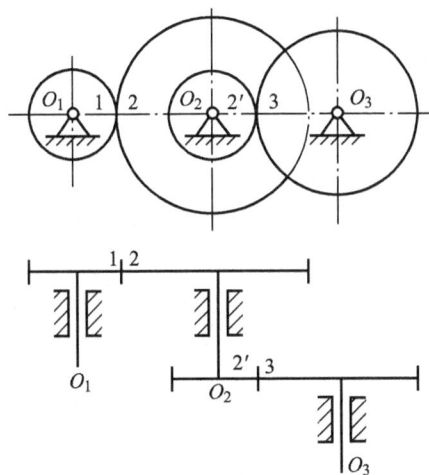

图 8-3 单式轮系　　　　图 8-4 复式轮系　　　　图 8-5 回归轮系

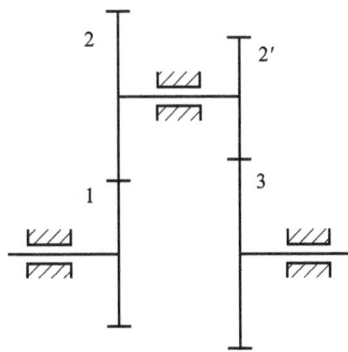

二、周转轮系

轮系运转时，如果其中至少有一个齿轮的几何轴线位置相对于机架的位置是变动的，并绕着其他定轴齿轮的轴线做回转运动，则称该轮系为周转轮系，如图 8-6 所示。在图 8-6 所示的轮系中，当轮系运转时，齿轮 2 一方面绕其自身轴线 O_2 自转，另一方面又随着构件 H 一起绕固定轴线 O 公转，即齿轮 2 的几何轴线位置不固定，齿轮 2 如同行星绕太阳运行一样，这种既自转又公转的齿轮称为行星轮；支承并带动行星轮 2 做公转的构件 H 则称为系杆或行星架；齿轮 1 和齿轮 3 均与齿轮 2 啮合，它们的轴线相重合且相对机架的位置固定不变，称为中心轮（或太阳轮）。

在周转轮系中，一般将轴线相对不动的中心轮与系杆作为运动的输入和输出构件，这些能够承受外载荷且轴线与主轴线重合的构件称为周转轮系的基本构件。通常基本构件的回转轴线都是共线的（见图 8-6 中的 OO 主轴线），以保证周转轮系的正常工作。

根据周转轮系所具有的自由度数目的不同，其可进一步分为行星轮系和差动轮系。

在图 8-6（a）所示的行星轮系中，自由度 $F = 3n - 2P_L - P_H = 3 \times 3 - 2 \times 3 - 2 = 1$。这表明，只需要有一个独立运动的原动件，机构的运动就能完全确定，我们将自由度等于 1 的

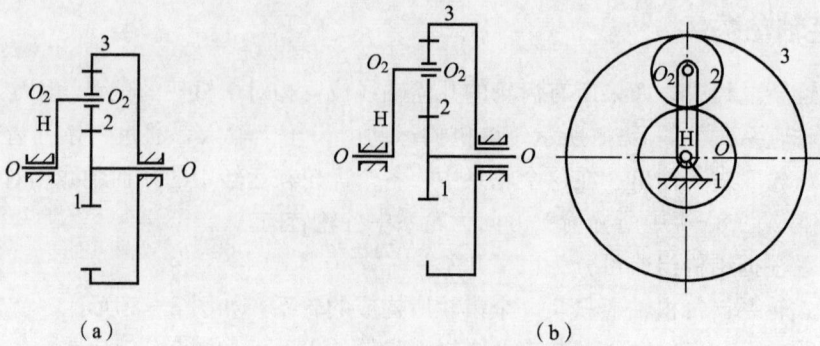

图 8-6　周转轮系及其类型

(a) 行星轮系；(b) 差动轮系

周转轮系称为行星轮系，即行星轮系的自由度为 1，行星轮系中有一个中心轮是固定不动的。

在图 8-6（b）所示的差动轮系中，中心轮 1 和 3 都是可转动的活动构件，其自由度 $F=3n-2P_L-P_H=3\times4-2\times4-2=2$，需要向轮系输入两个独立的运动，轮系中各构件的相对运动关系才能完全确定，我们将自由度等于 2 的周转轮系称为差动轮系，即差动轮系的自由度为 2，差动轮系中的中心轮都能够转动。

通常周转轮系可根据其所拥有的基本构件的组成进一步加以分类。用符号 K 表示中心轮，H 表示系杆，则图 8-7 所示轮系为 2K-H 型周转轮系；图 8-8 所示轮系为 3K 型周转轮系，其系杆 H 不传递外力矩，只起支承行星轮与其中心轮保持啮合的作用，因此不是基本构件，基本构件是 3 个中心轮；图 8-9 所示轮系为 K-H-V 型周转轮系，属于渐开线少齿差行星轮系，该轮系中只有一个中心轮，运动通过等角速机构 W 将行星轮的复合运动由 V 轴输出。

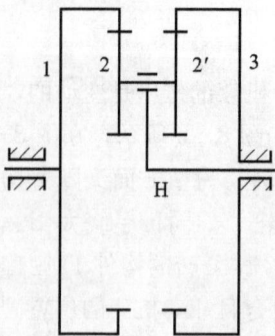

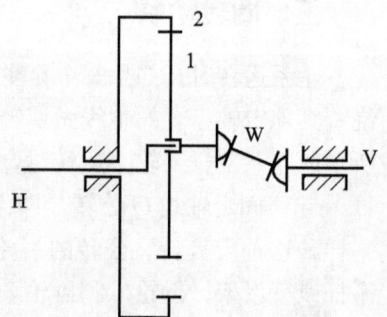

图 8-7　2K-H 型周转轮系　　　图 8-8　3K 型周转轮系　　　图 8-9　K-H-V 型周转轮系

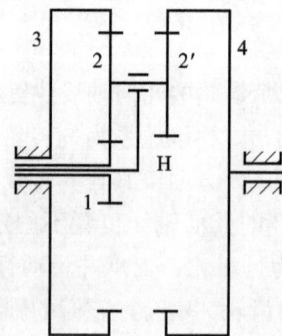

三、混合轮系

工程中的轮系有时既包含定轴轮系，又包含周转轮系，或直接由几个周转轮系共同组合而成。常将在机械传动中由定轴轮系和周转轮系或由两个以上的周转轮系构成的复杂轮系称为混合轮系或复合轮系，如图 8-10 所示。图 8-10（a）所示为由定轴轮系和周转轮系组成的混合轮系，图 8-10（b）所示为在图 8-10（a）所示机构上又加入一个周转轮组组成的混合轮系。

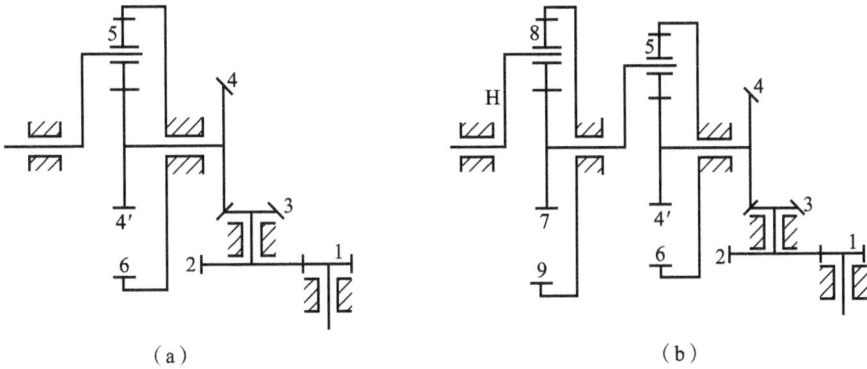

图 8-10 混合轮系

第二节 定轴轮系传动比的计算

定轴轮系是机械工程中应用最为广泛的传动装置，用于减速、增速、变速，实现运动和动力的传递与变换。轮系传动比的计算是轮系设计中的最基本内容。

轮系中首轮与末轮的角速度 ω（或转速 n）之比，称为轮系的传动比。由于角速度有方向性，因此轮系的传动比包括首、末两轮角速度比的大小计算和首、末两轮转向关系的确定。

当轮系运转时，通常输入轴上主动轮（首轮）用"1"表示，输出轴上从动轮（末轮）用"k"表示，其传动比的大小为

$$i_{1k}=\frac{\omega_1}{\omega_k}=\frac{n_1}{n_k}$$

当 $i_{1k}>1$ 时的传动是减速传动，当 $i_{1k}<1$ 时的传动是增速传动。

一、传动比大小的计算

以图 8-11 所示的轮系为例，讨论其传动比的计算方法。

已知各轮齿数，且主动齿轮 1 为首轮，从动齿轮 6 为末轮，则该轮系的总传动比为

$$i_{16}=\frac{\omega_1}{\omega_6}$$

由图 8-11 可见，从首轮到末轮之间的传动，是通过一对对齿轮的组合来实现的。轮系中各对啮合齿轮传动比的大小如下：

$$i_{12}=\frac{\omega_1}{\omega_2}=\frac{z_2}{z_1}$$

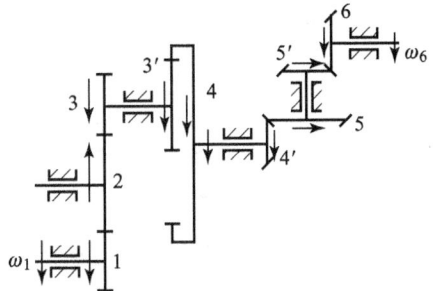

图 8-11 定轴轮系

$$i_{23} = \frac{\omega_2}{\omega_3} = \frac{z_3}{z_2}$$

$$i_{3'4} = \frac{\omega_{3'}}{\omega_4} = \frac{z_4}{z_{3'}}$$

$$i_{4'5} = \frac{\omega_{4'}}{\omega_5} = \frac{z_5}{z_{4'}}$$

$$i_{5'6} = \frac{\omega_{5'}}{\omega_6} = \frac{z_6}{z_{5'}}$$

由于齿轮 3 与 3′、4 与 4′及 5 与 5′各分别固定在同一根轴上，所以 $\omega_3 = \omega_{3'}$、$\omega_4 = \omega_{4'}$、$\omega_5 = \omega_{5'}$，将上述各式两边分别连乘，得

$$i_{12} i_{23} i_{3'4} i_{4'5} i_{5'6} = \frac{\omega_1}{\omega_2} \frac{\omega_2}{\omega_3} \frac{\omega_{3'}}{\omega_4} \frac{\omega_{4'}}{\omega_5} \frac{\omega_{5'}}{\omega_6} = \frac{\omega_1}{\omega_6}$$

即

$$i_{16} = \frac{\omega_1}{\omega_6} = i_{12} i_{23} i_{3'4} i_{4'5} i_{5'6} = \frac{z_2 z_3 z_4 z_5 z_6}{z_1 z_2 z_{3'} z_{4'} z_{5'}}$$

上式表明：定轴轮系的传动比为组成该轮系各对啮合齿轮传动比的连乘积，其大小等于各对啮合齿轮中所有从动轮齿数的连乘积与所有主动轮齿数的连乘积之比，即

$$i_{1k} = \frac{\omega_1}{\omega_k} = \frac{n_1}{n_k} = \frac{z_2 \cdots z_k}{z_1 \cdots z_{k-1}} = \frac{\text{所有从动轮齿数的连乘积}}{\text{所有主动轮齿数的连乘积}} \qquad (8-1)$$

定轴轮系传动比计算公式可用于计算任意两个齿轮之间的传动比，如果将齿轮 j 作为主动轮，齿轮 k 作为从动轮，则有 $i_{jk} = \frac{\omega_j}{\omega_k} = \frac{1}{i_{kj}}$。

由图 8 - 11 中可以看出，齿轮 2 同时与齿轮 1 和齿轮 3 相啮合，它既作前一对齿轮机构中的从动轮，同时又作后一对齿轮机构中的主动轮，其齿数 z_2 在公式中的分子分母上同时出现，可以约去。齿轮 2 的作用仅仅是改变齿轮 3 的转向，而它的齿数并不影响传动比的大小，我们称该齿轮为惰轮（或介轮）。

二、首、末轮转向关系的确定

在工程实际中，不仅需要确定传动比的大小，还需要根据主动轮的转向确定从动轮转向。齿轮传动的转向关系可以用正、负号或用标出箭头的方法表示。一般应按各对啮合齿轮的传动类型，逐对判断其相对转向，用箭头在图中标出，如图 8 - 11 所示。下面将分几种情况分析轮系中首、末两轮的转向关系。

平面轮系中的转向关系可用正、负号表示，空间轮系中包括轴线不平行的齿轮传动，其传动比用符号表示毫无意义，转向关系必须在机构简图上用箭头标出。

一对外啮合圆柱齿轮传动中，两轮的转向相反，在机构简图上用两个相反方向的箭头标出；一对内啮合圆柱齿轮传动中，两轮的转向相同，在机构简图上用两个相同方向的箭头标出；对于圆锥齿轮传动，表示两轮转向的箭头应同时指向啮合点或同时背离啮合点；对于蜗杆传动，则用左、右手定则进行判断，判断方法详见蜗杆传动有关章节。

1. 平面轮系

当平面轮系各轮几何轴线均互相平行时，首、末两轮的转向不是相同就是相反，因此在传动比数值前加上"＋""－"号来表示首、末两轮的转向关系。由于一对内啮合圆柱齿轮的转向相同，其传动不改变输出轴的转向关系，而一对外啮合圆柱齿轮的转向相反，每经过一次外啮合就改变一次传动方向，若用 m 表示轮系中外啮合齿轮对数，则可用 $(-1)^m$ 来确定轮系传动比的"＋""－"号，即

$$i_{1k}=\frac{\omega_1}{\omega_k}=(-1)^m\frac{z_2\cdots z_k}{z_1\cdots z_{k-1}} \tag{8-2}$$

若计算结果为"＋"，表明首、末两轮的转向相同；反之，则转向相反。

2. 空间轮系

如果定轴轮系中含有圆锥齿轮、蜗杆蜗轮等空间齿轮传动，即各轮的轴线不互相平行，则称该类轮系为空间轮系。

当空间轮系中首、末两轮的轴线互相平行时，传动比计算式前可加"＋""－"号表示两轮转向关系，但不能用 $(-1)^m$ 确定其符号，只能用标注箭头法确定。如图 8-12 所示，在图上用箭头依传动顺序逐一标出各轮转向，因首、末两轮几何轴线平行，且方向相反，故传动比计算结果中加上"－"号。

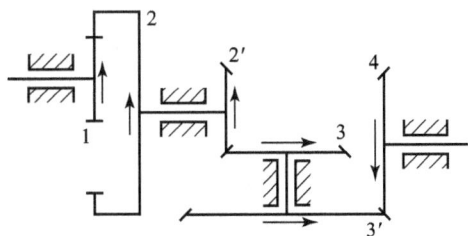

图 8-12 空间定轴轮系

当空间轮系中首、末两轮几何轴线不平行时，不能用"＋""－"号来表示它们的转向关系，只能在运动简图上用依次标出箭头的方法确定。

图 8-13 所示为一空间定轴轮系，当各轮齿数及首轮的转向已知时，可求出其传动比大小和标出各轮的转向，即

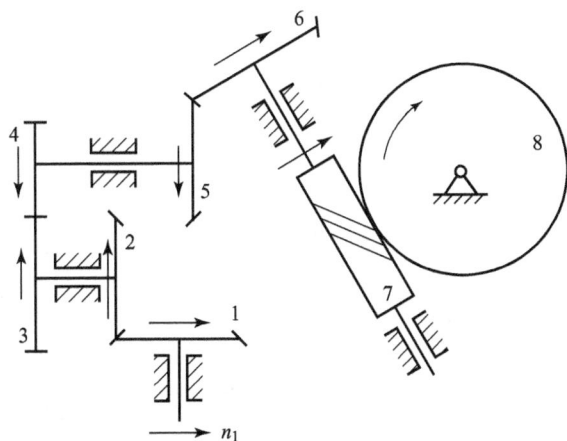

图 8-13 空间定轴轮系

$$i_{18} = \frac{n_1}{n_8} = \frac{z_2 z_4 z_6 z_8}{z_1 z_3 z_5 z_7}$$

末轮即蜗轮，沿顺时针方向转动。

三、结论

（1）定轴轮系的传动比等于组成该轮系的所有从动轮齿数连乘积除以所有主动轮齿数的连乘积。

（2）定轴轮系的传动比还等于组成该轮系的各对啮合齿轮传动比的连乘积。

（3）轮系中的介轮不影响传动比的大小，但影响末轮的转动方向。

（4）平面轮系可按 $(-1)^m$ 判别末轮转向，空间轮系只能用画箭头的方法判别末轮转向。

（5）轮系中的转向关系要分以下三种情况加以研究确定：

①轮系中各轮几何轴线均互相平行时；

②轮系中各轮几何轴线不都平行，但首、末两轮几何轴线互相平行时；

③轮系中首、末两轮几何轴线不平行时。

转向关系如何确定前面已经讲过，不再一一赘述。

例题 8-1 在图 8-14 所示的轮系中，已知右旋单头蜗杆的转速 $n_1 = 1\,440$ r/min，转动方向如图 8-14 所示，其余各轮齿数为 $z_2 = 40$，$z_{2'} = 20$，$z_3 = 30$，$z_{3'} = 18$，$z_4 = 54$。试说明轮系属于何种类型；计算齿轮 4 的转速；在图中标出齿轮 4 的转动方向。

分析：该轮系为空间定轴轮系，其传动比的大小为

$$i_{14} = \frac{n_1}{n_4} = \frac{z_2 z_3 z_4}{z_1 z_{2'} z_{3'}}$$

由于该空间定轴轮系中的首、末两轮的几何轴线不平行，故传动比计算式前不能加"＋""－"号表示两轮转向关系。从蜗杆起，依次在图中用箭头标出各轮转向（请自己在图上练习标出）。

解：空间定轴轮系传动比

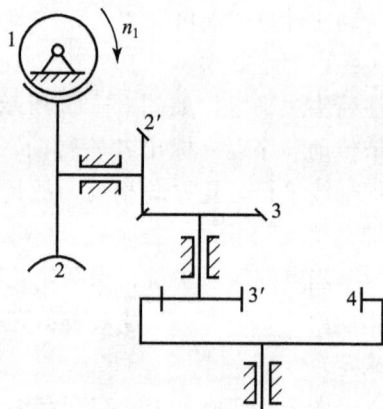

图 8-14 定轴轮系

$$i_{14} = \frac{n_1}{n_4} = \frac{z_2 z_3 z_4}{z_1 z_{2'} z_{3'}}$$

齿轮 4 的转速

$$n_4 = \frac{z_1 z_{2'} z_{3'}}{z_2 z_3 z_4} n_1 = \frac{1 \times 20 \times 18}{40 \times 30 \times 54} \times 1\,440 = 8 \text{ (r/min)}$$

齿轮 n_4 的转向为水平向左"←"。

第三节 周转轮系传动比的计算

在周转轮系中，由于行星齿轮既自转又公转，其轴线不是固定的，而是由系杆 H 绕中

心轮轴线旋转，所以不能直接使用计算定轴轮系传动比的方法来计算周转轮系的传动比。若将周转轮系中支承行星轮的系杆 H 固定的话，行星齿轮轴线随即被固定下来，不再绕中心轮轴线旋转，此时的周转轮系便转化为定轴轮系，那么周转轮系传动比的计算问题也就迎刃而解。根据这一思路，产生出求解周转轮系传动比最常用的转化机构法，也称为反转法。它的基本思想是根据相对运动原理，将周转轮系转化成定轴轮系，间接利用定轴轮系传动比公式来求解周转轮系的传动比。

分析轮系中的相对运动，假设将运动的参照系移至系杆 H 上，站在系杆 H 上看轮系的运动，这时可认为相对于参照系来说系杆 H 静止不动，轮系中各构件之间的相对运动关系不变，此时轮系中各轮相对于系杆 H 的运动便已被转化为定轴转动。从这一相对运动法的设想出发，利用反转法便可将原周转轮系转化为假想的定轴轮系，这个假想的定轴轮系称为原周转轮系的转化机构或转化轮系。

由于周转轮系的转化机构为一定轴轮系，因此转化机构中输入轴和输出轴的传动比便可用定轴轮系传动比的计算方法求出，转动方向也可用定轴轮系的判别方法来确定。

如图 8-15 所示，设 ω_1、ω_2、ω_3、ω_H 分别为中心轮 1、行星轮 2、中心轮 3 和系杆 H 的绝对角速度。

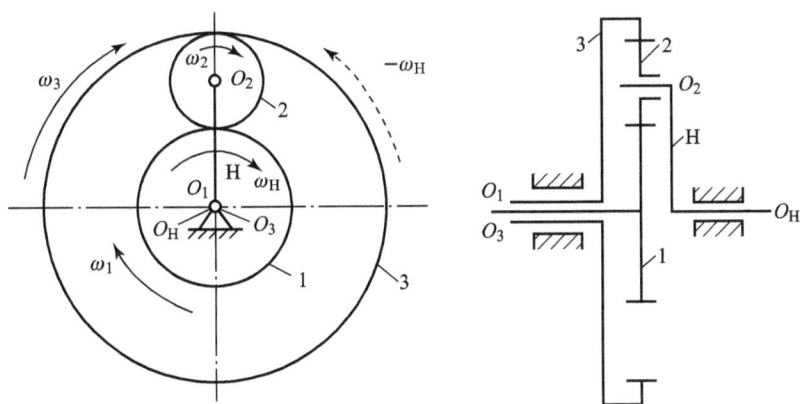

图 8-15 周转轮系

现给整个周转轮系加上一个 $-\omega_H$ 的公共角速度，此时系杆 H 相对固定不动，这个假想的反向角速度迫使行星齿轮的轴线变为定轴线，原周转轮系就被转化为假想的定轴轮系（转化机构）。这时转化轮系中各构件的角速度分别变为 ω_1^H、ω_2^H、ω_3^H、ω_H^H，它们与原周转轮系中各轮角速度的关系见表 8-1。

根据定轴轮系传动比的公式，可写出转化轮系传动比 i_{13}^H 的公式为

$$i_{13}^H = \frac{\omega_1^H}{\omega_3^H} = \frac{\omega_1 - \omega_H}{\omega_3 - \omega_H} = -\frac{z_2 z_3}{z_1 z_2} = -\frac{z_3}{z_1}$$

式中，"－"号表示在转化机构中 ω_1^H 和 ω_3^H 转向相反。

表 8-1 周转轮系转化机构中各构件的角速度

构件代号	原周转轮系中各构件的角速度	转化轮系中各构件的角速度
1	ω_1	$\omega_1^H = \omega_1 - \omega_H$
2	ω_2	$\omega_2^H = \omega_2 - \omega_H$
3	ω_3	$\omega_3^H = \omega_3 - \omega_H$
H	ω_H	$\omega_H^H = \omega_H - \omega_H = 0$

根据反转法原理，很容易得出周转轮系转化机构传动比的一般式。对于周转轮系中任意两轴线平行的齿轮 1 和齿轮 k，它们在转化轮系中的传动比为

$$i_{1k}^H = \frac{\omega_1^H}{\omega_k^H} = \frac{\omega_1 - \omega_H}{\omega_k - \omega_H} = \pm \frac{\text{从动轮齿数连乘积}}{\text{主动轮齿数连乘积}} \tag{8-3}$$

对于行星轮系，其中一个中心轮固定，角速度为 0，只要给定另外两个基本构件角速度中的任意一个，便可由公式求出另一个；对于差动轮系，在各轮齿数已知的情况下，只要给定 ω_1、ω_k、ω_H 中任意两项，即可求得第三项，从而求出原周转轮系中任意两构件之间的传动比。

在周转轮系中，传动比的计算方法适用于圆柱齿轮传动中包括行星轮在内的一切活动构件。

计算周转轮系传动比时应注意以下问题：

(1) 转化机构的传动比表达式中含有原周转轮系的各轮绝对角速度，可从中找出待求值。

(2) 转化机构中传动比的正负号按定轴轮系传动比的原则判别。也就是说齿数比前的"＋""－"号按转化后的定轴轮系判别方法确定。须强调的是，这个正、负号与两个中心轮的真实转向无直接关系，并不表示两个中心轮的真实转向一定相同或相反，仅看成是周转轮系的结构特征符号，我们将转化机构的传动比 i_{1k}^H 为"＋"的周转轮系称为正号机构，i_{1k}^H 为"－"的周转轮系称为负号机构。

(3) ω_1、ω_k、ω_H 是周转轮系中各基本构件的真实角速度，均为代数值，代入公式计算时要带上相应的"＋""－"号，当规定某一构件转向为"＋"时，则转向与之相反的为"－"。计算出的未知转向应由计算结果中的"＋""－"号判断。

(4) $i_{1k}^H \neq i_{1k}$，因 $i_{1k}^H = \omega_1^H / \omega_k^H$ 是周转轮系的转化轮系传动比，故其大小和转向按定轴轮系传动比的方法确定；而 $i_{1k} = \omega_1 / \omega_k$ 是周转轮系的真实传动比，其大小和转向由计算结果确定。

(5) 计算转化轮系传动比的公式仅适用于主、从动轴平行的情况。对于由圆锥齿轮等组成的周转轮系，只能写出基本构件之间的传动比表达式，不能写出基本构件与行星轮之间的传动比表达式。

如图 8-16 所示的空间周转轮系，其转化轮系传

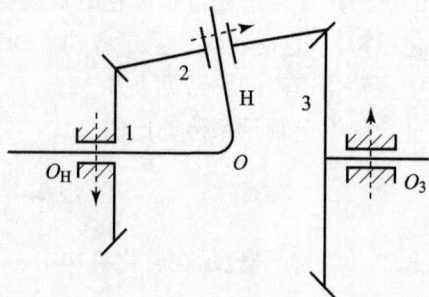

图 8-16 空间周转轮系

动比可写为

$$i_{13}^H = (\omega_1 - \omega_H)/(\omega_3 - \omega_H) = -z_3/z_1$$

由于齿轮 1 和齿轮 2 的轴线不平行，ω_H 和 ω_2 不在同一平面内，不能进行代数加减，故

$$\omega_2^H \neq \omega_2 - \omega_H$$

$$i_{12}^H \neq (\omega_1 - \omega_H)/(\omega_2 - \omega_H)$$

（6）行星轮系中，假设中心轮 k 固定，$\omega_k = 0$，代入公式

$$i_{1k}^H = \frac{\omega_1^H}{\omega_k^H} = \frac{\omega_1 - \omega_H}{0 - \omega_H} = 1 - \frac{\omega_1}{\omega_H} = 1 - i_{1H}$$

得出简化公式

$$i_{1H} = 1 - i_{1k}^H$$

例题 8-2　在如图 8-17 所示的双排外啮合行星轮系中，已知 $z_1 = 100$，$z_2 = 101$，$z_{2'} = 100$，$z_3 = 99$。求传动比 i_{H1}。

分析：中心轮 3 固定不动，$\omega_3 = 0$，此轮系为行星轮系，设想系杆 H 反转后静止不动，则 z_1、z_2、$z_{2'}$、z_3 成为假想的定轴轮系。

解：

$$i_{13}^H = \frac{\omega_1^H}{\omega_3^H} = \frac{\omega_1 - \omega_H}{\omega_3 - \omega_H} = +\frac{z_2 z_3}{z_1 z_{2'}} = +\frac{101 \times 99}{100 \times 100}$$

将 $\omega_3 = 0$ 代入上式得

$$i_{13}^H = \frac{\omega_1 - \omega_H}{0 - \omega_H} = 1 - \frac{\omega_1}{\omega_H} = 1 - i_{1H} = +\frac{101 \times 99}{100 \times 100}$$

进一步

$$i_{1H} = 1 - \frac{101 \times 99}{100 \times 100} = \frac{1}{10\,000}$$

故

$$i_{H1} = \frac{\omega_H}{\omega_1} = \frac{1}{i_{1H}} = +10\,000$$

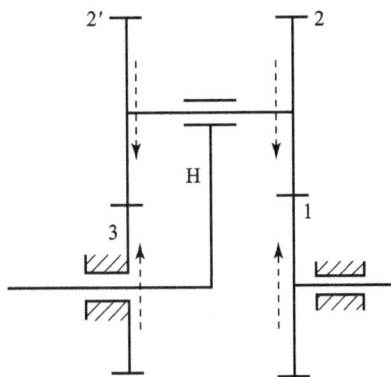

图 8-17　行星轮系

i_{H1} 为"+"，说明齿轮 1 与系杆 H 转向相同，当系杆 H 转 10 000 r 时，齿轮 1 仅转过 1 r。

此例表明：周转轮系可用少数几对齿轮获得相当大的传动比，但必须说明，这类行星轮系传动减速比越大，传动效率越低，当轮 1 为主动轮时，可能产生自锁，一般不宜用来传递大功率，只用于轻载下的运动传递及作为微调机构。

若将齿轮 2' 的齿数减去一个齿（$z_{2'} = 99$），则 $i_{H1} = -100$。这说明同一结构类型的行星轮系，齿数仅作微小变动，对传动比的影响很大，输出构件的转向也随之改变，这是行星轮系与定轴轮系的显著区别。

例题 8-3　在图 8-18 所示空间轮系中，已

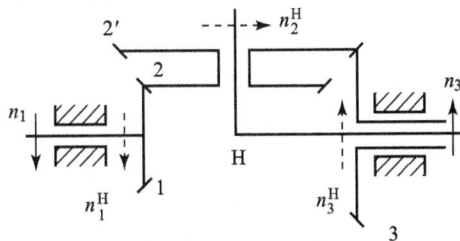

图 8-18　空间轮系

知 $z_1 = 35$，$z_2 = 48$，$z_{2'} = 55$，$z_3 = 70$，齿轮的转速 $n_1 = 250$ r/min，$n_3 = 100$ r/min，转向如图 8-18 所示。试求系杆 H 的转速 n_H 的大小和转向。

分析： 这是一个差动轮系，首先要计算其转化轮系的传动比。

解：
$$i_{13}^H = \frac{n_1^H}{n_3^H} = \frac{n_1 - n_H}{n_3 - n_H} = -\frac{z_2 z_3}{z_1 z_{2'}} = -\frac{48 \times 70}{35 \times 55} = -1.75$$

由上式导出

$$n_H = \frac{n_3 i_{13}^H - n_1}{i_{13}^H - 1} = \frac{-1.75 n_3 - n_1}{-1.75 - 1} = \frac{1.75 n_3 + n_1}{2.75}$$

由于 n_1、n_3 实际转向相反，故一个取正值代入公式计算，而另一个要取负值。若令 n_1 为正值，则 n_3 应以负值代入，于是有

$$n_H = \frac{1.75 \times (-100) + 250}{2.75} = 27.27 \ (r/min)$$

计算结果为 "+"，说明 n_H 与 n_1 转向相同。

此例表明：计算周转轮系传动比时，应将各轮转速与其 "+" "−" 号同时代入公式中进行计算，而图中所标出的箭头方向只表示转化轮系的齿轮转向，并不是周转轮系各齿轮的真实转向。

值得强调的是，周转轮系转化机构的传动比 i_{1k}^H 计算结果中的正负号，仅仅表明在该轮系转化轮系中的中心轮 1 和轮 k 之间的转向关系，并不表示该周转轮系中的中心轮 1 和轮 k 之间的绝对转向关系。

第四节　混合轮系传动比的计算

混合轮系是定轴轮系和周转轮系的组合，也可以是若干周转轮系的组合，结构比较复杂。此时不能简单地将全部轮系加以反转，如将整个机构加以 $-\omega_H$ 反转后，造成原定轴轮系中的某些定轴发生转动，就会使定轴轮系成为新的周转轮系，因此不能用整个机构加反转的方法去求解混合轮系的传动比，而是首先分析清楚轮系的组成关系后，再决定求解方法。

计算混合轮系的传动比时，不能将其视为一个整体而用一个统一的公式进行计算，而应先将其划分为各种基本轮系，最关键的是要正确划分出定轴轮系部分和基本周转轮系部分，分别列出各基本轮系的传动比计算式，根据各基本轮系间的连接关系，将各计算式联立求解，最后求得混合轮系的传动比。

一般情况下轮系划分时，先根据整个轮系的运动情况将每个基本周转轮系划分出来，周转轮系的特点是具有行星轮，为此先要找出在运转中轴线旋转的行星轮及支承行星轮的系杆（注意系杆也可能是一个齿轮或非杆状的构件）。然后找出与行星轮相啮合且轴线固定的中心轮，这些行星轮、中心轮、系杆就构成一个周转轮系。针对每一个行星轮找出与此行星轮相对应的周转轮系。分出一个基本周转轮系后，要逐一判断是否有其他行星轮被另一个系杆支承，每一个系杆对应一个基本周转轮系。在将全部周转轮系逐一找出之后，其余轴线静止不动且互相啮合的齿轮则构成定轴轮系。

例题 8 - 4 如图 8 - 19 所示轮系中，各轮齿数已知，$n_1 = 300$ r/min，试求系杆 H 转速 n_H 的大小和转向。

分析： 该轮系中齿轮 3 的几何轴线是相对机架变动的，故齿轮 3 是行星轮。支承齿轮 3 的构件 H 为系杆，与行星轮 3 啮合的是齿轮 2′ 和 4。因此，齿轮 2′、3、4 和系杆 H 组成周转轮系，其中齿轮 2′ 和 4 是中心轮。其余齿轮 1 和 2 构成定轴轮系。

解： 在周转轮系中

$$i_{2'4}^H = \frac{n_{2'} - n_H}{n_4 - n_H} = -\frac{z_4}{z_{2'}} = -\frac{80}{20} = -4 \qquad ①$$

在定轴轮系中

$$i_{12} = \frac{n_1}{n_2} = -\frac{z_2}{z_1} = \frac{40}{20} = -2 \qquad ②$$

因 $n_2 = n_{2'}$，$n_4 = 0$，则由式①和式②联立求解得

$$n_H = -30 \text{ r/min}$$

式中，"—"号说明 n_H 与 n_1 转向相反。

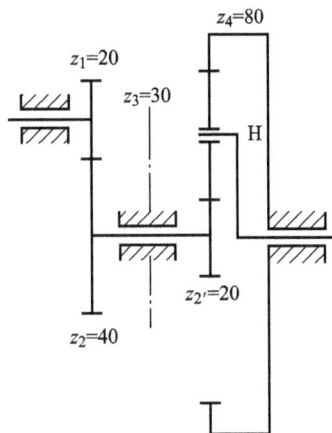

图 8 - 19 混合轮系

例题 8 - 5 图 8 - 20 所示为一电动卷扬机减速器的运动简图。已知各轮齿数为 $z_1 = 24$，$z_2 = 52$，$z_{2'} = 21$，$z_3 = 78$，$z_{3'} = 18$，$z_4 = 30$，$z_5 = 78$。试求传动比 i_{15}。

分析： 该轮系中，双联齿轮 2—2′ 的几何轴线绕齿轮 5 的轴线转动，是行星轮。与行星轮相啮合的齿轮 1 和 3 是中心轮，卷筒与内齿轮 5 连成一体构成系杆 H。因此，齿轮 1、2—2′、3 和 5（系杆 H）组成一个差动轮系。其余齿轮 3′、4、5 构成定轴轮系。

齿轮 1 为输入件，差动轮系中的齿轮 3 和 5（系杆 H）为两个输出件，输出件 3 通过定轴齿轮传动 3′ 和 4 连接；输出件 5（系杆 H）通过定轴齿轮传动 4 和 5 连接。

解题方法为列出差动轮系的传动比方程和定轴轮系的传动比方程后，联立求解即可。

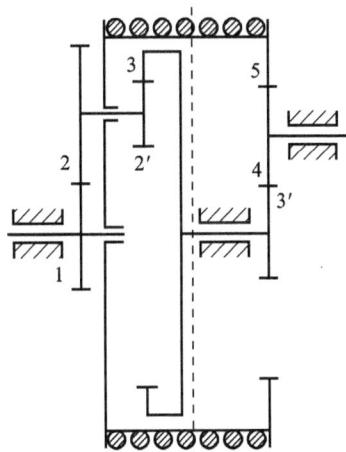

图 8 - 20 电动卷扬机减速器

解： 在周转轮系中

$$i_{13}^H = i_{13}^5 = \frac{n_1 - n_5}{n_3 - n_5} = \frac{\dfrac{n_1}{n_5} - 1}{\dfrac{n_3}{n_5} - 1} = -\frac{z_2 z_3}{z_1 z_{2'}} = -\frac{52 \times 78}{24 \times 21} = -8.05 \qquad ①$$

在定轴轮系中

$$i_{3'5} = \frac{n_{3'}}{n_5} = -\frac{z_5}{z_{3'}} = -\frac{78}{18} \qquad ②$$

由于 $n_3 = n_{3'}$，联立式①和式②求解得

$$i_{13}^{H}=\dfrac{\dfrac{n_1}{n_5}-1}{\dfrac{n_3}{n_5}-1}=\dfrac{\dfrac{n_1}{n_5}-1}{-\dfrac{78}{18}-1}=-8.05$$

即

$$i_{15}=\dfrac{n_1}{n_5}=+43.9$$

式中，"+"号说明 n_5 与 n_1 转向相同。

例题8-6 如图8-21所示轮系中，各轮齿数已知，求该轮系的传动比 i_{1H_2}。

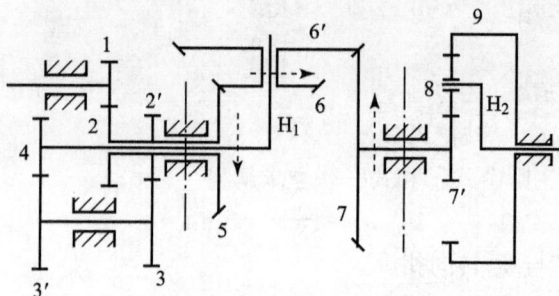

图8-21 混合轮系

分析：该轮系左半部1、2、2′、3、3′、4为定轴轮系，中间5、6-6′、7为差动轮系，右半部7′、8、9、H_2 为行星轮系。

定轴轮系1、2连接到差动轮系的一个输入（齿轮5），定轴轮系1、2、2′、3、3′、4连接到差动轮系的另一个输入（系杆 H_1），差动轮系的输出（齿轮7）连接到右部行星轮系。

解：

差动轮系中

$$i_{57}^{H_1}=i_{57}^{4}=\dfrac{\omega_5-\omega_4}{\omega_7-\omega_4}=-\dfrac{z_6z_7}{z_5z_{6'}}$$

定轴轮系中

$$i_{12}=\dfrac{\omega_1}{\omega_2}=-\dfrac{z_2}{z_1}$$

$$\omega_2=\omega_5$$

$$i_{14}=\dfrac{\omega_1}{\omega_4}=-\dfrac{z_2z_3z_4}{z_1z_{2'}z_{3'}}$$

联立求解，可解出传动比 $i_{17}\left(i_{17}=\dfrac{\omega_1}{\omega_7}\right)$。

行星轮系中

$$i_{7'9}^{H_2}=\dfrac{\omega_{7'}-\omega_{H_2}}{0-\omega_{H_2}}=1-\dfrac{\omega_{7'}}{\omega_{H_2}}=-\dfrac{z_9}{z_{7'}}$$

$$i_{7'H_2}=\dfrac{\omega_{7'}}{\omega_{H_2}}=1+\dfrac{z_9}{z_{7'}}$$

综合上述方程，可解出传动比 $i_{1H_2}(i_{1H_2}=i_{17}i_{7H_2})$。

例题8-7 图8-22所示为自行车里程表的传动机构系统，其中C为车轮轴，P为里程表指针。已知 $z_1=17$，$z_3=23$，$z_4=19$，$z_{4'}=20$，$z_5=24$。假定轮胎受压变形后使 28 英寸的车轮有效直径约为 0.7 m。要求当自行车行驶一公里时，里程表上指针 P 要刚好转一周，请据此确定齿轮 2 的齿数应为多少？

　　分析：自行车里程表的传动机构系统由混合轮系组成。齿轮 3、4、4'、5、H 组成了周转轮系，其中齿轮 2 的轴为系杆 H；齿轮 1、2 组成了定轴轮系。

　　解：首先根据当自行车行驶一公里时，表上的指针 P 要刚好回转一周，可计算出该混合轮系的传动比

$$i_{15}=\frac{n_1}{n_5}=\frac{1\ 000}{\pi\times 0.7}=\frac{10\ 000}{7\pi} \tag{a}$$

　　在定轴轮系中

$$i_{12}=\frac{n_1}{n_2}=-\frac{z_2}{z_1}=-\frac{z_2}{17} \tag{b}$$

图 8 - 22　里程表的传动机构

在周转轮系中，齿轮 2 为系杆 H，其转化机构的传动比为

$$i_{35}^2=\frac{n_3-n_2}{n_5-n_2}=\frac{z_4 z_5}{z_3 z_{4'}}=\frac{19\times 24}{23\times 20}=\frac{114}{115}$$

因为齿轮 3 为机架，所以 $n_3=0$，再由式（a）和式（b）
联立求得。

$$z_2=68$$

　　此类型题要注意，在整个计算过程中，各轮齿数的数值可以提前代入公式计算，也可以在推导出的最后公式中进行计算。代入数值计算的过程中不宜化为带有小数的数值，尤其不可取近似值，否则将使最后结果产生较大误差，以至于得到错误的结果。

　　本题中如果计算的周转轮系传动比 $i_{35}^2=0.99$，则 $z_2=78$；若 $i_{35}^2=0.991$，则 $z_2=70$，这样导致得不到正确的结果。

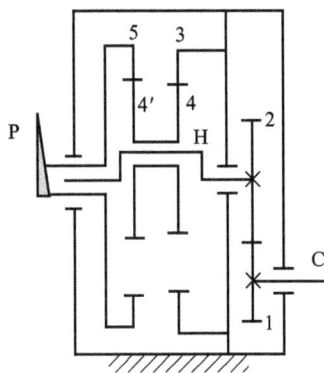

第五节　轮系的功用

轮系广泛应用于各种机械和仪表中，其主要功能有以下几个方面。

一、实现远距离传动

当输入轴与输出轴之间相距较远时，只采用一对齿轮来传递运动会造成齿轮的尺寸很大。若采用由若干对齿轮组成的轮系进行传动，会使机构外廓尺寸明显减小，节省材料，方便安装制造。

二、实现大传动比传动

一对齿轮传动时，一般最大传动比 $i_{max}=5\sim 7$，当要求更大的传动比时，可用多级齿轮组成的定轴轮系，也可采用行星轮系通过很少的几个齿轮传动获得相当大的传动比。

　　例如图 8 - 17 所示，当 $z_1=100$，$z_2=101$，$z_{2'}=100$，$z_3=99$ 时，传动比 $i_{H1}=10\ 000$。

值得注意的是，这类行星轮系用于减速传动时其传动比越大，机械效率越低，因此只适用于某些微调机构，不宜用于传递动力。

三、实现分路传动

利用轮系可将主动轮的转速同时传递到几根从动轴上，获得所需的各种转速，实现分路传动。图8-23所示为某传动系统的运动示意图，它利用定轴轮系将主轴的运动通过各分路传递出去。

四、实现变速与换向传动

当主动轴转速和转向不变时，利用轮系可使从动轴获得不同的转速和转向。汽车、机床、起重设备等都需要这种变速传动。例如，汽车变速箱可以使行驶的汽车方便地实现变速和换向倒车。

如图8-24所示汽车变速箱，牙嵌离合器分为A、B两半，其中A和齿轮1固连在输入轴Ⅰ上，B和滑移双联齿轮4、6用花键与输出轴Ⅱ相连。齿轮2、3、5、7固连在轴Ⅲ上。齿轮8固连在轴Ⅳ上。按照不同的传动路线，该变速器可使输出轴得到四挡转速，见表8-2。

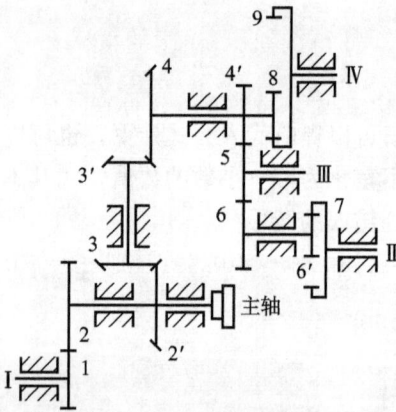

图8-23　分路传动轮系

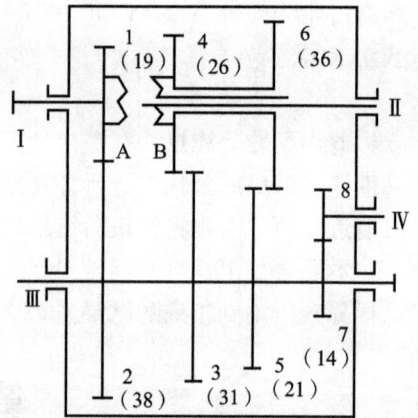

图8-24　汽车变速箱

表8-2　汽车变速箱挡位工作表

挡位	离合器	齿轮
一挡（低速挡）	A、B分离	5、6相啮合，3、4脱开
二挡（中速挡）	A、B分离	3、4相啮合，5、6脱开
三挡（高速挡）	A、B相嵌合	3、4和5、6均脱开
倒车挡	A、B分离	6、8相啮合，3、4和5、6脱开

倒车挡时，由于惰轮8的作用，输出轴Ⅱ反转，实现换向倒车。汽车变速器中的不同齿轮啮合时，在主动轴转速、转向不变的情况下，借助轮系，可以获得不同的转速值或实现从动轴的正、反向转动。

差动轮系和复合轮系也可以实现变速、变向传动。龙门刨床工作台就是由两个差动轮系串联构成的变向机构。

图 8-25 所示为车床走刀丝杠上的三星轮换向机构，其中带有转动手柄的构件 A 可绕轮 1 的轴线回转。

在图 8-25（a）所示位置时，齿轮 1 通过齿轮 2、3 将运动传递给齿轮 4，从动轮 4 与主动轮 1 的转向相反；当转动手柄使机构转到图 8-25（b）所示位置时，齿轮 3 不参与传动，齿轮 1 通过齿轮 2 传递运动，此时轮 4 与轮 1 的转向相同，使机构在主动轴转向不变的条件下实现了换向传动。

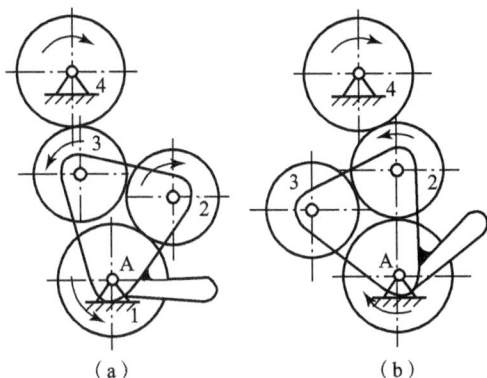

图 8-25 三星轮换向机构

（a）齿轮 3 参与传动情况；

（b）齿轮 3 不参与传动情况

五、实现运动的合成与分解

合成运动和分解运动可用差动轮系来实现。运动的合成是将两个输入运动合成为一个输出运动，而运动的分解则正相反。

图 8-26 所示为一个用作合成运动的最简单的差动轮系，其传动比为

$$i_{13}^{H}=\frac{n_1^H}{n_3^H}=\frac{n_1-n_H}{n_3-n_H}=-\frac{z_3}{z_1}=-1$$

当 $z_1=z_3$ 时，

$$2n_H=n_1+n_3$$

此轮系用作加法机构，实现运动合成，广泛地应用于机床、计算机构和补偿装置中。

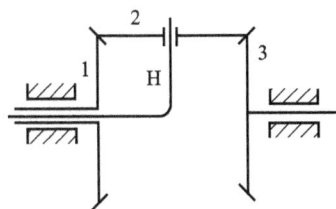

图 8-26 差动轮系

图 8-27 所示为装在汽车后桥上的差速器，$z_3=z_4=z_5$，发动机的运动由变速箱通过传动轴传到齿轮 1，再带动齿轮 2 及固接在其上的系杆 H 转动，将运动传递给左、右两车轮。

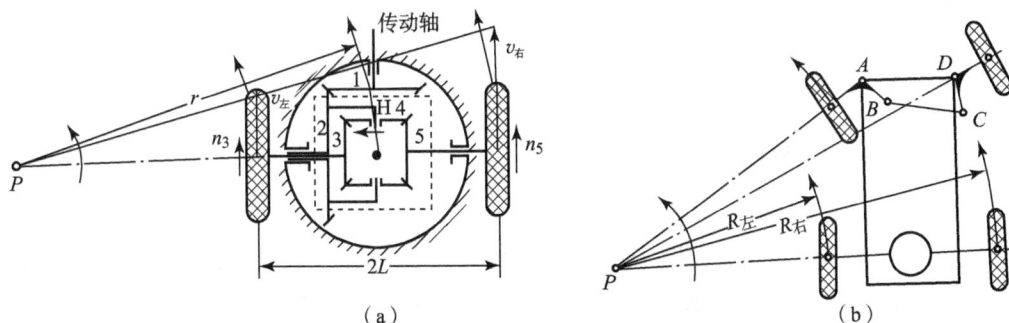

图 8-27 汽车后桥差速器

（a）差速器简图；（b）转向机构示意图

该轮系传动比为

$$i_{35}^{H}=\frac{n_3-n_H}{n_5-n_H}=-\frac{z_5}{z_3}=-1 \qquad ①$$

当车身绕瞬时回转中心 P 转动时，两后轮的速度分别为 $v_左$、$v_右$，两轮距点 P 的距离分别为 $R_左=r-L$，$R_右=r+L$，此时两轮走过的弧长与它们至 P 点的距离成正比，即左、右两轮走过的弧长与它们至 P 点的距离成正比：

$$\frac{n_3}{n_5}=\frac{r-L}{r+L} \qquad ②$$

由式①和式②解得此时汽车两后轮的转速分别为

$$n_3=\frac{r-L}{r}n_H, \quad n_5=\frac{r+L}{r}n_H$$

这说明：当汽车转弯时，可利用上述差速器自动将主轴的转动分解为两个后轮的不同转动。当汽车直行时，拐弯半径 $r\to\infty$，则有 $n_H=n_3=n_5$，齿轮2、3、5之间无相对运动，而是作为一个整体以 $n_H=n_2$ 转动。

差动轮系可分解运动的特性，广泛应用在汽车和飞机等动力传动中。

六、实现结构紧凑，且尺寸及重量较小的大功率传动

周转轮系中常采用多个均布的行星轮来同时传动，如图8-28所示，这种结构可平衡各啮合点处的径向分力和行星轮公转所产生的离心惯性力，减小主轴承内的作用力以增加运转平稳性，实现大功率传动，提高传动效率。

图8-29所示为某涡轮螺旋桨发动机主减速器的传动简图，由于采用多个行星轮，加上分路传递功率，故能够在较小的外廓尺寸下传递大的功率。

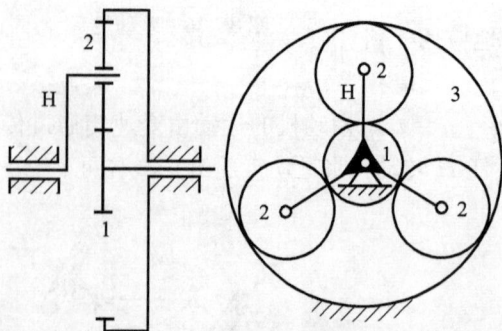

图 8-28　周转轮系

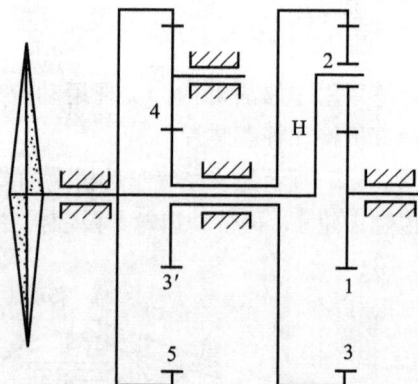

图 8-29　涡轮螺旋桨发动机主减速器传动简图

大功率传动目前广泛采用周转轮系或混合轮系，在动力传动用的行星减速器中，几乎均为内啮合，同时它的输入轴和输出轴在同一轴线上，可以减小径向尺寸。

七、实现复杂的轨迹运动和刚体导引

在周转轮系中，由于行星轮的运动是自转与公转的合成运动，而且可以得到较高的行星

轮转速，故工程实际中的一些装备直接利用了行星轮的这一特有的运动特点，来实现机械执行构件的复杂运动。

例如采用行星搅拌机构所做的搅拌器，就是将搅拌装置与行星轮连接为一体，通过行星轮实现复杂的复合运动，完成搅拌工作。图 8 - 30 所示为行星搅拌机构简图，其搅拌器与行星轮固接为一体，获得复合运动，增加了搅拌效果。

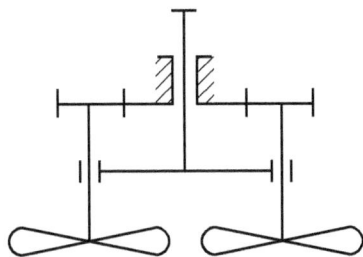

图 8 - 30 行星搅拌机构简图

在纺织工业中用来加工生产各种图案的纺织机械以及一些间歇运动机构中，经常用到行星轮上任一点的运动轨迹，实现形状各异的复杂轨迹输出。同样也可利用轮系实现刚体导引，完成诸如自动车床下料机械手的传送工作。

第六节 其他类型的行星轮系简介

除上述轮系之外，工程中还经常应用一些特殊的行星轮系。

一、渐开线少齿差行星轮系

渐开线少齿差行星轮系如图 8 - 31 所示，通常中心轮 1 固定，系杆 H 为输入轴，V 为输出轴。输出轴 V 与行星轮 2 通过等角速比机构 3 相连接，所以输出轴 V 的转速始终与行星轮 2 的绝对转速相同。

在此传动中，由于中心轮 1 和行星轮 2 都是渐开线齿轮，齿数差很少，故称为渐开线少齿差行星轮系。其转化轮系传动比为

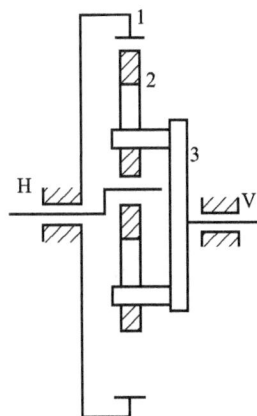

图 8 - 31 渐开线少齿
差行星轮系

$$i_{21}^{\mathrm{H}} = \frac{n_2 - n_{\mathrm{H}}}{n_1 - n_{\mathrm{H}}} = \frac{z_1}{z_2}$$

将 $n_1 = 0$ 代入得

$$1 - \frac{n_2}{n_{\mathrm{H}}} = \frac{z_1}{z_2}$$

$$i_{2\mathrm{H}} = \frac{n_2}{n_{\mathrm{H}}} = 1 - \frac{z_1}{z_2} = -\frac{z_1 - z_2}{z_2}$$

故

$$i_{\mathrm{HV}} = i_{\mathrm{H2}} = -\frac{z_2}{z_1 - z_2}$$

由此可知，两轮齿数差越少，传动比越大，通常齿数差为 1～4。当齿数差 $z_1 - z_2 = 1$ 时，称为一齿差行星轮系，此时传动比达最大值，即 $i_{\mathrm{HV}} = -z_2$。

少齿差行星轮系运动的输出方式通常采用销孔输出机构作为等角速比机构，如图 8 - 32 所示。在行星轮上沿半径为 ρ 的圆周开若干孔，孔直径为 d_{h}。在输出轴圆盘上，沿半径为 ρ 的圆周上制造相同数目的均匀分布的圆柱销，销上再套以外径为 d_{s} 的销套，并将其分别插

入轮 2 的圆孔中，使行星轮和输出轴连接起来。设计时取行星轮轴线与输出轴轴线间的距离

$$a=\frac{1}{2}(d_h-d_s)$$

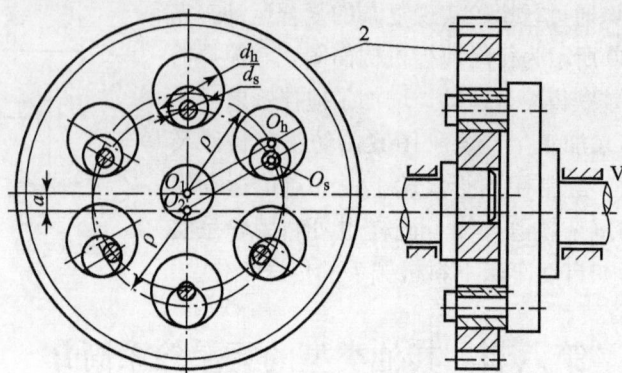

图 8-32 等角速比输出机构

在四边形 $O_1O_2O_sO_h$ 中，$O_1O_2 = a = O_sO_h$，$O_1O_h = \rho = O_2O_s$，所以在任意位置，$O_1O_2O_sO_h$ 总保持为一平行四边形，即等角速比机构的运动可以用平行四边形机构来代替。无论行星轮转到何处，O_1O_h 与 O_2O_s 始终保持平行，保证输出轴 V 的转速始终与行星轮的绝对转速相同。

渐开线少齿差行星传动装置的特点是传动比大、结构简单紧凑、齿轮易加工、装配方便，常用在起重运输、仪表、轻化和食品工业。因齿数差过小容易发生干涉，故必须进行复杂的变位计算。

二、摆线针轮行星轮系

摆线针轮行星轮系的原理和结构与渐开线少齿差行星轮系基本相同。如图 8-33 所示，系杆 H 为偏心轴，行星轮 2 的齿廓曲线为短幅外摆线，也称摆线轮，内齿轮 1 为针轮，仍依靠等角速比的销孔输出机构输出轮 2 的运动。

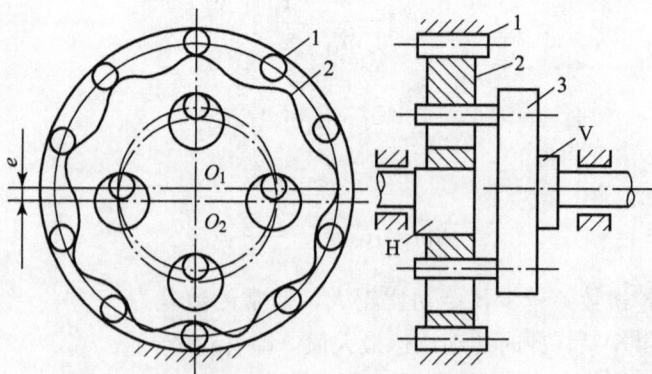

图 8-33 摆线针轮行星轮系

1—针轮；2—摆线行星轮；3—输出机构

因为这种传动的齿数差总等于 1，所以传动比为

$$i_{HV} = i_{H2} = \frac{n_H}{n_2} = -\frac{z_2}{z_1 - z_2} = -z_2$$

这种传动与少齿差行星传动的不同之处在于齿廓曲线不同。摆线针轮行星传动，传动比大、结构紧凑、效率高，由于同时承担载荷的齿数多，齿廓间为滚动摩擦，因此承载力大、传动平稳、轮齿磨损小、使用寿命长。但它的加工工艺较复杂，精度要求高，必须用专用机床和刀具来加工摆线齿轮。摆线针轮行星传动广泛应用于军工、矿山、冶金、化工和造船等工业的机械设备上。

三、谐波齿轮行星轮系

如图 8-34 所示谐波齿轮行星轮系是由波发生器 H、刚轮 1 和柔轮 2 组成的。其中柔轮为一薄壁构件，外壁有齿，内壁孔径略小于波发生器的长度。在相当于系杆的波发生器 H 的作用下，相当于行星轮的柔轮产生弹性变形而呈椭圆形状，其椭圆长轴两端的轮齿插进刚轮的齿槽中，而短轴两端的轮齿则与钢轮脱开。

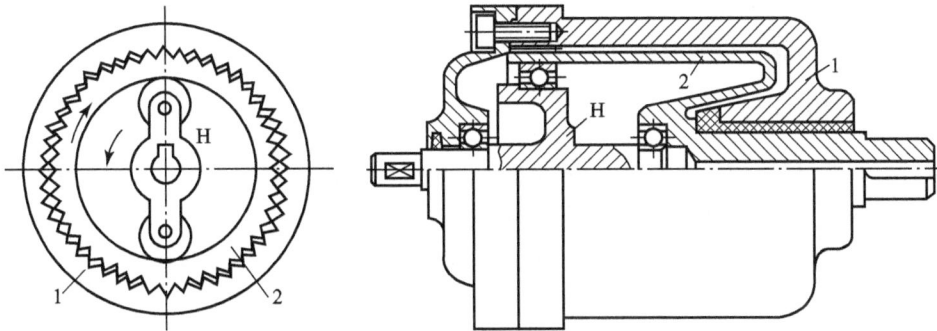

图 8-34 双波谐波齿轮行星轮系
1—钢轮；2—柔轮

一般刚轮固定不动，当波发生器 H 回转时，柔轮与刚轮的啮合区跟着发生转动。由于在传动过程中柔轮产生的弹性波形近似于谐波，故称为谐波齿轮行星轮系，也称谐波传动。

由于柔轮比刚轮少 $z_1 - z_2$ 个齿，所以 H 转一周，柔轮相对刚轮沿相反方向转过 $z_1 - z_2$ 个齿的角度，即反转 $\frac{z_1 - z_2}{z_2}$ 周，其传动比为

$$i_{H2} = \frac{n_H}{n_2} = -\frac{1}{(z_1 - z_2)/z_2} = -\frac{z_2}{z_1 - z_2}$$

按照波发生器 H 上安装滚轮数的不同，可分为图 8-34 所示的双波传动和图 8-35 所示的三波传动等，最常用的是双波传动。谐波齿轮传动的齿数差应等于波数或波数的整数倍。为了加工方便，谐波齿轮的齿形多采用渐开线齿廓。

图 8-36 所示为谐波减速器结构图。

谐波传动装置不需要等角速比机构，因此结构简单；传动比大，体积小，重量轻，效率高；啮合齿数多，承载力大，传动平稳；齿侧间隙小，适用于反向传动。但柔轮周期性发生变形，容易发热，需用抗疲劳强度很高的材料，且对加工、热处理要求都很高，否则极易损

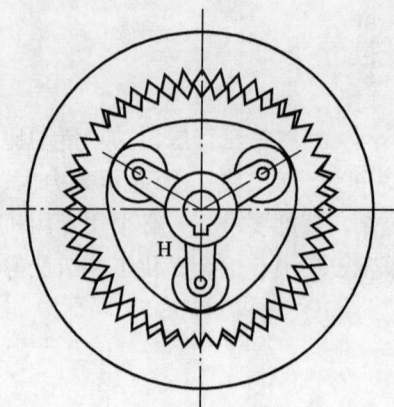

图 8 - 35　三波谐波齿轮行星轮系

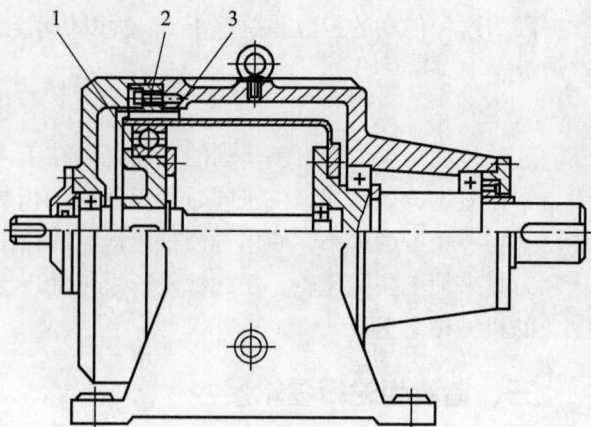

图 8 - 36　谐波减速器结构

1—波发生器；2—刚轮；3—柔轮

坏，为了避免柔轮变形过大，在传动比小于 35 时不宜采用。

　　谐波齿轮传动是在行星轮传动基础上发展起来的新型传动装置，目前已应用于造船、机器人、机床、仪表装置和军事装备等各个方面。

四、活齿传动

　　活齿传动与谐波齿轮传动一样，不需要专门的输出机构。图 8 - 37 所示为柱销式活齿传动。其中偏心盘 1 为主动件，当其沿顺时针方向转动时，推动柱销 2 沿径向移动，当保持架 3 固定时，在柱销 2 齿廓和内齿圈 4 齿廓的相互作用下，将迫使内齿圈 4 沿逆时针方向回转。相反，若内齿圈 4 固定，则将迫使保持架 3 也沿顺时针方向回转。

　　图 8 - 38 所示为滚珠（或滚柱）式活齿传动，又称波齿传动，是在柱销式传动结构基础上的一种改进，即用标准滚珠或短圆柱滚子来代替柱销式传动中的柱销。

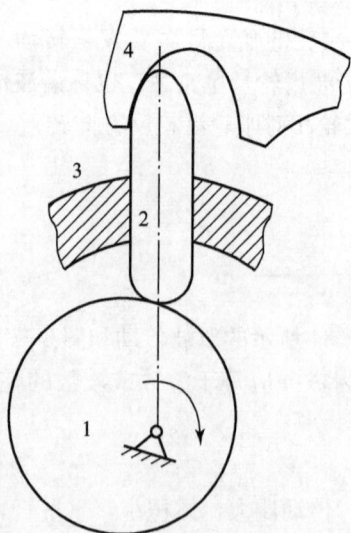

图 8 - 37　柱销式活齿传动

1—偏心盘；2—柱销；3—保持架；4—内齿圈

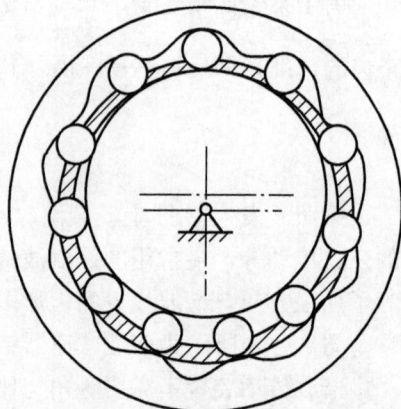

图 8 - 38　滚珠式活齿传动

活齿传动在各个工业部门中的应用日趋广泛，它的传动比范围较广，可达到单级传动比为 8～60，双级传动比为 64～3 600；同时参与工作的轮齿对数较多，甚至一半的活齿参加传递载荷的运动，承载能力高，抗冲击负荷的能力强；在结构上尺寸小、重量轻；传动平稳、噪声低。缺点是制造精度要求较高。

【知识拓展】

本章仅就轮系的传动比计算方法进行讨论。限于篇幅，轮系的设计及轮系的功率和效率等一系列问题的内容可参阅文献 [1]、[2]。在轮系的设计问题，特别是封闭差动轮系的设计问题中，涉及循环功率流问题，可参阅文献 [68]。周转轮系的均载问题及新型的行星传动机构，可参阅文献 [69]。

思 考 题

8-1　轮系中的惰轮起什么作用？

8-2　周转轮系的"转化机构"在传动比计算中起什么作用？

8-3　分析总结定轴轮系、周转轮系以及混合轮系传动比的计算方法和注意事项。

8-4　在混合轮系传动比的计算中能否采用转化机构法？

8-5　如何划分混合轮系中的轮系类型？

习 题

8-1　在题 8-1 图所示手摇提升装置中，已知单头右旋蜗杆和各轮齿数 $z_1=20$、$z_2=50$、$z_3=15$、$z_4=30$、$z_6=40$、$z_7=18$、$z_8=51$，求传动比 i_{18}，并指出提升重物时手柄的转向。

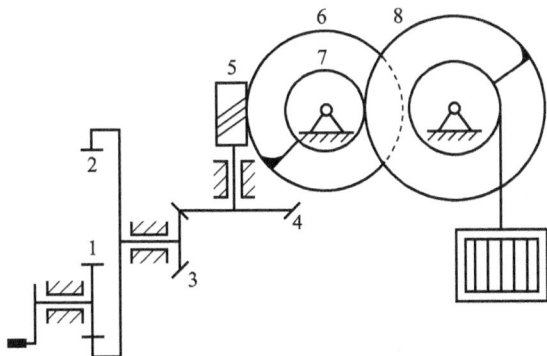

题 8-1 图

8-2　在题 8-2 图所示轮系中，双头左旋蜗杆 1 的转向如题 8-2 图所示，蜗杆 $2'$ 为单头右旋蜗杆。蜗轮齿数 $z_2=50$，$z_3=40$，其余各齿轮齿数分别为 $z_{3'}=30$，$z_4=20$，$z_{4'}=26$，$z_5=18$，$z_{5'}=46$，$z_6=16$ 及 $z_7=22$。试确定齿轮 7 的转动方向并计算传动比 i_{17}。

8-3 在题8-3图所示轮系中，$z_1 = z_3 = 25$，$z_5 = 100$，$z_2 = z_4 = z_6 = 20$，试区分哪些构件组成定轴轮系？哪些构件组成周转轮系？哪个构件是系杆 H？传动比 i_{16} 为多少？

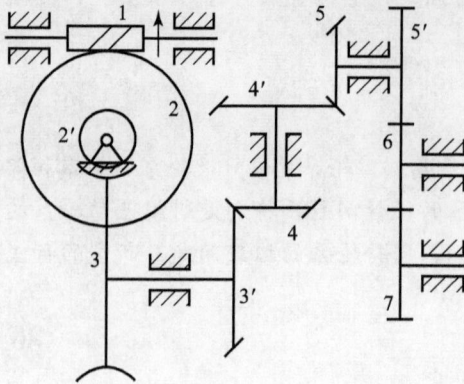

题 8-2 图

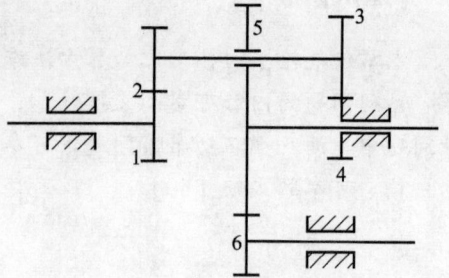

题 8-3 图

8-4 在题8-4图所示轮系中，各轮模数和压力角均相同，都是标准齿轮，各轮齿数为 $z_1 = 23$，$z_2 = 51$，$z_3 = 92$，$z_{3'} = 80$，$z_4 = 40$，$z_{4'} = 17$，$z_5 = 34$，齿轮的转速 $n_1 = 1\,500$ r/min，转向如题8-4图所示。试求齿轮 $2'$ 的齿数 $z_{2'}$ 及 n_A 的大小和方向。

8-5 在题8-5图所示轮系中，已知各轮齿数分别为 $z_1 = 30$，$z_2 = 60$，$z_3 = 150$，$z_4 = 150$，$z_{3'} = z_5 = 180$，$z_{5'} = 15$，$z_6 = 75$，$z_{6'} = 50$，$z_7 = 40$，齿轮 1 的转速 $n_1 = 1\,800$ r/min。试求轮 5 的转速 n_5 及其转向。

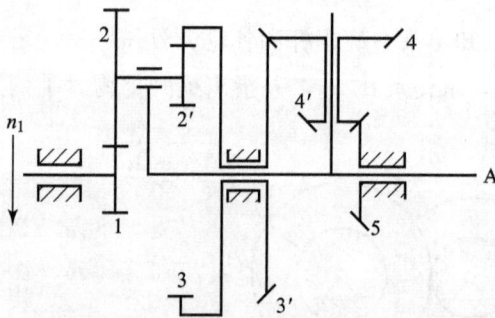

题 8-4 图

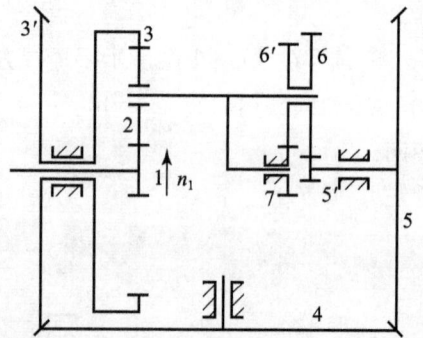

题 8-5 图

8-6 在题8-6图所示轮系中，已知各轮齿数 $z_1 = 15$，$z_2 = 33$，$z_3 = 81$，$z_{2'} = 30$，$z_4 = 78$，求传动比 i_{14}。

8-7 在题8-7图所示轮系中，若已知各轮齿数 $z_1 = 56$，$z_2 = 62$，$z_3 = 58$，$z_4 = 60$，$z_5 = 35$，$z_6 = 30$，若 $n_{\text{III}} = 70$ r/min，$n_{\text{II}} = 140$ r/min，两轴转向相同，试求轴 I 转速并判断其转向。

8-8 在题8-8图所示轮系中，各轮齿数为 $z_1 = 36$，$z_2 = 60$，$z_3 = 23$，$z_4 = 49$，$z_{4'} = 69$，$z_5 = 31$，$z_6 = 131$，$z_7 = 91$，$z_8 = 36$，$z_9 = 167$，若 $n_1 = 3\,549$ r/min，试求 n_H。

8-9 在题8-9图所示轮系中，已知各轮齿数为 $z_1 = 30$，$z_2 = 26$，$z_{2'} = z_3 = z_4 = 21$，

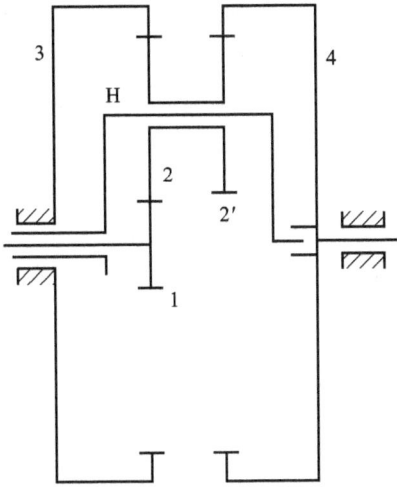

题 8-6 图

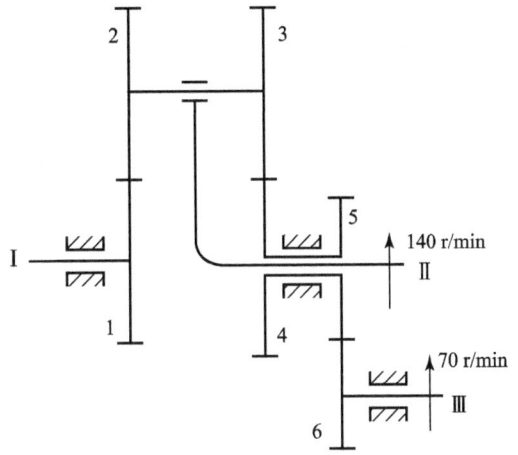

题 8-7 图

$z_{4'}=30$，$z_5=2$（右旋蜗杆），齿轮 1 的转速为 $n_1=260$ r/min（方向如题 8-9 图），蜗杆 5 的转速为 $n_5=600$ r/min（方向如题 8-9 图），求传动比 i_{1H}。

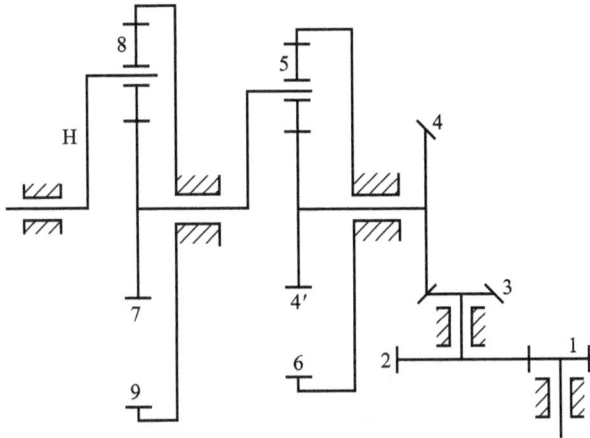

题 8-8 图

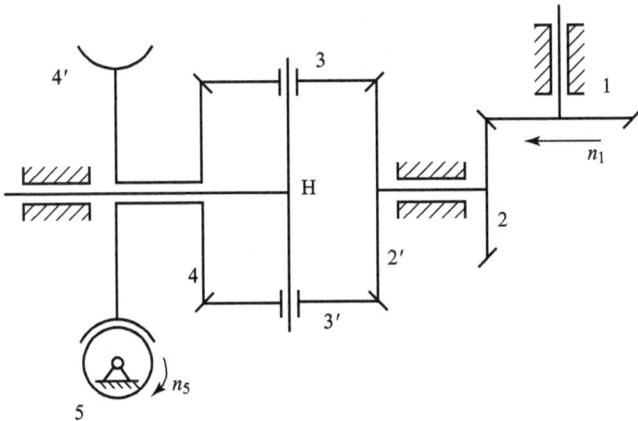

题 8-9 图

8-10 题 8-10 图所示为钟表传动系统，E 为擒纵轮，N 为发条盘，S、M 及 H 分别为秒针、分针及时针。已知各轮齿数为 $z_1=72$，$z_2=12$，$z_{2'}=64$，$z_3=z_{2''}=8$，$z_{3'}=z_{4'}=60$，$z_5=z_{6'}=6$，$z_6=24$。试计算齿轮 4 和 7 的齿数。

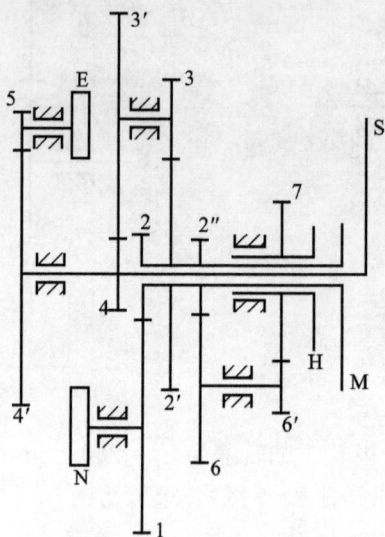

题 8-10 图

8-11 在题 8-11 图所示的变速器中，已知 $z_1=z_{1'}=z_6=28$，$z_3=z_{3'}=z_5=80$，$z_2=z_4=z_7=26$。当鼓轮 A、B 和 C 分别被刹住时，求轴 I 和轴 II 的传动比。

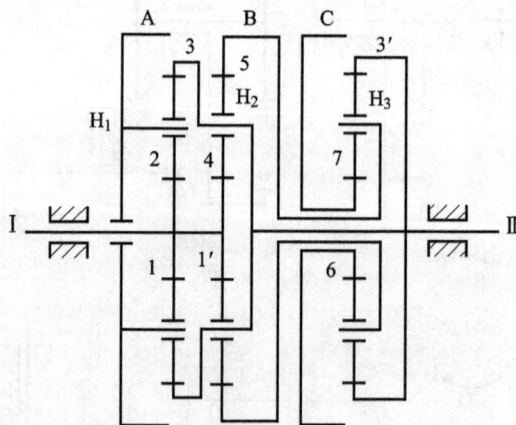

题 8-11 图

第九章　间歇运动机构

【内容提要】

本章介绍棘轮机构、槽轮机构、不完全齿轮机构和凸轮式间歇运动机构等的工作原理、类型、运动特点以及应用等。

第一节　棘轮机构

一、棘轮机构的组成及工作原理

图9-1所示为机械传动系统中齿式棘轮机构的典型结构，常用的有外棘轮（图9-1（a））和内棘轮（图9-1（b））两种形式。

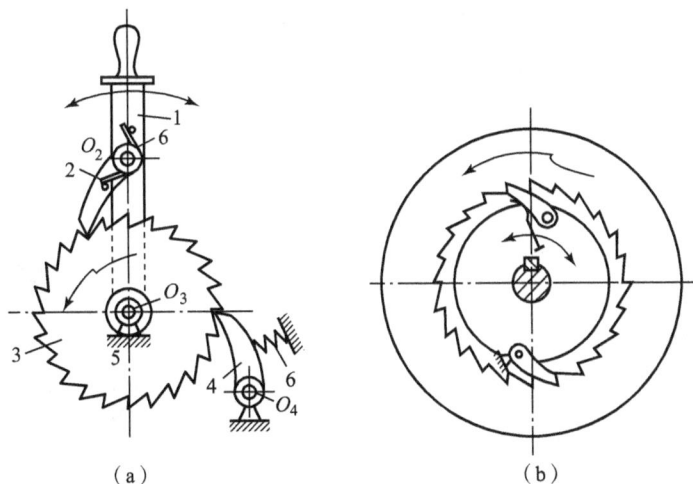

图9-1　棘轮机构

（a）外棘轮机构；（b）内棘轮机构

1—主动摆杆；2—主动棘爪；3—棘轮；4—止回棘爪；5—机架；6—弹簧

齿式棘轮机构主要由主动摆杆1、主动棘爪2、棘轮3、止回棘爪4和机架5等组成，通常以摆杆为主动件、棘轮为从动件。将棘轮3固定安装在机构的传动轴上，主动摆杆1空套在传动轴上，主动棘爪2通过转动副铰接在摆杆上。当主动摆杆1逆时针摆动时，主动棘爪2

便借助弹簧或自重的作用插入棘轮 3 的齿槽内，推动棘轮同向转过一定角度，此时止回棘爪 4 依靠弹簧 6 与棘轮保持接触并在棘轮的齿背上滑过；当主动摆杆顺时针摆动时，止回棘爪阻止棘轮顺时针方向转动，此时主动棘爪在棘轮的齿背上滑回原位，而棘轮静止不动。这样，当主动摆杆作连续的往复摆动时，从动棘轮便得到单向的间歇转动。主动摆杆的往复摆动可由连杆机构、凸轮机构、液压传动或电磁装置等来实现。

二、棘轮机构的常用类型及结构特点

棘轮机构根据结构特点，分为齿式棘轮和摩擦式棘轮两大类。齿式棘轮机构的棘轮内外缘或端面上加工有各种刚性轮齿，由棘爪推动棘齿实现棘轮的间歇转动。摩擦式棘轮机构是以偏心楔块代替齿式棘轮机构中的棘爪，利用棘爪和无齿摩擦轮间的摩擦力与偏心楔块的几何条件来实现摩擦轮的单向间歇转动的。

1. 齿式棘轮机构

按轮齿分布方式分为外棘轮机构和内棘轮机构（见图 9-1），其中，外棘轮机构应用最为广泛。当棘轮的直径变为无穷大时，棘轮变为棘条，由此棘轮的单向间歇转动变为棘条的单向间歇移动（见图 9-2），被称为棘轮棘条机构。

按工作方式的不同，棘轮机构分为单动式和双动式棘轮机构。单动式棘轮机构的特点是摆杆向一个方向摆动时，棘轮沿同一方向转过某一角度；而摆杆反方向摆动时，棘轮静止不动，如图 9-2 所示。双动式棘轮机构（又称双棘爪机构）的特点是摆杆往复摆动时都能使棘轮沿单一方向转动，棘轮转动方向是不可改变的。如图 9-3 所示双动式棘轮机构中，安装两个主动棘爪 2 和 2′，主动摆杆改为绕 O_1 轴摆动，在主动摆杆向两个方向往复摆动时，分别带动两个棘爪沿同一方向间歇两次推动棘轮转动。双动式棘轮机构常用于载荷较大、几何尺寸受限、齿数较少、主动摆杆的摆角小于棘轮齿距角 $2\pi/z$ 的场合。棘爪的形状可制成直的（见图 9-1）或带钩头的（见图 9-3）。

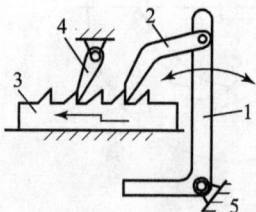

图 9-2　单动式棘轮棘条机构

1—主动摆杆；2—主动棘爪；
3—棘齿条；4—止回棘爪

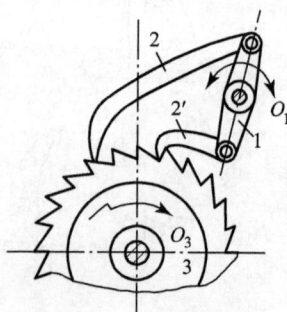

图 9-3　双动式棘轮机构

1—主动摆杆；2，2′—主动棘爪；3—棘轮

按棘轮转向是否可调，棘轮机构又分为单向运动棘轮机构和双向运动棘轮机构。单向运动棘轮机构中的从动件均做单向间歇运动；双向运动棘轮机构的特点是棘轮可以沿顺时针和逆时针两个方向实现间歇转动。若将轮齿做成梯形或矩形，则通过棘爪绕其转动中心翻转的

方式来改变棘轮的运动方向，构成双向运动棘轮机构。如图9-4（a）所示双向运动棘轮机构，当棘爪2在实线位置时，棘轮3按逆时针方向做间歇运动；当棘爪2在虚线位置时，棘轮3按顺时针方向做间歇运动。图9-4（b）所示为另一种双向运动棘轮机构，只需拔出销子，提起棘爪2绕自身轴线转180°放下，即可改变棘轮3的间歇转动方向。双向运动棘轮机构的齿形一般采用矩形齿或对称梯形齿。

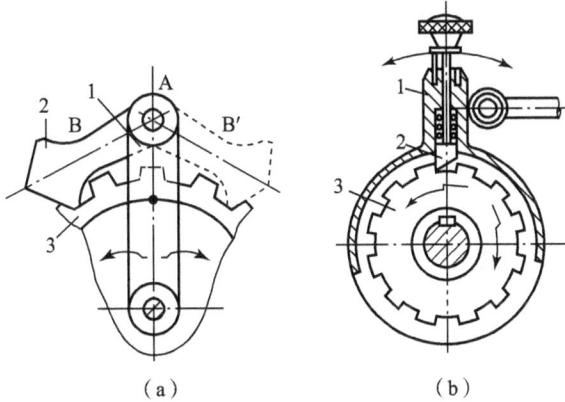

图9-4　双向运动棘轮机构

（a）对称梯形齿形；（b）矩形齿形

1—主动摆杆；2—棘爪；3—棘轮

2. 摩擦式棘轮机构

齿式棘轮机构中轮齿每次的转角不变，其大小为一个齿所对中心角的整数倍。若需无级变换棘轮的转角，就要采用一种无棘齿的摩擦式棘轮机构。摩擦式棘轮机构的传动过程如同齿式棘轮机构。图9-5所示为摩擦式棘轮机构，用偏心扇形楔块代替棘爪，用摩擦轮2作为棘轮，当摆杆做逆时针转动时，利用楔块1与摩擦轮2之间的摩擦力作用楔紧摩擦轮，从而带动摩擦轮2和摆杆一起转动；当摆杆做顺时针转动时，楔块1与摩擦轮2之间产生滑动使摩擦轮静止不动。由于楔块3的自锁作用阻止摩擦轮反转，因此，摩擦轮2在摆杆不断做往复运动的情况下做单向的间歇运动。

图9-5所示为外接式摩擦棘轮机构，图9-6所示为内接式摩擦棘轮机构。

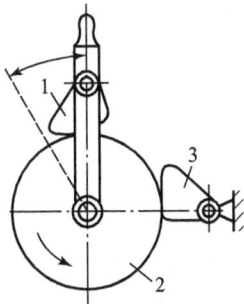

图9-5　外接式摩擦棘轮机构

1—楔块；2—摩擦轮；3—制动棘爪

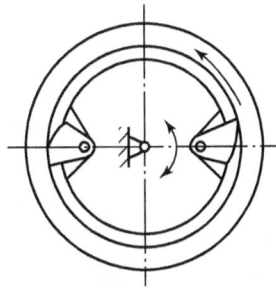

图9-6　内接式摩擦棘轮机构

图9-7所示为滚子楔紧式棘轮机构，当构件3逆时针转动或构件1顺时针转动时，摩擦力的作用使滚柱2楔紧在由构件1与3形成的收敛楔槽内，保持同步转动；当构件3顺时针或构件1逆时针转动时则处于脱离状态，传动停止。此种机构可用作单向离合器和超越离合器。

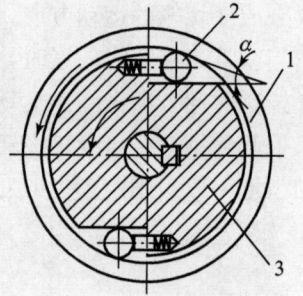

图9-7 滚子楔紧式棘轮机构

1，3—构件；2—滚柱

三、棘轮机构的工作特点及应用

棘轮机构广泛应用于各类需要实现间歇运动的机构中，结构简单，制造方便，步进量易于调整，运动可靠，转角大小改变范围较大且方便准确，但不能传递大的动力。

齿式棘轮机构动程可在较大范围内有级调节，动停时间比可通过选择合适的驱动机构来实现。但棘爪在齿面上滑行会引起较大的噪声、冲击和磨损，不宜用于高速，经常在低速、轻载和精度要求不高的场合用做间歇运动控制。

摩擦式棘轮机构克服了齿式棘轮机构冲击和噪声大的缺点，传动平稳，可实现棘轮转动角度的无级调节，但其接触表面间容易发生滑动，运动的准确性差，不适用于精确传递运动的场合。

棘轮机构在工程中能满足进给、转位与分度、制动和超越等要求。图9-8（a）所示为牛头刨床的示意图。为了实现工作台的双向间歇送进，由齿轮机构、曲柄摇杆机构和双向运动棘轮机构组成了工作台横向进给机构，如图9-8（b）所示。

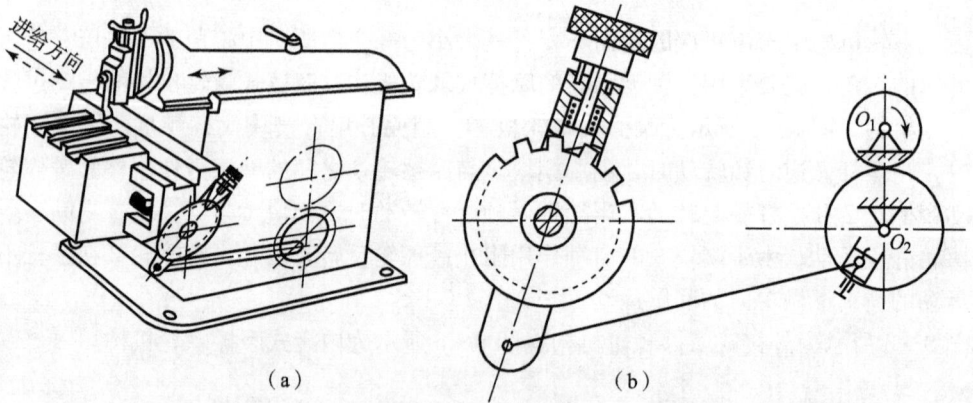

（a）   （b）

图9-8 牛头刨床

（a）牛头刨床示意图；（b）牛头刨床工作台横向进给机构

图9-9所示为棘条式千斤顶。

图9-10所示为卷扬机制动机构。卷筒1、链轮2和棘轮3作为一体，杆4和杆5调整好角度后紧固为一体，杆5端部与链条导板6铰接。当链条7突然断裂时，链条导板6失去支撑而下摆，使杆4端齿与棘轮3啮合，阻止卷筒逆转，起制动作用。

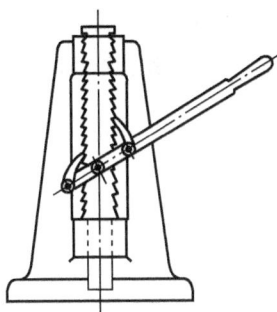

图 9-9　棘条式千斤顶

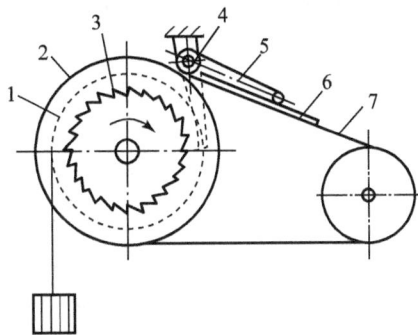

图 9-10　卷扬机制动机构

1—卷筒；2—链轮；3—棘轮；4，5—杆；

6—链条导板；7—链条

图 9-11 所示为手枪盘分度机构，滑块 1 沿导轨 d 的上、下移动通过棘爪 4 和棘轮 5 的间歇运动传递到手枪盘 3 上。当滑块 1 沿导轨 d 向上运动时，棘爪 4 使棘轮 5 转过一个齿距，并使与棘轮固接的手枪盘 3 绕 A 轴转过一个角度，此时挡销 a 上升使棘爪 2 在弹簧的作用下进入手枪盘 3 的槽中，使盘静止并防止反向转动。当滑块 1 向下运动时，棘爪 4 从棘轮 5 的齿背上滑过，在弹簧力的作用下进入下一个齿槽中，同时挡销 a 使棘爪 2 克服弹簧力绕 B 轴逆时针转动，手枪盘 3 解脱止动状态。

棘轮机构除常用于实现间歇运动外，还能实现超越运动。图 9-12 所示为自行车后轮轴上的棘轮机构。当脚蹬踏板时，经链轮 1 和链条 2 带动内圈具有棘齿的链轮 3 顺时针转动，再通过棘爪 4 的作用，使后轮轴 5 顺时针转动，从而驱使自行车前进。自行车前进时，如果令踏板不动，因惯性作用后轮轴 5 便会超越链轮 3 而转动，棘爪 4 在棘轮齿背上滑过，从而实现不蹬踏板的自由滑行。

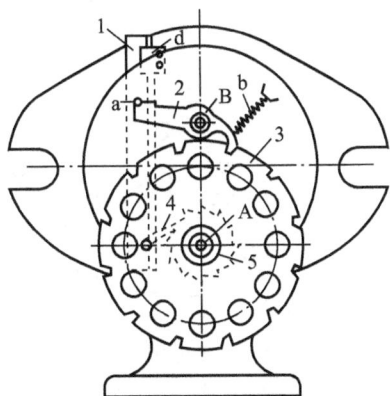

图 9-11　手枪盘分度机构

1—滑块；2，4—棘爪；

3—手枪盘；5—棘轮

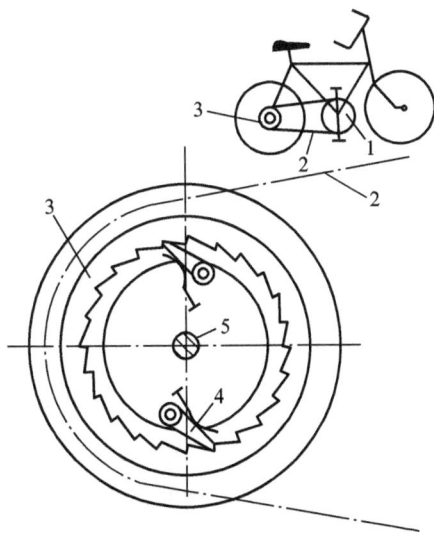

图 9-12　超越式棘轮机构

1—链轮；2—链条；3—带棘齿链轮；

4—棘爪；5—后轮轴

图 9-13 所示为钻床中的自动进给机构。它以摩擦式棘轮机构作为传动中的超越离合器，实现自动进给和快慢速进给。由主动蜗杆 1 带动蜗轮 2，通过外环 5 使从动轮 7 和轴 3 与之同向同速转动，实现自动进给；当快速转动手柄 4 时，直接通过轮 7 使轴 3 做超越运动，实现快速进给。

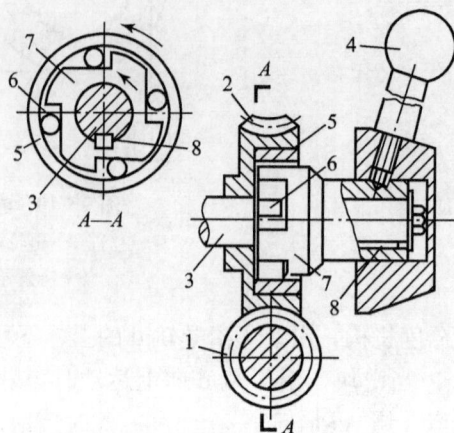

图 9-13 钻床中的自动进给机构
1—主动蜗杆；2—蜗轮；3—轴；4—手柄；5—外环；6—滚柱；7—从动轮

第二节 槽轮机构

一、槽轮机构的组成及工作原理

槽轮机构是一种最常用的间歇运动机构，又称为马耳他机构，如图 9-14 所示。

槽轮机构是由带有圆柱销（拨销）的主动拨轮 1 和开有径向槽的从动槽轮 2 及其机架组成的。

当拨轮 1 以等角速度 ω_1 做连续回转时，其上的拨销进入槽轮径向槽，带动从动槽轮 2 做时转时停的间歇运动。

当拨销 A 尚未进入槽轮 2 的径向槽时，槽轮 2 的内凹锁止弧 β 被拨轮 1 的外凸圆弧 α 锁住，使得槽轮静止不动。

当拨销 A 开始进入槽轮的径向槽时，锁止弧 β 和圆弧 α 脱开，槽轮在销 A 的驱动下沿与 ω_1 相反的方向转动；当拨销 A 开始脱离径向槽时，槽轮的另一内凹锁止弧又被拨轮上的外凸圆弧锁住，致使槽轮 2 又静止不动，直到圆柱销 A 再次进入槽轮 2 的另一径向槽时，槽轮重新被拨销驱动，开始重复上述运动循环，从而实现从动槽轮的单向间歇转动。

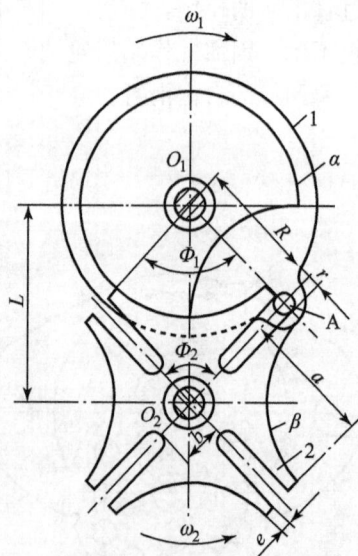

图 9-14 外槽轮机构
1—拨轮；2—槽轮

二、槽轮机构的常用类型及结构特点

槽轮机构主要分为传递平行轴运动的平面槽轮机构和传递相交轴运动的空间槽轮机构两大类。平面槽轮机构又分为外槽轮机构（见图9－14）和内槽轮机构（见图9－15）。外槽轮机构的槽轮与拨轮转向相反，而后者则转向相同。

图9－15　内槽轮机构
1—拨轮；2—槽轮

空间槽轮机构如图9－16所示，从动槽轮2为半球状结构，槽和锁止弧均分布在球面上，主动拨轮1的轴线和销A的轴线均与槽轮2的回转轴线汇交于槽轮球心O，故又称为球面槽轮机构。该机构的工作原理与平面槽轮机构相似，当主动轴做连续回转时，槽轮做间歇转动。

通常槽轮机构都具有几何上的对称性，但在一些特殊要求下将其设计成不对称结构。如改变槽轮径向槽的尺寸和形状，槽轮机构演化为不等臂长的多销槽轮机构、偏置槽轮机构和曲线槽槽轮机构。如图9－17所示的不等臂长的多销槽轮机构，其径向槽的径向尺寸不同，拨轮上拨销不均匀分布，在槽轮转动一周中，可以实现几个运动和停歇时间均不相同的运动要求。偏置槽轮机构中槽轮轮叶的两侧制成不等长，可以避免槽轮运动起始和终止瞬间的刚性冲击及机构工作时所出现的干涉现象。

如图9－18所示曲线槽槽轮机构将直线槽轮改变为曲线槽轮，可改变槽轮的运动规律。

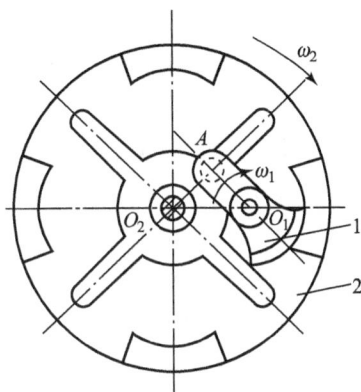

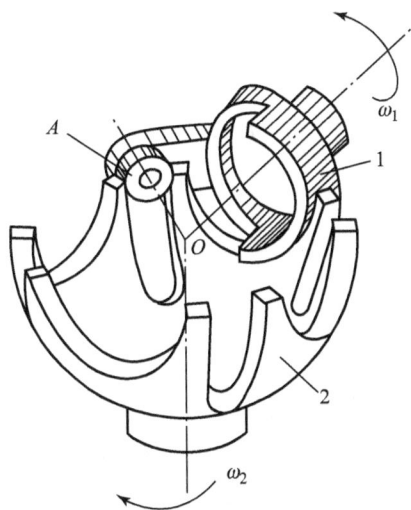

图9－16　空间槽轮机构
1—拨轮；2—槽轮

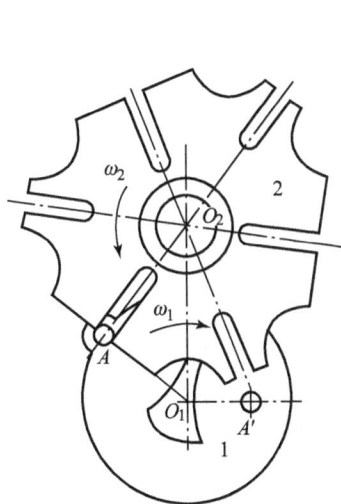

图9－17　不等臂长多销槽轮机构

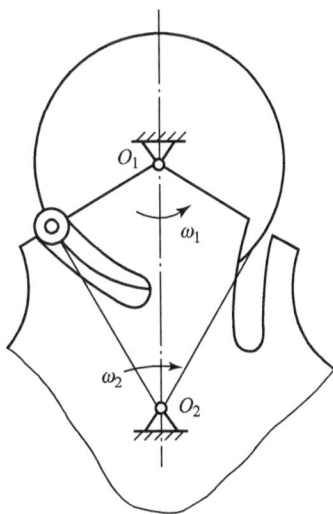

图9－18　曲线槽槽轮机构

三、槽轮机构的工作特点及应用

槽轮机构的特点是结构简单、外形尺寸小、工作可靠、制造容易、机械效率高，并能较平稳、准确地进行间歇转位。在运动过程中，因槽轮的角速度不是常数，在转位开始和终止时，均存在角加速度，从而产生冲击，转速越高、槽轮槽数越少、冲击越严重。在每一个运动循环中，槽轮的转角与其径向槽数和拨轮上的拨销数有关，转角大小不能任意调节，因此，槽轮机构一般用于转速不是很高、转角不需要调节的自动机械和仪器仪表中，实现分度转位和间歇步进运动。

槽轮机构拨轮上的锁止弧定位精度有限，当要求精确定位时，还应设置定位销或附加精确定位装置。

两类槽轮机构，内槽轮机构还具有结构紧凑、传动较平稳、槽轮停歇时间较短等特点。实际应用中要根据所需工作要求进行设计。

图 9 - 19 所示为电影放映机及自动照相机中常用的送片机构，图 9 - 20 所示为转塔自动车床用作转塔刀架的转位机构。此外槽轮机构也常与其他机构组合，在自动生产线中作为工件传送或转位机构。

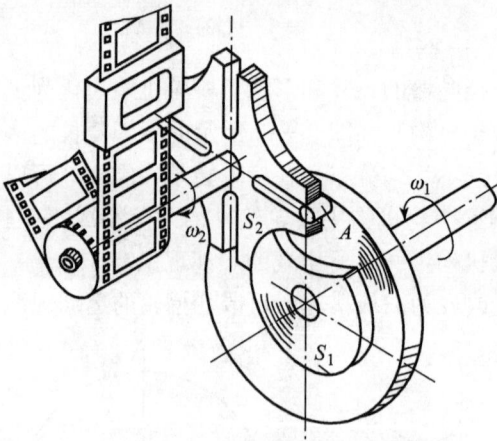

图 9 - 19　电影放映机及自助照相机送片机构　　　　　图 9 - 20　刀架转位机构

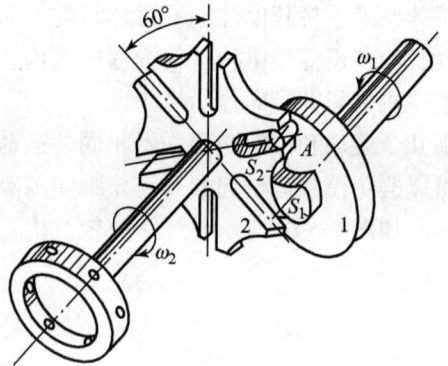

第三节　不完全齿轮机构

一、不完全齿轮机构的组成及工作原理

不完全齿轮机构是由渐开线齿轮机构演变而来的一种间歇运动机构，如图 9 - 21 所示。这种机构的主动轮做成只有一个齿或几个齿的不完全齿轮，并根据运动时间与停歇时间的要求，在从动轮上做出与主动轮轮齿相啮合的轮齿，它们由正常齿和带锁住弧的厚齿彼此相间地组成。

在不完全齿轮机构中，主动轮连续转动，主、从动轮进入啮合时，主动轮推动从动轮转动；退出啮合时，通过两轮轮缘上各有的凹、凸锁止弧起定位作用，使从动轮可靠停歇，从而获得从动轮时转时停的间歇转动。

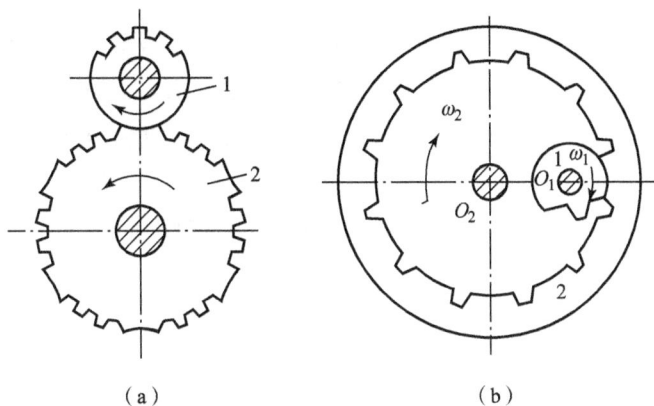

（a） （b）

图 9 - 21 不完全齿轮机构

（a）外啮合；（b）内啮合

1—主动轮；2—从动轮

二、不完全齿轮机构的常用类型及结构特点

不完全齿轮机构有外啮合（见图 9 - 21（a））和内啮合（见图 9 - 21（b））及圆柱和圆锥不完全齿轮机构之分，当从动轮的直径增加为无穷大时，变为不完全齿轮齿条机构，如图 9 - 22 所示。

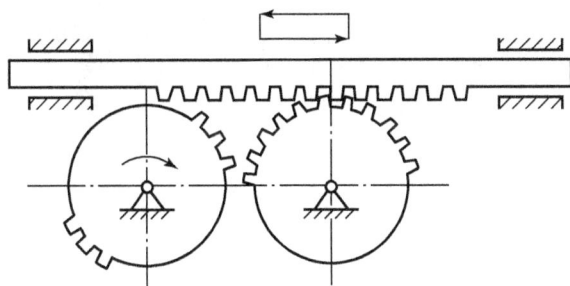

图 9 - 22 不完全齿轮齿条机构

下面简单分析一下如图 9 - 21（a）所示的不完全齿轮机构的工作情况。主动轮 1 上有 3 个轮齿与从动轮上间隔分布的齿槽相啮合，整个从动轮 2 上有 6 段锁止弧，当主动轮 1 的有齿部分啮合传动时，从动轮 2 进行转动；当主动轮 1 的无齿圆弧部分作用时，从动轮 2 停止转动。这样当主动轮转过一周时，从动轮所转过的角度为 $2\pi/6$，也即从动轮间歇地转过 1/6 周。当主动轮上只有 1 个轮齿（见图 9 - 21（b））、从动轮上有 12 个齿时，主动轮转一周，从动轮只转 1/12 周。

三、不完全齿轮机构的工作特点及应用

不完全齿轮机构结构简单，设计灵活，主、从动轮的设计齿数、锁止弧数目及运动角幅度等选择范围较大，比其他间歇运动机构更容易实现一个周期中的多次动、停时间不等的间歇运动。缺点是加工工艺复杂，齿轮在进入和退出啮合时会因速度突变产生刚性冲击，使其

动力学性能较差，一般不完全齿轮机构只适用于低速或轻载的工作场合，而且主、从动轮不能互换。如果用于高速，则需在两轮上加装瞬心线附加杆来改善其动力特性。

不完全齿轮机构常应用于计数器、电影放映机和某些具有特殊运动要求的专用机械中。在多工位的自动机和半自动机中，也常用它作为工作台的间歇转位及某些间歇进给机构。

第四节　凸轮式间歇运动机构

一、凸轮式间歇运动机构的组成及工作原理

凸轮式间歇运动机构一般由主动凸轮、从动转盘和机架组成。主动凸轮做连续转动，通过其凸轮的轮廓曲线，推动均布有柱销的从动转盘做间歇运动。如图 9-23 所示，主动凸轮 1 是带有曲线凹槽或曲线凸脊的圆柱齿轮，从动转盘 2 端面上均布的柱销沿凸轮 1 的凹槽或凸脊运动，当凸轮转动时，通过其曲线凹槽或凸脊拨动柱销，使转盘 2 做间歇运动。传动过程中，为实现可靠定位，在转盘停歇阶段，由转盘上的柱销贴紧凸轮棱边进行定位。

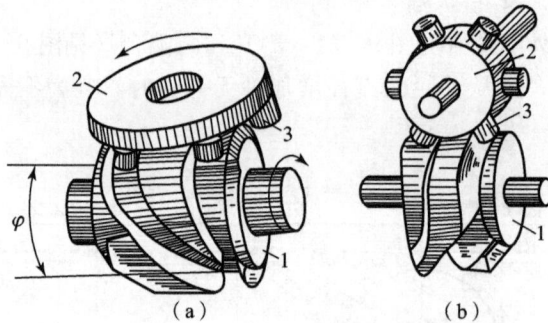

图 9-23　凸轮式间歇运动机构

(a) 圆柱形；(b) 蜗杆形

1—主动凸轮；2—从动转盘；3—柱销

二、凸轮式间歇运动机构的常用类型及结构特点

凸轮式间歇运动机构通常按照主动凸轮的结构型式分为圆柱形凸轮间歇运动机构、蜗杆形凸轮间歇运动机构和共轭盘形凸轮间歇运动机构。

1. 圆柱形凸轮间歇运动机构

图 9-23 (a) 所示为圆柱形凸轮间歇运动机构，用于两交错轴间的分度传动。主动凸轮 1 为圆柱形，从动转盘 2 的端面上均匀分布着柱销 3。凸轮上曲线凹槽所对应的中心角度取为 φ，当凸轮转过角度 φ 时，柱销沿凸轮凹槽运动，带动转盘以某一运动规律转过角度 $2\pi/z$（z 为柱销数）；当凸轮继续转过曲线凹槽，也即凸轮转过剩余角度 $2\pi-\varphi$ 时，转盘静止不动，完成一次停歇。凸轮继续转动，第二个柱销开始沿凸轮凹槽运动，进入第二个运动循环。如此反复，转盘实现单向间歇转动。凸轮一般采用左旋较多，通常凸轮的槽数为 1，

柱销数一般取 $z \geqslant 6$。

圆柱形凸轮间歇运动机构的运动间隙较难补偿，凸轮啮合性能及柱销刚度均不如蜗杆形凸轮，一般不宜用于高速重载的工作场合。但圆柱凸轮比蜗杆凸轮容易加工，在同尺寸圆周上能分布更多的柱销，适用于分度数要求较多的场合。

2. 蜗杆形凸轮间歇运动机构

图 9-23（b）所示为蜗杆形凸轮间歇运动机构，多用于两交错轴间的分度传动。主动凸轮 1 为圆弧面蜗杆形凸轮，从动转盘 2 上均布的柱销卡在蜗杆凸脊的两侧。当凸轮转动时，蜗杆凸脊推动柱销带动转盘旋转，从而使从动转盘做间歇运动。当凸轮回转到其停歇段轮廓时，由于转盘上两个相邻的柱销跨夹在凸轮的圆环面凸脊上，使转盘停止运动，因此机构不需要附加其他装置就可获得很好的定位作用，还可用调整中心距的方法来消除滚子与凸轮接触面间的间隙以补偿磨损。转盘在转位时的运动规律可按转速、负荷等工作要求设计，特别适用于高速、高精度分度的场合。凸轮一般采用左旋较多，柱销数一般均为偶数，常取 6～12。

3. 共轭盘形凸轮间歇运动机构

共轭盘形凸轮间歇运动机构用于两平行轴间的传动。当主动凸轮 1 连续旋转时，从动转盘 2 做间歇步进分度转位。如图 9-24 所示，主动凸轮由形状完全相同的前后两片盘形凸轮 1 和 1' 组成，在安装时前后两片应背对安装并错开一定的相位角。在从动转盘 2 的前、后两个侧面上均各装有几个沿圆周方向均匀分布的柱销。由于机构工作时是由两片凸轮按一定设计要求同时控制从动转盘的运动，因此，凸轮与柱销之间能利用几何形状保持运动副间良好的接触，不必附加弹簧等其他装置。共轭盘形凸轮机构最常用的是单头式和双头式凸轮。

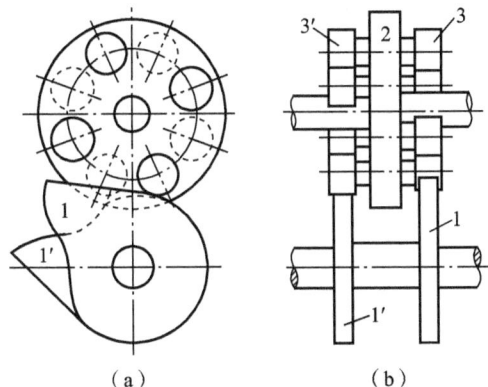

图 9-24 共轭盘形凸轮间歇运动机构
1，1'—盘形凸轮；2—从动转盘；3，3'—柱销

共轭盘形凸轮间歇运动机构具有较好的动力性能，被广泛地运用于自动分度机构、机床的换刀机构和机械手的工作机构等多种场合。

三、凸轮式间歇运动机构的工作特点及应用

凸轮式间歇运动机构的特点是结构简单、运转可靠、传动平稳，可适应高速运转的要

求。从动转盘的运动规律取决于凸轮的轮廓线形状，可以通过合理选择凸轮的轮廓使从动转盘获得适当的运动规律来减小动载荷，避免冲击、振动，改善其动力特性。

由于这种机构本身具有高的定位精度，不需要附加定位装置，具有良好的动力学性能，分度精度高和加工成本较低，故适用于高速精密传动，但凸轮加工制造较为复杂，装配、调整要求严格。

凸轮式间歇运动机构常用于需要高速间歇转位的自动分度装置和要求步进动作的机械中，如机床的换刀机构和机械手的工作机构，高速冲床、多色印刷机和多工位立式半自动机中工作盘的转位，以及拉链嵌齿机、制瓶机、火柴和香烟包装机等机械间歇供料传动系统。凸轮式间歇运动机构是一种较为理想的高速高精度分度机构，已有国内外专业厂家组织系列化生产。

【知识拓展】

随着科学技术的发展和生产自动化程度的提高，间歇运动机构在自动化机械和自动生产线中的应用日趋广泛。由于工程实际中对从动件运动形式的要求多种多样，故间歇运动机构的种类也是不断推陈出新。除本章介绍的几种常用的间歇运动机构外，还有星轮（针轮）机构、连杆间歇运动机构、组合式间歇运动机构、带挠性件的间歇运动机构等，有关内容可参阅文献［70］。间歇运动机构的类型不同，其设计方法也不相同，关于各种间歇运动机构的设计理论与方法可参阅文献［42］和［43］等。

思 考 题

9-1 间歇运动机构有哪几种结构形式？它们各自有何运动特点？

9-2 几种间歇运动机构的主要用途有哪些？举例说明。

9-3 设计中当需要从动件可无级调节时，可采用何种机构？

9-4 在高速、高精密机械中需要输出间歇转动，举出可采用的机构。

第十章 其他常见机构

【内容提要】

本章介绍万向联轴节、螺旋机构、供料机构、行程放大机构和增力机构等的工作原理、类型、运动特点以及应用等。

第一节 万向联轴节

万向联轴节也称万向铰链机构，是一种常见的球面四杆机构，主要用于传递两相交轴间的运动和动力。在传动过程中，万向联轴节的主、从动轴线之间的夹角可在一定范围内变动，是一种常用的变角传动机构。因此，在汽车、机床以及冶金机械等的传动系统中得到了广泛的应用。万向联轴节可分为单万向联轴节和双万向联轴节两类，本节主要介绍其运动特点及应用场合。

一、单万向联轴节

图 10-1 所示为单万向联轴节的结构简图，它由主动轴 1、从动轴 2、十字形构件 3（也称十字头）和机架 4 组成。其中，主动轴 1 和从动轴 2 各有一端为叉形，且分别与十字头 3 组成转动副 C、D。同时，轴 1 和轴 2 的另外一端则分别与机架组成转动副 A、B。转动副

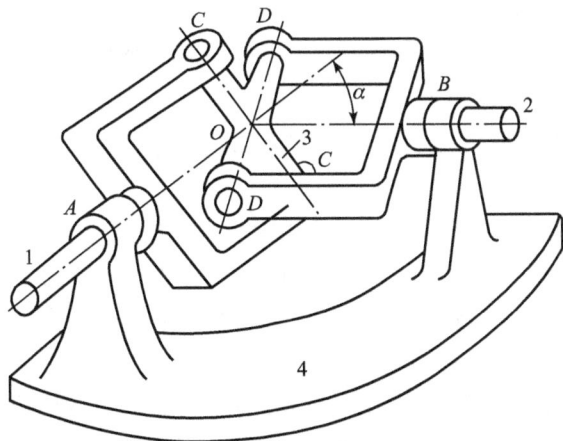

图 10-1 单万向联轴节

1—主动轴；2—从动轴；3—十字形构件；4—机架

A、B、C 和转动副 D 的轴线均交于十字头 3 的中心点 O 处，且转动副 A 与 C、C 与 D 以及 D 与 B 的轴线也分别互相垂直。在工作过程中，主、从动轴均做整轴转动。

当主动轴 1 转动一周时，从动轴 2 通过十字头 3 也随之转动一周。但实际上主、从动轴的瞬时角速度并不时时相等，即当主动轴等速回转时，从动轴做变角速度转动。现设主、从动轴的角速度分别为 ω_1 和 ω_2，则主、从动轴之间的瞬时传动比为（推导过程从略）

$$i_{21} = \frac{\omega_2}{\omega_1} = \frac{\cos\alpha}{1 - \sin^2\alpha\cos^2\varphi_1} \tag{10-1}$$

式中，α 为主、从动轴线之间所夹的锐角；φ_1 为主动轴 1 的转角。

式（10-1）表明，当主动轴 1 匀速转动时，瞬时传动比 i_{21}（或从动轴的角速度 ω_2）是 α 和 φ_1 的函数。现对其中两个特殊位置加以说明。

（1）当 $\alpha = 0$ 时，$i_{21} = 1$，$\omega_2 = \omega_1$，即从动轴 2 与主动轴 1 做同步转动，相当于两轴刚性连接。

（2）当 $\alpha = 90°$ 时，$i_{21} = 0$，$\omega_2 = 0$，即两轴不能进行传动。实际上，受万向联轴节结构的限制，α 角不可能达到 $90°$。而且，对于不同的 α，从动轴的角速度 ω_2 随主动轴转角 φ_1 变化时的波动幅度也不一样，α 越大，波动幅度也越大。因此，在实际应用中，α 一般不超过 $35°\sim45°$。

在单万向联轴节结构参数确定后，α 角为一定值，此时 i_{21}（或 ω_2）仅为 φ_1 的函数。当 $\varphi_1 = 0°$ 或 $180°$ 时，i_{21} 取得最大值，从动轴的角速度最大；当 $\varphi_1 = 90°$ 或 $270°$ 时，i_{21} 取得最小值，从动轴的角速度最小。从动轴的最大和最小角速度分别为

$$\omega_{2\max} = \frac{\omega_1}{\cos\alpha}, \quad \omega_{2\min} = \omega_1\cos\alpha \tag{10-2}$$

由此可见，单万向联轴节可以传递两不平行轴之间的运动和动力。在工作时，即使两轴的夹角发生变化，联轴节仍可继续传递运动和动力。因此，单万向联轴节适用于安装、制造精度要求不高的场合。

二、双万向联轴节

通过以上分析可知，对于单万向联轴节，当主动轴匀速转动时，从动轴做变速转动，即从动轴转速存在波动。这使得单万向联轴节不适用于有恒定传动比要求的场合，而且，从动轴转速波动引起的附加动载荷会影响机械系统运转的稳定性。特别是在高速工作场合，这种影响尤为显著。为了消除单万向联轴节传动的这一缺点，常采用双万向联轴节，即将单万向联轴节成对使用。如图 10-2 所示，双万向联轴节由主动轴 1、从动轴 2 和中间轴 3 组成，且轴 1 和轴 3、轴 2 和轴 3 分别由一个单万向联轴节连接。从结构方面考虑，中间轴 3 可做成两部分，并以花键或滑键连接，以适应主、从动轴的相对位置因安装或加工等原因而发生的变化。

采用双万向联轴节传递运动和动力时，为了获得恒定的瞬时传动比，即主动轴和从动轴的转速时时相等，在装配双万向联轴节时，必须符合以下两个条件：

（1）主动轴与中间轴的夹角必须等于从动轴与中间轴的夹角，即 $\alpha_1 = \alpha_2$（图 10-2）；

（2）中间轴两端的叉平面必须位于同一平面内。

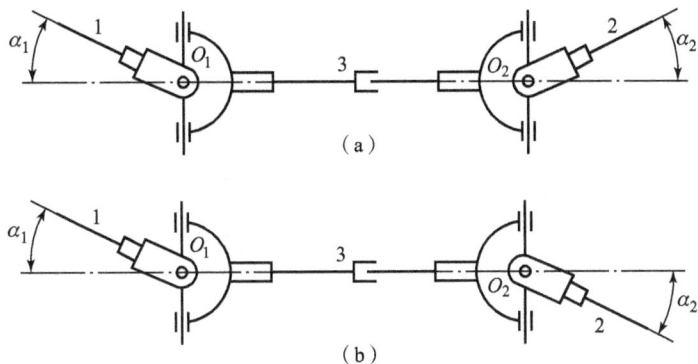

图 10 - 2 双万向联轴节

(a) 两轴线相交的双万向联轴节；(b) 两轴线平行的双万向联轴节

1—主动轴；2—从动轴；3—中间轴

双万向联轴节可用于传递两相交轴（图 10 - 2 (a)）或平行轴（图 10 - 2 (b)）之间的运动和动力。当因位置变化而导致主、从动轴的夹角发生变化时，不但可以继续工作，而且在满足上述两个条件时，还可以实现主、从动轴的等角速比传动，因而广泛应用于多种类型的机械中。例如，汽车变速箱和后桥主传动器之间采用的就是双万向联轴节，用于将变速箱输出轴的运动和动力传递到后桥差速器的输入轴。当汽车行驶时，即使由于道路不平等原因引起变速箱输出轴与后桥输入轴相对位置发生变化，导致中间轴与这两轴的夹角也发生相应变化，但双万向联轴节仍能继续传递运动和动力，汽车也能继续行驶。此外，双万向联轴节在机床传动系统以及轧钢机轧辊传动系统中也有应用，这里不再一一列举。

第二节 螺旋机构

一、螺旋机构的工作原理及类型

螺旋机构是利用螺旋副传递运动和动力的机构。除螺旋副外，常用螺旋机构中还有转动副和移动副，因此也称为三构件螺旋机构。图 10 - 3 所示为最简单的三构件螺旋机构，主要由螺杆（构件 1）、螺母（构件 2）和机架（构件 3）三部分组成。按照其功用的不同，螺旋机构可分为以下三种类型：

1. 单式螺旋机构

在图 10 - 3 (a) 所示螺旋机构中，运动副 A、C 分别为转动副和移动副，而运动副 B 为螺旋副。由于该螺旋机构只含有 1 个螺旋副，因此称为单式螺旋机构。现设该螺旋副 B 的导程为 P_B，则当螺杆 1 转过 φ 角时，螺母 2 的位移 s 可表示为

$$s = \frac{\varphi}{2\pi} P_B \tag{10-3}$$

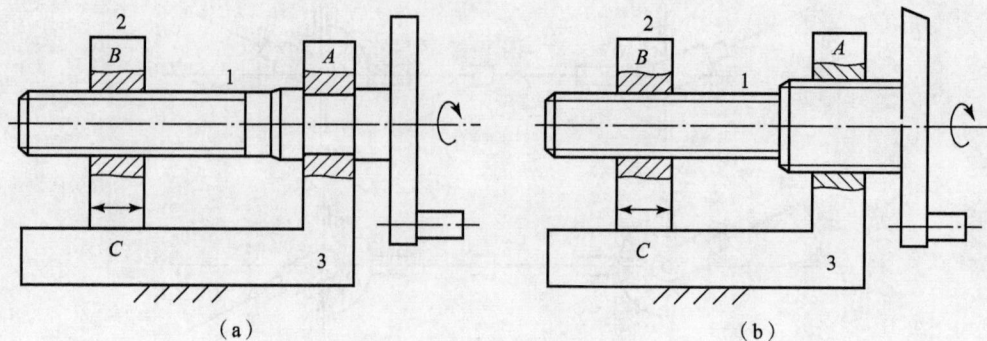

图 10-3　三构件螺旋机构

(a) 单式螺旋机构；(b) 差动螺旋机构或复式螺旋机构

1—螺杆；2—螺母；3—机架

2. 差动螺旋机构

如果将图 10-3 (a) 所示螺旋机构中的转动副 A 也改为螺旋副，即可得到如图 10-3 (b) 所示的螺旋机构。现设螺旋副 A 的导程为 P_A，且旋向与螺旋副 B 相同，则当螺杆 1 转过 φ 角时，螺母 2 的位移 s 可表示为

$$s = \frac{\varphi}{2\pi}(P_A - P_B) \tag{10-4}$$

由式 (10-4) 可知，当两螺旋副旋向相同，且导程相差很小时，可使螺母 2 获得很小的位移，这种螺旋机构称为差动螺旋机构（也称微动螺旋机构）。

3. 复式螺旋机构

在图 10-3 (b) 所示螺旋机构中，如果螺旋副 A 的旋向与螺旋副 B 相反，则当螺杆 1 转过 φ 角时，螺母 2 的位移 s 可表示为

$$s = \frac{\varphi}{2\pi}(P_A + P_B) \tag{10-5}$$

由式 (10-5) 可知，当两螺旋副旋向相反时，可使螺母 2 快速移动，这种螺旋机构称为复式螺旋机构。

若按照螺杆与螺母之间的摩擦状态，螺旋机构可分为滑动螺旋机构、滚动螺旋机构和静压螺旋机构。在滑动螺旋机构中，螺杆和螺母的螺旋面直接接触，为滑动摩擦，具有运转平稳、易于实现自锁、结构简单、制造方便和成本低廉等优点，但其摩擦阻力大、传动效率低（一般只有 30%～60%）、磨损快、传动精度低，且由于螺纹间有侧向间隙，故反向时存在空行程。滑动螺旋机构在机床进给和分度机构、压力机以及千斤顶中均有应用。

如图 10-4 所示，滚动螺旋机构则是在螺杆和螺母的螺纹滚道间布置有滚动体。当螺杆或螺母转动时，滚动体在螺纹滚道内滚动，螺杆和螺母之间为滚动摩擦，具有摩擦阻力小、使用寿命长、运转平稳、传动效率（可达 90% 以上）高等优点，且低速时无爬行现象，经调整和预紧后可实现高精度传动。但其缺点是结构复杂、制造困难，且抗冲击能力不如滑动螺旋机构。滚动螺旋机构在精密机械、数控机床、测量机械以及机器人等领域均有广泛应

用。目前，滚动螺旋机构有很多已经产品化和系列化，例如市面上的各类滚珠丝杠产品给设计人员带来了很大的方便。

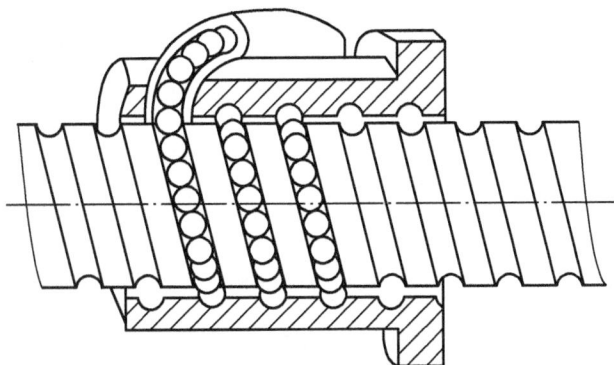

图 10-4　滚动螺旋机构

静压螺旋机构利用专用供油系统使螺杆和螺母之间充满压力油，属于液体摩擦，因而具有摩擦阻力小、传动效率高（高达 99%）、运转平稳、无爬行现象、反向时无空行程、定位精度高、轴向刚度大、磨损小和寿命长等优点。但其结构复杂、制造困难，且对供油系统的要求较高。静压螺旋机构在精密机床的进给和分度机构中均有应用。

二、螺旋机构的特点及应用

螺旋机构是一种应用非常广泛的机构，它具有以下特点：

（1）结构简单，制造方便。

（2）运动平稳，无噪声。

（3）可实现直线运动和旋转运动的转换。

（4）可获得很大的降速比，运动准确性高。

（5）可获得很大的力增益。通过给主动件一个很小的扭矩，从动件可以产生较大的轴向力。

（6）实现往复运动时主动件需要有反向机构。

（7）当螺旋副的螺旋升角小于摩擦角时，螺旋机构具有自锁性能。反之，当螺旋副的螺旋升角大于摩擦角时，螺旋机构反行程不自锁，则可将直线运动转换为旋转运动。

（8）滑动螺旋机构传动效率低、相对运动表面磨损快。

鉴于螺旋机构的以上特点，使得螺旋机构广泛应用于一些机械、仪器仪表、工装卡具、测量工具以及调整机构。例如，如图 10-5 所示台虎钳就是利用螺旋机构来实现对工件的夹紧和松开的。当转动手柄使螺杆 1 旋转时，螺杆 1 同时也带动活动钳口 2 一起做轴向移动，接近或远离固

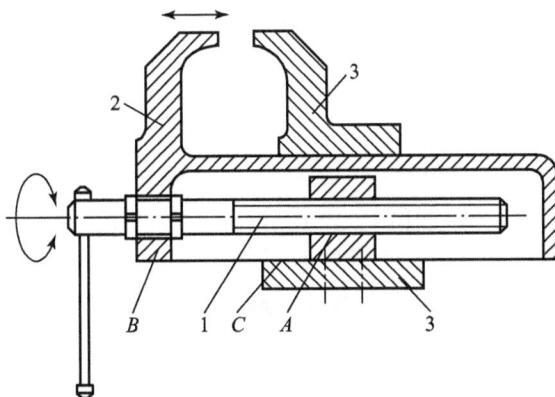

图 10-5　台虎钳结构示意图

1—螺杆；2—活动钳口；3—固定钳口

定钳口 3，从而实现对工件的夹紧和松开动作。

如图 10-6 所示，在镗床镗刀的微调机构中，螺母 2 与镗杆 3 固连，螺杆 1 与螺母 2 组成螺旋副 A，同时与螺母 5 组成螺旋副 B。镗刀装于螺母 5 的末端，并与螺母 2 形成移动副 C。螺旋副 A、B 的旋向相同而导程不同，因而为差动螺旋机构。当转动螺杆 1 时，镗刀相对于镗杆做微量移动，用于调整镗孔时的进刀量。弹簧 4 则用于消除螺旋副的间隙。

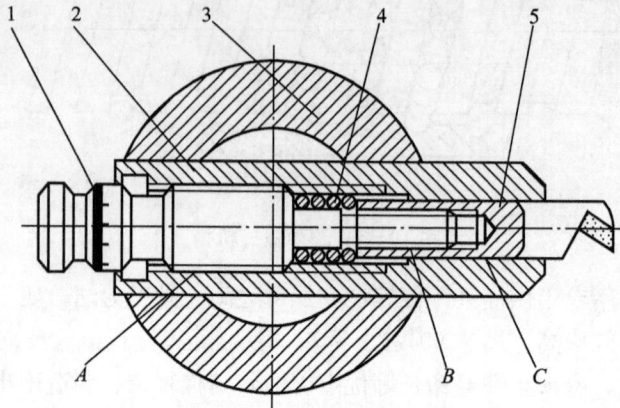

图 10-6　镗床镗刀的微调机构

1—螺杆；2，5—螺母；3—镗杆；4—弹簧

此外，螺旋压力机、千斤顶、工作台的移动等也多采用螺旋机构来实现。

第三节　供料机构

供料机构广泛应用于多种自动化设备中，如加工中心中的刀具更换、饮料灌装机中的容器供应，等等。作为自动化设备的重要组成部分，其性能好坏直接决定了整个自动化系统工作性能的优劣。由于应用场合不同，对供料的功能要求和物料的供应状况也不一样，因此，供料机构的类型也多种多样。但大多数供料机构都是由多个简单机构组合而成的组合机构，通过多种运动变换来实现供料动作。本节将从机构运动变换的角度对几种常见的供料机构加以介绍。

一、抓料钩式供料机构

图 10-7 所示为一抓料钩式供料机构，其工作原理为：受钢球 3 的锁定作用，当气缸 1 的活塞杆向前伸出时，滑块 4 先不动，而只带动摆杆 2 顺时针摆动，从而使摆杆 2 的弯头抓住工件 5。然后，随着气缸活塞杆的继续伸长，摆杆 2、滑块 4 和工件 5 一起向前移动一个步距 p。同样，在气缸活塞杆回缩过程中，滑块 4 先不

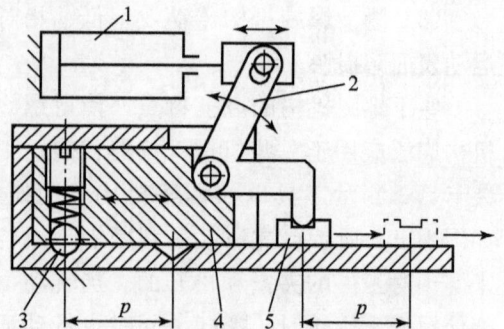

图 10-7　抓料钩式供料机构

1—气缸；2—摆杆；3—钢球；4—滑块；5—工件

动，摆杆 2 逆时针摆动并使其弯头脱开工件，之后摆杆 2 和滑块 4 一起向后移动一个步距 p，从而使机构复位。至此就完成了一次供料动作。在该机构中，钢球 3 除了具有使滑块 4 延时动作的作用外，还可以通过滑块 4 给工件定位，步距 p 的大小可根据供料要求确定。

二、转盘式供料机构

如图 10-8 所示，转盘式供料机构主要由进料槽 1、转盘 3 和卸料槽 5 组成。在转盘 3 上加工有若干可以装料的定位槽。该机构在工作时，工件 2 在重力（或其他力）作用下，经由进料槽 1 进入转盘 3 的定位槽。转盘 3 转动并带动工件进入工位 4，然后停止转动，在完成相应的工作任务后，转盘 3 继续转动，并通过卸料槽 5 使工件排出。转盘式供料机构在包装、打标以及灌装等自动化机械设备中得到了广泛应用。

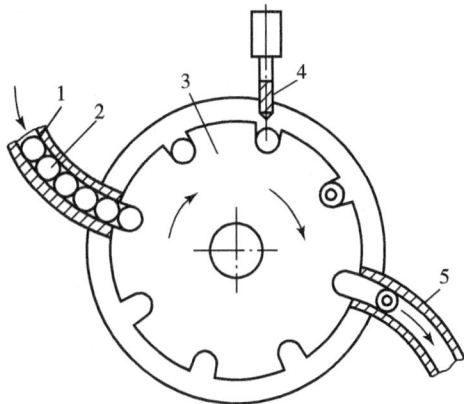

图 10-8　转盘式供料机构
1—进料槽；2—工件；3—转盘；
4—工位；5—卸料槽

三、曲柄滑块式供料机构

图 10-9 所示为曲柄滑块式供料机构。工作时，在前半周期曲柄 AB 转动，并带动连杆 BC 使滑块 C 推动工件 2 沿供料槽 1 向前移动一个步距，此时滑块 C 应位于料斗 3 的正下方。在后半周期，滑块 C 由曲柄 AB 带动返回，料斗 3 中的工件靠重力落下，从而完成一次供料过程。该机构中滑块在运动到其行程两端的过程中，速度逐渐减小为零，因此具有冲击小和传动平稳等优点。

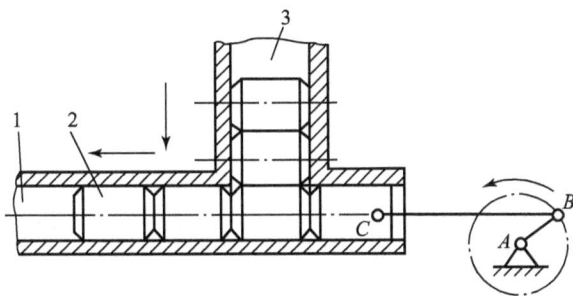

图 10-9　曲柄滑块式供料机构
1—供料槽；2—工件；3—料斗

第四节　行程放大机构

行程放大机构具有结构紧凑等优点，通常由连杆、凸轮及齿轮等基本机构或组合机构来实现，设计时应考虑具体的应用场合、传动系统的运动要求以及基本机构的性能等因素。本节从机构组成上来介绍几种简单的行程放大机构。

一、多杆机构

图 10-10 所示为一平面六杆机构，可视为由一个曲柄摇杆机构和一个滑块机构串联组合而成。其特点是利用杠杆原理，可以用较短的曲柄 1 长度来获得滑块 5 较长的行程。行程的大小可根据实际情况由构件 3 中 DC 与 CE 的比值及曲柄的长度来确定。此类机构常用于需要推送物料的机械设备中。

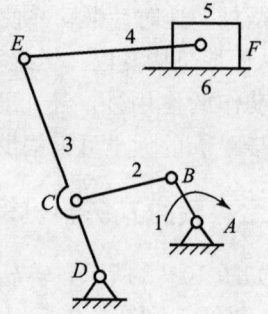

图 10-10　平面六杆机构

二、连杆—齿轮组合机构

图 10-11 所示为一连杆—齿轮组合机构，由曲柄滑块机构和齿轮齿条机构经串联组合而成，可以实现增大工作行程的目的。在该机构中，齿轮 3 同时与下齿条 4、上齿条 5 啮合。下齿条 4 与机架固连，上齿条 5 可沿其导路移动。当曲柄 1 通过连杆 2 带动齿轮 3 的轴线做往复直线运动时，齿轮 3 还绕其轴心转动，在与上、下齿条的啮合下，使上齿条 5 的行程是齿轮 3 轴线行程的 2 倍。此类机构的驱动机构（曲柄滑块机构）也可采用气缸等直线驱动部件替换。

三、凸轮—齿轮—连杆组合机构

如图 10-12 所示机构由凸轮机构、扇形齿轮机构和连杆机构经串联组合而成。工作时，凸轮 1 转动，带动扇形齿轮 2 做往复摆动，并通过与齿轮 3 的啮合驱动连杆机构使推板 5 按照一定的运动规律做直线往复移动。利用杠杆原理，连杆机构在齿轮 3 的驱动下放大了推板 5 的行程，其放大比例可视具体要求而定。

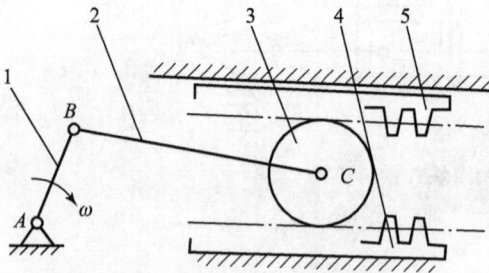

图 10-11　连杆—齿轮组合机构

1—曲柄；2—连杆；3—齿轮（滑块）；4—下齿条（机架）；5—上齿条

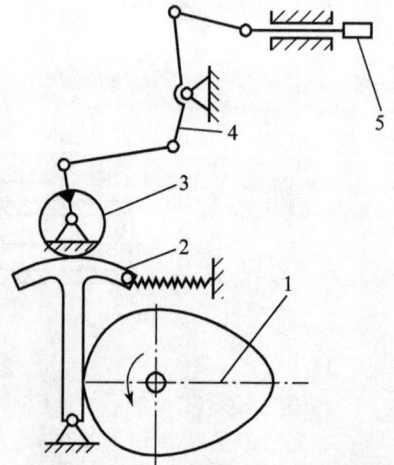

图 10-12　凸轮—齿轮—连杆组合机构

1—凸轮；2，3—齿轮；4—摆杆；5—推板

第五节　增力机构

当给机构的主动件输入较小的作用力（或力矩）时，如果可使从动件获得较大的工作驱

动力（或驱动力矩），则称这样的机构为增力机构。通常用机械增益来表征不同增力机构的增力程度，机械增益定义为机构的输出力（或力矩）与输入力（或力矩）的比值。显然，机械增益越大，机构的增力效果越明显。下面介绍几种常见的增力机构。

在图 10-13 所示机构中，由于 DCE 的构型与人类的肘关节比较相似，因而常称为肘杆机构。肘杆机构在工作时，滑块 5 做往复直线移动，在其接近下极限位置时具有很大的传动角，因而通过加在曲柄 AB 上较小的力 F 可以克服较大的工作阻力 G，即该机构可获得较大的机械增益。这种机构常用于压片机、锻压设备及破碎机等机械中。

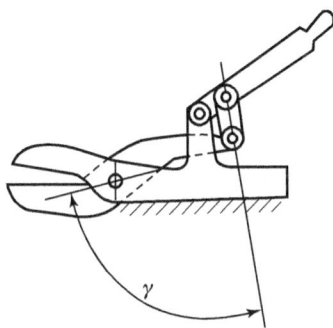

图 10-14 所示为手动金属板剪切机构，其特点是剪切机构的手柄尺寸长而剪刃尺寸短，而且使剪刃在剪切金属板时，机构的传动角接近 90°，从而可使该机构获得较大的机械增益，方便工人进行手工操作，比较省力地剪切金属板材。

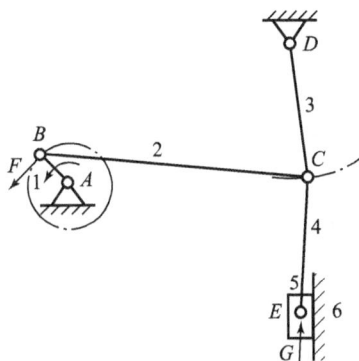

图 10-13　肘杆机构　　　　　　　图 10-14　手动金属板剪切机构

【知识拓展】

机构的类型很多，而且还在不断增加，特别是近年来在高精技术领域中，常将各种类型的机构联合使用。本章介绍了几种其他形式和用途的机构，其目的在于开阔读者的思路，以便于进行机械系统方案设计。有关机构的更多应用实例和其他常见机构的介绍可参阅文献 [42]、文献 [44] 等其他相关资料。

思 考 题

10-1　试简述单万向联轴节的功用、特点及适用场合。

10-2　双万向联轴节在什么安装条件下可以实现等角速比传动？

10-3　什么是差动螺旋机构？为什么它可以使螺母实现微小的移动量？

10-4　什么是增力机构？如何表征不同机构的增力程度？

第十一章 机械的运转及其速度波动的调节

【内容提要】

本章介绍机械系统等效动力学模型的建立和真实运动的求解，以及机械运转过程中速度波动产生的原因及相应的调节方法，并重点介绍了飞轮转动惯量的计算和飞轮设计方法。

第一节 概 述

机械系统通常是由原动机、传动机构和执行机构组成的。前面各章在对机构进行运动分析和力分析时，总认为原动件的运动规律为已知，且一般假定其做等速运动。实际上，原动件的运动规律是由机构中各运动构件的质量、转动惯量和作用在机械上的外力等因素所决定的。因而在一般情况下，原动件的速度并不恒定。只是确定了原动件的真实运动规律后，才能应用前述的分析方法求解出机构中其他构件的真实运动规律与受力状况。因此，研究机械系统的真实运动规律，对于设计机械，特别是高速、精密、重载及高自动化机械，具有十分重要的意义。

机械系统的运转过程中，外力的变化所引起的速度波动会导致运动副中产生附加的动压力，并引起振动和噪声，从而降低机械的使用寿命、效率与工作质量。了解速度波动的产生原因并掌握其调节方法，对于改善系统动态性能很有价值。

为了研究机械系统的真实运动规律与机械运转过程中的速度波动情况，首先应了解机械的运转过程与作用于机械上的力。

一、机械系统的运转过程

机械系统的运转从开始到停止的全过程可以分为以下三个阶段（见图 11-1）：

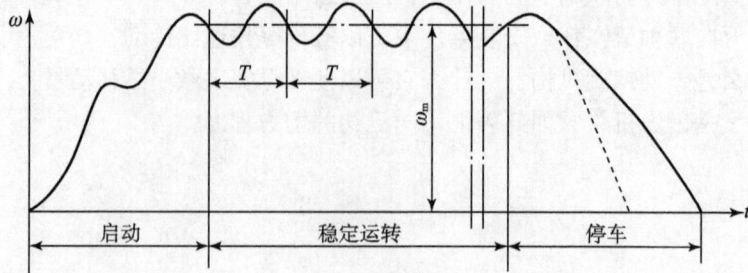

图 11-1 机械运转过程的三个阶段

（1）启动阶段。原动件的速度由零逐渐上升至开始稳定的过程。

（2）稳定运转阶段。原动件的速度保持为常数（称均速稳定运转）或在平均速度的上下做周期性的波动（称变速稳定运转）。在图 11-1 中，T 为稳定运转阶段速度波动的周期，ω_m 为原动件的平均角速度。经过一个周期 T 后，系统中各构件的运动均回到原来的状态。

（3）停车阶段。原动件的速度由平均速度逐渐下降至零。

根据能量守恒定律，作用在机械系统上的力，在任一时间间隔内所做的功，应等于机械系统动能的增量。用机械系统的动能方程式可表达为

$$W_d - (W_r + W_f) = W_d - W_c = E_2 - E_1 \tag{11-1}$$

式中，W_d 为驱动力所做的功，即输入功；W_r、W_f 分别为克服生产阻力与有害阻力（主要为摩擦力）所需的功，即输出功与损耗功；W_c 为总耗功；E_1、E_2 分别为机械系统在该时间间隔的开始与终止时刻所具有的动能。

由式（11-1）可知，机械运转过程的三个阶段具有以下特征：

启动阶段，机械系统的动能逐渐增加，即 $W_d - W_c = E_2 - E_1 > 0$。

稳定运转阶段，若机械做匀速稳定运转，由于该阶段的速度为常数，故在任一时间间隔内输入功均等于总耗功，即 $W_d - W_c = E_2 - E_1 = 0$；若机械做变速稳定运转，由于每个运动周期的末速度均等于初速度，故在一个运动循环以及整个稳定运转阶段，输入功均等于总耗功，但在一个运动周期的任一时间间隔内输入功与总耗功并不一定相等。

停车阶段，机械系统的动能逐渐减小，即 $W_d - W_c = E_2 - E_1 < 0$。在此阶段，由于驱动力通常已撤去，即输入功 $W_d = 0$，故当总耗功逐渐将机械系统所具有的动能消耗尽时，机械便停止运转。

启动阶段和停车阶段统称为机械运转过程的过渡阶段。机械通常是在稳定运转阶段进行工作的，因此应尽量节省过渡阶段所需要的时间。在启动阶段，常使机械空载启动或另加一个启动电动机来增大输入功 W_d，以达到快速启动的目的。图 11-1 中的虚线表示施加力矩后停车阶段原动件的角速度随时间 t 的变化关系。

二、作用在机械上的力

机械总是在外力作用下进行工作的。当忽略各运动构件的重力、惯性力与运动副中的摩擦力，则作用在机械上的力可分为驱动力和生产阻力两大类。力（或力矩）与运动参数（位移、速度、时间等）之间的关系通常称为机械特性。

1. 驱动力

由原动机输出并驱使原动件运动的力，其变化规律取决于原动机的机械特性。例如，蒸汽机、内燃机所输出的驱动力是活塞位移函数；电动机所输出的驱动力矩是其角速度的函数。

2. 生产阻力

机械完成有用功时所需克服的工作负荷，其变化规律取决于机械的工艺特点。例如起重

机的生产阻力一般为常数；曲柄压力机、往复式压缩机的生产阻力为执行构件位移的函数；鼓风机、离心泵上的生产阻力为执行构件速度的函数；球磨机、揉面机的生产阻力为时间的函数。

第二节　机械系统的等效动力学模型

一、等效动力学模型

在进行机械系统动力学分析和研究时，通常是将复杂的机械系统按照一定的原则简化、等效或抽象出一个能体现原机械系统动力学性能的模型，这样的过程称为动力学建模。所建立的动力学模型称为原机械系统的等效动力学模型。然后，依据所建立的机械系统动力学模型的运动学和动力学方程组，利用数学分析方法（如拉格朗日方程法）进行求解和动力学仿真，进而揭示机械系统的运动特征和动力学特性。

对于单自由度的机械系统，只要知道其中一个构件的运动规律，其余所有构件的运动规律就可随之求得。因此，可把复杂的机械系统简化成一个构件（称为等效构件），建立简单的等效动力学模型，使之研究机械系统的真实运动的问题大为简化。

为了使等效构件和机械系统中该构件的真实运动一致，根据质点系动能定理，将作用于机械系统上的所有外力和外力矩、所有构件的质量和转动惯量，都向等效构件转化。转化的原则是使该系统转化前、后的动力学效果保持不变，即等效构件的质量或转动惯量所具有的动能，应等于整个系统的总动能；等效构件上的等效力、等效力矩所做的功或所产生的功率，应等于整个系统的所有力、所有力矩所做的功或所产生的功率之和。满足这两个条件，就可将等效构件作为该系统的等效动力学模型。

通常，取绕定轴转动或做直线移动的构件作为等效构件，如图 11-2 所示。当取等效构件为绕定轴转动的构件时，作用于其上的等效力矩为 M_e，它具有的、绕定轴转动的等效转动惯量为 J_e；当取等效构件为作直线移动的构件时，作用于其上的力为等效力 F_e，它具有的等效质量为 m_e。

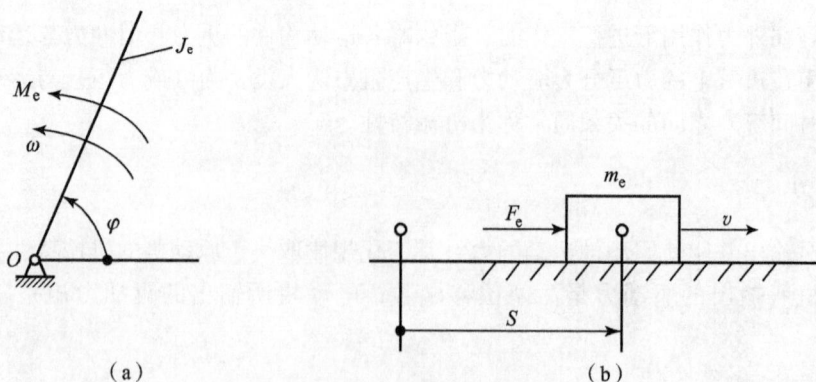

图 11-2　等效动力学模型

（a）定轴转动的等效构件；（b）直线移动的等效构件

二、等效参数的确定

1. 等效质量和等效转动惯量

设机械系统中有 n 个活动构件，各构件的质量为 m_i，相对各质心 S_i 的转动惯量为 J_{S_i}，各质心 S_i 的速度为 v_{S_i}，各构件的角速度为 ω_i，则整个机械系统所具有的总动能为

$$E = \sum_{i=1}^{n} \frac{1}{2} m_i v_{S_i}^2 + \sum_{i=1}^{n} \frac{1}{2} J_{S_i} \omega_i^2 \tag{11-2}$$

当选取以角速度 ω 绕定轴转动的构件为等效构件时，等效构件的动能为

$$E_e = \frac{1}{2} J_e \omega^2 \tag{11-3}$$

根据上述等效原则 $E_e = E$，可得等效转动惯量 J_e 的一般表达式为

$$J_e = \sum_{i=1}^{n} m_i \left(\frac{v_{S_i}}{\omega}\right)^2 + \sum_{i=1}^{n} J_{S_i} \left(\frac{\omega_i}{\omega}\right)^2 \tag{11-4}$$

同理，当取以速度 v 做直线移动的构件为等效构件时，可得等效质量 m_e 的一般表达式为

$$m_e = \sum_{i=1}^{n} m_i \left(\frac{v_{S_i}}{v}\right)^2 + \sum_{i=1}^{n} J_{S_i} \left(\frac{\omega_i}{v}\right) \tag{11-5}$$

2. 等效力和等效力矩

设机械系统中有 n 个活动构件，各构件上的作用力为 F_i、力矩为 M_i，F_i 作用点的速度为 v_i，$\boldsymbol{F}_i$ 的方向和 $\boldsymbol{v}_i$ 方向的夹角为 α_i，各构件的角速度为 ω_i，则整个机械系统的瞬时功率之和为

$$P = \sum_{i=1}^{n} F_i v_i \cos\alpha_i + \sum_{i=1}^{n} (\pm M_i \omega_i) \tag{11-6}$$

当选取以角速度 ω 绕定轴转动的构件为等效构件时，等效构件的瞬时功率为

$$P_e = M_e \omega \tag{11-7}$$

根据上述等效原则 $P_e = P$，可得等效力矩 M_e 的一般表达式为

$$M_e = \sum_{i=1}^{n} F_i \left(\frac{v_i}{\omega}\right) \cos\alpha_i + \sum_{i=1}^{n} \pm M_i \left(\frac{\omega_i}{\omega}\right) \tag{11-8}$$

同理，当取以速度 v 做直线移动的构件为等效构件时，可得等效力 F_e 的一般表达式为

$$F_e = \sum_{i=1}^{n} F_i \left(\frac{v_i}{v}\right) \cos\alpha_i + \sum_{i=1}^{n} \pm M_i \left(\frac{\omega_i}{v}\right) \tag{11-9}$$

式中，M_i 与 ω_i 的方向相同，取"＋"；反之取"－"。

由式（11-4）、式（11-5）和式（11-8）、式（11-9）可知：等效量不仅与作用于机械系统中的力、力矩以及各活动构件的质量、转动惯量有关，而且和各构件与等效构件的速比有关，但与系统的真实运动无关。因此，可在机械真实运动未知的情况下计算各等效量。

三、等效条件的说明

从建立机械系统的等效模型的过程可知，机械系统的等效模型的建立应满足三个条件。

1. 等运动条件

等效构件的运动与原机械系统中某个所指定构件的运动在任一瞬时均相同，这是由原机械系统简化为等效模型的基本条件。

2. 等动能条件

等效构件在任一瞬时所具有的动能与原机械系统中所有构件在该瞬时所具有的动能之和相等。等效转动惯量（或等效质量）是根据等动能的条件所确定的，故等效转动惯量（等效质量）也称为等动能转动惯量（或等动能质量）。

3. 等功率条件

作用于等效构件上的等效力（或等效力矩）的瞬时功率与作用于原机械系统中所有的外力及外力矩在该瞬时的功率之和相等。等效力（或等效力矩）是根据等功率条件所确定的，所以等效力（或等效力矩）也可称为等功率力（或等功率力矩）。

值得注意的是，在等运动条件中所涉及的两个构件，一个是在实际机械系统中指定的构件（通常是机械系统的原动件），这是具体的构件，其质量与转动惯量仅属其本身所有，一般为常量；一个是机械系统的等效模型中的构件，这是抽象的构件，它所具有的等效转动惯量（或等效质量）属于全部运动构件，且一般是变量，特殊情况下也可以是常量。在以后的叙述中，也说"取原机械系统中某某构件为等效构件"，这是为了简便，仅表示二者等运动而已。对此，不要误解该具体构件就是等效模型中的构件。

下面以简单机构为例说明如何建立等效模型，其原理、方法同样适用于复杂的机械系统。

例 11-1 在图 11-3 所示的正弦机构中，设已知曲柄 1 的长度为 l_1，曲柄 1 绕轴 A 的转动惯量为 J_1，滑块 2 与 3 的质量分别为 m_2 和 m_3，设取曲柄为等效构件，试求机构的等效转动惯量 J_e；又若已知作用在滑块 3 上的阻力 $P_3 = Av_{C_3}$（A 为一常数，单位为 N·s/m），试求阻力 P_3 的等效阻力矩 M_{ec}。

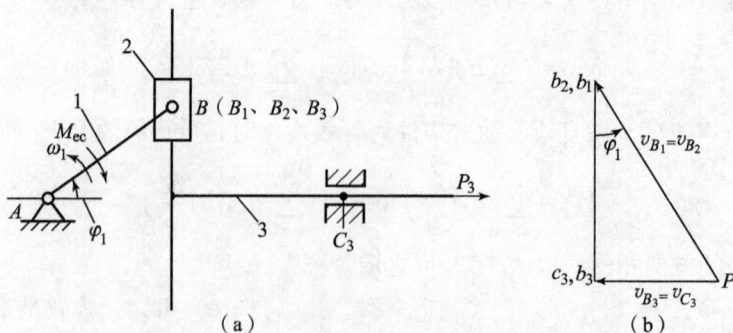

图 11-3 求等效转动惯量 J_e 及等效阻力矩 M_{ec}

（a）正弦机构简图；（b）速度多边形图

解　根据等动能条件，得

$$\frac{1}{2}J_e\omega_1^2 = \frac{1}{2}J_1\omega_1^2 + \frac{1}{2}m_2 v_{B_2}^2 + \frac{1}{2}m_3 v_{C_3}^2$$

于是，得

$$J_e = J_1 + m_2(v_{B_2}/\omega_1)^2 + m_3(v_{C_3}/\omega_1)^2 \qquad (a)$$

式中

$$v_{B_2} = v_{B_1} = l_1\omega_1 \qquad (b)$$

由速度多边形（图 11-3b）可知

$$v_{C_3} = v_{B_3} = v_{B_2}\sin\varphi_1 = l_1\omega_1\sin\varphi_1 \qquad (c)$$

将式（b）和式（c）代入式（a），即可求得正弦机构的等效转动惯量为

$$J_e = J_1 + m_2 l_1^2 + m_3 l_1^2 \sin\varphi_1$$

由等功率条件得知

$$M_{ec}\omega_1 = P_3 v_{C_3}\cos180°$$

于是

$$M_{ec} = -P_3 v_{C_3}/\omega_1 = -A v_{C_3}^2/\omega_1 \qquad (d)$$

为了将等效力矩以等效构件的运动参数（φ_1、ω_1）表示，可将式（c）代入式（d），于是可得

$$M_{ec} = -A l_1^2\omega_1\sin^2\varphi_1$$

式中，负号说明 M_{ec} 与 ω_1 反向，是阻力矩。

例 11-2　在图 12-4 所示的行星轮系中，已知各轮的齿数 $z_1 = z_2 = 20, z_3 = 60$，模数 $m = 10$ mm；各构件的重心均在其相对回转轴线上，它们的转动惯量为 $J_H = 0.16$ kg·m²，$J_1 = J_2 = 0.01$ kg·m²；行星轮 2 的重量 $G_2 = 20$ N；重力加速度取 $g \approx 10$ m/s²；作用在系杆 H 上的力矩 $M_H = 40$ N·m。求等效到轮 1 的轴 O_1 的等效力矩 M_e 以及各构件的等效转动惯量 J_e。

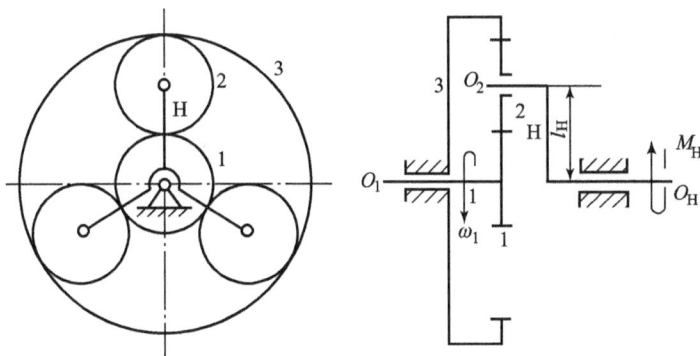

图 11-4　例 12-2 求等效转动惯量 J_e 及等效力矩 M_e

解　由等动能条件，得

$$\frac{1}{2}J_e\omega_1^2 = \frac{1}{2}J_1\omega_1^2 + 3\left(\frac{1}{2}J_2\omega_2^2 + \frac{1}{2}m_2 v_{O_2}^2\right) + \frac{1}{2}J_H\omega_H^2$$

$$= \frac{1}{2}J_1\omega_1^2 + \frac{1}{2}(3m_2l_H^2 + J_H)\omega_H^2 + \frac{3}{2}J_2\omega_2^2 \quad (v_{O_2} = \omega_H l_H)$$

则

$$J_e = J_1 + (3m_2l_H^2 + J_H)\left(\frac{\omega_H}{\omega_1}\right)^2 + 3J_2\left(\frac{\omega_2}{\omega_1}\right)^2 \tag{a}$$

由轮系传动比计算可得

$$\frac{\omega_H}{\omega_1} = \frac{1}{4}$$

$$\frac{\omega_2}{\omega_1} = -\frac{1}{2}$$

又按标准中心距计算，得

$$l_H = \left(\frac{z_1 + z_2}{2}\right)m = \left(\frac{20 + 20}{2}\right) \times 10 = 200 \text{ (mm)}$$

将以上各值以及 $m_2 = G_2/g$ 代入式（a）得

$$J_e = 0.01 + \left(3 \times \frac{20}{10} \times 0.2^2 + 0.16\right) \times \left(\frac{1}{4}\right)^2 + 3 \times 0.01 \times \left(-\frac{1}{2}\right)^2 = 0.042\ 5 \text{ (kg} \cdot \text{m}^2\text{)}$$

又由等功率条件，得

$$M_e\omega_1 = M_H\omega_H$$

则

$$M_e = M_H \frac{\omega_H}{\omega_1}$$

代入 $\frac{\omega_H}{\omega_1}$ 值及 M_H 值，得

$$M_e = 40 \times \frac{1}{4} = 10 \text{ (N} \cdot \text{m)} \text{（方向与 } M_H \text{ 相同，按图示 } \omega_1 \text{ 方向可知 } M_e \text{ 为阻力矩）}$$

为了简便起见，本章以后叙述中，将 J_e、m_e、M_e、F_e 的下标略去，即以 J、m 分别代表等效转动惯量及等效质量，以 M、F 分别代表等效力矩和等效力。

第三节　机械运动方程式的建立及求解

一、机械运动方程式的建立

机械的真实运动可通过建立等效构件的运动方程式求解，常用的机械运动方程式有以下两种形式。

1. 能量形式的运动方程式

根据动能定理，在任一时间间隔内，机械系统所有外力（包括驱动力和阻力）所做的元功 dW 应等于系统动能的增量 dE，即

$$dW = dE \tag{11-10}$$

当选取以角速度 ω 绕定轴转动的构件为等效构件时，有

$$(M_{\mathrm{d}} - M_{\mathrm{c}}) \mathrm{d}\varphi = \mathrm{d}\left(\frac{1}{2} J\omega^2\right) \tag{11-11}$$

式中，M_{d}、M_{c} 分别为等效驱动力矩和等效阻力矩；J 为等效转动惯量。

设等效构件由位置 1 到位置 2（其转角由 φ_1 到 φ_2），其角速度由 ω_1 变为 ω_2，位置 1 和位置 2 的等效转动惯量分别为 J_1，J_2。对上式进行积分，则得

$$\int_{\varphi_1}^{\varphi_2} (M_{\mathrm{d}} - M_{\mathrm{c}}) \mathrm{d}\varphi = \frac{1}{2} J_2 \omega_2^2 - \frac{1}{2} J_1 \omega_1^2 \tag{11-12}$$

同理，当选取以速度 v 做直线移动的构件为等效构件时，有

$$\int_{s_1}^{s_2} (F_{\mathrm{d}} - F_{\mathrm{c}}) \mathrm{d}s = \frac{1}{2} m_2 v_2^2 - \frac{1}{2} m_1 v_1^2 \tag{11-13}$$

式（11-12）和式（11-13）即为等效构件运动方程式的能量形式。

2. 力矩形式方程式

当选取以角速度 ω 绕定轴转动的构件为等效构件时，对式（11-11）进行变换有

$$M_{\mathrm{d}} - M_{\mathrm{c}} = \frac{\mathrm{d}\left(\frac{1}{2} J\omega^2\right)}{\mathrm{d}\varphi} \tag{11-14}$$

对式（11-14）微分，则有

$$M_{\mathrm{d}} - M_{\mathrm{c}} = \frac{\omega^2}{2} \frac{\mathrm{d}J}{\mathrm{d}\varphi} + J\omega \frac{\mathrm{d}\omega}{\mathrm{d}\varphi} \tag{11-15}$$

考虑 $\omega \dfrac{\mathrm{d}\omega}{\mathrm{d}\varphi} = \dfrac{\mathrm{d}\varphi}{\mathrm{d}t} \dfrac{\mathrm{d}\omega}{\mathrm{d}\varphi} = \dfrac{\mathrm{d}\omega}{\mathrm{d}t}$ ，则有

$$M_{\mathrm{d}} - M_{\mathrm{c}} = \frac{\omega^2}{2} \frac{\mathrm{d}J}{\mathrm{d}\varphi} + J \frac{\mathrm{d}\omega}{\mathrm{d}t} \tag{11-16}$$

同理，当选取以速度 v 做直线移动的构件为等效构件时，有

$$F_{\mathrm{d}} - F_{\mathrm{c}} = \frac{v^2}{2} \frac{\mathrm{d}m}{\mathrm{d}s} + J \frac{\mathrm{d}v}{\mathrm{d}t} \tag{11-17}$$

式（11-16）和式（11-17）即为等效构件运动方程式的力矩形式。

当等效转动惯量 J 和等效质量 m 为常数时，上述两式可改写为

$$M_{\mathrm{d}} - M_{\mathrm{c}} = J \frac{\mathrm{d}\omega}{\mathrm{d}t} \tag{11-18}$$

$$F_{\mathrm{d}} - F_{\mathrm{c}} = m \frac{\mathrm{d}v}{\mathrm{d}t} \tag{11-19}$$

二、机械运动方程式的求解

机械运动方程式建立后，便可求解已知外力作用下机械系统的真实运动规律。由于不同的机械系统是由不同的原动机与执行机构组合而成的，因此等效量可能是位置、速度或时间的函数。此外，等效量可以用函数表示，也可以用曲线或数值表格表示。所以，在不同情况下，就需要灵活应用上述运动方程式，求解出在等效力矩作用下等效构件的真实运动。下面

就两种常见情况进行分析求解。

1. 等效力矩和等效转动惯量为等效构件位置函数时的求解

当等效力矩和等效转动惯量为等效构件位置函数时，采用能量形式的机械运动方程式求解比较方便。设初始位置为 φ_0 时，角速度为 ω_0，转动惯量为 J_0，等效驱动力矩与等效阻力矩分别为 $M_{\mathrm{d}}(\varphi)$ 和 $M_{\mathrm{c}}(\varphi)$。则由式（11-12）得

$$\frac{1}{2}J\omega^2 = \frac{1}{2}J_0\omega_0^2 + \int_{\varphi_0}^{\varphi_1}\left[M_{\mathrm{d}}(\varphi) - M_{\mathrm{c}}(\varphi)\right]\mathrm{d}\varphi$$

从而可求得

$$\omega = \sqrt{\frac{J_0}{J}\omega_0^2 + \frac{2}{J}\int_{\varphi_0}^{\varphi_1}\left[M_{\mathrm{d}}(\varphi) - M_{\mathrm{c}}(\varphi)\right]\mathrm{d}\varphi} \qquad (11-20)$$

由此式即可解出等效构件的角速度 $\omega = \omega(\varphi)$ 的函数关系，并可求得角速度 ω 随时间 t 的变化规律。由于 $\omega(\varphi) = \mathrm{d}\varphi/\mathrm{d}t$，即 $\mathrm{d}t = \mathrm{d}\varphi/\omega(\varphi)$，积分可得

$$\int_{t_0}^{t}\mathrm{d}t = \int_{\varphi_0}^{\varphi}\frac{\mathrm{d}\varphi}{\omega(\varphi)}$$

即

$$t = t_0 + \int_{\varphi_0}^{\varphi}\frac{\mathrm{d}\varphi}{\omega(\varphi)} \qquad (11-21)$$

联立求解式（11-20）及（11-21）即可求得 $\omega = \omega(t)$ 的函数关系。

等效构件的角加速度 α 为

$$\alpha = \frac{\mathrm{d}\omega}{\mathrm{d}t} = \frac{\mathrm{d}\omega}{\mathrm{d}\varphi}\frac{\mathrm{d}\varphi}{\mathrm{d}t} = \omega\frac{\mathrm{d}\omega}{\mathrm{d}\varphi} \qquad (11-22)$$

2. 等效力矩是速度的函数，等效转动惯量是常数时的求解

当等效力矩是速度的函数，等效转动惯量是常数时，采用力矩形式的机械运动方程式求解比较方便。由式（11-18）得

$$\mathrm{d}t = J\frac{\mathrm{d}\omega}{M_{\mathrm{d}}(\omega) - M_{\mathrm{c}}(\omega)} \qquad (11-23)$$

于是

$$t = t_0 + J\int_{\omega_0}^{\omega}\frac{\mathrm{d}\omega}{M_{\mathrm{d}}(\omega) - M_{\mathrm{c}}(\omega)} \qquad (11-24)$$

式（11-24）便是 t 和 ω 的函数关系式。为求解 ω 和 φ 的函数关系式，可由（11-15）得

$$J\omega\frac{\mathrm{d}\omega}{\mathrm{d}\varphi} = M_{\mathrm{d}}(\omega) - M_{\mathrm{c}}(\omega) \qquad (11-25)$$

于是

$$\varphi = \varphi_0 + J\int_{\omega_0}^{\omega}\frac{\omega\mathrm{d}\omega}{M_{\mathrm{d}}(\omega) - M_{\mathrm{c}}(\omega)} \qquad (11-26)$$

当等效转动惯量 J、等效驱动力矩 M_{d} 和等效阻力矩 M_{c} 均为常数时，对式（11-18）积分，得

$$\omega = \omega_0 + \frac{M_d - M_c}{J}(t - t_0) \tag{11-27}$$

再积分得

$$\varphi = \varphi_0 + \omega_0(t - t_0) + \frac{M_d - M_c}{2J}(t - t_0)^2 \tag{11-28}$$

这种运动规律称为等加速度运动规律。

以上介绍的方法仅限于可以积分的函数形式写出的表达式。有时，等效转动惯量和等效力矩不能用简单的、易于积分的函数形式写出。如当等效转动惯量和等效力矩是一条曲线或一组数据时，就不能求出方程的解析解，而只能利用数值计算方法求其数值解。又如，当等效转动惯量是位置的函数而等效力矩是速度的函数时，运动方程式是非线性微分方程，此时需要用图解法或数值计算法求解。

第四节　机械的速度波动及其调节方法

如前所述，在机械的运转过程中，由于外力的变化，机械的运转速度会产生波动。过大的速度波动对机械的工作是不利的。因此，设计者应设法降低机械运转速度的波动程度，将其限制在许可的范围内，以保证机械的工作质量、效率与使用寿命。

一、周期性速度波动及其调节

1. 周期性速度波动产生的原因

现以等效驱动力矩、等效阻力矩和等效转动惯量是等效构件位置函数的情况为例，分析速度波动产生的原因。

图 11-5 所示为某一机械在稳定运转过程中等效驱动力矩 M_d 和等效阻力矩 M_c 的变化曲线。其变化的一个运动周期为 φ_T，在该周期内任一区段，由于等效驱动力矩和等效阻力矩是变化的，因此它们所做的功不总是相等。如在 ab 段，$M_d(\varphi) > M_c(\varphi)$，即 $\int_{\varphi_a}^{\varphi}(M_d - M_c)\mathrm{d}\varphi > 0$，因此在该区段内，外力对系统做正功（又称盈功），系统动能将增加（$\Delta E > 0$），机械速度上升。而在 bc 段，$M_d(\varphi) < M_c(\varphi)$，即 $\int_{\varphi_b}^{\varphi}(M_d - M_c)\mathrm{d}\varphi < 0$，因此在该区段内，外力对系统做负功（又称亏功），系统动能将减少（$\Delta E < 0$），机械速度下降。

在一个运动周期 φ_T 内，等效驱动力矩所做的功等于等效阻力矩所做的功，即

$$\int_{\varphi_a}^{\varphi_a + \varphi_T}(M_d - M_c)\mathrm{d}\varphi = 0 \tag{11-29}$$

在经过了一个运动周期或公共周期 φ_T 后，系统的动能增量为零，机械系统的动能恢复到初始时的值，机械速度也恢复到周期初始时的大小。由此可知，在稳定运转过程中，机械速度将呈周期性波动。

如果机械系统等效力矩的变化不具有周期性，则机械系统的主轴将作无规律的变速运动，即出现非周期的速度波动。

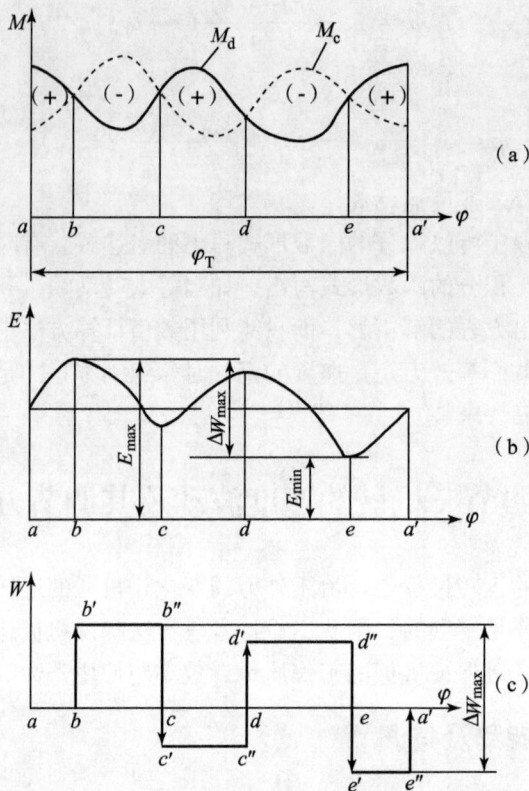

图 11-5 周期性速度波动调节原理

(a) 等效力矩变化曲线；(b) 功能增量变化曲线；(c) 能量指示图

2. 平均角速度和速度不均匀系数

平均角速度 ω_m 是指一个运动周期内角速度的平均值，即

$$\omega_m = \frac{1}{\varphi_T}\int_0^{\varphi_T} \omega d\varphi \tag{11-30}$$

在工程上，ω_m 常用于最大角速度 ω_{max} 与最小加速度 ω_{min} 的算术平均值来近似计算，即

$$\omega_m = (\omega_{max} + \omega_{min})/2 \tag{11-31}$$

常用速度不均匀系数 δ 表示机械系统速度波动的程度，它定义为角速度波动的幅度 $(\omega_{max} - \omega_{min})$ 与平均角速度 ω_m 的比值，即

$$\delta = (\omega_{max} - \omega_{min})/\omega_m \tag{11-32}$$

由式 (11-31) 和式 (11-32) 可得

$$\omega_{max}^2 - \omega_{min}^2 = 2\omega_m^2\delta \tag{11-33}$$

不同类型的机械，所允许的速度波动程度是不同的。表 11-1 给出了常用机械运转速度不均匀系数的许用值 $[\delta]$。为使所设计的机械在运转过程中速度波动程度在允许范围内，必须保证 $\delta \leqslant [\delta]$。

表 11-1 常用机械运转速度不均匀系数的许用值 $[\delta]$

机械的名称	$[\delta]$	机械的名称	$[\delta]$	机械的名称	$[\delta]$
碎石机	1/5～1/20	汽车、拖拉机	1/20～1/60	压缩机	1/50～1/100
农业机械	1/5～1/50	金属切削机床	1/30～1/40	纺纱机	1/60～1/100
冲床，剪床	1/7～1/20	水泵、鼓风机	1/30～1/50	直流发电机	1/100～1/100
轧钢机	1/10～1/25	造纸机、织布机	1/40～1/50	交流发电机	1/200～1/300

3. 周期性速度波动的调解方法

为了减少运转过程中的周期性速度波动，最常用的方法是安装飞轮。所谓飞轮，就是一个具有较大转动惯量的盘状零件。由于飞轮的转动惯量较大，当系统出现盈功时，它可以以动能的形式将多余的能量储存起来，从而使等效构件角速度上升的幅度减小；反之，当系统出现亏功时，飞轮又可释放出储存的能量，从而使等效构件角速度下降的幅度减小。从这个意义上讲，飞轮在系统中的作用相当于一个容量较大的储存器。

二、非周期性速度波动及其调节

1. 非周期性速度波动产生的原因

如果机械在运转过程中，等效力矩（$M = M_d - M_c$）的变化呈非周期性，则机械的稳定运转状态将遭到破坏，此时出现的速度波动称为非周期性速度波动。因此，在机械运转时，如果负载持续降低，即 $M_d > M_c$，则机械的转速持续上升，以至于导致"飞车"现象，而使机械遭到破坏；反之，如果负载持续升高，即 $M_c > M_d$，则机械的转速持续下降，从而使机械越转越慢，直至最后停止不动。

为了避免以上两种情况的发生，必须对这种非周期性的速度波动进行调节，以使机械系统重新恢复稳定运转。为此就需要设法使驱动力矩与工作阻力矩恢复平衡关系。

2. 非周期性速度波动的调节

对于非周期速度波动，安装飞轮是不能达到调节目的的，这是因为飞轮的作用只是"吸收"和"释放"能量，它既不能创造能量，也不能消耗能量。

在机械系统中调节非周期性速度波动的方法很多。对于选用电动机作原动机的机械系统，其本身就可使驱动力矩和工作阻力矩协调一致。这是因为当电动机的转速由于 $M_c > M_d$ 而下降时，其所产生的驱动力矩将增大；反之，当因 $M_d > M_c$ 引起电动机转速上升时，驱动力矩减小，所以自动地重新达到平衡。这种性能称为自调性。

对于没有自调性的机械系统（如蒸汽机、汽轮机或内燃机等为原动机的机械系统），就必须安装一种专门的调节装置——调速器，用来调节机械出现的非周期性速度波动。调速器的种类很多，它可以是纯机械式的，也可以是包含了电气或电子元件的。最简单的机械式调速器是离心调速器。

图 11-6 所示为燃气涡轮发动机中采用的离心式调速器的工作原理图。图中离心球 2 的旋转支架 1 与发动机轴相固连，离心球 2 铰接在支架 1 上，并通过连杆 3 与活塞 4 相连。在稳定运转状态下，发动机轴的角速度 ω 保持不变。由油箱供给的燃油一部分通过油泵 7 输送到发动机去，一部分油经过油路 a 及活塞与回油孔的间隙进入调节油缸 6，再经油路 b 回到油泵进口处。当由于外界工作条件变化而引起工作阻力矩减小时，发动机的转速 ω 将增高，这时离心球 2 将因离心力的增大而向外摆动，通过连杆 3 推动活塞 4 向右移动，从而使被活塞 4 部分封闭的回油孔间隙增大，因此使得回油量增大、输送给发动机的油量减小。故发动机的驱动力矩下降，转速 ω 也随之减小，机械又重新归于稳定运转。反之，如果工作阻力增加，发动机的转速 ω 下降时，离心球 2 的离心力减小，因而使得活塞 4 在弹簧 5 的作用下向左移动，回油孔间隙减小，从而导致回油量减小，供给发动机的油量增加。于是发动机所受的驱动力矩与工作阻力矩将再次达到新的平衡，从而使发动机恢复稳定运转。

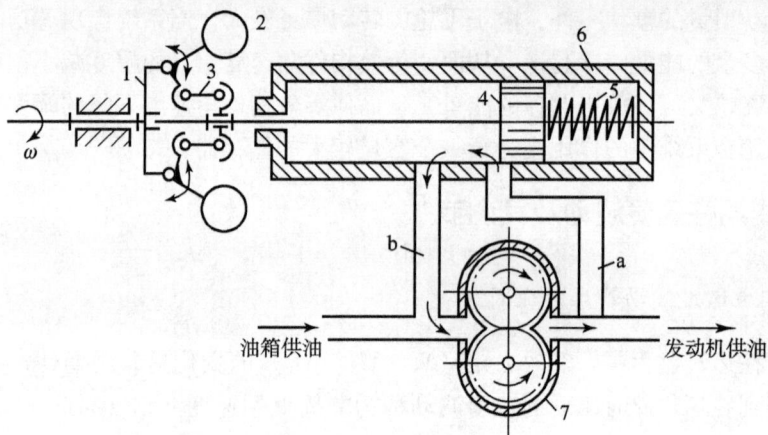

图 11-6 离心调速器
1—旋转支架；2—离心球；3—连杆；4—油塞；5—弹簧；6—调节油缸；7—油泵

第五节　飞轮设计

飞轮设计的核心是根据等效构件的平均角速度 ω_m 及许用的速度不均匀系数 $[\delta]$ 来确定飞轮的转动惯量。本节将以等效力矩为机构位置函数时的情况为例，介绍飞轮设计的基本原理与方法。

一、飞轮设计的基本原理

如图 11-5 (b) 所示，机械系统的动能在运动周期 φ_T 内是变化的，如果忽略等效构件转动惯量的变量部分，并假设等效转动惯量 J 为常数，则当 $E = E_{max}$ 时，$\omega = \omega_{max}$；当 $E = E_{min}$ 时，$\omega = \omega_{min}$。显然，在一个周期内，当机械速度从 ω_{min} 上升到 ω_{max}（或由 ω_{max} 下降到 ω_{min}）时，外力对系统所做的盈功（或亏功）达到最大，称为最大盈亏功 ΔW_{max}，并且有

$$\Delta W_{max} = E_{max} - E_{min} = \frac{1}{2}J\omega_{max}^2 - \frac{1}{2}J\omega_{min}^2 \tag{11-34}$$

将式（11-33）代入式（11-34）可得

$$\Delta W_{\max} = J\omega_m^2 \delta$$

即

$$\delta = \frac{\Delta W_{\max}}{J\omega_m^2} \tag{11-35}$$

如果在该机械中加装一个具有等效转动惯量 J_F 的飞轮，则速度不均匀系数为

$$\delta = \frac{\Delta W_{\max}}{(J + J_F)\omega_m^2} \tag{11-36}$$

当机械系统装上飞轮后，其总等效转动惯量增加，则其速度不均匀系数必将减小。对于一个具体的机械系统，其稳定工作时的最大盈亏功 $\Delta W_{\max}$ 和平均角速度 ω_m 都是确定的，因此由式（11-36）可知，在机械系统上安装一个具有足够大转动惯量 J_F 的飞轮后，达到调节机械周期性波动的目的。

二、飞轮转动惯量的计算

为了使速度不均匀系数 δ 满足不等式 $\delta \leqslant [\delta]$，由式（11-36）知，必须有

$$J_F \geqslant \frac{\Delta W_{\max}}{\omega_m^2 [\delta]} - J \tag{11-37}$$

式中，J 为原机械系统本身的等效转动惯量。在设计飞轮时，为简化计算，通常忽略该转动惯量。式（11-37）变为

$$J_F \geqslant \frac{\Delta W_{\max}}{\omega_m^2 [\delta]} \tag{11-38}$$

式（11-38）表示了飞轮等效转动惯量的近似计算式。

分析上述诸式，可知：

（1）当 $\Delta W_{\max}$ 与 ω_m 一定时，若增大 J_F，则 δ 将减小，可达到降低机械速度波动程度的目的。

（2）若 $[\delta]$ 取值很小，则 J_F 将很大。对于有限的 J_F，不可能使 $\delta = 0$，故不应过分追求机械运转速度的均匀性，否则会导致飞轮过于笨重。

（3）当 $\Delta W_{\max}$ 与 $[\delta]$ 一定时，J_F 与 ω_m 的平方成反比。因此，为了减少飞轮的转动惯量，最好将飞轮安装在机械的高速轴上。

三、最大盈亏功 $\Delta W_{\max}$ 的确定

飞轮设计的基本问题主要是计算飞轮的转动惯量。在式（11-38）中，由于 n 和 $[\delta]$ 均为已知量，因此求飞轮转动惯量的关键在于确定最大盈亏功 $\Delta W_{\max}$。为了确定最大盈亏功 $\Delta W_{\max}$，需先确定机械动能最大值 $E_{\max}$ 和最小值 $E_{\min}$ 所出现的位置，因为这两个位置对应机械系统的最大角速度 $\omega_{\max}$ 和最小角速度 $\omega_{\min}$。如图 11-5（a）和图 11-5（b）所示，$E_{\max}$ 和 $E_{\min}$ 应出现在 M_d 和 M_c 两曲线的交点处，如图 11-5 的 b 和 e 处。

如果 M_d 和 M_c 以 φ 的函数表达式给出，则有

$$\Delta W = \int_0^\varphi (M_d - M_c) \mathrm{d}\varphi \tag{11-39}$$

求出 M_d （φ）和 M_c （φ）曲线各交点处的 ΔW，从而找出 E_{max} 和 E_{min} 所在的位置，进而求出最大盈亏功 $\Delta W = E_{max} - E_{min}$。

如果 M_d 和 M_c 以线图或表格给出，则可通过 M_d 和 M_c 之间的各块面积计算各交点处的 ΔW 值，从而找出 E_{max} 和 E_{min} 所在的位置，进而求出最大盈亏功 ΔW_{max}。

对于一些比较简单的情况，机械系统最大动能 E_{max} 和最小动能 E_{min} 出现的位置可直接由 $M_d - \varphi$ 或 $M_c - \varphi$ 图看出；对于较复杂的情况，则可借助于所谓的"能量指示图"来确定。如图 11-5 （c）所示，作一直角坐标，按一定比例用矢量线段依次表示相应位置 M_d 和 M_c 之间所包围的面积 A_{ab}、A_{bc}、A_{cd}、A_{de}、$A_{ea'}$ 的大小和正负，盈功为正，其箭头向上；亏功为负，其箭头向下，即以对应位置 b 为起点，向上作 $\overline{bb'}$ 表示等效力矩从 a 到 b 所做的盈功；在对应位置点 c，以 b'' 为起点（$\overline{bb'} = \overline{cb''}$）向下作 $\overline{b''c'}$ 表示等效力矩从 b 到 c 做的亏功；在对应位置点 d，以 c'' 为起点（$\overline{cc'} = \overline{dc''}$）向上作 $\overline{c''d'}$ 表示等效力矩从 c 到 d 的盈功；在对应位置点 e，以 d'' 为起点（$\overline{dd'} = \overline{ed''}$）向下作 $\overline{d''e'}$ 表示等效力矩从 d 到 e 做的亏功；在对应位置点 a'，以 e'' 为起点（$\overline{ee'} = \overline{a'e''}$）向上作 $\overline{e''a'}$ 表示等效力矩从 e 到 a 做的盈功。由于在一个循环的起始位置与终了位置处的动能相等，所以能量指示图的首尾应在同一水平线上，即形成封闭的台阶形折线。如果该系统的等效转动惯量是常数，从图中可以看出，位置点 b 处动能（速度）最大，位置点 e 处动能（速度）最小，而图中折线的最高点和最低点的距离就代表最大盈亏功 ΔW_{max} 的大小。从另一方面说，最大盈亏功并不是所有盈亏功的最大值，而是速度最高处 E_{max} 与速度最低处 E_{min} 之间盈功和亏功的代数和的绝对值。

四、飞轮尺寸的确定

飞轮常做成如图 11-7 所示的形状，它由轮缘 A、轮毂 B 和轮辐 C 三部分组成。与轮缘比较，轮辐及轮毂的转动惯量较小可以忽略不计。设 m_A 为轮缘的质量，D_1 和 D_2 为轮缘的外径和内径，D 为其平均直径，则轮缘的转动惯量为

$$J_A = J_F = \frac{m_A}{2}\left(\frac{D_1^2 + D_2^2}{4}\right) = \frac{m_A}{4}(D^2 + H^2)$$

因为轮缘厚度 H 远比直径 D 小，即 $H^2 \ll D^2$，因此，上式可近似为

$$J_F = \frac{m_A D^2}{4} \qquad (11-40)$$

设轮缘的宽度为 b，材料密度为 ρ （单位：kg/m³），则

$$m_A = \pi D H b \rho$$

于是

$$Hb = \frac{m_A}{\pi D \rho} \qquad (11-41)$$

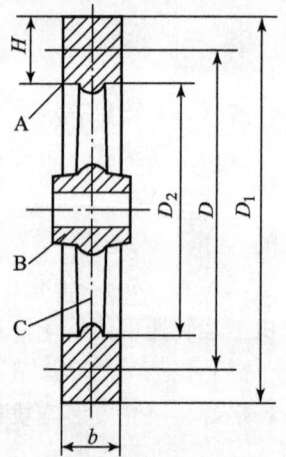

**图 11-7 腹板状
飞轮结构**
A—轮缘；B—轮毂；
C—轮辐

这样，根据要求的速度不均匀系数 $[\delta]$，由式 （11-38）计算出飞轮的实际转动惯量 J_F，在选定飞轮直径 D 后，再由式 （11-41）求得飞轮的质量 m_A。然后根据飞轮的材料密度 ρ，由式 （11-41）适当确定 H 和 b 的值。在选定直径 D 时，不仅要考虑结构空间的限

制，还要考虑其轮缘圆周线速度不能过大，以免轮缘因离心力过大而破坏。

例 11-3　某蒸汽机—发电机组的等效力矩如图 11-8 所示。其中，等效阻力矩 M_c 为常数，其值为等效驱动力矩 M_d 的平均值 7 550 N·m；各块阴影面积的大小表示等效力矩所做功的绝对值，且 $f_1=1\,500$ J，$f_2=1\,900$ J，$f_3=1\,400$ J，$f_4=2\,100$ J，$f_5=1\,200$ J，$f_6=100$ J；等效构件的转速为 3 000 r/min；许用的速度不均匀系数为 $[\delta]=1/1\,000$。试计算飞轮的转动惯量 J_F，并指出最大、最小角速度出现的位置。

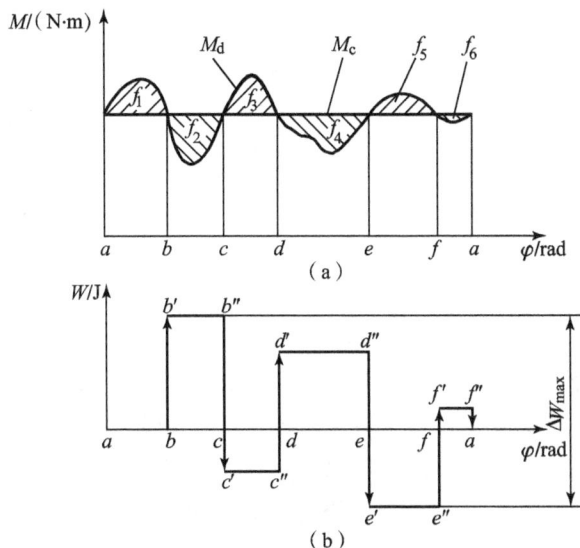

图 11-8　某蒸汽—发电机组的等效力矩与能量指示图

(a) 等效力矩变化图；(b) 能量指示图

解　由于等效力矩为等效构件角位移的函数，故 J_F 可按式（11-38）计算。为确定系统的最大盈亏功 ΔW_{max}，可采用以下两种方法。

（1）根据各块阴影面积，求出 M_d 与 M_c 各交点处盈亏功 ΔW，如表 11-2。

表 11-2　盈亏功

位置	a	b	c	d	e	f	a
面积代号	0	f_1	f_1-f_2	$f_1-f_2+f_3$	$f_1-f_2+f_3-f_4$	$f_1-f_2+f_3-f_4+f_5$	$f_1-f_2+f_3-f_4+f_5-f_6$
$\Delta W/$J	0	1 500	-400	1 000	-1 100	100	0

由此可知，b 点处 ΔW 最大，e 点处 ΔW 最小，亦即 b、e 两点分别对应系统与出现的位置。若忽略等效转动惯量 J 中的变量部分，则 $\omega_{max}=\omega_b$，$\omega_{min}=\omega_e$。因此，系统的最大盈亏功为

$$\Delta W_{max}=(\Delta W)_{max}-(\Delta W)_{min}=1\,500-(-1\,100)=2\,600\;(\text{J})$$

（2）根据各块阴影面积，按一定的比例作出系统的能量指示图。如图 11-8（b）中，最高点 b 与最低点 e 分别对应系统的最大、最小动能增量 E_{max} 与 E_{min} 出现的位置。设等效转动惯量 J 为常数，则 ω_b、ω_e 即为等效构件的最大、最小角速度。b、e 两点之间的垂直距离

所代表的盈亏功即为

$$\Delta W_{max} = |-f_2 + f_3 - f_4| = |-1\ 900 + 1\ 400 - 2\ 100| = 2\ 600\ (\text{J})$$

将 ΔW_{max}、n 及 $[\delta]$ 的数值代入式（11-38），可得飞轮的转动惯量为

$$J_F = \frac{\Delta W_{max}}{\omega_m^2 [\delta]} = \frac{900 \Delta W_{max}}{\pi^2 n^2 [\delta]} = \frac{900 \times 2\ 600}{\pi^2 \times 3\ 000^2 \times \dfrac{1}{1\ 000}} = 26.34\ (\text{kg} \cdot \text{m}^2)$$

【知识拓展】

由于机械系统的组成情况和作用于机械系统中外力的机械特性是多种多样的，故等效力矩和等效转动惯量的形式也各不相同。加之等效力矩可能用函数表达式、曲线或数值表格的形式给出，所以不同情况下运动方程的求解方法也各不相同。限于篇幅，本章仅介绍了等效力矩和等效转动惯量为机构位置函数，且等效力矩的函数表达式可以在直接积分的情况下采用运动方程的求解方法。至于其他情况下运动方程的求解特别是数值解法，可参阅文献 [49]～文献 [51]。

对于多自由度系统，不能把其简化为几个独立的、互不相关的单自由度等效构件来研究，而是要选择数目等于系统自由度数目的广义坐标来代替等效构件，再应用拉格朗日方程来建立运动微分方程。有兴趣的读者可参阅文献 [49] 和文献 [52]。

飞轮设计是机械动力学设计中的重要内容之一，其核心问题是计算飞轮的转动惯量。本章仅介绍了等效力矩为机构位置函数时飞轮转动惯量的计算方法，关于其他情况下飞轮转动惯量的计算，可参阅文献 [53]。

思 考 题

11-1 机械的运转过程一般分为几个阶段？各阶段分别具有什么特征？

11-2 何谓单自由度机械系统的等效动力学模型？系统的等效量如何计算？

11-3 试述机械系统周期性与非周期性速度波动的产生原因及相应的调节方法。

11-4 飞轮设计的基本原理是什么？为什么说飞轮在调速的同时还能起到节约能源的作用？

11-5 机械系统中安装了飞轮后是否能得到绝对均匀的运转？为什么？

11-6 在确定飞轮转动惯量时，速度不均匀系数 δ 是否选得越小越好？

11-7 为了减轻飞轮的重量，飞轮最好安装在何处？

11-8 何谓最大盈亏功 W_{max}？如何确定其值？

习 题

11-1 在题 11-1 图所示的搬运机构中，已知滑块 5 的质量 $m_5 = 20$ kg，$l_{AB} = l_{ED} = 100$ mm，$l_{BC} = l_{CD} = l_{EF} = 200$ mm，$\varphi_1 = \varphi_2 = \varphi_3 = 90°$，作用在滑块 5 上的工作阻力 $F_5 = 1\ 000$ N；除滑块 5 以外，其他构件的质量和转动惯量忽略不计。如选构件 1 为等效构件，

试求此机构在图示位置的等效转动惯量 J_e 和等效阻力矩 M_c。

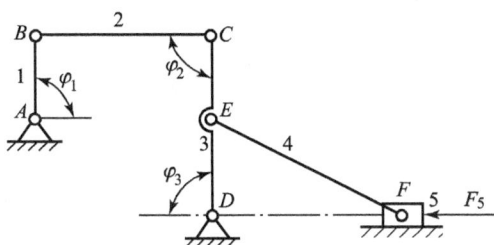

题 11－1 图

11－2　在题 11－2 图所示汽轮机和螺旋桨的传动机构中，已知各构件的转动惯量分别为：汽轮机 1 转子的 $J_1 = 1\,950\ \mathrm{kg \cdot m^2}$，螺旋桨 5 及其轴的 $J_5 = 2\,500\ \mathrm{kg \cdot m^2}$，轴 2 及其齿轮的 $J_2 = 100\ \mathrm{kg \cdot m^2}$，轴 3 及其齿轮的 $J_3 = 400\ \mathrm{kg \cdot m^2}$，轴 4 及其齿轮的 $J_4 = 800\ \mathrm{kg \cdot m^2}$；传动比 $i_{23} = 6$，$i_{34} = 5$，加在螺旋桨上的工作阻力矩 $M_5 = 30\ \mathrm{kN \cdot m}$。若取汽轮机 1 的轴为等效构件，试求整个机械系统的等效转动惯量 J_e 和等效阻力矩 M_c。

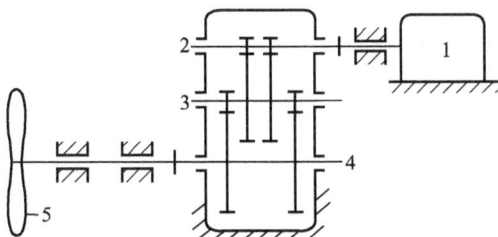

题 11－2 图

11－3　已知等效阻抗力矩 M_c 的变化规律如题 11－3 图所示。等效驱动力矩假设为常数，机器主轴的转速为 980 r/min。试求当运转不均匀系数 $\delta < 0.05$ 时，所需飞轮的转动惯量 J_F（飞轮安装在机器的主轴上，机器其他构件的转动惯量忽略不计）。

11－4　某机械以主轴为等效构件，等效阻抗力矩 M_c 变化规律如题 11－4 图所示，等效驱动力矩 M_d 为常数。主轴的平均角速度 $\omega_m = 40\ \mathrm{rad/s}$，机器的速度不均匀系数 $\delta = 0.025$。若不计飞轮以外其他构件的转动惯量，求安装在机器主轴上飞轮的转动惯量。

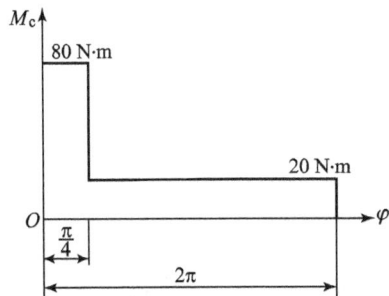

题 11－3 图

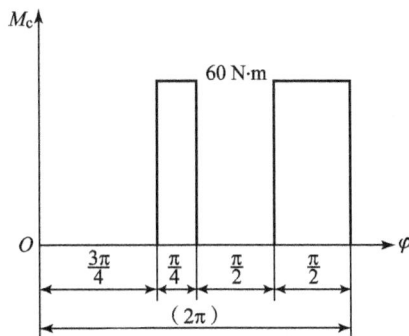

题 11－4 图

11-5 在题11-5图所示的牛头刨床机构中，已知曲柄转速为 $n=200$ r/min；空行程曲柄转角为 $\varphi_1=120°$；空行程和工作行程所消耗的功率分别为 $P_1=0.367$ kW，$P_2=3.677$ kW。若许用速度不均匀系数为 $[\delta]=0.03$，试确定所需的电动机功率，并分别计算在以下两种情况下飞轮的转动惯量 J_F（各运动构件的质量、转动惯量均忽略不计）：

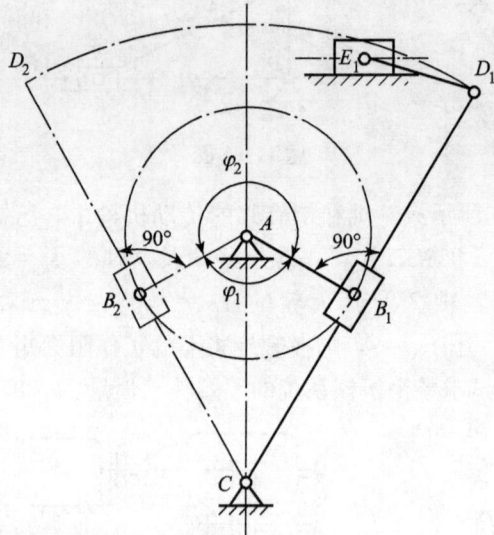

题 11-5 图

（1）飞轮安装在曲柄轴上。

（2）飞轮安装在电动机轴上，电动机的额定转速为 $n_H=960$ r/min。为简化计算，忽略电动机与曲柄之间减速器的转动惯量。

11-6 已知一机械系统的等效力矩 M 对转角 φ 的变化曲线如题11-6图所示。各块面积为 $f_1=340$ mm²，$f_2=810$ mm²，$f_3=600$ mm²，$f_4=910$ mm²，$f_5=555$ mm²，$f_6=470$ mm²，$f_7=695$ mm²，比例尺：$\mu_M=7000$ N·m/mm，$\mu_\varphi=1°/mm$，平均转速 $n_m=800$ r/mm，许用速度不均匀系数 $[\delta]=0.02$。若忽略其他构件的转动惯量，求飞轮的转动惯量 J_F，并指出最大、最小角速度出现的位置。

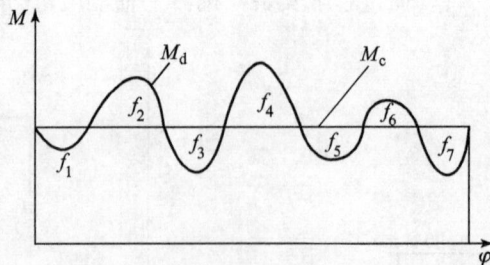

题 11-6 图

11-7 在制造螺栓、螺钉及其他制件的双击冷压自动镦头机中，仅考虑有效阻力功时，主动轴上的有效阻力的等效力矩按题11-7图所示的三角形规律变化。自动机所有构件的等

效转动惯量 $J=1\ \text{kg}\cdot\text{m}^2$，主动件上的等效驱动力矩为常数。自动机的运动可认为是稳定运转，轴的平均转速 $n=160\ \text{r/min}$，许用速度不均匀系数 $[\delta]=0.1$，试确定飞轮的转动惯量。

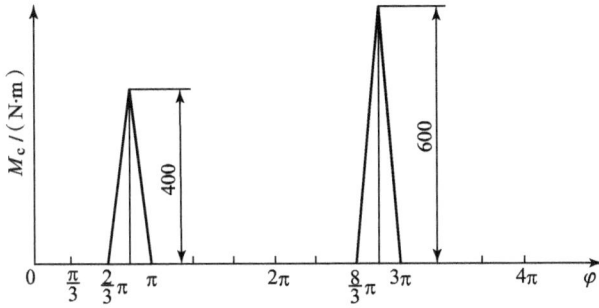

题 11-7 图

第十二章　机械的平衡

【内容提要】

本章介绍机械平衡的目的、内容及分类，刚性转子的静、动平衡设计方法和试验方法，并简单介绍挠性转子以及平面机构的平衡。

第一节　概　　述

一、机械平衡的目的

机械在运转时，活动构件中大多会产生不平衡的惯性力（或惯性力矩）。这不仅会在运动副中引起附加的动压力，增大运动副中的摩擦磨损，降低机械的效率，而且还会在构件中引起附加的动应力，影响构件的强度，降低使用寿命。此外，由于这些惯性力的大小和方向一般都是周期性变化的，这必将引起机械及其基础产生强迫振动，从而导致机械的工作质量、工作精度和可靠性下降，并产生噪声污染。特别是当振动频率接近机械系统的固有频率时，还会引起共振，使机械系统难以正常工作，严重时可能会使机械设备遭到破坏，甚至会危及周围设备、建筑及人员的安全。

因此，机械平衡的目的就是通过研究机械中惯性力的变化规律，来设法减小甚至消除不平衡惯性力和惯性力矩所带来的不良影响，以改善机械的工作性能、提高机械的工作质量、延长机械的使用寿命和改善现场的工作环境等。目前，机械的平衡已成为现代机械中的一个非常重要的问题，特别是在高速和精密机械中表现得尤为突出。

二、机械平衡的内容

在机械系统中，由于各活动构件的运动形式和结构不尽相同，其所产生的惯性力与惯性力矩的情况和平衡方法也就不尽相同。一般情况下，机械的平衡问题可分为以下两大类。

1. 转子的平衡

机械中绕固定轴线做回转运动的构件称为转子。转子运动过程中的惯性力和惯性力矩的平衡问题称为转子的平衡。根据转子工作转速的不同，转子的平衡又可分为以下两类：

1）刚性转子的平衡

刚性转子是指转子的工作转速低于其一阶临界转速，且运转时产生的轴线变形可以忽略不计的转子。解决刚性转子平衡问题的基本原理是理论力学中的力系平衡理论。也就是说，可通过重新调整转子上质量的分布，使其质心位于旋转轴线的方法来实现。

2）挠性转子的平衡

在机械中，对那些质量和跨度很大、径向尺寸却很小，且工作转速高于其一阶临界转速的转子，在工作过程中，转子产生了较为明显且不能忽略的弯曲变形，从而使转子产生的离心惯性力显著增大，这类转子称为挠性转子。相对于刚性转子，挠性转子的平衡问题较为复杂，属于专门学科研究的问题，故本章仅简单介绍其基本概念和平衡原理。

2. 机构的平衡

如果机构中含有做往复移动和平面运动的构件，则其所产生的惯性力和惯性力矩无法在该构件上实现平衡，只能从整个机构进行研究。因此，对于此类平衡问题，应设法使所有活动构件产生的总惯性力和总惯性力矩在机架上得到完全或部分平衡，以消除或减小最终传到机架上的不平衡惯性力。因此，这类平衡又称为机构在机架上的平衡。

三、机械平衡的方法简介

机械平衡常用的方法有平衡设计和平衡试验两种，分别介绍如下。

1. 平衡设计

在机械设计阶段，除保证所设计的机械满足其工作要求外，还应该在结构上保证其不平衡惯性力最小或等于零，即进行平衡设计。

2. 平衡试验

经过平衡设计后，机械虽然在理论上是平衡的，但由于材质均匀性、加工及装配误差等因素的影响，实际生产出来的机械还有可能出现不平衡现象。由于这种不平衡在设计阶段是无法确定和消除的，因此，可以通过试验的方法加以平衡，即进行平衡试验。

第二节　刚性转子的静平衡及动平衡设计

在设计转子时，就应该考虑转子在运动过程中产生的惯性力和惯性力矩的平衡问题。若不平衡，在结构设计时就需要采取相关措施来消除这种不平衡惯性力的影响，该过程称为转子的平衡设计。根据径宽比 d/b（转子直径 d 与转子轴向宽度 b 之比）的不同，刚性转子的平衡设计可分为静平衡设计和动平衡设计两类。因其所产生的离心惯性力所构成的力系不同，因而对平衡的要求和平衡方法也有差异。

一、静平衡设计

对于径宽比 $d/b \geqslant 5$ 的刚性转子，如飞轮、齿轮、带轮、凸轮、链轮以及风扇叶轮等回转构件，由于其轴向尺寸较小，因此可近似认为转子的不平衡质量分布在同一回转平面内。当转子回转时，如果转子质心不位于回转轴线上，其偏心质量就会产生离心惯性力，从而对运动副产生附加的动压力。由于这种不平衡的现象在转子静态时就会表现出来，因而称为静不平衡。刚性转子的静平衡设计就是指在设计阶段，先根据转子结构定出偏心质量的大小和方位，然后通过在转子上加、减平衡质量的方法，使转子质心重新移回到其回转轴线上，从而使转子的惯性力达到平衡，最终从理论上实现刚性转子的静平衡，以消除离心惯性力的不利影响。

如图 12-1（a）所示，设该盘状转子具有分布于同一回转平面内的 3 个偏心质量 m_1、m_2 和 m_3，各偏心质量中心位置可由转子回转中心到各偏心质量中心的向径 r_1、r_2 和 r_3 表示，则当该转子以角速度 ω 匀速转动时，各偏心质量所产生的离心惯性力分别为

$$\begin{cases} \boldsymbol{F}_1 = m_1 \boldsymbol{r}_1 \omega^2 \\ \boldsymbol{F}_2 = m_2 \boldsymbol{r}_2 \omega^2 \\ \boldsymbol{F}_3 = m_3 \boldsymbol{r}_3 \omega^2 \end{cases} \tag{12-1}$$

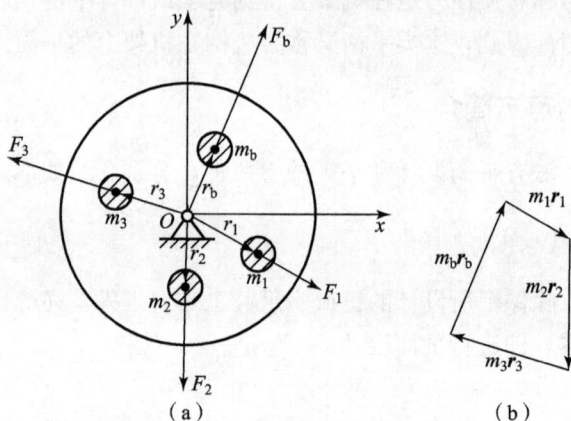

图 12-1 刚性转子的静平衡设计
(a) 偏心质量分布；(b) 质径积矢量多边形

在图 12-1（a）中，为了平衡这些离心惯性力，可在该平面内增加一个平衡质量 m_b（或在其相反方向上减少一个平衡质量，具体可视转子的结构要求而定），并使其产生的离心惯性力 $\boldsymbol{F}_b$ 与 $\boldsymbol{F}_1$、$\boldsymbol{F}_2$、$\boldsymbol{F}_3$ 形成的合力为零，构成平衡力系，该转子达到静平衡状态。此时，若用转子回转中心到平衡质量中心的向径 $\boldsymbol{r}_b$ 来表示增加（或减少）平衡质量 m_b 中心的位置（图 12-1（a）），则有：

$$\boldsymbol{F}_b + \boldsymbol{F}_1 + \boldsymbol{F}_2 + \boldsymbol{F}_3 = 0 \tag{12-2}$$

将式（12-1）代入式（12-2），并整理得刚性转子的静平衡条件为

$$m_b \boldsymbol{r}_b \omega^2 + m_1 \boldsymbol{r}_1 \omega^2 + m_2 \boldsymbol{r}_2 \omega^2 + m_3 \boldsymbol{r}_3 \omega^2 = 0 \tag{12-3}$$

或

$$m_b \boldsymbol{r}_b + m_1 \boldsymbol{r}_1 + m_2 \boldsymbol{r}_2 + m_3 \boldsymbol{r}_3 = 0$$

式中，$m_i \boldsymbol{r}_i (i = 1, 2, 3, b)$ 称为质径积，即质量与向径的乘积，可用来表示同一转速下转子上各离心惯性力的相对大小和方位。

推广到一般情况，若已知转子中各偏心质量的大小和方位，则所需增加（或减少）平衡质量的质径积 $m_b \boldsymbol{r}_b$ 可以表示为

$$m_b\boldsymbol{r}_b = -\sum_{i=1}^{n} m_i\boldsymbol{r}_i \qquad (12-4)$$

式中，n 为同一回转平面内偏心质量的数目。

平衡质量的质径积 $m_b\boldsymbol{r}_b$ 也可通过图解法来确定，如图 12-1（b）所示。首先选取适当的比例尺 μ（kg·m/mm）；然后从任意点开始按照向径 $\boldsymbol{r}_1$、$\boldsymbol{r}_2$ 和 $\boldsymbol{r}_3$ 的方向依次作向量，分别代表质径积 $m_1\boldsymbol{r}_1$、$m_2\boldsymbol{r}_2$ 和 $m_3\boldsymbol{r}_3$；最后，封闭矢量 $m_b\boldsymbol{r}_b$ 即代表平衡质量质径积的大小和方向。向径 $\boldsymbol{r}_b$ 的大小和方向可根据转子的结构选定，据此即可求出平衡质量 m_b 的大小。

根据上述分析，可得出如下结论：

（1）刚性转子的静平衡条件：分布于转子上的各偏心质量的离心惯性力的合力为零或其质径积的矢量和为零。

（2）由于刚性转子的静平衡问题属于平面汇交力系的平衡，因此，无论转子有多少个偏心质量，仅需增加（或减少）一个平衡质量即可达到静平衡。也就是说，对于静不平衡的刚性转子，需增加（或减少）平衡质量的最少数目为 1。

二、动平衡设计

对于轴向尺寸较大（径宽比 $d/b < 5$）的刚性转子，如多缸发动机曲轴、电动机转子、汽轮机转子以及一些机床主轴等回转构件，由于其质量沿轴线在一定宽度内分布，因此，可认为不平衡质量分布在若干个相互平行的回转平面内。当转子回转时，即使转子的质心位于回转轴线上，但由于各偏心质量所产生的离心惯性力并不在同一回转平面内，并形成惯性力偶，从而使转子仍然处于不平衡状态。由于这种不平衡现象只有在转子运动的情况下才能显示出来，因此称为动不平衡。刚性转子的动平衡设计就是指在设计阶段，先根据转子结构定出各个不同回转平面上偏心质量的大小和位置。然后根据这些偏心质量的分布情况，求出为使该转子获得动平衡所需加、减的平衡质量的数目及其大小和方位，并据此在转子上增加这些平衡质量（或反方向减去这些平衡质量），从而使转子的惯性力和惯性力矩均达到平衡，最终从理论上实现刚性转子的动平衡，以消除动不平衡的不利影响。

在图 12-2（a）所示刚性转子中，设 3 个偏心质量 m_1、m_2 和 m_3 分别分布于三个不同的回转平面 1、2 和 3 内，各偏心质量的质心矢径分别用 $\boldsymbol{r}_1$、$\boldsymbol{r}_2$ 和 $\boldsymbol{r}_3$ 来表示，则当该转子以角速度 ω 匀速转动时，各偏心质量所产生的离心惯性力分别为

$$\boldsymbol{F}_i = m_i\boldsymbol{r}_i\omega^2 \quad (i = 1,2,3) \qquad (12-5)$$

现若在转子上分别选择两个垂直于转子回转轴线的平面 T'、T''（见图 12-2（a）），则根据理论力学的力系等效原理，可将转子上各偏心质量产生的离心惯性力分别等效到这两个平面上，故有：

$$\begin{cases} \boldsymbol{F}'_i = m'_i\boldsymbol{r}'_i\omega^2 = \dfrac{l-l_i}{l}\boldsymbol{F}_i = \dfrac{l-l_i}{l}m_i\boldsymbol{r}_i\omega^2 \\ \boldsymbol{F}''_i = m''_i\boldsymbol{r}''_i\omega^2 = \dfrac{l_i}{l}\boldsymbol{F}_i = \dfrac{l_i}{l}m_i\boldsymbol{r}_i\omega^2 \end{cases} \quad (i = 1,2,3) \qquad (12-6)$$

式中，$\boldsymbol{F}'_i$ 和 $\boldsymbol{F}''_i$ 是偏心质量 m_i 的离心惯性力 $\boldsymbol{F}_i$ 分别等效到平面 T' 和 T'' 中的力；m'_i 和 m''_i 是等效后的偏心质量；$\boldsymbol{r}'_i$ 和 $\boldsymbol{r}''_i$ 是等效后偏心质量 m'_i 和 m''_i 的矢径。一般情况下，取 $r_i = r'_i = r''_i$，

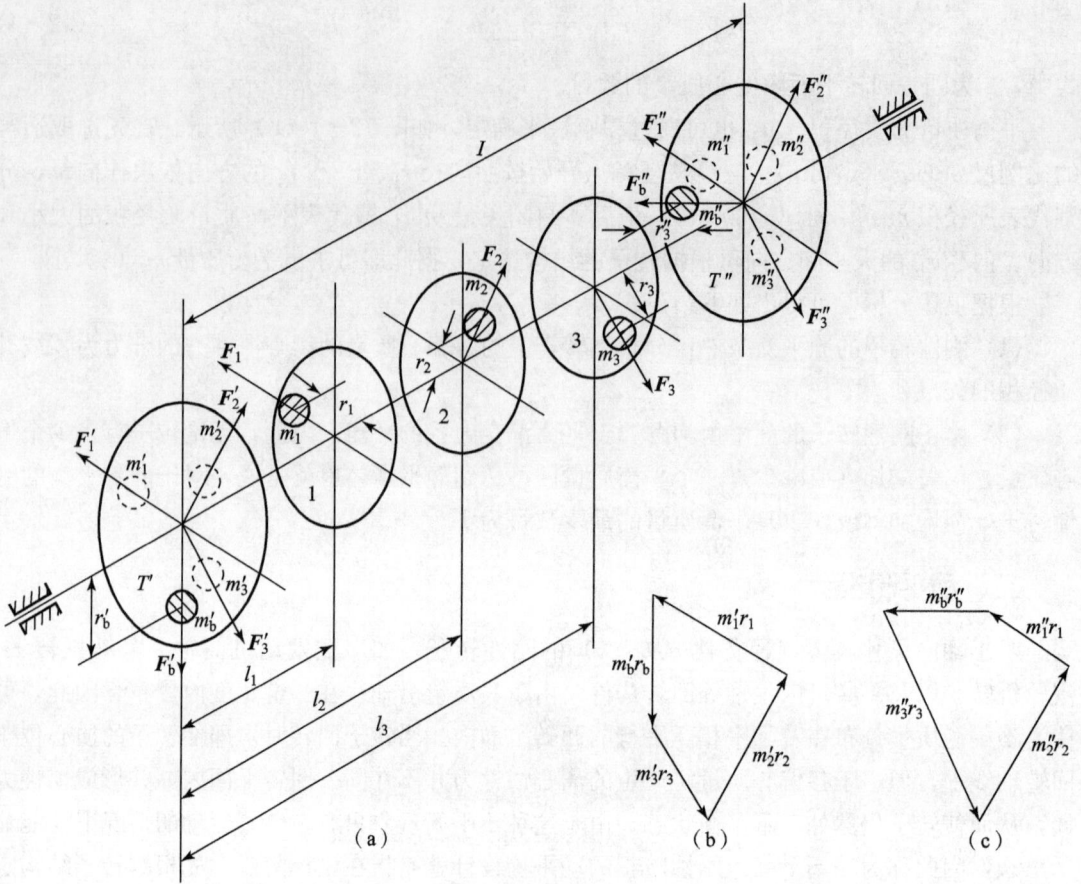

图 12 - 2   刚性转子的动平衡设计

(a) 偏心质量分布；(b) 平面 T' 内的质径积矢量多边形；(c) 平面 T'' 内的质径积矢量多边形

则式（12-6）写成质径积的形式，为：

$$\begin{cases} m'_i\boldsymbol{r}_i = \dfrac{l-l_i}{l}m_i\boldsymbol{r}_i \\[3mm] m''_i\boldsymbol{r}_i = \dfrac{l_i}{l}m_i\boldsymbol{r}_i \end{cases} \quad (i=1,2,3) \tag{12-7}$$

经过这样的处理，各偏心质量的离心惯性力 $\boldsymbol{F}_1$、$\boldsymbol{F}_2$ 和 $\boldsymbol{F}_3$ 可以用其等效到平面 T' 和 T'' 中的力 $\boldsymbol{F}'_1$、$\boldsymbol{F}'_2$、$\boldsymbol{F}'_3$ 和 $\boldsymbol{F}''_1$、$\boldsymbol{F}''_2$、$\boldsymbol{F}''_3$ 分别替换，从而将空间力系的平衡问题转化为两个平面汇交力系的问题，最终刚性转子的动平衡设计问题也就可以用平面 T' 和 T'' 内的静平衡设计问题进行处理。

对于 T' 平面，由式（12-4）可知，为使 T' 平面内达到静平衡，所需增加（或减少）平衡质量的质径积 $m'_b\boldsymbol{r}'_b$ 可以表示为

$$m'_b\boldsymbol{r}'_b = -\sum_{i=1}^{3} m'_i\boldsymbol{r}_i \tag{12-8}$$

同理可得，T'' 平面内达到静平衡所需增加（或减少）平衡质量的质径积 $m''_b\boldsymbol{r}''_b$ 可以表示为

$$m''_b r''_b = -\sum_{i=1}^{3} m''_i r_i \qquad (12-9)$$

平面 T' 和 T'' 中平衡质量的质径积 $m'_b r'_b$ 和 $m''_b r''_b$ 均可通过解析法或图解法求得，方法与前述静平衡设计的方法相同。图 12-2 (b) 和图 12-2 (c) 所示分别为图解法确定平衡质量质径积 $m'_b r'_b$ 和 $m''_b r''_b$ 的过程。

根据上述分析，可得出如下结论：

（1）刚性转子的动平衡条件：分布于转子上不同回转平面内的各偏心质量所产生的空间离心惯性力系的合力及合力矩均为零。

（2）对于动不平衡的刚性转子，无论其有多少个偏心质量，都只需要在任选的两个平衡平面内各增加（或减少）一个合适的平衡质量来使转子达到动平衡。也就是说，对于动不平衡的刚性转子，需增加（或减少）平衡质量的最小数目为 2。因此，动平衡又称为双面平衡，而静平衡则称为单面平衡。

（3）由于动平衡属于空间力系的平衡，同时满足静平衡条件。因此，经过动平衡设计的刚性转子一定是静平衡的；反之，经过静平衡设计的刚性转子则不一定是动平衡的。

第三节 刚性转子的平衡试验及平衡精度

经过上述平衡设计，刚性转子在理论上是完全平衡的。但是，由于材质不均匀、加工误差以及装配误差等因素的影响，刚性转子在装配完成后，运转过程中仍有可能出现不平衡现象。显然，这些不平衡现象在设计阶段是无法确定和消除的，因此，可以通过试验的方法对刚性转子做进一步的平衡。刚性转子的平衡试验可分为静平衡试验和动平衡试验两种。

一、静平衡试验

对于径宽比 $d/b \geqslant 5$ 的刚性转子，一般只需进行静平衡试验，可不必进行动平衡试验校正。静平衡试验所用设备称为静平衡架。图 12-3 所示为两种常见的静平衡架，即导轨式静平衡架和圆盘式静平衡架。

导轨式静平衡架（图 12-3 (a)）的主体结构是由位于同一水平面内的两根相互平行的钢制导轨组成的。导轨的端口可做成刀口形、圆弧形或棱柱形，以减少导轨与转子轴径的摩擦，提高平衡精度。静平衡试验时，将转子两端的轴径分别置于两根导轨上。如果转子的质心 S 与其回转轴线不重合，由于重力对转子回转轴线的力矩作用，转子将在导轨上轻轻滚动，直至停止。此时，质心 S 必将位于转子回转轴线的铅垂下方，由此即可确定质心的偏移方向。然后可在质心相反方向的适当位置处增加一平衡质量，并通过调整平衡质量大小的方法反复进行试验，直到转子能在任意位置均保持静止不动，此时，即表示刚性转子达到静平衡。导轨式静平衡架具有结构简单、工作可靠和平衡精度较高等优点，基本能满足一般生产需要。但其在工作时要求两导轨相互平行且位于同一水平面内，对安装和调试的要求较高，而且导轨式静平衡架不适用于刚性转子两端轴径不相等的场合。

图 12-3 (b) 所示为圆盘式静平衡架。试验时，先将待平衡转子两端轴径置于圆盘式静平衡架的两支承上，其中，每个支承均由两个圆盘组成，圆盘可绕其几何中心灵活转动。

然后采用与导轨式静平衡架相同的平衡方法和步骤，即可使该转子获得静平衡。由于圆盘式静平衡架中有一端支承的高度可调，因此能用于两端轴径不等的刚性转子的静平衡试验，且对设备的安装、调试要求也不高。但由于支承圆盘与轴径间有较大的摩擦阻力，因而平衡精度不如导轨式静平衡架。

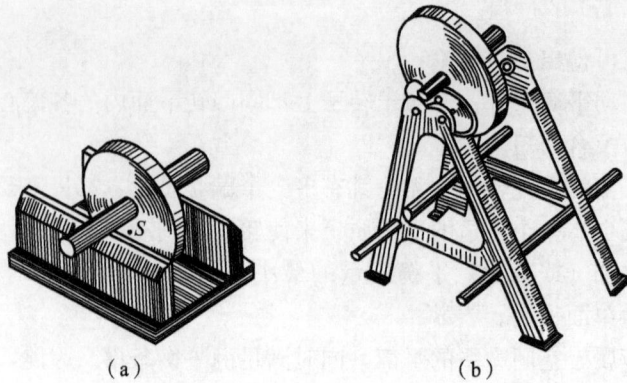

图 12-3　静平衡试验

(a) 导轨式静平衡架；(b) 圆盘式静平衡架

二、动平衡试验

对于径宽比（d/b）<5 的刚性转子，在制成后通常需要进行动平衡试验。动平衡试验一般需要在专用的动平衡机上完成。动平衡机种类繁多，且构造和工作原理也不尽相同。例如，根据动平衡机的用途，可分为通用和专用平衡机等；根据动平衡机转子支承架的刚度大小，可分为软支承和硬支承平衡机等。目前，工业上使用较多的动平衡机是基于振动原理而设计的。在离心惯性力和惯性力矩的作用下，刚性转子在工作时将会产生受迫振动，其支承处振动的幅度强弱直接反映出转子不平衡的程度。因此，通过测量转子支承处的振动信号（强度和相位），并进行分析和处理，即可得到需要增加（或减少）在转子上两个选定平衡平面内的平衡质量的大小和方位。

如图 12-4 所示，在软支承动平衡机中，转子支承架通过两片弹簧悬挂，并可沿振动方

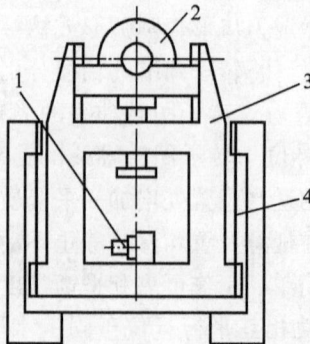

图 12-4　软支承动平衡机的支承架示意图

1—传感器；2—转子；3—摆架；4—弹簧板

向往复摆动，故支承架也称为摆架。由于其刚度较小，因此，相应的动平衡机称为软支承动平衡机。软支承动平衡机在工作时，要求转子的工作频率 ω 远大于转子支承系统的固有频率 ω_n，通常要求 $\omega \geqslant 2\omega_n$。

与软支承动平衡机的支承架不同，硬支承动平衡机的转子支承架无摆架结构，刚性很好，而且支承架沿水平和竖直方向的刚度也不同，如图 12-5 所示。转子由该支承架直接支承，且转子和支承系统均有较高的固有频率。硬支承动平衡机通常工作在转子工作频率 ω 远小于支承系统固有频率 ω_n 的场合，一般情况下 $\omega \leqslant 0.3\omega_n$。

图 12-6 所示为一种动平衡机的工作原理示意图，它主要由驱动及传动系统、转子支承系统和振动测量系统三部分组成。在驱动及传动系统中，电动机通过带传动、齿轮传动和万向联轴节，然后带动转子按预先规定的转速转动。

转子支承系统靠弹簧片悬挂，并构成一个双摆架式弹性振动系统。转子上的不平衡质量所产生的离心惯性力和惯性

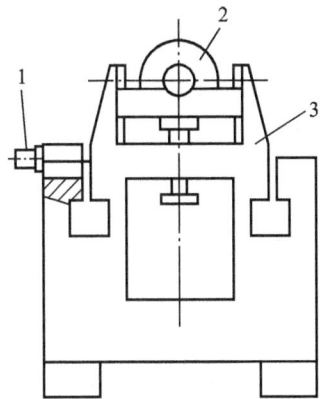

图 12-5　硬支承动平衡机的支承架示意图
1—传感器；
2—转子；3—轴承架

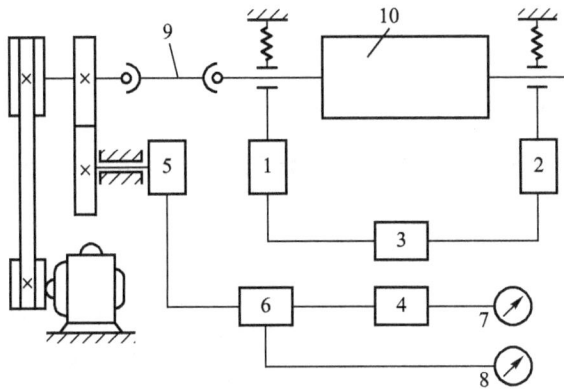

图 12-6　动平衡机工作原理示意图
1，2—传感器；3—解算电路；4—放大器；5—基准信号发生器；
6—鉴相器；7，8—仪表；9—万向联轴节；10—转子

力矩使该支承系统按一定方式振动，其振动信号由传感器 1、2 拾取。

振动测量系统的主要任务是根据传感器拾取到的振动信号，经分析、处理，并最终得到转子不平衡质量的大小和方位。首先，解算电路 3 接收来自传感器 1、2 的振动信号并进行处理，通过放大器 4 将信号放大和选频，使其频率与转子转动的频率相同。然后，将信号分为两路，一路由仪表 7 得到不平衡质径积的大小。与此同时，另一路信号与基准信号发生器 5 产生的电信号一起输入鉴相器 6 并进行处理，最终由仪表 8 读出不平衡质径积所在方位。

三、平衡精度

受平衡试验设备精度的影响，尽管在静、动平衡试验后，转子的不平衡量已大为减小，

但要转子实现完全意义上的平衡基本上是不可能的，转子总会残存一定的不平衡量。事实上，在实际应用当中，追求转子过高的平衡要求也是没有必要的。因此，在设计转子时，应根据不同的实际使用要求，来规定其所允许的不平衡量，即许用不平衡量。

转子的许用不平衡量通常可用许用不平衡质径积 $[mr]$ 和许用不平衡偏心距 $[e]$ 两种方法来表示。设转子的质量为 m，则二者之间的关系为

$$[e] = \frac{[mr]}{m} \tag{12-10}$$

显然，$[e]$ 是一个与转子质量无关的绝对量，可用来表示转子单位质量的许用不平衡量。

通常，对于具体给定的转子，由于不平衡质径积直观性好且便于平衡操作，因而常用许用不平衡质径积来表示转子的许用不平衡量。而许用不平衡偏心距因其便于比较而常用于衡量转子平衡的优劣或平衡的检测精度。

平衡精度是指转子平衡状态的优良程度。实践经验表明，不平衡偏心距 e 与转子工作时的角速度 ω 的乘积，反映了转子的运行优良程度。因此，工程上常用 $e\omega$ 来表征转子的平衡精度。在国际标准化组织（ISO）制定的《刚性转子平衡精度标准》中，给出了各种典型转子的平衡等级 G 和许用不平衡量，可供设计时参考，如表 12-1 所示。其中，许用不平衡量以平衡精度 A 表示：

$$A = \frac{[e]\omega}{1\ 000} \tag{12-11}$$

式中，A、$[e]$ 和 ω 的单位分别为 mm/s、μm 和 rad/s。

表 12-1　各种典型刚性转子的平衡等级与平衡精度

平衡等级 G	平衡精度 $A/(\text{mm} \cdot \text{s}^{-1})$	转子类型示例
G4000	4000	刚性安装的具有奇数气缸的低速[①]船用柴油机曲轴部件[②]
G1600	1600	刚性安装的大型两冲程发动机曲轴部件
G630	630	刚性安装的大型四冲程发动机曲轴部件；弹性安装的船用柴油机曲轴部件
G250	250	刚性安装的高速[①]四缸柴油机曲轴部件
G100	100	六缸及六缸以上高速柴油机曲轴部件；汽车、机车用发动机整机
G40	40	汽车轮、轮缘、轮组、传动轴；弹性安装的六缸及六缸以上高速四冲程发动机曲轴部件；汽车、机车用发动机曲轴部件
G16	16	特殊要求的传动轴（螺旋桨轴、万向节轴）；破碎机械和农业机械的零、部件；汽车、机车用发动机特殊部件；特殊要求的六缸及六缸以上发动机曲轴部件
G6.3	6.3	作业机械的回转零件；船用主汽轮机的齿轮；风扇；航空燃气轮机转子部件；泵的叶轮；离心机的鼓轮；机床及一般机械的回转零、部件；普通电动机转子；特殊要求的发动机回转零、部件

续表

平衡等级 G	平衡精度 $A/(mm \cdot s^{-1})$	转子类型示例
G2.5	2.5	燃气轮机和汽轮机的转子部件；刚性汽轮发电机转子；透平压缩机转子；机床主轴和驱动部件；特殊要求的大、中型电动机转子；小型电动机转子；透平驱动泵
G1.0	1.0	磁带记录仪及录音机驱动部件；磨床驱动部件；特殊要求的微型电动机转子
G0.4	0.4	精密磨床的主轴、砂轮盘及电动机转子；陀螺仪

① 按国际标准，低速柴油机的活塞速度小于 9 m/s，高速柴油机的活塞速度大于 9 m/s。
② 曲轴部件是指包括曲轴、飞轮、离合器以及带轮等的组合件。

第四节　挠性转子的平衡简介

一、挠性转子平衡的特点

随着机械、动力以及电力等行业的飞速发展，高速及大型回转机械的应用越来越广泛，例如大型汽轮机和发电机的转子。如果转子的工作转速高于其本身的临界转速，在回转过程中，转子将会产生较为明显且不能忽略的弯曲变形——动挠度，且其变形量随转子工作转速的变化而变化。这类转子称为挠性转子。动挠度的出现使得转子不仅存在由于质量分布不均匀而造成的不平衡现象，还有由于转子弹性变形所引起的不平衡现象，而且这种不平衡还随转子工作转速而按照复杂规律变化。具体来讲，挠性转子平衡具有以下特点：

（1）由转子的不平衡质量所引起的支承系统的动压力和转子弹性变形的形状随转子工作转速的变化而变化。因此，在某一工作转速下达到平衡的转子，并不能保证在其他工作转速下也是平衡的。

（2）采用减小或消除支承系统动压力的方法，并不一定能减小转子的弯曲变形程度。若转子产生的弯曲变形过大，对转子的强度以及工作性能等都会产生不利的影响。

因此，对于挠性转子的平衡问题，不仅需要根据转子在运转过程中产生的弯曲变形或支承系统所受动压力来得到转子不平衡量的分布规律，还需要据此来确定需要平衡质量的大小、相位以及沿轴向的放置位置，最终达到消除或减少支承系统动压力及转子动挠度的目的，从而保证转子在一定转速范围内平稳运转。

显然，刚性转子的平衡方法并不能解决上述问题，而应该根据转子的弹性变形规律，采用多个平衡面并在几种转速下分别进行平衡。因此，挠性转子的平衡也称为多面平衡（或振型平衡）。

二、挠性转子的平衡原理

挠性转子平衡的理论基础是弹性轴（或梁）的横向振动理论。在任意转速下，挠性转子回转时的动挠度曲线其实是由无穷多阶振型所组成的空间曲线。其中,最主要的是转子的前三阶振型,振幅较大。而对于其他高阶振型,由于振幅较小,故通常可忽略不计。由于每一阶振型均由同阶的不平衡量谐分量所激起,因而可以对挠性转子进行逐阶平衡,即先令转子在第一临界转速附近运转,并测量支承系统的振动或转子的动挠度,然后平衡第一阶不平衡量谐分量。利用同样的方法,可分别对第二、第三甚至是更高阶不平衡量谐分量进行平衡。

由于平衡逐阶进行,而平衡面数目和位置依据振型选择。因此,通过平衡,在工作转速范围内运转的挠性转子不仅可以保证其产生的振动在许可范围内,同时,转子的动挠度和弯曲应力也会相应减小。

需要说明的是,对挠性转子平衡的目的是保证转子在其工作转速范围内平稳运转。因此,可根据转子的工作转速来选择需要平衡的阶数。例如,若转子的工作转速接近第三临界转速或位于第三临界转速以上,此时,才有必要对第三阶不平衡谐分量进行平衡。

挠性转子的平衡方法主要有振型平衡法和影响系数法,这里不再详述。

第五节　平面机构的平衡简介

一、平面机构的平衡条件

如前所述,如果平面机构(如连杆机构)中含有做往复运动和平面运动的构件,其在运动过程中所产生的总惯性力和总惯性力矩无法像刚性转子那样可通过在构件本身上实现平衡,而必须将机构中各活动构件和机架作为一个整体来进行平衡。

机构在运动时,各运动构件所产生的惯性力及惯性力矩可以合成为一个通过机构总质心的总惯性力 F 和总惯性力矩 M,并全部由机架承受。为了使机构达到平衡状态,就必须平衡此总惯性力和总惯性力矩。因此,机构平衡的条件是机构的总惯性力 F 和总惯性力矩 M 分别等于零,即

$$F = 0, M = 0 \tag{12-12}$$

由于机构在运动过程中的总惯性力矩、驱动力矩以及阻抗力矩都将作用在机架上,因此,对机构总惯性力矩的平衡问题必须综合考虑这些因素,否则,仅考虑总惯性力矩的平衡意义不大。鉴于机构驱动力矩和阻抗力矩与机构的工作状况等有关,情况较为复杂,故本节仅讨论机构总惯性力在机架上的平衡问题。

现设机构中活动构件的总质量为 m,机构总质心 S 的加速度为 a_S,则机构的总惯性力为 $F = -ma_S$。根据机构的平衡条件,有 $F = -ma_S = 0$。由于总质量 m 不可能为零,故机构总质心 S 的加速度 a_S 必须等于零,即机构质心 S 应做匀速直线运动或保持静止不动,机构才能达到平衡。又因为机构在运动过程中各构件均做周期性运动,机构总质心 S 不可能一直处于匀速直线运动状态。因此,机构总惯性力的平衡条件是质心 S 保持静止不动。

平衡机构的总惯性力可通过合理布置机构、增加平衡质量或增加平衡机构等方法来实现,从而使整个机构达到完全或部分平衡。

二、平面机构惯性力的平衡方法

1. 平衡质量法

1）增加平衡质量实现完全平衡

在图 12-7 所示铰链四杆机构 $ABCD$ 中，设构件 1、2 和构件 3 的质量分别为 m_1、m_2 和 m_3，S_1、S_2 和 S_3 分别是相应构件的质心位置。为了对该机构进行平衡，首先将构件 2 的质量 m_2 分别用集中于 B、C 点的两个集中质量 m_{2B} 和 m_{2C} 进行等效代换。其中，m_{2B} 和 m_{2C} 的大小可根据下式计算：

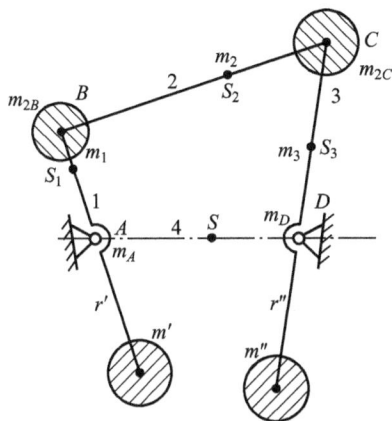

图 12-7　铰链四杆机构惯性力的完全平衡

$$m_{2B} = \frac{l_{CS_2}}{l_{BC}} m_2$$

$$m_{2C} = \frac{l_{BS_2}}{l_{BC}} m_2$$

$$(12-13)$$

然后通过在构件 1 延长线上适当位置增加一个平衡质量 m' 的方法来平衡构件 1 的质量 m_1 和构件 2 等效到 B 点的质量 m_{2B}，从而将 m_1、m_{2B} 和 m' 的质心移至固定铰链点 A 处。需增加的平衡质量 m' 可根据下式计算：

$$m' = \frac{l_{AS_1} m_1 + l_{AB} m_{2B}}{r'} \tag{12-14}$$

式中，r' 为固定铰链点 A 到平衡质量 m' 中心处的距离。

同理，为平衡构件 3 的质量 m_3 和构件 2 等效到 C 点的质量 m_{2C}，从而将 m_3、m_{2C} 和 m'' 的质心移至固定铰链点 D 处，所需在构件 3 的延长线上适当位置处增加的平衡质量 m'' 为

$$m'' = \frac{l_{DS_3} m_3 + l_{CD} m_{2C}}{r''} \tag{12-15}$$

式中，r'' 为固定铰链点 D 到平衡质量 m'' 中心处的距离。

经过这样的处理后，可认为该铰链四杆机构的总质量 m 可分别用位于固定铰链点 A、D

处的两个集中质量 m_A 和 m_D 来替代，即有：

$$m = m_A + m_D \tag{12-16}$$

式中

$$\begin{cases} m_A = m_1 + m_{2B} + m' \\ m_D = m_3 + m_{2C} + m'' \end{cases}$$

因此，该铰链四杆机构的总质心 S 应位于机架 AD 上，且有：

$$\frac{l_{AS}}{l_{DS}} = \frac{m_D}{m_A} \tag{12-17}$$

式（12-17）表明，当机构运动时，总质心 S 的位置固定不动，即加速度 $a_S = 0$。因此，该机构的总惯性力在理论上达到了完全平衡。

应当指出，尽管上述方法可以使机构的总惯性力达到完全平衡，但因需要配置多个平衡质量，会导致机构质量大为增加。因此，这种方法较少用到，而实际上经常采用的是下述的部分平衡法。

2）增加平衡质量实现部分平衡

图 12-8 所示为一曲柄滑块机构 ABC，设曲柄 1、连杆 2 和滑块 3 的质量分别为 m_1、m_2 和 m_3，S_1、S_2 和 S_3 分别是相应构件的质心位置。对该机构进行平衡时，先将曲柄 1 的质量 m_1 分别用集中于 A、B 点的两个集中质量 m_{1A} 和 m_{1B} 进行等效代换，再将连杆 2 的质量 m_2 分别用集中于 B、C 点的两个集中质量 m_{2B} 和 m_{2C} 进行等效代换。此时，机构的惯性力只有集中在铰链点 B 的质量 m_B 所产生的离心惯性力 $\boldsymbol{F}_B$ 和集中在铰链点 C 的质量 m_C 所产生的往复惯性力 $\boldsymbol{F}_C$。其中，质量 m_B 和 m_C 的大小分别为

$$m_B = m_{1B} + m_{2B}$$
$$m_C = m_{2C} + m_3 \tag{12-18}$$

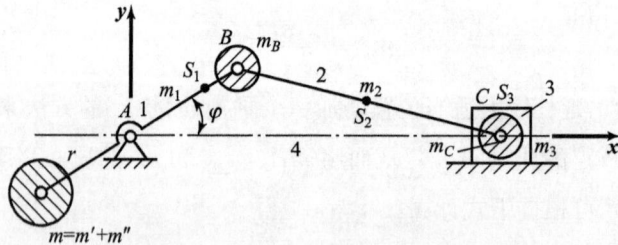

图 12-8 曲柄滑块机构惯性力的部分平衡

为了平衡离心惯性力 $\boldsymbol{F}_B$，只需在曲柄 1 的延长线上适当位置增加一平衡质量 m' 即可。平衡质量 m' 的大小可根据下式计算：

$$m' = \frac{l_{AB}}{r} m_B \tag{12-19}$$

式中，r 为固定铰链点 A 到平衡质量 m' 中心处的距离。

由于往复惯性力 $\boldsymbol{F}_C$ 的大小随曲柄转角的变化而变化，因此其平衡问题相对复杂。具体方法如下：

通过对曲柄滑块机构的运动分析可知，滑块 C 的加速度表达式为

$$a_C \approx -\omega^2 l_{AB} \cos\varphi \qquad (12-20)$$

式中，φ 为曲柄 1 的转角。故质量 m_C 产生的往复惯性力为

$$F_C \approx m_C \omega^2 l_{AB} \cos\varphi \qquad (12-21)$$

为了平衡往复惯性力 $\boldsymbol{F}_C$，可在曲柄 1 的延长线上距固定铰链点 A 为 r 处（即平衡质量 m' 的中心）再加上一个平衡质量 m''，且 m'' 应满足：

$$m'' = \frac{l_{AB}}{r} m_C \qquad (12-22)$$

现将平衡质量 m'' 所产生的离心惯性力 $\boldsymbol{F}''$ 沿 x 和 y 方向分解，有：

$$\begin{cases} \boldsymbol{F}''_x \approx m'' \boldsymbol{r} \omega^2 \cos(180° + \varphi) = -m'' \boldsymbol{r} \omega^2 \cos\varphi \\ \boldsymbol{F}''_y \approx m'' \boldsymbol{r} \omega^2 \sin(180° + \varphi) = -m'' \boldsymbol{r} \omega^2 \sin\varphi \end{cases} \qquad (12-23)$$

结合式（12-21）～式（12-23），显然有 $\boldsymbol{F}''_x = -\boldsymbol{F}_C$，因此该机构的往复惯性力 $\boldsymbol{F}_C$ 得到了平衡。但与此同时，又多了一个于机构工作不利的垂直方向的新的不平衡惯性力 $\boldsymbol{F}''_y$。为了减小 $\boldsymbol{F}''_y$ 的不利影响，实际中常采用较小的平衡质量 m''，一般取：

$$F''_x = \left(\frac{1}{3} \sim \frac{1}{2}\right) F_C \qquad (12-24)$$

将式（12-21）、式（12-23）入式（12-24），即得：

$$m'' = \left(\frac{1}{3} \sim \frac{1}{2}\right) \frac{l_{AB}}{r} m_C \qquad (12-25)$$

也就是说，平衡质量 m'' 只平衡往复惯性力 $\boldsymbol{F}_C$ 的一部分。一方面可以减小往复惯性力 $\boldsymbol{F}_C$ 的不利影响，另一方面还可使垂直方向新产生的不平衡惯性力 $\boldsymbol{F}''_y$ 不致太大。而且，所需要增加的平衡质量也较小，因而有利于机构工作。

经过以上分析可知，这种方法虽然只能实现机构的部分平衡，但其构造简单，因而在机械中多有应用。

2. 平衡机构法

1）利用对称机构实现完全平衡

如图 12-9 所示机构采用了对称布置方式，由于机构各构件的尺寸和质量完全对称，因而在运动过程中机构的总质心将保持静止，从而使惯性力在轴承 A 处产生的动压力完全平衡。

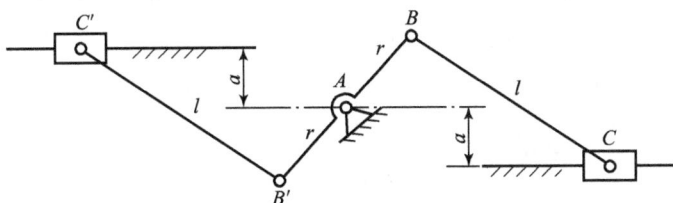

图 12-9 利用对称机构实现完全平衡

显然，利用对称机构可以获得很好的平衡效果，但与此同时又会增大机构的体积，并导致结构的复杂化。因此，在工程实际中，多采用非完全对称机构来获得机构的部分平衡。

2）利用非完全对称机构实现部分平衡

在图 12-10（a）所示曲柄滑块机构中，当曲柄 AB 转动时，两滑块 C 和 C' 的加速度方向相反，由此产生的惯性力方向也相反，因此可以相互抵消。但由于机构并非完全对称，两个滑块的运动规律并不完全相同。因而，两滑块产生的惯性力并不能完全抵消，机构只是实现了部分平衡。同理，如图 12-10（b）所示铰链四杆机构在工作时，由于两连杆 BC、$B'C'$ 和两摇杆 CD、$C'D'$ 所产生的惯性力分别可以互相抵消掉一部分，因而可以实现机构的部分平衡。

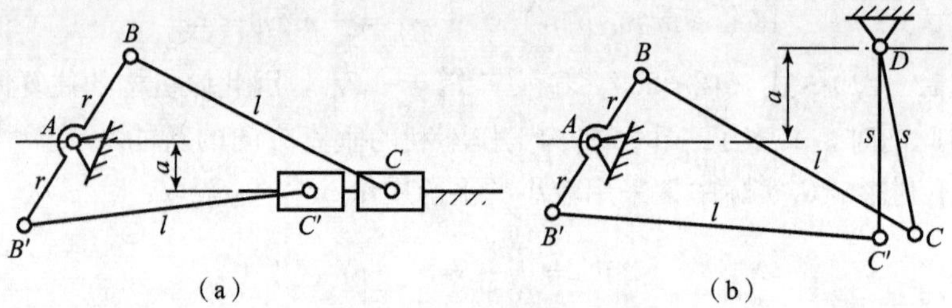

图 12-10　利用非完全对称机构实现部分平衡
（a）曲柄滑块机构；（b）铰链四杆机构

【知识拓展】

由于转子在动平衡机和本身设备上的使用工况及支承刚度不同等，在动平衡机上通过动平衡试验获得平衡的转子，在实际工作时仍有可能产生不平衡振动，特别是对于高速旋转的挠性转子。因此，现场动平衡已经成为改善机器运行状态不可或缺的技术措施之一，它不但能够解决在动平衡机上平衡时不能解决的问题，而且还可进一步提高动平衡的精度，因此对于高速旋转的高精度设备尤为重要。关于现场动平衡的基本概念、基本方法及其评价等知识，可参阅文献［54］或其他相关资料。

随着机械、动力以及电力等行业的飞速发展，高速转子的应用越来越广泛，特别是对于挠性转子，其平衡技术意义重大。本章仅对挠性转子的平衡特点和平衡原理进行了简单介绍，关于挠性转子的平衡理论和具体的平衡方法可参阅文献［55］和文献［56］等著作。

本章仅研究了平面机构上总惯性力的平衡方法，对于一般平面机构的总惯性力及总惯性力矩的平衡原理与方法，可参阅文献［49］、文献［51］和文献［57］等著作。而对于空间机构的总惯性力及惯性力矩的平衡问题，可参阅文献［58］或其他相关资料。

思　考　题

12-1　机械平衡的目的是什么？造成机械不平衡的原因是什么？

12-2　机械的平衡问题分为哪几类？常用的平衡方法是什么？

12-3 何谓刚性转子与挠性转子？二者动平衡之间的区别是什么？

12-4 什么是刚性转子的静平衡与动平衡？二者的平衡条件分别是什么？

12-5 为什么动平衡可称为双面平衡，静平衡可称为单面平衡？二者之间有何关系？

12-6 经过平衡设计的刚性转子理论上已经获得平衡，为什么有些转子还需要在制造出来后进行平衡试验？

12-7 为什么在设计刚性转子时需要确定它的许用不平衡量？其表示方法有哪几种？

12-8 何谓机构的平衡？为什么又称为机构在机架上的平衡？其平衡条件是什么？

12-9 平面机构惯性力的平衡方法有哪些？

习　题

12-1 在题 12-1 图所示刚性转子中，四个偏心质量位于同一个回转面内。偏心质量的方位如题 12-1 图所示，其大小及回转半径分别为 $m_1=2$ kg，$r_1=30$ mm；$m_2=5$ kg，$r_2=25$ mm；$m_3=4$ kg，$r_3=20$ mm；$m_4=8$ kg，$r_4=15$ mm。若平衡质量 m_b 的回转半径 $r_b=20$ mm，试求平衡质量 m_b 的大小及方位。

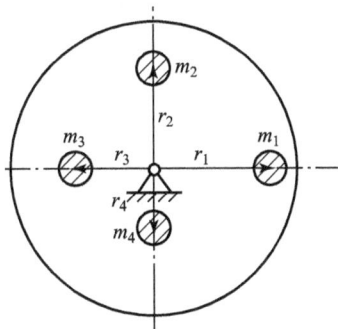

题 12-1 图

12-2 如题 12-2 图所示，已知一刚性转子 4 个偏心质量的大小及其回转半径分别为 $m_1=5$ kg，$r_1=100$ mm；$m_2=10$ kg，$r_2=60$ mm；$m_3=20$ kg，$r_3=40$ mm；$m_4=15$ kg，$r_4=80$ mm。若 $l_{12}=l_{23}=l_{34}=50$ mm，且 $\alpha_1=120°$，$\alpha_2=240°$，$\alpha_3=300°$，$\alpha_4=30°$。试取偏心质量 m_1 和 m_4 所在平面 T'、T'' 为平衡平面，对该转子进行动平衡设计。

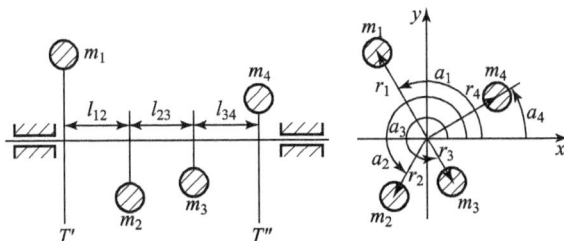

题 12-2 图

12-3 题 12-3 图所示为一曲柄摇杆机构。现已知各构件的长度为 $l_{AB}=100$ mm，

$l_{BC}=360$ mm，$l_{CD}=200$ mm，$l_{AD}=300$ mm。活动构件的质量为 $m_{AB}=1$ kg，$m_{BC}=2$ kg，$m_{CD}=1.2$ kg，相应质心位置为 $l_{AS_1}=30$ mm，$l_{BS_2}=80$ mm，$l_{CS_3}=60$ mm。若通过分别在曲柄 AB 与摇杆 BC 上增加平衡质量 m' 和 m'' 的方法使该机构的惯性力得到完全平衡，试分别计算平衡质量 m' 和 m'' 的大小。（注：设平衡质量 m' 和 m'' 的回转半径为 $r'=r''=100$ mm。）

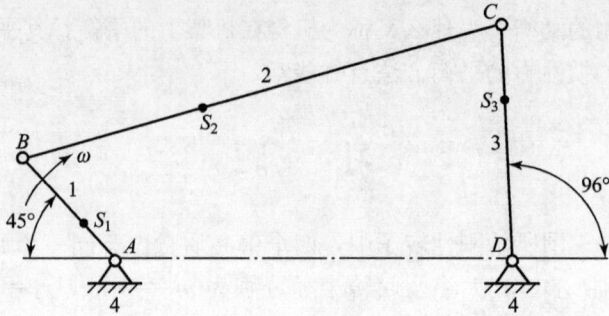

题 12-3 图

12-4 题 12-4 图所示为一曲柄滑块机构。现已知滑块 3 的质量 $m_3=1$ kg，曲柄 AB 和连杆 BC 的长度分别为 $l_{AB}=100$ mm，$l_{BC}=250$ mm，S_1 和 S_2 为相应构件的质心，且有 $l_{AS_1}=l_{BS_2}=100$ mm。若要使该机构的总惯性力得到完全平衡，试分别确定曲柄 AB 和连杆 BC 的质量 m_1、m_2 的大小。

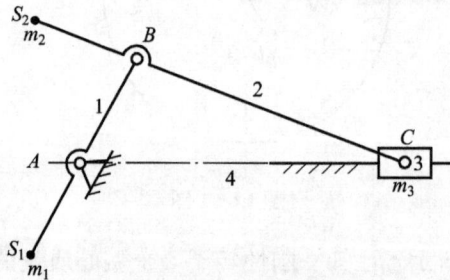

题 12-4 图

第十三章 机械系统及其运动方案设计

【内容提要】

本章主要介绍机构系统的种类和组成方法、机构系统的运动协调设计、机械系统运动方案的设计与评估等。

第一节 机构系统设计概述

前面各章介绍了连杆机构、凸轮机构、齿轮机构以及其他各种常用机构的设计。在实际机械中，有部分机械是由单一的基本机构组成的，但绝大部分机械都是由各种基本机构通过不同的方式组合成一个系统，实现各种功能目标，服务于社会。

一、由基本机构组成的机构系统

在机械中，有时仅包含一个基本机构。如空气压缩机中仅有一个曲柄滑块机构作为主体机构；矿石破碎机、雷达转向机等机械仅含有曲柄摇杆机构作为主体运动机构；卷扬机仅由齿轮机构组成。这种仅包含基本机构的机械，使用前述各章所学知识就可以解决其机构系统的设计问题。

随着控制技术的发展，机械系统有简化的趋势。机械越简单，可靠性越高，特别是在航天领域中，机械越来越简单。因此，在完成预期工作任务的前提下，建议优先使用简单机构，使机械系统更加简单、工作更可靠。

使用基本机构进行机械系统运动方案设计时，利用机构的演化与变异原理，可提高机械

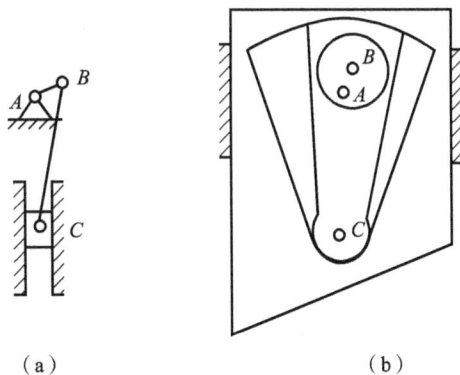

图 13 - 1 剪床

(a) 机构运动简图；(b) 剪床结构示意图

的力学性能和使用寿命。在图 13 - 1 (a) 所示的剪床机构中，扩大转动副 B 和移动副 C，可得到如图 13 - 1 (b) 所示的剪床，该剪床可提高曲柄强度及剪刀的力学性能。

二、多个独立工作的基本机构组成的机构系统

多个基本机构独立工作，各机构之间没有任何结构上的连接。但各基本机构的运动必须

互相协调,才能完成预期的工作要求。基本机构的选型和运动协调设计是这类机构系统的设计重点,而其运动协调手段可以通过机械方式和控制方式实现。

在图 13-2 所示液压机构系统中,液压缸 1 和 2 是两个独立的液压机构。液压缸 1 把工件由位置 1 送到位置 2,触动液压缸 2 的开关后,立即返回原位。液压缸 2 再把工件由位置 2 送到位置 3。两个液压缸协调运动才能完成既定的工作要求,其运动协调依靠开关电路控制液压缸的动作来实现。

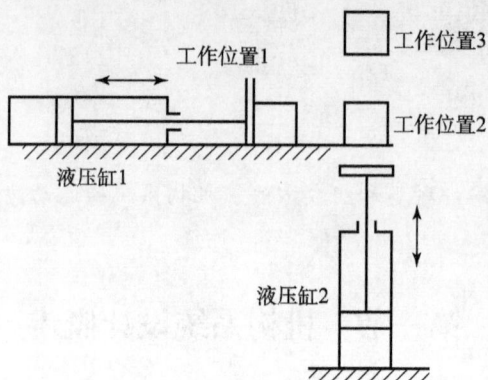

图 13-2 机构运动的协调

三、基本机构连接组成的机构系统

各种基本机构通过连接杆组、串联组合、并联组合、叠加组合和封闭组合,可形成一系列机构系统。在实际机械中,这类组成的机构系统应用最为广泛。图 13-3 所示为牛头刨床的机构运动简图,它由电动机、带传动机构、齿轮机构、连杆机构及棘轮机构和螺旋机构等串、并联组合而成的机械系统,通过刨枕 7(其上安装有刨削的刀具)运动和工作台 8(其上安装有被加工的工件)运动,实现刨削功能。

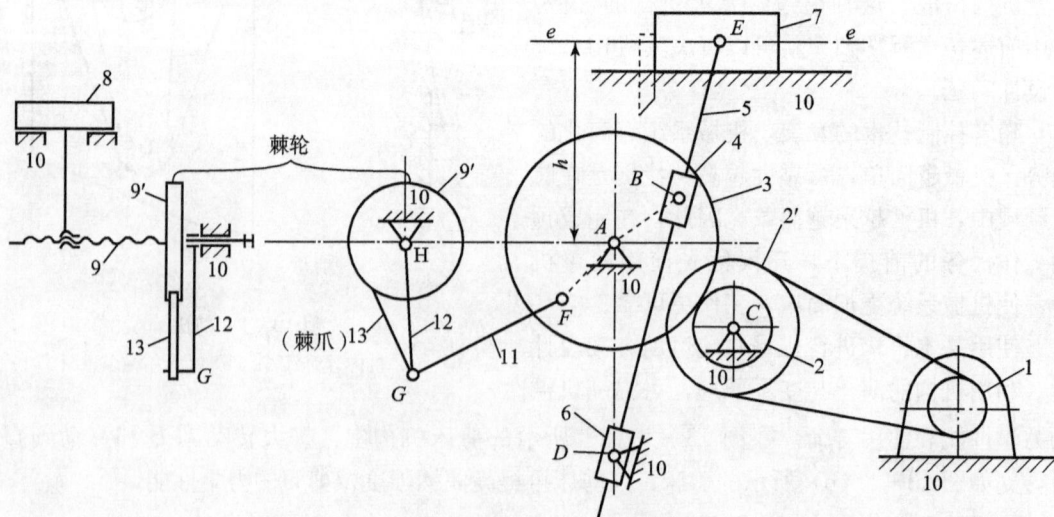

图 13-3 牛头刨床的机构运动简图

1—电动机(小带轮);2—小齿轮;2′—大带轮;3—大齿轮;4—滑块;5—导杆;6—摇块;7—滑枕;
8—工作台;9—螺杆;9′—棘轮;10—床身;11—连杆;12—摇杆;13—棘爪

工程中的各类机械运动系统大部分都是由多个基本机构连接在一起组成的机构系统，以实现各种各样的功能目标。

第二节 机构系统的运动协调设计

机构系统的运动协调是指机构系统中各个基本机构都是按既定的时序工作，互相配合，完成特定工作任务。

一、机构系统的运动协调

机械系统运动协调设计有两种途径。其一是通过对电动机或其他可控元件的时序控制，实现机械的运动协调设计。这类方法简单、实用，但可靠性差些。其二是通过机械手段实现机械的运动协调设计。这类方法同样简单、实用，可靠性好些。

在图13-4所示冲床机构中，机构 ABC 为冲压机构，机构 FGH 为送料机构。为了保证操作人员的人身安全，冲压动作与送料动作必须协调，以免发生机器伤人事故。因此，要求在冲压结束后，冲压头回升过程中开始送料，到冲压头下降过程的某一时刻完成送料并返回原位。冲压机构 ABC 的设计可按冲压要求设计，送料机构 FGH 不但要满足送料位移要求，其尺寸与位置还必须满足运动协调的条件。设计时可通过连杆 DE 连接两个机构的曲柄，其重点是选择送料机构的位置、两机构曲柄上 D 点与 E 点的位置以及送料机构的基本尺寸。

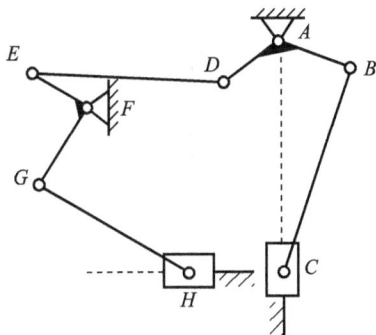

图 13-4 冲压机构

二、运动循环图设计

表示机械一个工作循环中各执行机构运动配合关系的图形，称为机械运动循环图。为了使各执行机构能按照工艺动作有序地互相配合，必须进行运动循环图的设计。

执行机构的运动循环图有多种表示方法，本书只介绍简单、实用的直角坐标表示法。图13-5所示为冲床的运动循环图，图中横坐标表示执行机构的运动周期，纵坐标表示执行机构的运动状态。每一个机构的运动状态均可在循环图上表示，通过合理设计可以实现它们之间的工作协调。

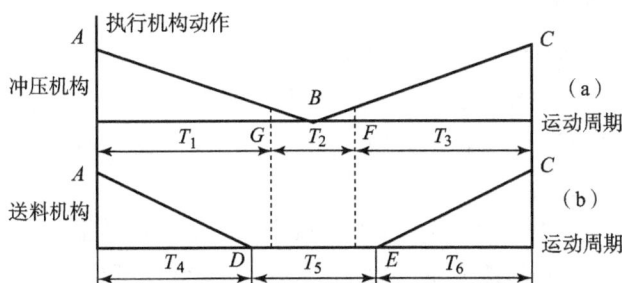

图 13-5 冲床运动循环图

(a) 冲压机构的运动循环图；(b) 送料机构的运动循环图

一般情况下，可选择主机构的动作流程作为基准，其他机构的动作流程与之协调。

图 13-5（a）所示为冲压机构的运动循环图。AB 为冲头的下行工作行成，BC 为回程，其中 GF 为冲压过程。图 13-5（b）所示为送料机构的运动循环图，EC 为开始送料阶段，AD 为退出送料阶段。在冲压阶段，送料机构在初始位置 DE 阶段不动，使其运动不发生干涉，其条件必须满足 $T_5 > T_2$，根据拟订的运动循环图设计送料机构的尺寸和位置。

运动循环图的设计结果不是唯一的，具有多值性。在设计过程中，应使机构之间的运动协调实现最佳配合。

三、机构系统设计要点

此类机构系统的设计应注意的几个问题：
（1）按照机械功能目标，选择各基本机构；
（2）以主体运动机构为参照，拟订系统的运动循环图；
（3）进行各基本机构的尺度综合，确定各机构尺寸；
（4）确定各机构的连接方法与连接件尺寸；
（5）进行计算机仿真，检验运动协调的可靠性；
（6）反复进行机构尺寸与位置的修正，直到满意为止，最后进行结构设计。

第三节　机构系统的组成方法

大多数机构系统都采用把各种基本机构连接在一起的方法，以完成既定的功能目标。各种基本机构组合成机构系统的方法很多，这里仅介绍几种常用方法：
（1）基本杆组连接形成的机构系统；
（2）基本机构串联形成的机构系统；
（3）基本机构并联形成的机构系统；
（4）基本机构叠加形成的机构系统；
（5）基本机构封闭连接形成的机构系统。
以下分别介绍。

一、基本杆组连接组合

把基本杆组的外接副分别连接到主动件和机架上，可组成串联机构；把基本杆组的外接副全部连接到主动件上，可组成并联机构。在此串联和并联机构的基础上，再连接基本杆组，可组成新的机构系统。基本杆组类型很多，连接方法也多样化，连接杆组的方法是创新设计机构系统的重要方法之一。

在图 13-6（a）中，Ⅱ级杆组 BCD 的外接副 B、D 连接到主动件和机架上，组成四杆机构 $ABCD$。再把一个Ⅱ级杆组中的外接副 E、F 连接到四杆机构 $ABCD$ 的 DC 杆和机架上，即组成了如图 13-6（a）所示的机构系统。以此类推，又可设计出新的机构系统。各连接点的位置可通过机构综合方法求取。如果把Ⅱ级杆组中的外接副 B、D 连接到两个主动件上，即组成了如图 13-6（b）所示的两自由度五杆并联机构。

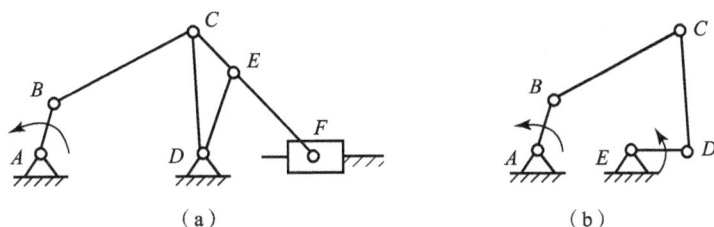

图 13-6 Ⅱ级杆组的连接组合

（a）六杆机构；（b）五杆机构

在图 13-7（a）中，Ⅲ级杆组 ABC 的外接副 E 连接到主动件 O_1E 上，另外外接副 D、F 连接到机架上，组成Ⅲ级六杆机构。如果把Ⅲ级杆组中的外接副 D、E、F 连接到三个主动件上，即组成了如图 13-7（b）所示的三自由度八杆并联机构，三个主动件共同驱动一个动平台 ABC 运动。该并联机构在微型机械中有广泛应用。

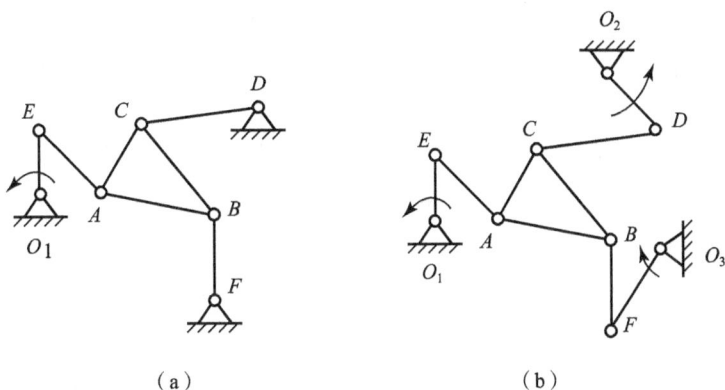

图 13-7 Ⅲ级杆组的连接组合

（a）六杆机构；（b）八杆机构

二、机构串联组合

将前一个基本机构的输出运动作为后一个机构的输入运动的机构组合方式称为串联组合。机构串联组合的主要目的是实现机构的运动方式变换或运动速度变化，其特点是前一个机构的输出构件是后一个机构的输入构件。串联组合中的各机构可以是同类型机构，也可以是不同类型的机构。

在图 13-8（a）中，齿轮机构的从动轮与连杆机构的主动曲柄刚性连接，形成了齿轮—连杆机构组合系统，该系统可降低连杆机构的运转速度。在图 13-8（b）中，平行四边形机构 $ABCD$ 的连杆与齿轮机构的内齿轮刚性连接，形成了连杆—齿轮机构组合系统。由于内齿轮 1 做平动，当满足 $O_1O_2 = AB = CD$，且互相平行时，该系统的外齿轮 2 做大速比减速输出。

机构串联是设计新机构系统的重要途径，工程中的大部分机械都含有串联的机构系统。

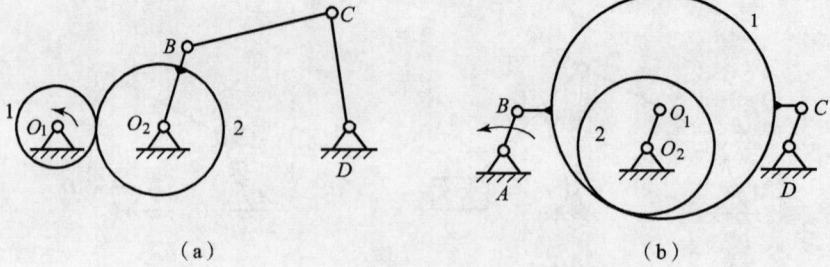

图 13-8 机构的串联组合

（a）齿轮—连杆组合机构；（b）连杆—齿轮组合机构

在串联机构组合中，由于可以使用各种不同的机构进行连接，因而可实现多种功能目标，这是重要的创新方法。

三、机构并联组合

将若干个单自由度基本机构的输入（或输出）构件连接在一起，使它们具有相同的输入（或输出）构件，并保留各自输出（或输入）运动的机构组合方式称为并联组合。其主要特征是各基本机构均是单自由度机构。机构并联的主要目的是改善机构的动力性质，实现运动的分解或运动的合成。

图 13-9（a）所示为由两个具有单自由度曲柄摇杆机构组成的并联组合机构，曲柄为两个机构的共同输入构件，两个摇杆均输出往复摆动，可实现机构的惯性力完全平衡或部分平衡，还可实现运动的分流。

图 13-9（b）所示为由 4 个具有单自由度的曲柄滑块机构组成的并联组合机构，广泛应用于多缸内燃机中。该组合机构中，每个基本机构都以活塞（滑块）为运动输入构件，而将它们各自的运动输出构件（曲柄）刚性地连接在一起，使它们具有相同的输出运动。这样的并联组合既可以有效避免曲柄滑块机构运动死点的发生，也可以实现运动的合成。

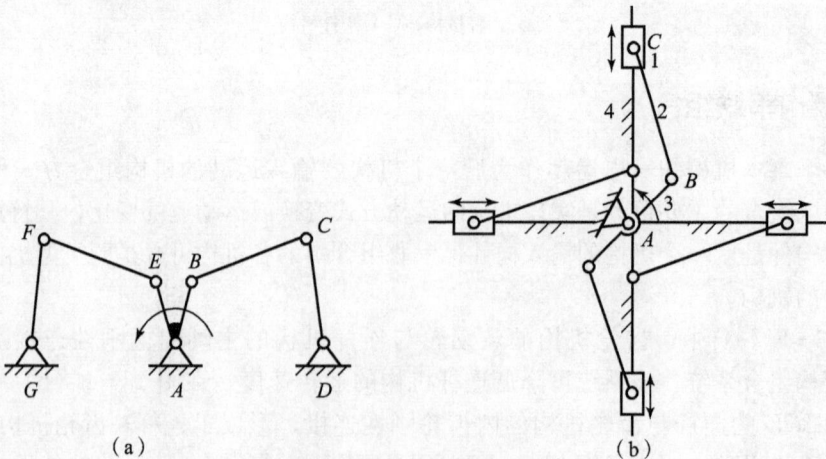

图 13-9 机构的并联组合

（a）并联式四杆机构；（b）并联式多缸内燃机机构

四、机构叠加组合

将一个基本机构安装在另一个基本机构的运动构件上的机构组合方式称为叠加组合。通常将支撑其他机构的机构称为基础机构，安装在基础机构可动构件上的机构称为附加机构。

在图 13-10（a）所示的户外摄影车升降机构中，在一个平行四边形机构的连杆上叠加另外一个平行四边形机构，工作平台在升降过程中保持一个稳定姿态。如图 13-10（b）所示齿轮机构是在行星轮系的系杆上安装一个单头蜗杆机构，由蜗轮给行星轮提供输入运动，带动系杆缓慢转动。蜗杆既可驱动扇叶转动，又可驱动系杆做 360°的慢速转动，实现风扇的全方位运动。系杆转动速度可按轮系传动比计算，即

$$n_{\mathrm{H}} = \frac{z_3}{z_2 z_4} n_1$$

式中，n_1 为电动机转数；n_{H} 为系杆转数。调整齿轮的齿数可调整系杆的转速。

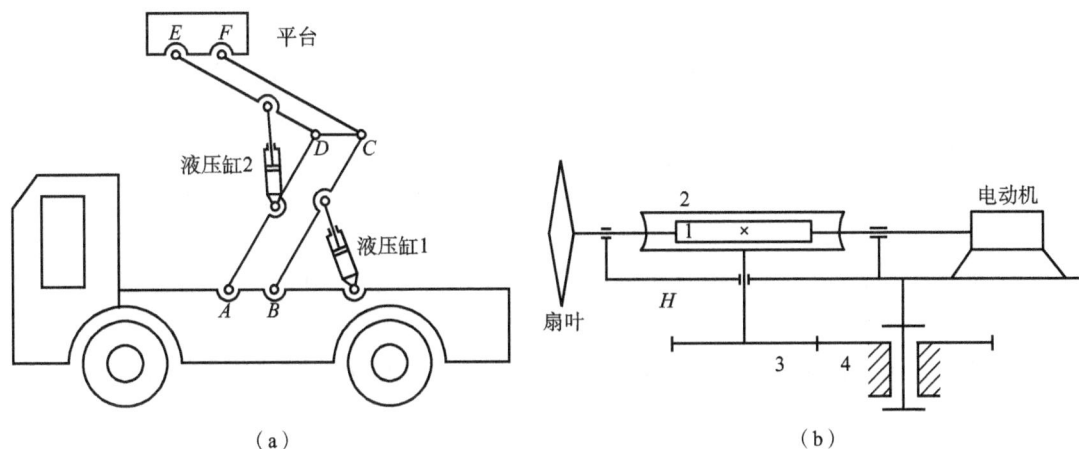

图 13-10　机构叠加组合
（a）户外摄影车升降机构；（b）电风扇传动机构

机构叠加组合而成的机构系统具有很多优点，可实现复杂的运动要求，机构的传力功能较好，但设计构思难度较大。

五、机构封闭组合

用单自由度机构（称为约束机构）将一个两自由度的机构（称为基础机构）连接起来，使整个机构成为一个单自由度机构的组合方式称为封闭组合。

在图 13-11（a）所示的蜗杆传动机构（基础机构）中，蜗杆具有两个自由度，即蜗杆绕轴线的转动和沿轴线的移动。在单自由度的凸轮机构（附加机构）中，凸轮与蜗轮连接，推杆与蜗杆通过滑环连接，并可推动蜗杆沿轴线移动，起到调整蜗轮转速的作用。齿轮加工机床分度台的差动运动就是通过这种机构组合系统实现的。

在图 13-11（b）所示的凸轮—连杆组合机构中，将构件 1、2、3、4、5 组成的五杆机构作为基础机构；由凸轮 1、从动件 4 和机架 5 组成的移动从动件盘形凸轮机构作为辅加机构。机构中连杆 2 与 3 的铰接点 C 的运动取决于基础机构中杆 1 和 4 的运动。只要适当设计

附加机构中凸轮的轮廓曲线，便可使点 C 精确实现给定轨迹 S。

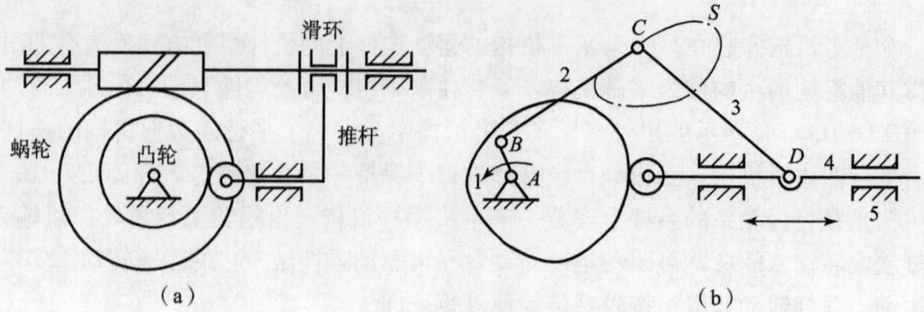

图 13-11　机构封闭组合

(a) 机床分度台差动装置；(b) 凸轮—连杆组合机构

封闭组合的前提是两自由度的主体机构（基础机构）和单自由度的封闭机构（附加机构）的组合，基本组合思路如下：

(1) 任意两个自由度的机构均可作为主体机构，而单自由度的机构则可作为封闭机构。常见的主体机构主要有五杆机构和差动轮系机构，封闭机构可以是齿轮机构、凸轮机构和四杆机构，有时也用间歇运动机构作为封闭机构。

(2) 封闭机构封闭连接主体机构的两个输入运动或两个输出运动简便易行，工程中的应用最为广泛。

(3) 封闭机构封闭连接主体机构的一个输入构件和一个输出构件，把输出运动再反馈回输入构件，有时会产生封闭功率。

封闭机构组合系统具有优良的运动特性，在行星传动中广泛应用。如果设计不当，有时会产生机构系统内部的封闭功率流，降低机械效率。

机构系统设计是机械系统运动方案设计的主体内容，是机械创新设计的重要途径。只有在充分了解机构性能的基础上，运用机构系统设计的基本方法，才能设计出满足功能要求的机构系统。

第四节　机械系统运动方案的设计

机械的种类虽然繁多，但对其进行分析后，它们大多由原动机、传动系统、工作执行系统和控制系统组成。也有一些机械没有传动系统，直接由原动机驱动工作机，如水利发电机组中，水轮机是原动机，直接驱动发电机，但此类机器种类较少。下面就构成机械的几个重要组成部分作简单介绍。

一、机械系统的组成部分简介

一般的机械系统由原动机、传动系统、工作执行系统和控制系统组成。

1. 原动机

原动机是把其他形式的能量转化为机械能，为机器的运转提供动力的机器。按原动机转换能量方式可将其分为三大类。

1）电动机

把电能转换为机械能的机器，常用的电动机有三相交流异步电动机、单相交流异步电动机、直流电动机、交流和直流伺服电动机等。三相交流异步电动机和较大型直流电动机常用于工业生产领域；单项交流异步电动机常用于家用电器；交流和直流伺服电动机以及步进电动机常用于自动化程度较高的可控机械。电动机是在固定设备中应用最广泛的原动机。

2）内燃机

把热能转化为机械能的机器，常用的内燃机主要有汽油机和柴油机，用于活动范围很大的各类移动式机械中。中小型车辆中常用汽油机为原动机；大型车辆，如各类工程机械、内燃机车、装甲车辆、舰船等机械常用柴油机作为原动机。随着石油资源的消耗和空气污染的加剧，人们正在积极探索能代替石油产品的新兴能源，如从水中分解出氢气作燃料的燃氢发动机已处于试验阶段。

3）其他原动机

内燃机使用的汽油或柴油是由开采的石油冶炼出的二次能源，其缺点是受地球上资源储存量的限制及价格较高。

一次性能源原动机是指直接利用地球上的能源转化为机械能的机器。常用的一次能源型原动机主要有水轮机、风力机、太阳能发电机等。因此，开发利用水利、风力、太阳能、地热能、潮汐能等一次能源，是21世纪动力工程的一项艰巨任务。

在航天领域，经常使用一次性的原动机，如利用火药的爆炸力一次性做功、利用弹簧一次性做功等。

在进行原动机的选择时，本书主要涉及电动机，读者可结合具体工作需要和所学的相关知识选择适当的电动机。

2. 机械传动机构

传动机构的主要作用是进行速度变换，有时也能进行运动方向的变换。

最常见的传动机构系统有齿轮传动、带传动、链传动和螺旋传动等传动机构。

1）齿轮传动的组合

圆柱齿轮之间的组合、圆柱齿轮与圆锥齿轮的组合、齿轮与蜗轮蜗杆传动的组合是最为常见的齿轮传动机构系统。

图13-12（a）所示齿轮机构为二级圆柱齿轮传动。图13-12（b）所示齿轮机构为一级圆锥齿轮传动和一级圆柱齿轮传动组成的齿轮传动系统。一般情况下，圆锥齿轮传动要放在高速级。图13-12（c）所示机构为圆柱齿轮组成的少齿差行星齿轮传动机构，该机构可获得较大的传动比。图13-12（d）所示机构为二级蜗杆减速器，传动比很大，但机械效率过低。图13-12（e）所示机构为圆柱齿轮机构与蜗杆机构的组合，蜗杆传动一般放在高速级。

齿轮传动系统主要包括减速器和变速器，减速器的设计大多实现了标准化。有些产品中将电动机与减速器一体化，使用非常方便。

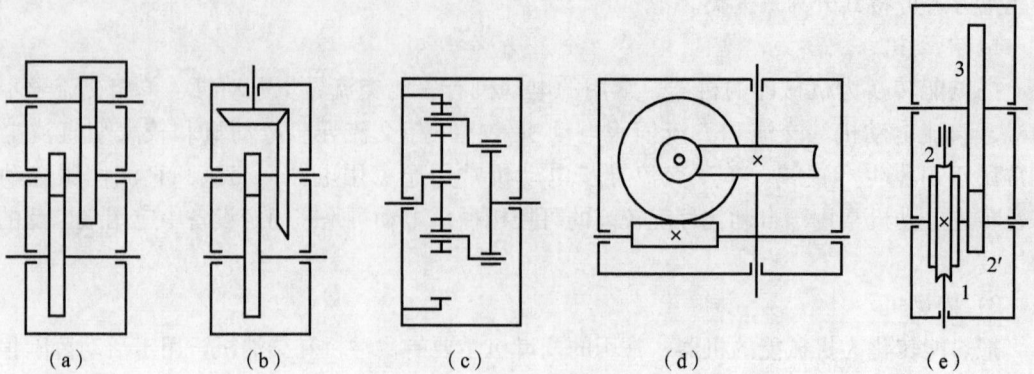

图 13 - 12　齿轮传动的组合

(a) 二级圆柱齿轮传动；(b) 圆柱—圆锥齿轮传动；(c) 少齿差行星齿轮传动；

(d) 二级蜗杆传动；(e) 圆柱—蜗杆齿轮传动

2）带传动与齿轮传动的组合

当原动机与齿轮传动机构相距较远、传动比较大或有过载，靠机械手段保护原动机的要求时，常采用带传动与齿轮传动的组合传动系统。这时常把带传动放在高速级。图 13 - 13 所示机构系统为带传动与圆柱齿轮传动的组合系统。带传动也可和其他齿轮机构组合。

齿轮机构也常和链传动组成传动机构系统。根据使用要求，链传动机构可以在高速级，也可以在低速级。

3）齿轮传动与螺旋传动的组合

螺旋传动机构是机械中常用的机构，特别是在驱动工作台移动的场合应用更多。由于工作台的移动速度不能过高，故一般在螺旋机构前面放置齿轮减速机构。图 13 - 14 所示机构系统为齿轮传动与螺旋传动的组合。

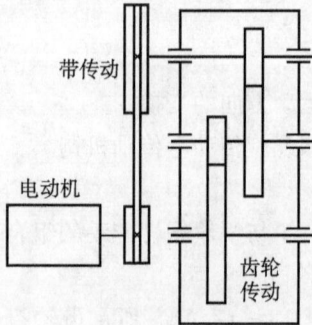

图 13 - 13　带传动与齿轮传动的组合

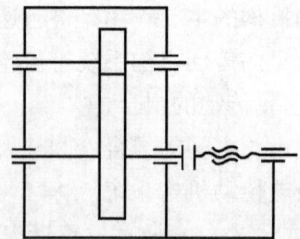

图 13 - 14　齿轮传动与螺旋传动的组合

在进行机械传动系统设计时，要注意以下事项：

(1) 在满足传动要求的前提下，尽量使机构数目少、传动链短，这样可提高机械效率，降低生产成本。

(2) 合理分配各级传动机构的传动比。传动比的分配原则是带传动的传动比≤3，单级齿轮传动比≤5。

（3）合理安排传动机构的次序。当总传动比≥8时，要考虑多级传动。如有带传动时，一般将带传动放置于高速级，如采用不同类型的齿轮机构组合，圆锥齿轮传动或蜗杆传动一般在高速级。链传动一般不宜在高速级。

（4）在满足要求的前提下，尽量采用平面传动机构，使制造、组装与维修更加方便。

（5）在对尺寸要求较小时，可采用行星轮系传动机构。

3. 工作执行机构

机器中的传动机构和工作执行机构统称为机械运动系统。以内燃机和电动机为原动机时，其转数不能满足工作执行机构低速、高速或变速的要求，在原动机输出端往往需要连接实现速度变换的传动机构。有时，传动机构的目的是改变运动方向。机械传动系统的机构形式比较简单，设计难度不是很大，而机器的工作执行机构系统则要复杂得多。不同机器的工作执行机构系统一般不同，但其传动形式却可相同。

工作执行机构的组成非常复杂，没有一定的规律，只能按照待设计机器的功能要求设计。

不同的机械可能具有相近的传动系统，但其工作执行机构系统截然不同。所以，工作执行机构多种多样。设计时必须从机器的功能出发去考虑工作执行机构系统的设计。不同机器的功能不同，工作执行机构也不同。

各种连杆机构、齿轮机构、凸轮机构、间歇运动机构以及它们之间的组合，都可能成为工作执行机构。使用哪类机构及其组合作为工作执行机构，要按具体的设计要求而定。

实现相近动作的机构类型很多，将其有机组合可获得一系列的新机构。表13-1列出了执行机构常用运动形式及其对应机构，可供机构选型时参考。

表 13-1　执行机构常用运动形式及其对应机构

运动形式		机构示例
连续转动	定传动比匀速转动	双万向联轴节机构、齿轮机构、轮系、谐波齿轮传动机构、摩擦传动机构、挠性传动机构等
	变传动比匀速转动	轴向滑移圆柱齿轮机构、混合轮系变速机构、摩擦传动机构、行星无级变速机构、挠性无级变速机构等
	非匀速转动	非圆柱齿轮机构、双曲柄机构、转动导杆机构、单万向联轴节机构、齿轮—连杆组合机构等
往复运动	往复移动	曲柄滑块机构、移动导杆机构、正弦机构、正切机构、移动从动件凸轮机构、齿轮齿条机构、楔块机构、气动机构、液压机构等
	往复摆动	曲柄摇杆机构、双摇杆机构、摆动导杆机构、曲柄摇块机构、空间连杆机构、摆动从动件凸轮机构及某些组合机构等
间歇运动	间歇转动	棘轮机构、槽轮机构、不完全齿轮机构、凸轮式间歇运动机构及某些组合机构等
	间歇摆动	特殊形式的连杆机构、摆动从动件凸轮机构、齿轮—连杆组合机构、利用连杆曲线圆弧段或直线段组成的多杆机构等
	间歇移动	棘齿条机构、从动件间歇往复移动的凸轮机构、反凸轮机构、气动机构、液压机构、移动杆有停歇的斜面机构等

续表

运动形式		机构示例
预定轨迹	直线轨迹	连杆近似直线机构、八杆精确直线机构及某些组合机构等
	曲线轨迹	利用连杆曲线实现预定轨迹的连杆机构、凸轮—连杆组合机构、齿轮—连杆组合机构、行星轮系与连杆机构组合机构等
特殊运动要求	换向	双向式棘轮机构、定轴轮系（三星轮换向机构）等
	超载	齿式棘轮机构、摩擦式棘轮机构等
	过载保护	带传动机构、摩擦传动机构等
	微动、补偿	螺旋差动机构、谐波传动机构、差动轮系和杠杆式差动机构等

由机械传动系统和工作执行系统组成的机械系统运动方案设计是机械设计的核心内容。

4. 机械的控制系统

机械设备中控制系统所应用的控制方法主要有机械控制、电气控制和自动控制。控制系统在机械中的作用越来越突出，传统的手工操作正在被自动化的控制手段所代替，而且向智能化方向发展。

电气控制系统体积小、操作方便、无污染、安全可靠，可进行远距离控制。通过不同的传感器可把位移、速度、加速度、温度、压力、色彩、气味等物理量的变化转变为电量的变化，然后由控制系统的微计算机进行处理。

主要控制对象如下：

1) 对原动机进行控制

电动机结构简单、维修方便、价格低廉，是应用最为广泛的动力机。对交流电动机的控制主要是开、关、停与正反转的控制，对直流电动机与步进电动机的控制主要是开、关、停、正反转及其调速的控制。

2) 对电磁铁的控制

电磁铁是重要的开关元件，接触器、继电器、各类电磁阀、电磁开关都是按电磁转换的原理实现接通与断开的动作，从而实现控制机械中执行机构的各种不同动作的。

现代控制系统的设计不仅需要微机技术、接口技术、模拟电路、数字电路、传感器技术、软件设计、电力拖动等方面的知识，还需要一定的生产工艺知识。

由于现代机械在向高速、高精度方向发展，故闭环控制的应用越来越广泛。如机械手、机器人运动的点、位控制，都必须按反馈信号及时修正其动作，以完成精密的工作要求。在反馈控制过程中，通过对其输出信号的反馈，及时捕捉各参数的相互关系，以进行高速、高精度的控制。在此基础上，发展和完善了现代控制理论。

综上所述，现代机械的控制系统集计算机、传感器、接口电路、电器元件、电子元件、光电元件、电磁元件等硬件环境及软件环境为一体，且在向自动化、精密化、高速化、智能化的方向发展，其安全性、可靠性的程度不断提高。在机电一体化机械中，机械的控制系统将起到更加重要的作用。

二、机械系统运动方案设计与评估

机械系统运动方案设计是机械设计过程中的重要环节，方案的优劣直接影响到机械产品的品质与成本及产品在市场中的竞争地位。

1. 机械系统运动方案设计的内容

机械系统运动方案设计的内容主要包括以下几个方面：
（1）根据机器的功能目标，拟订实现这一目标的工作执行机构种类；
（2）择优选择最佳方案；
（3）选择原动机类型与传动机构类型；
（4）进行机械系统运动方案的总体设计；
（5）对机械系统运动方案进行评估，选择最优方案；
（6）进行尺度综合，设计机构系统的机构运动简图。

机械系统运动方案具有多解性，如何从众多的设计方案中求得最佳解，是一个较为复杂的问题。机械系统运动方案设计的最终目标是寻求既能实现预期功能要求，又性能优良、价格低廉的设计方案。

2. 机械系统运动方案设计的评价指标

机械系统运动方案设计的评价指标主要包括两个方面：一方面是定性的评价指标，常指设计的目标。例如结构越简单越好、尺寸越小越好、效率越高越好、造价越低越好等。另一方面是定量的评价指标，常指设计的机构参数。例如机构的运动学和动力学参数等。评价指标应包括技术、经济、安全和可靠性等方面的内容。由于这一阶段的设计工作只是解决运动方案和机构系统的设计问题，不可能深入、具体地涉及机械结构设计的细节，故评价指标应主要考虑技术方面的因素。表13-2列出了机械系统的性能评价指标及其具体内容。

表 13-2　机械系统的性能评价指标

序号	评价指标	具体内容
1	系统功能	实现运动规律或运动轨迹、工艺动作的准确性及特定功能等
2	运动性能	运转速度、行程可调性、运动精度等
3	动力性能	承载能力、增力特性、传力特性、振动噪声等
4	工作性能	效率高低、寿命长短、可操作性、安全性、可靠性、适用范围等
5	经济性	加工难易程度、制造误差敏感性、寿命的长短、能耗的大小等
6	结构紧凑性	尺寸、重量、结构复杂性等

3. 机械系统运动方案设计的评价体系

为了使机械系统运动方案评价结果准确、有效，必须建立一个评价体系。评价体系是根据评价指标所列项目，通过一定范围内的专家咨询，逐项分配评定的分数值所形成的评价系统，这一工作是十分细致、复杂的。对于不同的设计任务，应拟订不同的评价体系。例如，对于重载的机械，应对其承载能力一项给予较大的重视；对于高速机械，应对其振动、噪声和可靠性给予较高的重视。评价指标虽然包括定性和定量两个方面，但在建立评价体系时，所有评价指标都应进行量化。对于难以定量的评价指标可以通过分级量化。如可以分为五级，则其评价值分别为："好"为5、"较好"为4、"一般"为3、"不太好"为2、"不好"为1。

4. 机械系统运动方案设计的评价方法

常用的机械系统运动方案的评价方法有两种，分别是计算性的数学分析评价法和实际性的试验评价法。而计算性的数学分析评价法主要有价值工程法、系统工程评价法、模糊综合评价法和评分法。本书主要简要介绍评分法。

评分法是针对评价指标中的各个项目，选择一定的评分标准和总分计分法对方案的优劣进行定量评价。该方法包括直接评分法和加权系数法。前者是根据评分标准直接打分，各评价项目分配的分值均等；后者是按各评价项目的重要程度确定其权重，各项打分应乘以加权系数后计入总分。加权系数法又称有效值法。方案的优劣由总分的高低来体现，获得高分的方案为优选方案。表13-3列出了评分法中总分的计分方法。

在表13-3中，H_j 是 m 个方案中第 j 个方案的总分值；H_0 是理想方案的总分值；n 是评价体系中的评价项目数；u_i 是 n 个评价项目中第 i 个项目的评分值；q_i 是 n 个评价项目中第 i 个项目的加权系数，但应满足 $q_i \leqslant 1$，$\sum_{i=1}^{n} q_i = 1$；N_j 是 m 个方案中第 j 个方案的有效值。

表 13-3　评分法中总分的计分方法

方法	公式	说明
相加法	$H_j = \sum_{i=1}^{n} u_i$	将 n 个评价项目的评分值简单相加，此方法计算简单
连乘法	$H_j = \prod_{i=1}^{n} u_i$	将 n 个评价项目的评分值相乘，使各方案总分差拉开，以便于比较
均值法	$H_j = \dfrac{1}{n} \sum_{i=1}^{n} u_i$	将相加法所得结果除以项目数，结果直观
相对值法	$H_j = \left(\sum_{i=1}^{n} u_i \right) / n H_0$	将均值法所得结果除以理想值 H_0，使 $H_j \leqslant 1$，可看出与理想值的差距
加权法	$N_j = \sum_{i=1}^{n} q_i u_i$	将各项评分值乘以加权系数后相加，考虑了各评价项目的重要程度

5. 机械系统运动方案设计的评价结果处理

评价结果为设计的决策者提供了依据。但最后选择哪种方案，还取决于决策思想。在通常情况下，评价值最高的方案为整体最优方案。但在实践中，为了满足某些特殊的要求，有时不选择总评价值最高的方案，而是选择总评价值较高，但其中某些评价指标的评价值最高的方案。

对于质量不高的方案的处理是再设计。一般在每个阶段都将得到一组方案，经过评价后，淘汰不符合设计准则的方案，若有入选方案，则可转入下一设计阶段；否则，回到上一设计阶段，甚至更前面的设计阶段进行再设计，这就形成了设计过程的动态循环链。设计的过程是一个设计方案→评价→再设计→再评价……直至找到最终的最佳方案的过程。

每次评价的机构，得到的入选方案的数目不仅与待评价方案本身的质量和评价的阶段有关，也与评价准则是否适当有关。所以，对于入选方案应作出的处理见表 13-4。

表 13-4　评价结果的处理

入选方案数	设计阶段	评价准则	结果的处理
1	最后阶段	合理	已得到最佳方案，设计结束
		可改进	重新决定评价准则，再作评价
	中间阶段	合理	评价结束，转入下一设计阶段
		可改进	重新决定评价准则，再作评价
多于1	最后阶段	合理	增加评价项目或提高评价要求再作评价
	中间阶段	需改进	若入选数目太多，则按上述方法改进评价准则，再作评价
		合理	将入选方案排序，转入下一设计阶段
0	任何阶段	合理	待评的设计方案质量不高，需重新再设计
		可改进	放宽评价要求，再作评价

【知识拓展】

机械系统的方案设计是机械产品设计的第一步，也是最具创造性的一环。它直接决定着产品的性能、质量及其在市场上的竞争力。机械系统设计主要包括：机械系统设计的框架和过程；机械产品工作激励的形位表达；机械产品功能求解模型；机械产品工艺动作过程的构思和分解；执行机构的创新和机构知识库的建立；机构系统的组成原理以及机构系统的评价和决策。有关这方面的内容可参阅文献 [1]、[2] 等。

执行系统的方案设计是机械系统方案设计的核心。有的文献将机械执行系统按功能分成夹持系统、搬运系统、输送系统、分度与转位系统和检测系统。有关各分系统的常用结构、特点等请参阅文献 [64]。

执行机构型式设计的方法，大体可分为选型和构型两大类。无论是采用类比法选型，还是采用创新法构型，都需要设计者对前人所创造的众多机构有详细的了解。文献 [65] 中汇集了各工业部门现代机器、设备和仪中应用的机构实例 4 800 余个，并按照功能用途和运动特性进行了分类。此外，文献 [42] 汇集了大量的现代机械中应用的机构实例，并按照功能用途和运动特性进行了分类。文献 [66] 介绍了国外自动化生产设备中各种实用机构497 例。

机械系统方案设计的优劣，既取决于方案构思本身的质量，也取决于评价系统和评价方法。正因为如此，国内外众多学者正在致力于探索更为科学实用的评价体系和评价方法。有

兴趣的读者可参阅 [67]，书中除介绍机械系统方案评价的特点、方法、评价指标及评价体系外，还详细介绍了价值工程法、系统工程评价法和模糊综合评价法及评价实例。

思 考 题

13-1 机械系统运动方案的内涵是什么？

13-2 如何对机械系统运动方案进行设计与评价？

13-3 如何实现执行机构的运动协调和绘制运动循环图？机械运动方案设计中运动循环图的作用是什么？

13-4 说明机构的运动协调设计适用于何种机构系统。

13-5 常用的传动机构有哪些？它们各有什么特点？在设计中如何选用？

13-6 原动机的常用类型有哪些？它们各有什么特点？在设计中如何选用？

附录 机械原理重要名词术语中英文对照表

第一章 绪 论

机械原理 Theory of machines and mechanisms

机构与机器科学 Mechanism and machine science

机构学 Theory of mechanisms

机器人学 Robotics

机械手 Manipulator

机械 Machinery

机器 Machine

机构 Mechanism

构件 Link

机械传动装置 Mechanical transmission

第二章 机构的结构分析

机构运动简图 Kinematic diagram

自由度 Degree of freedom

约束 Constraint

运动副 Kinematic pair

低副 Lower pair

高副 Higher pair

转动副 Revolute pair

移动副 Prismatic pair

螺旋副 Helical pair

球销副 Sphere-pin pair

圆柱副 Cylindrical pair

平面副 Planar contact pair

球面副 Spherical pair

平面运动副 Planar kinematic pair

空间运动副 Spatial kinematic pair

运动链 Kinematic chain

固定构件（机架）Fixed link（Frame）

运动构件 Moving link

主动件（原动件）Driving link

从动件 Driven link

输入构件 Input link

输出构件 Output link

开式运动链 Open kinematic chain

闭式运动链 Closed kinematic chain

平面机构 Planar mechanism

空间机构 Spatial mechanism

低副机构 Lower pair mechanism

高副机构 Higher pair mechanism

复合铰链 Compound hinge

局部自由度 Passive degree of freedom

虚约束 Redundant constraint

公共约束 General constraint

比例尺 Scale

结构分析 Structural analysis

杆组 Assur group

机构综合 Synthesis of mechanism

第三章 机构的运动分析

运动学分析 Kinematic analysis

平面运动 Planar motion

相对运动 Relative motion
绝对运动 Absolute motion
牵连运动 Transportation（Frame motion）
位移 Displacement
速度 Velocity
相对速度 Relative velocity
绝对速度 Absolute velocity
牵连速度 Transportation velocity
加速度 Acceleration
相对加速度 Relative acceleration
绝对加速度 Absolute acceleration
牵连加速度 Transportation acceleration
法向加速度 Normal acceleration
切向加速度 Tangential acceleration

哥氏加速度 Coriolis acceleration
角位移 Angular displacement
角速度 Angular velocity
角加速度 Angular acceleration
图解法 Graphic method
解析法 Analytical method
瞬心 Instantaneous center
速度瞬心 Instantaneous center of velocity
相对速度瞬心 Relative instantaneous center
  of velocity
绝对速度瞬心 Absolute instantaneous center
  of velocity
三心定理 Kennedy's theorem

第四章　机构的力分析

机构的静力分析 Static analysis of mechanism
机构的动态静力分析 Kinetostatic analysis
  of mechanism
机构的动力分析 Dynamic analysis of mechanism
机械动力学 Dynamics of machinery
力 Force
力矩 Moment
外力 External force
内力 Internal force
作用力 Applied force
驱动力 Driving force
驱动力矩 Driving moment
阻力 Resistance
工作阻力 Effective resistance
工作阻力矩 Effective resistance moment
力偶 Couple

力偶矩 Moment of couple
惯性力 Inertia force
惯性力矩 Inertia moment
摩擦 Friction
摩擦力 Friction force
摩擦力矩 Friction moment
摩擦系数 Coefficient of friction
当量摩擦系数 Equivalent coefficient of friction
摩擦角 Friction angle
摩擦圆 Friction circle
自锁 Self locking
静载荷 Dead load
动载荷 Dynamic load
质量动代换 Dynamic equivalent of masses
质量静代换 Static equivalent of masses
转动惯量 Moment of inertia

第五章　连杆机构及其设计

连杆机构 Linkage
平面连杆机构 Planar linkage
空间连杆机构 Spatial linkage
四杆机构 Four-bar linkage

铰链四杆机构 Revolute four-bar linkage
机架 Frame
连架杆 Side link
曲柄 Crank

摇杆 Rocker

连杆 Coupler

曲柄摇杆机构 Crank-and-rocker mechanism

双曲柄机构 Double-crank mechanism

双摇杆机构 Double-rocker mechanism

曲柄滑块机构 Slider-crank mechanism

对心式曲柄滑块机构 General slider-crank mechanism

偏置式曲柄滑块机构 Offset slider-crank mechanism

导杆机构 Crank shaper mechanism

转动导杆机构 Whitworth mechanism/Rotating guide-bar mechanism

摆动导杆机构 Crank shaper mechanism/ Oscillating guide-bar mechanism

双滑块机构 Double-slider mechanism

双转块机构 Oldham mechanism

正弦机构 Sine generator，scotch yoke

正切机构 Tangent mechanism

偏心轮机构 Eccentric mechanism

曲柄存在条件（格拉霍夫定理）Grashoff's law

极位夹角 Crank angle between extreme positions

急回运动 Quick-return motion

急回特性 Quick-return characteristics

急回机构 Quick-return mechanism

行程速比系数 Coefficient of travel speed variation

压力角 Pressure angle

传动角 Transmission angle

死点 Dead point

图解设计 Graphical design

解析设计 Analytical design

刚体导引机构 Body guidance mechanism

函数生成机构 Function generator

轨迹生成机构 Path generator

连杆曲线 Coupler curve

第六章 凸轮机构及其设计

凸轮机构 Cam mechanism

平面凸轮机构 Planar cams

空间凸轮机构 Spatial cams

凸轮 Cam

盘形凸轮 Disk cam

移动凸轮 Wedge cam

圆柱凸轮 Cylindrical cam

从动件 Follower

尖底从动件 Knife-edge follower

滚子从动件 Roller follower

平底从动件 Flat-face follower

曲面从动件 Curved-shoe follower

移动从动件 Reciprocating follower

摆动从动件 Oscillating follower

对心直动从动件 Radial reciprocating follower

偏置直动从动件 Offset reciprocating follower

力封闭凸轮机构 Force-closed cam mechanism

形封闭凸轮机构 Form-closed cam mechanism

等宽凸轮 Constant width cam

等径凸轮 Constant diameter cam

偏距 Offset distance

偏距圆 Offset circle

推程 Rise

回程 Return

休止 Dwell

从动件运动规律 Follower motion

位移曲线 Displacement diagram

速度曲线 Velocity diagram

加速度曲线 Acceleration diagram

等速运动规律 Uniform motion

等加速等减速运动规律 Parabolic motion

多项式运动规律 Polynomial motion

余弦加速度（简谐）运动规律 Simple harmonic motion

正弦加速度（摆线）运动规律 Cycloidal motion

刚性冲击 Rigid impulse

柔性冲击 Flexible impulse

曲率半径 Radius of curvature

凸轮理论廓线 Pitch curve

运动失真 Motion skewness

凸轮实际廓线 Cam profile

第七章　齿轮机构及其设计

齿轮机构 Gear mechanism

模数 Module

平面齿轮机构 Planar gear mechanism

标准中心距 Reference center distance

空间齿轮机构 Spatial gear mechanism

安装中心距 Working center distance

平行轴斜齿轮传动 Parallel helical gears

齿数比 Gear ratio

交错轴斜齿轮传动 Crossed helical gears

分度圆 Standard pitch circle

齿轮齿条机构 Pinion and rack

齿顶圆 Addendum circle

锥齿轮机构 Bevel gears

齿顶高 Addendum

蜗轮蜗杆机构 Worm and worm gear

齿根圆 Dedendum circle

齿轮 Gear

齿根高 Dedendum

圆形齿轮 Circular gear

齿高 Whole depth

非圆齿轮 Noncircular gear

齿槽 Space

直齿圆柱齿轮 Spur gear

齿槽宽 Space width

斜齿圆柱齿轮 Helical gear

齿厚 Thickness

曲齿圆柱齿轮 Spiral gear

齿距 Circular pitch

人字齿轮 Herring-bone gear

基圆齿距 Base pitch

齿条 Rack

齿宽 Face width

锥齿轮 Bevel gear

顶隙 Clearance

蜗杆 Worm

侧隙 Backlash

蜗轮 Worm wheel

啮合 Engagement

内齿轮 Annulus

啮合角 Working pressure angle

外齿轮 Spur gear

啮合线长度 Length of contacting line

主动齿轮 Driving gear

节点 Pitch point

从动齿轮 Driven gear

节线 Pitch line

渐开线 Involute

节圆 Pitch circle

基圆 Base circle

节圆直径 Pitch diameter

基圆半径 Radius of base circle

重合度 Contact ration

渐开线发生线 Generating line of involute

端面重合度 Transverse contact ratio

渐开线压力角 Pressure angel of involute

轴面重合度 Overlap contact ration

渐开线齿轮 Involute gear

总重合度 Total contact ration

齿廓 Tooth profile

仿形法 Form cutting

齿廓曲线 Tooth curve

范成法（展成法）Generating

共轭齿廓 Conjugate profiles

齿条插刀 Rack cutter

齿数 Teeth number

齿轮插刀 Pinion cutter

齿轮滚刀 Hob，hobbing cutter

根切 Undercutting

变位齿轮 Modified gear

变位系数 Modification coefficient

螺旋角 Helical angle

螺旋线 Helix，helical line

端面模数 Transverse module

端面压力角 Transverse pressure angle

端面齿距 Transverse circular pitch

法面模数 Normal module

法面压力角 Normal pressure angle

法面齿距 Normal circular pitch

标准直齿轮 Standard spur gear

当量齿轮 Equivalent spur gear

当量齿数 Equivalent teeth number

球面渐开线 Spherical involute

分度圆锥 Standard pitch cone

基圆锥 Base cone

节圆锥 Pitch cone

节圆锥角 Pitch cone angle

背锥 Back cone

背锥角 Back angle

背锥距 Back cone distance

阿基米德蜗杆 Archimedes worm

渐开线蜗杆 Involute worm

圆柱蜗杆 Cylindrical worm

环面蜗杆 Enveloping worm

中间平面 Mid-plane

导程 Lead pitch

导程角 Lead angle

蜗杆头数 Number of threads

蜗杆直径系数 Diametral quotient

第八章　轮　　系

轮系 Gear train

定轴轮系 Ordinary gear train

周转轮系 Epicyclic gear train

行星轮系 Planetary gear train

差动轮系 Differential gear train

复合轮系 Compound gear train

输入轴 Input shaft

输出轴 Output shaft

传动比 Transmission ratio（speed ration）

行星轮 Planet gear

太阳轮 Sun gear

中心轮 Central gear

行星架（系杆）Planet carrier

惰轮 Idler gear

第九章　间歇运动机构

间歇运动机构 Intermittent motion mechanism

棘轮机构 Ratchet mechanism

棘轮 Ratchet

棘爪 Pawl

槽轮机构 Geneva mechanism

槽轮 Geneva wheel

不完全齿轮机构 Intermittent gearing mechanism

凸轮式间歇运动机构 Intermittent cam mechanism

第十章　其他常见机构

单万向联轴节 Universal joint

双万向联轴节 Constant-velocity universal joint

螺旋机构 Screw mechanism

差动螺旋机构 Differential screw mechanism

复式螺旋机构 Compound screw mechanism

供料机构 Feeding mechanism

行程放大机构 Travel-enlargement mechanism

增力机构 Force-enlargement mechanism

第十一章　机械的运转及其速度波动的调节

速度波动 Speed fluctuation

周期性速度波动 Periodic speed fluctuation

非周期性速度波动 Aperiodic speed fluctuation

驱动力 Driving force

工作阻力 Effective resistance

盈亏功 Increment or decrement work

等效力 Equivalent force

等效力矩 Equivalent moment

等效质量 Equivalent mass

速度不均匀系数（速度波动系数）Coefficient
of speed fluctuation

飞轮 Flywheel

第十二章　机械的平衡

平衡 Equilibrium

静平衡 Static balance

动平衡 Dynamic balance

机构的平衡 Balance of mechanism

转子 Rotor

刚性转子 Rigid rotor

挠性转子 Flexible rotor

离心力 Centrifugal force

平衡质量 Balance mass

平衡平面 Correcting plane

质径积 Mass-radius product

动平衡机 Dynamic balancing machine

许用不平衡量 Allowable amount of unbalance

平衡精度 Balancing quality

惯性力的完全平衡 Full balance of shaking force

惯性力的部分平衡 Partial balance of shaking
force

第十三章　机械系统及其运动方案设计

基本机构 Fundamental mechanism

机构系统 Mechanism system

运动循环图 Motion cycle diagram

组合机构 Combined mechanism

串联组合 Combination in series

并联组合 Combination in parallel

叠加组合 Stack combination

封闭组合 Closed combination

参 考 文 献

[1] 申永胜. 机械原理教程 [M]. 第 3 版. 北京：清华大学出版社，2015.

[2] 张策. 机械原理与机械设计 [M]. 第 2 版. 北京：机械工业出版社，2011.

[3] 张东生. 机械原理 [M]. 重庆：重庆大学出版社，2014.

[4] 魏兵，熊禾根. 机械原理 [M]. 武汉：华中科技大学出版社，2007.

[5] 邹慧君，高峰. 现代机构学进展（第 1 卷）[M]. 北京：高等教育出版社，2007.

[6] 申永胜. 机械原理学习指导 [M]. 第 3 版. 北京：清华大学出版社，2015.

[7] 张春林. 机械原理 [M]. 北京：高等教育出版社，2006.

[8] 张春林. 机械原理 [M]. 北京：高等教育出版社，2013.

[9] 荣辉. 机械原理学习与考研辅导 [M]. 北京：北京理工大学出版社，2007.

[10] 杨家军. 机械原理 [M]. 第 2 版. 武汉：华中科技大学出版社，2014.

[11] 王德伦，高媛. 机械原理 [M]. 北京：机械工业出版社，2014.

[12] R. L. Norton，Design of Machinery：an introduction to the synthesis and analysis of mechanisms and machines（3rd ed.）[M]. McGraw-Hill Professional Publishing，New York，NY，2004.

[13] H. D. Eckhardt，Kinematic Design of Machines and Mechanisms [M]. McGraw-Hill Professional Publishing，New York，NY，1998.

[14] 杨廷立. 机器人机构拓扑结构学 [M]. 北京：机械工业出版社，2004.

[15] 梁崇高，阮平生. 连杆机构的计算机辅助设计 [M]. 北京：机械工业出版社，1986.

[16] 郭卫东，李守忠，马璐. ADAMS2013 应用实例精解教程 [M]. 北京：机械工业出版社，2015.

[17] （德国）伏尔默. 连杆机构 [M]. 石则昌，等，译. 北京：机械工业出版社，1989.

[18] 曹惟庆. 平面连杆机构分析与综合 [M]. 北京：科学出版社，1989.

[19] 华大年，华志宏. 连杆机构设计与应用创新 [M]. 北京：机械工业出版社，2008.

[20] 张策. 机械动力学 [M]. 北京：高等教育出版社，2008.

[21] 熊滨生. 现代连杆机构设计 [M]. 北京：化学工业出版社，2006.

[22] 陈立周. 机械优化设计 [M]. 上海：上海科学技术出版社，1982.

[23] 吕庸厚，沈爱红. 组合机构设计与应用创新 [M]. 北京：机械工业出版社，2008.

[24] 谢存禧，李琳. 空间机构设计与应用创新 [M]. 北京：机械工业出版社，2007.

[25] 黄真，赵永生，赵铁石. 高等空间机构学 [M]. 北京：高等教育出版社，2006.

[26] 张启先. 空间机构的分析与综合 [M]. 北京：机械工业出版社，1984.

[27] 荣辉，付铁，杨梦辰. 机械设计基础 [M]. 第 3 版. 北京：北京理工大学出版社，2010.

[28] 王知行，邓宗全. 机械原理 [M]. 北京：高等教育出版社，2006.

[30] 朱理. 机械原理 [M]. 北京：高等教育出版社，2004.

[31] J. E. Shigley, Mechanical engineering design (McGraw-Hill series in mechanical engineering, 4th Edition) [M]. McGraw-Hill Professional Publishing, New York, NY, 1983.

[32] （苏联）李特文. 齿轮啮合原理 [M]. 卢贤占，等，译. 上海：上海科学技术出版社，1984.

[33] 吴序堂，王贵海. 非圆齿轮及非匀速比传动 [M]. 北京：机械工业出版社，1997.

[34] 李富生，等. 非圆齿轮与特种齿轮传动设计 [M]. 北京：机械工业出版社，1983.

[35] 孙桓，陈作模，葛文杰. 机械原理 [M]. 第 7 版. 北京：高等教育出版社，2006.

[36] 安子军. 机械原理 [M]. 第 3 版. 北京：国防工业出版社，2015.

[37] 王文奎. 机械原理 [M]. 北京：电子工业出版社，2007.

[38] 黄茂林，秦伟. 机械原理 [M]. 第 2 版. 北京：机械工业出版社，2010.

[39] 葛文杰. 机械原理常见题型解析及模拟题 [M]. 西安：西北工业大学出版社，2006.

[40] 郑文纬，吴克坚. 机械原理 [M]. 第 7 版. 北京：高等教育出版社，1997.

[41] 廖汉元，孔建益. 机械原理 [M]. 第 2 版. 北京：机械工业出版社，2007.

[42] 孟宪源，姜琪. 机构构型与应用 [M]. 北京：机械工业出版社，2004.

[43] 殷鸿梁，朱邦贤. 间歇运动机构设计 [M]. 上海：上海科学技术出版社，1996.

[44] 陈国华. 机械机构及应用 [M]. 北京：机械工业出版社，2008.

[45] 常治斌，张京辉. 机械原理 [M]. 北京：北京大学出版社，2007.

[46] 高慧琴. 机械原理 [M]. 北京：国防工业出版社，2009.

[47] 李瑞琴. 机械原理 [M]. 北京：国防工业出版社，2008.

[48] 刘会英，杨志强. 机械原理 [M]. 北京：机械工业出版社，2003.

[49] 唐锡宽，金德闻. 机械动力学 [M]. 北京：高等教育出版社，1983.

[50] 徐业宜. 机械系统动力学 [M]. 北京：机械工业出版社，1984.

[51] 张策. 机械动力学 [M]. 北京：高等教育出版社，2002.

[52] 王鸿恩. 机械动力学 [M]. 重庆：重庆大学出版社，1989.

[53] 孙序梁. 飞轮设计 [M]. 北京：高等教育出版社，1992.

[54] 安胜利，杨黎明. 转子现场动平衡技术 [M]. 北京：国防工业出版社，2007.

[55] 顾家柳. 转子动力学 [M]. 北京：国防工业出版社，1985.

[56] 钟一鄂. 转子动力学 [M]. 北京：清华大学出版社，1987.

[57] 张春林. 高等机构学 [M]. 北京：北京理工大学出版社，2006.

[58] 余跃庆，李哲. 现代机械动力学 [M]. 北京：北京工业大学出版社，1998.

[59] 郭为忠，于红英. 机械原理 [M]. 北京：清华大学出版社，2010.

[60] 张春林，张颖. 机械原理（英汉双语）[M]. 北京：机械工业出版社，2012.

[61] 张春林，赵自强. 机械原理 [M]. 北京：机械工业出版社，2013.

[62] 马履中. 机械原理与设计 [M]. 北京：机械工业出版社，2010.

［63］ 杨松华. 机械原理［M］. 北京：北京大学出版社，2011.

［64］ 曹惟庆，徐曾荫. 机构设计［M］. 北京：机械工业出版社，1993.

［65］ 朱龙根，黄雨华. 机械系统设计［M］. 北京：机械工业出版社，1992.

［66］ 孟宪源. 现代机构手册［M］. 北京：机械工业出版社，1994.

［67］ 黄越平，徐进. 自动化机构设计构思实用图谱［M］. 北京：中国铁道出版社，1993.

［68］ 邹慧君. 机械系统设计［M］. 上海：上海科学技术出版社，1996.

［69］ H. H. Mabie, C. F. Reinoltz. Mechanisms and Dynamics of Machinery［M］. New York：John Wiley & Sons，Inc.，1987.

［70］ 饶振纲. 行星传动机构设计［M］. 第 2 版. 北京：国防工业出版社，1994.

［71］ 刘政昆. 间歇运动机构［M］. 大连：大连理工大学出版社，1991.

［72］ 孔午光. 高速凸轮［M］. 北京：高等教育出版社，1992.

［73］ 付铁，丁洪生，庞思勤，李金泉，张同庄. 基于静刚度的变轴数控机床加工误差仿真研究［J］. 北京理工大学学报，2002，22（6）：672 - 674.

［74］ 王梦，付铁，丁洪生，贾连涛. 7 自由度串联机器人运动学分析［J］. 机械设计与制造，2016，306（8）：8 - 11.